动态精密工程测量

李清泉 著

科学出版社

北京

内 容 简 介

世界范围基础设施安全状态测量等领域不断扩大的应用需求,以及传感器等信息技术的快速发展促进了精密工程测量从"静态、离散、手工"向"动态、连续、智能"发展,形成动态精密工程测量这一前沿学科交叉方向。本书基于作者多年的研究探索与积累,对动态精密工程测量理论、方法及其典型应用进行系统性归纳总结。全书分两个部分阐述:第一部分是理论与方法,包括动态测量时空基准、多传感器集成动态测量、动态精密工程测量数据处理等内容;第二部分是典型应用,重点介绍作者近 20 年来在公路、隧道、铁路、大坝、管网等领域的创新测量方法研究、测量装备研制及典型工程应用。

本书可作为测绘工程、土木工程、交通工程、水利工程、电子信息技术、计算机技术等专业的本科生和研究生教材,以及相关专业研究机构、高科技企业科研人员的参考用书。

图书在版编目(CIP)数据

动态精密工程测量/李清泉著. —北京:科学出版社,2021.3
ISBN 978-7-03-067990-1

Ⅰ.①动… Ⅱ.①李… Ⅲ.①精密工程测量-研究 Ⅳ.①TB22

中国版本图书馆 CIP 数据核字(2021)第 019484 号

责任编辑:刘宝莉 / 责任校对:任苗苗
责任印制:师艳茹 / 封面设计:陈 敬

斜 学 出 版 社 出版
北京东黄城根北街 16 号
邮政编码:100717
http://www.sciencep.com

北京九天鸿程印刷有限责任公司 印刷
科学出版社发行 各地新华书店经销
*

2021 年 3 月第 一 版 开本:720×1000 1/16
2022 年 1 月第二次印刷 印张:26 3/4
字数:539 000

定价:268.00 元
(如有印装质量问题,我社负责调换)

作 者 简 介

李清泉，1965 年 1 月生，安徽天长人；二级教授，博士生导师，国际欧亚科学院院士。1981 年进入武汉测绘科技大学（现为武汉大学）工程测量专业学习，获工学硕士学位，后师从李德仁院士攻读摄影测量与遥感专业博士，获工学博士学位。长期从事动态精密工程测量、3S 集成、时空大数据分析等方面的研究，突破了影响基础设施安全的刚度/弯沉、表观变形和线形变化连续高精度动态测量等关键难题，形成了动态精密工程测量理论方法与技术体系，发明研制了系列专用测量装备，服务我国 70％以上等级公路、数百个城市市政道路，以及机场、隧道、地铁、大坝、管网等基础设施安全状态测量，推动了精密工程测量从"静态到动态""离散到连续""人工到智能"的转变，显著提升了我国基础设施安全状态测量技术水平，实现了国际化推广，为工程测量学科发展做出了突出贡献。

李清泉共出版专著 5 部，发表论文 300 余篇；荣获中国青年科技奖、全国创新争先奖、何梁何利科技进步奖；获授权国际、国内发明专利 40 余项，国家技术发明奖二等奖 1 项，国家科学技术进步奖二等奖 1 项，国家级教学成果奖二等奖 1 项，国家科学技术进步奖（创新团队）1 项；获省部级科技进步奖一等奖 7 项，培养数十名博士、硕士研究生。自 1996 年至今，先后担任武汉测绘科技大学科研处处长、副校长；武汉大学副校长、常务副校长；深圳大学校长、党委书记。

序 一

工程测量学是测绘学中重要的学科分支,是保障国民经济高速发展的通用基础性学科,在城市建设、工业制造、交通工程、水利工程、地下工程、管线工程、海洋工程等领域广泛应用,为其设计、建设、运营提供重要保障。动态精密工程测量是测绘学科的前沿,它集成了工程技术、计算机技术、电子信息技术和自动控制技术,又与土木工程、水利工程、航空航天等学科深度交叉融合,服务于大型建筑、交通设施、水利枢纽、大科学装置、探月工程,并逐渐向地下、水下、太空等更深、更远的地方延伸,具有典型的前沿交叉性质。

改革开放以来,我国工程建设取得了突出成就,高速公路、高速铁路、城市地铁、水库大坝、大型机场、大型管道等基础设施的规模迅速扩大。截至 2020 年,我国高速公路通车里程 16.10 万 km,高速铁路通车里程 3.8 万 km,公路/铁路隧道超过 38000 座,市政管道多达数百万千米。这些规模巨大的基础设施是国民经济发展的动力源泉,其服役状态关系到国民经济高速稳定运转和人民生命财产安全。因此,必须对这些基础设施运行过程中发生的结构和表观变化进行高精度、高频次的精密测量,精准评估其服役状态。传统的工程测量利用水准仪、经纬仪或者全站仪,进行高程或者平面位置的空间抽样测量,自动化程度低,测量成本高,测量周期长,难以实现大规模高速公路、铁路、管道工程的空间全覆盖。如何快速高效地进行重大基础设施的精密测量与检测,保证其安全服役是国家重大需求。动态精密工程测量技术具有高效、智能、连续等特点,是满足这一重大需求的有效手段。但是大多数动态精密工程测量应用场景具有独特性,如道路路面病害检测、高铁轨道检测、大坝内部变形监测、管道内部破损检测等,通用测量装备无法满足应用需求,研制专用测量装备是动态精密工程测量技术发展的一个重大特点。许多应用场景需要普查测量,测量数据具有典型的大数据特点,如毫米分辨率的路面影像和隧道三维激光扫描数据、20000Hz 以上结构光三维测量数据等,测量数据高效处理与分析是动态精密工程测量面临的又一挑战。此外,如何利用测量结果对基础设施安全状态做出正确判断和预测,进而指导安全运维,也是动态精密工程测量需要完成的任务。

李清泉是 1993 年跟随我攻读在职博士研究生的,他从 2000 年前后就开始开展动态精密工程测量的研究和应用工作,带领的团队是国内测绘同行中最早开展道路检测技术、无人机三维测量技术、自动驾驶技术等方面研究工作的。2012 年从武汉大学到深圳大学担任校长以后,除了完成学校的行政管理工作,领导深圳大学实现跨越式发展外,在海岸带测绘、堆石坝变形监测、城市排水管检测等方面开展创新研究,不断取得新的成果。他的研究特点是把测绘新技术与不同的工程应用需求结合,不仅注重理论研究还重视技术开发和装备研制,培养的学生也不断地把团队的研究成果转化为实际生产力,推动行业技术进步,真正体现了"把论文写在祖国大地上"。这本书是李清泉教授带领科研团队历时近 20 年的研究成果总结。

全书系统阐述了动态测量时空基准、多传感器集成动态测量、动态精密工程测量数据处理,介绍了团队研发的多种动态精密工程测量专用测量装备和典型工程应用,完善了动态精密工程测量的理论和技术体系,为工程测量学科发展做出了突出贡献。该书的出版将会有力推动我国动态精密工程测量理论与技术的进步,助力我国在动态精密工程测量领域取得国际领先地位。

李德仁

中国科学院院士、中国工程院院士

2020 年 12 月 24 日于珞珈山

序　二

应李清泉教授邀请,我有幸对《动态精密工程测量》一书进行学习审阅。我作为工程测量学科的一名教师,从事教学和科研已50多年,对于工程测量比较熟悉,对精密工程测量知之甚深,对动态测量也略知一二,两个多月来,初读了书稿,也提了一些看法和意见,但更多的是欣喜,为清泉教授团队的成就高兴;同时也深感惭愧,因为《动态精密工程测量》中的许多创新技术和方法,在我编写的《工程测量学》中鲜有提及。

李清泉教授于1981~1988年在武汉测绘科技大学工程测量系进行本科和硕士研究生学习,后留校任教,20世纪90年代,师从李德仁院士从事摄影测量与遥感研究,获工学博士学位。我于1981年在该校同系硕士研究生毕业并留校,1982~1985年在德国进修,回国后开始招收硕士研究生。1994年,李清泉教授参与我的一个横向项目研究,与我合作撰写了题为《矿岩界线的自动推断》的论文,发表在《武汉测绘科技大学学报》,结下学术与科研之缘。

动态精密工程测量的特点是动态性和精密性。对于动态性而言,多指采用持续测量方法获取被测对象随时间的动态变形,如高耸建筑物的倾斜变形过程,即测量设备或传感器在离散点上不动,而只有被测对象在变动。对于精密性来说,在大型特种精密工程规划设计、施工建设和运营管理阶段,都有许多精密测量,特别是设备安装和工程变形监测,几乎都属于精密测量范畴。《动态精密工程测量》一书详细介绍了由精密测量设备及多种传感器集成的系列专用装备(测量平台)处于运动状态,可连续获取被测对象的多源几何数据和非几何信息,如表面的精准形态和海量数字图像信息等成果;被测对象大多是国家或城市的基础设施,如公路、铁路、桥梁、隧道、大坝、机场、城市道路和地下管道等;测量平台可放置在车、船、无人机或可运动的载体上;通过对动态时空基准、时间同步、多源数据融合和连续观测数据拼接等数据处理理论方法的深入研究,将精密测量仪器、传感器以及软硬件集成组装,发明研制出系列专用测量装备,通过分析测量数据,对被测对象的状态做出评估,为被测对象长期的安全运行和维护提供可靠依据。目前,国家或城市众多基础设施都是采用钢筋混凝土建造,在没有自然力和人为破坏的情况下,钢筋混凝土的寿命大约只有一两百年,一旦老化,就会产生严重安全隐患。因此,在现代工程测量技术已基本能满足工程在规划设计、施工建设阶段日益增加的各种需求的情况下,工程在运营管理阶段的普查检测,将成为工程测量需要探索和完善的主要任务之一,《动态精密工程测量》一书中的研究与成果,为之提供了重要的理论和实践依据。

《动态精密工程测量》一书的内容超出了传统工程测量的范畴,如大型堆场(最早是煤堆)体积测量、海岸地形测量、室内测图以及道路弯沉测量等。道路路面智能检测虽然属于工程测量,但李清泉教授团队所发明研制的专用道路路面综合检测系列装备,服务了全国 70% 以上的各级公路和数百个城市的街道,这种检测的附加信息对于车辆导航系统的贡献远远超过了道路路面检测本身。

综上所述,《动态精密工程测量》一书在时空基准、大数据处理、评估分析、测量技术和高端装备研究等方面,形成了动态精密工程测量的理论技术创新体系,并在工程应用中得到验证,进一步完善了动态精密工程测量的理论和应用体系,为工程测量学科做出了突出贡献。

李清泉教授对工程测量学科理论知识具有深刻的理解和研究,高瞻远瞩,领导团队 20 年如一日地致力于动态精密工程测量这一学科方向的创新性研究和开发,是具有大智慧的领军人物;他专研摄影测量与遥感方向,同时融汇大地测量、地理信息系统等学科知识,成为了 3S 或多 S 集成方面的专家;得益于所研制的道路路面综合检测装备的广泛应用和巨大影响,也成为当之无愧的交通领域专家。他有扎实而渊博的学识,知人善用的心怀,锲而不舍的精神,勇往直前的决心,在动态精密工程测量这一学科前沿不断探索,取得了骄人的成果,同时,作为深圳大学的校长,高度关注学校的科研建设、制度改革等,短短几年,领导深圳大学进入全国百强大学之列,成为国内极具活力的大学之一,实现了他在学术和高校教育管理发展上的双丰收,令人钦佩。

最后,需指出的是,该书所介绍的动态精密工程测量,大多数情况被测对象在测量中是不动的,可以得到被测对象表观的精准形态,从而发现破损、裂缝、腐蚀、脱落等变化,进一步评价道路的平顺性和铁轨的线形等指标。在一些应用场景,通过周期性重复测量,可以获得被测对象的沉降和位移形变值。未来还可以进一步拓展到运动对象的变化监测中,如风电叶片的动态检测。

在国庆、中秋双节来临之际,在此向李清泉教授及团队致以衷心的祝贺,祝贺《动态精密工程测量》这本专著的出版。该书对于从事工程测量专业的师生和科技人员,无疑是佳音,因为有更加广阔的应用领域在等待你们。同时,阅读该书,可以扩展广大读者的知识面,启发人的创新灵感。

张正禄

2020 年 9 月 30 日于上海

前　言

　　2020 年注定是不平凡的一年,席卷全球的新冠疫情改变了世界,也改变了我们的生活。我和我们团队的成员都与武汉有所关联,或在武汉工作生活过,或疫情之中一直在武汉,也有熟悉的老师、同学、朋友感染新冠,对疫情发展的关注牵动着我们的神经,有时感觉非常焦虑无助但却帮不上忙,只能默默地为武汉、为亲朋好友祈祷加油。但是,突如其来的疫情也让我们在繁忙的工作中突然安静下来,探讨以前没有时间思考的问题,做以前没时间做的事情。疫情稳定后,我们团队的成员都封闭在家,只有通过网络一起研究、讨论和工作,其中一件事就是我们想了多年但一直没有时间做的事,即对近 20 年来在动态精密工程测量领域的科研与产业化工作进行总结。时至今日,书稿已基本完成,国内的疫情有点反复,但基本得到控制,国际上疫情还处于发展之中。在此,我也衷心希望疫情能够尽快结束,正常的校园生活能够尽快恢复。

　　历史非常的巧合,17 年前,也是在 SARS 疫情严重的时候,武汉大学校园封闭,我带领团队师生在实验室讨论下一步的研究方向,我们认为随着我国基础设施建设的不断推进,工作重心一定会从大规模建设向大规模维护转变,工程测量的重点也会从测量向检测与监测转变。因此,我决定把基础设施安全状态测量作为团队研究方向,结合移动测量和工程测量方面的研究积累,首先开展道路路面检测技术研究和装备研发。经过多年的努力,在多传感器集成与同步控制、多源测量数据的融合与处理、新型测量传感器和专用测量装备的研制等方面取得了技术突破,奠定了动态精密工程测量的理论和技术基础。时间过得真快,转眼之间我们团队在动态精密工程测量领域工作了近 20 年,从研制第一台道路路面综合检测装备到研制国内第一台公路弯沉动态测量装备,再到研制国内第一台公路隧道检测装备,我们从公路检测技术与装备开始,不断把研究与应用拓展到铁路、机场、地铁、桥梁、管道等领域,研制的系列测量装备有数百台在全国各地广泛应用,也孵化了多个创业企业,分布在武汉、北京、深圳、西安等地,引领着行业的技术创新。这个过程中我们克服了许多经费、技术、人员等方面难以想象的困难,依稀记得我们第一个路面相机的盒子是用高压锅改装出来的,第一条路面图像中的裂缝是人工识别的,其中遇到的许多困难永远不会忘记,也成为我们最珍贵的人生经历和记忆。

　　2012 年我从武汉大学来到深圳大学担任校长,在深圳大学也组建了新老结合的研究团队。在凝练研究方向时我考虑到深圳是一个滨海城市,我们的研究一定要和水有点关系。因此,在原有的研究方向基础上,又拓展了管网动态检测和海岸工程测量新方向,重点突破蓝绿激光测深技术、高精度惯性组合测量技术、水下高精度定位与测量技术等,研制了蓝绿激光机载测量系统、水岸一体三维测量系统、堆石坝内部变形监测管道测量机器人、排水管道检测胶囊等。我们团队正在开展的研究工作包括大型桥梁和桥梁集群状态监测、大型沉管浮运安装智能测控等。

回顾自己的研究工作经历,我对所从事研究工作的认识也在不断深入。工程测量是测绘学科的重要分支,也是应用性很强的学科,与其他测绘学科的分支不同的是,工程测量与各种各样的工程建设密切相关,贯穿工程规划建设、运营的全过程。伴随着我国大规模工程建设的开展,对工程测量的新要求也在不断出现,促进了工程测量技术和规模的迅速发展,工程测量已成为测绘行业从业人员最多的一个专业。与此同时,我们也发现一些新的应用需求。大规模基础设施安全状态的普查测量就是一个典型,这一应用领域虽然不是传统工程测量的应用范围,但规模巨大,远远超过基础设施建设测量的市场规模,也是一个长期持续的需求。同时这些新的应用需求,与传统工程测量相比,不仅对测量精度、效率提出了更高的要求,而且作业范围更大,环境更复杂,测量要素更多样,尺度变化更大。然而,以静态、离散、单要素为特征的测量方法和设备无法满足需求,致使在很长一段时间内,传统工程测量从业人员缺少技术和装备来完成这样的工作任务。

通过近20年的不断努力,我们将测量技术、传感器技术、计算机技术、大数据技术、人工智能技术结合起来,形成了较为完整的动态精密工程测量理论方法和技术体系,并在科学研究与工程实践中不断完善。在此过程中也形成了团队的研究特色,如测绘技术与非测绘行业的结合、硬件系统与软件算法的结合,以及装备研制与工程应用的结合。特别是结合不同应用需求研制了一系列专用测量装备,实现了工程测量技术的创新、服务领域的拓展,形成了工程测量领域新的增长点和学科发展的新方向。我们认为在未来相当长的一段时间,动态精密工程测量将成为工程测量重要的前沿发展方向,在不断出现的应用需求驱动下,呈现出快速发展的态势。同时,我们也认识到工程测量研究应用领域和范围将不断扩展,界限将进一步模糊,进而与不同行业深度融合,成为其日常生产和工作的重要组成;工程测量的技术和装备也将不断创新,学科交叉越来越明显,专用装备日新月异,形成蓬勃发展的良好生态。

我团队的主要成员均参与了本书的撰写工作,本人负责全书所有章节的撰写,涂伟参与第1、12章撰写并负责全书的组织协调,陈智鹏参与第2、9、10章撰写,余建伟参与第3章撰写,汪驰升参与第4章撰写,张德津参与第5、6章撰写,毛庆洲参与第7、8章撰写,周宝定参与第2、11章撰写。此外,邹勤副教授,陈小宇博士、张亮博士、黄练博士、熊智敏博士、马威博士、崔昊博士、廖江海博士,博士生管明雷、殷煜、梁安邦、方旭,研究生王新雨,研究助理成惠言参与了资料整理,在此一并表示感谢。

　　最后,特别要感谢我的导师李德仁院士为本书作序。感谢我在武汉测绘科技大学学习期间的老师、后来工作期间的同事张正禄教授,他对全书进行了审阅,提出许多宝贵的修改意见,并为本书撰写了序。还要感谢杨必胜教授、李必军教授、唐炉亮教授、胡庆武教授的大力支持。

　　由于作者水平所限,书中难免存在不妥之处,恳请广大专家和读者批评指正。

李传龙

2020 年 7 月 25 日于荔园

目　　录

第1章 动态精密工程测量概述

测绘学是研究地球和其他实体与时空分布有关信息的采集、存储、处理、分析、管理、传输、表达、分发和应用的科学与技术。测绘学具有悠久的历史,包括大地测量、工程测量、摄影测量与遥感、地图制图、不动产测量、海洋测量、地理信息系统等学科。工程测量是在测绘学中从业人员最多、应用性最强的一个分支。

1.1 工 程 测 量

工程测量是研究工程、工业和城市建设及资源开发各个阶段中所进行的地形和有关信息的采集和处理、施工放样、设备安装、变形监测分析和预报等的理论、方法和技术,以及对测量和工程有关的信息进行管理和使用[1]。工程测量是测绘科学与技术在城市建设、工业制造、交通工程、水利工程、地下工程、管线工程、海洋工程等的直接应用,为其设计、建设、运营提供基础保障,在国民经济和国防建设中具有重要作用。

工程测量是测绘学中历史最为悠久的一个分支。人类发展文明史是改造自然的历史。远古时代,人类不断与自然界斗争,从原始的刀耕火种走向了井田阡陌,改造自然,提高劳动生产率。早在古埃及时代,人类就开始丈量土地,进行土地平整,建造巨大的建筑物。从金字塔到万里长城,从古罗马输水道到都江堰水利工程,从中国黄石铜绿山矿到奥地利哈尔施塔特盐矿,这些大型宗教、建筑、水利、采矿工程通过测量进行选址、轴线定位、定向、施工放样以及维护监测。与此同时,不同的工程建设需求对测量技术不断提出新的挑战,如黄河河道整治、京杭大运河等水利工程对高程测量提出要求,北京故宫、圆明园等工程对施工测量提出要求,促进了工程测量技术的发展和完善,保证工程建设按照设计进行,实现人类对自然的改造。由此可以看出,人类发展文明史也是工程建设的历史,更是工程测量的发展史。

自工业革命以来,科学和技术突飞猛进,人类生产生活方式发生了重大变化,工业和贸易规模迅速扩张,居民聚集程度不断提高,修建了越来越多的人类定居点,大量的现代城市逐渐形成。一方面,城市中的居住区、工厂、道路等工程建筑物密集且规模庞大,对工程测量的精度、效率和作业过程提出了新要求。1689年,法国路易王朝开始修建凡尔赛宫,占地面积 111 万 m^2,其中建筑面积为 11 万 m^2,共有 1300 多个房间。另一方面,随着机械和光学技术的进步,现代工程测量手段开始出现。1730 年,英国机械师西森研制了经纬仪,利用望远镜、度盘进行角度测量,提高了角度的观测精度,简化了方向测量与计算。经纬仪首先被应用于航海和军事制图,随后角度测量继续发展,并被逐渐应用于工程测量。1887 年,法国开始建造高达 300m 的埃菲尔铁塔,为了保障 18038 个钢铁构件能够按照设计图纸进行精确组装,精准施工放样必不可少。制造者利用当时先进的经纬仪进行施工测量,保障了埃菲尔铁塔按期建成。随着工程测量技术的不断变革,工程建筑物日益庞大而复杂。1930 年,美国在纽约曼哈顿岛历时 410 天建成高达 381m 的帝国大厦。1994 年,我国在湖北宜昌开始修建三峡大坝,坝高 181m,正常蓄水位 175m,总库容 393 亿 m^3,安装 32 台单机容量为 70 万 kW 的水电机组,装机容量达到 2240 万 kW。为了保障三峡大坝的建设与运营,共在坝体安装埋设正垂线、倒垂线、引张线、伸缩仪、精密量距、静力水准仪、精密水准仪、多点位移计等工程测量仪器 1.2 万余支,遍布三峡枢纽。

　　工程测量贯穿工程建设的规划设计、施工建设和运营管理三个阶段,如图 1.1 所示,其主要任务是进行地形图测绘、工程控制网布设及其优化设计、施工放样、工程变形监测分析和预报等工作。

(a) 地形图　　　　　　　(b) 施工放样测量　　　　　　　(c) 变形监测

图 1.1　工程测量

　　(1) 在规划设计阶段,工程测量通过控制测量、摄影测量等技术,利用经纬仪、水准仪进行测量,或者利用高清相机成像,获得工程区域的地形地貌,提供各种比例尺的地形图、正射影像图或者高程模型,为建筑、规划或者土木工程设计人员提供基础数据,支撑项目选址、选线评估。例如,新城区修建时进行地形图测绘,为城市的建筑物、道路、管道等布设提供依据;高速公路和高速铁路在规划阶段利用航空摄影快速获取指定带状区域的高清影像图,辅助进行线路走向评估。

　　(2) 在施工建设阶段,工程测量根据工地的地形、工程性质、施工的组织和计划等,建立平面控制网和高程控制网,将所设计的工程建筑物按照施工要求在现场标定,进行定线放样,测量工程建筑物的几何尺寸并进行施工质量控制。例如,在高层建筑物建设期间,需要布设平面控制网和高程控制网,随着建设进度推移不断进行施工放样,保障建筑物严格按照设计施工至正确的平面位置及高程;在工程现场周边进行沉降观测,防止发生关联灾害,保障施工安全;建设公路隧道时,进行洞内导线测量,不断校正隧洞掘进方向,保证隧洞顺利贯通。

（3）在运营管理阶段,需要对工程建筑物的水平位移、沉陷、倾斜以及摆动进行定期或持续的监测,监视工程建筑物的安全状态;对大型工业设备进行日常检测和调校,保障其按设计要求安全运行。例如,三峡大坝建设完成后,需要对坝体进行周期性的位移监测和沉降观测,辅助进行大坝的蓄水、发电与防洪决策;摩天大楼使用时需要进行年度沉降监测,防止大楼出现不均匀沉降。

近半个世纪以来,受益于空间科学、信息科学、现代光电技术、传感技术以及精密机械技术的发展,先进的工程测量仪器陆续出现,如光电测距仪、电子经纬仪、数字水准仪等。全站仪集成电子经纬仪、光电测距仪和通信模块,能够同时测量角度和距离,并传输测量数据,功能更加强大,给工程测量带来了巨大变化,改变了传统工程测量的作业方式。工程测量的信息化水平也得到了极大提升。工程测量的应用范围越来越广,不仅研究传统工程测设理论、技术和方法,而且还要延伸到国防工业、特种工业精密安装、环境和文物保护等领域,其服务范围涉及地面、地下、水下、太空、民用和军用等,其服务的行业包括市政、交通、水利、矿山、电力、航空航天与房地产等各类工业（厂）,以及医疗、公共安全、国防等。与此同时,工程测量的精度、效率和可靠性也正在逐步提高[2]。

随着工程建设的持续发展,大型、特大型工程数量不断增多,其复杂程度进一步提高,安全运维的风险也逐渐增长,这对工程建筑物的运营管理也提出了更高要求,其服役状态的监测周期不断缩短。规划设计与施工建设的测量问题已基本解决,工程测量的主要应用场景转变为以服务于运营管理测量为主,测量精度逐渐提高,测量速度和效率不断提升[3]。随着动态精密工程测量理论和技术的不断完善,工程测量正在发生深刻的变革。

1.2　动态精密工程测量

1.2.1　精密工程测量及其特点

随着现代科学和工程技术的不断进步,科学研究和工程应用不断向宏观的深空、深地、深海和微观的粒子、微纳方向拓展,重大工程项目和大科学工程得到了蓬勃的发展,如港珠澳大桥[4]、中国高速铁路[5,6]、载人航天工程等重大工程[7]。这些工程规模大、结构复杂、构件多样,为了保证它们的正常运营和高度稳定,不仅要求以高精度定位安装,而且要在运营维护期间监测其微小变形,并将其校准到正确位置。大型工程的施工、安装、检测、控制和监测对工程测量提出了更高的要求[8]。例如,安装 500m 口径球面射电望远镜的抛物面反射镜(图 1.2(a))时,其相对精度要求高达 0.1mm;散裂中子源粒子加速器包括 200m 直线加速器和 400m 同步环形加速器,其准直测量的平面位置精度为 0.3mm。我国建设了数万千米的高速铁路网(图 1.2(b)),服务高铁建设的 CPIII 控制点精度要求在毫米级,保障高铁安全运行的轨道检测精度也需要达到亚毫米级。大型工程建筑物,如广州新电视塔"小蛮腰"、深圳平安国际金融中心、上海中心大厦、北京大兴机场等,其设计和施工均要求高精度工程测量保障,其测量精度通常在毫米级。这些工程测量工作形成了工程测量的前沿方向,即精密工程测量。

(a) 500m口径球面射电望远镜　　　　　　　(b) 高速铁路

图 1.2　精密工程测量

和普通工程测量不同,精密工程测量在精度要求、测量对象、仪器设备、测量方法的等方面都存在一定的差别。

1. 测量精度高

根据《精密工程测量规范》(GB/T 15314—94)[9]的要求,精密工程测量的绝对测量精度应达到毫米量级,甚至亚毫米。例如,一级精密距离测量的中误差应小于 0.05mm;在修建速度为 350km/h 的高速铁路时,为了达到高速行驶条件下旅客列车的安全性和舒适性,《城市轨道交通无砟轨道技术条件》(GB/T 38695—2020)[10]要求采用高精度双频全球导航卫星系统(global navigation satellite system, GNSS)接收机,建设高精度平面控制网;上海同步辐射光源大科学装置包括长为 20m 的直线加速器、长为 180m 的增强器和长为 432m 的储存环,在安装时要求垂直于电子流方向的测量误差小于 0.05mm。

2. 服务对象复杂

工程测量大都针对简单建筑物进行,占地面积小,空间范围有限,测量作业相对容易。精密工程测量对象通常是摩天大楼、跨江/跨海大桥、超长隧道、高速铁路、粒子加速器等重大工程,这些工程建筑物构件多、结构复杂、空间范围广泛,测量困难多、要求高且难度大[8]。武广高速铁路长度超过 1000km,其 CPIII 控制网包含 3 万多个控制测量点。港珠澳大桥海底沉管隧道长 5664m,由 33 节巨型沉管和 1 个合龙段接头组成,最大安装水深超过 40m,数万吨沉管在海平面以下 13～44m 的水深处进行对接,需要水下精密施工测量,将对接误差控制在 2cm 以内[4]。

3. 测量仪器专用

测量仪器是精密工程测量发展的重要推动力。精密工程测量通常使用精度更高的测量仪器,如测角精度为 0.5″的高精度经纬仪、高精度激光测距传感器、高精度激光准直系统等,这些仪器性能好,精度高,稳定性强。近年来,精密工程测量仪器在测量精度、测量范围、测量自动化等方面都有了显著的进步,激光跟踪仪、激光扫描仪、测量机器人、高精度 GNSS 接收机等为精密工程测量提供了技术保障。许多工程场景环境特殊,测量要求高,需要研制专用的精密测量设备。例如,高速公路路面检测要求尽量不干扰路面交通,必须研制专用的车载道路路面检测系统,利用高精度结构光三维测量传感器、高分辨率相机、惯性测量传感器以及 GNSS 接收机,获取路面精细三维点云和纹理,快速高效地实现路面车辙、平整度、裂缝、破损等病害的连续检测,从而实现道路路面病害普查[11]。

4. 多学科交叉

精密工程测量集成了工程技术、计算机技术、电子信息技术和自动控制技术,涉及建筑学、地质学、海洋学、材料学、工程学等,具有典型的前沿交叉性质,始终是工程测量的发展热点和前沿方向。在应用方面,精密工程测量也具有非常典型的前沿交叉特征,服务于大型建筑、交通工程、水利枢纽、大科学装置、探月工程,并逐渐向地下、水下、太空等更深、更远地方延伸,同时和土木工程、水利工程、航空航天等学科深度交叉融合。

1.2.2 动态精密工程测量及其特点

改革开放以来,随着经济的快速发展,我国工程建设突飞猛进,工程建筑物,特别是民用建筑物(如高速公路、高速铁路、城市地铁、水利枢纽、大型机场、输电线路、大型管道)等规模迅速扩大。图 1.3 展示了我国高速公路与高速铁路通车里程的发展历程。1988 年,我国第一条高速公路——沪嘉高速公路建成通车,截至 2020 年底,我国高速公路通车里程已达到 16.10 万 km。2008 年,我国第一条设计速度为 350km/h 的高速铁路——京津城际铁路开通,截至 2020 年底,我国高速铁路通车里程已达到 3.8 万 km,对百万人口以上城市覆盖率超过 95%。与此同时,摩天大楼、公路/铁路隧道、跨江/跨海大桥等规模巨大的工程建筑物数量与日俱增,这对工程测量在工程建设、运营和维护过程中的应用提出了更高的要求。

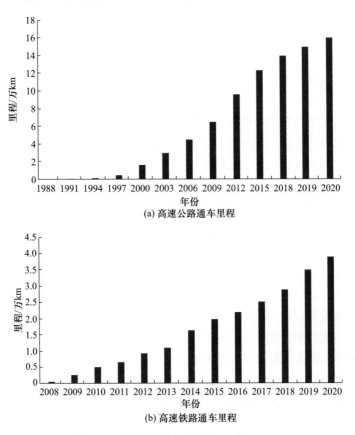

(a) 高速公路通车里程

(b) 高速铁路通车里程

图 1.3　我国重要道路基础设施发展历程

（1）重大工程如高速公路、高速铁路、地铁是国民经济建设的动脉,水利枢纽、核电站是动力源泉,摩天大楼组成的中央商务区是国民经济建设的"加油站",其服役状态不断发生变化,超过一定限度时将会引发事故,威胁人民生命财产安全。因此,必须对重大工程建筑物的形状和状态进行高精度、高频次精密测量,以精准评估其服役状态。例如,跨海大桥、高层建筑、大型机场的常态化监测,是其正常使用的前提;高速铁路的轨道、扣件每天都需要进行精细检测,才能保障速度为 350km/h 高速列车的快速安全通过。

（2）重大工程建筑物作为国民经济持续运转的基石,使用频繁,需要不间断运营,要求测量过程尽量不干扰其正常运用。高速公路路况检测要求测量速度和高速行车速度基本一致,减少路况检测对其运营造成的干扰[11~13]。水库大坝的位移监测要求 24h 持续不断,防止因突发暴雨、地震等事件造成翻坝、溃坝事故。

（3）一些重大工程建筑物的空间覆盖范围广泛,如大型管线、高速公路和高速铁路连接了我国主要的经济区域,传统的抽查式检测方法无法保证其安全服役,需进行大范围的检测。

我国的高速公路、高速铁路、隧道、桥梁、大坝、管线等工程建筑物数量多,空间覆盖范围广,如何快速有效地进行精密测量与检测,保证其安全服役是国家重大需求。传统精密工程测量通过精心布设平面控制网或高程控制网,在若干重要位置处布设精密测量仪器,进行空间抽样测量,但自动化程度低,测量成本高,难以实现空间全覆盖。例如,道路弯沉是表征道路承载能力或结构强度的重要力学指标,反映路面的使用性能。一方面,传统测量方法通过贝克曼梁法测量道路弯沉,通过对路面施加一定的载荷力,使路面充分变形后移除载荷,测量路面回弹弯沉,测量效率较低,为1～3km/h,而且需要封闭道路,如果将我国高速公路道路弯沉全部检测一次,需要近百台设备,近千人员,连续工作一年,且难以实现空间连续的普查检测[12]。弯沉动态连续测量是解决此问题的有效途径。另一方面,一些工程建筑物在提供服务时不可被干扰,留给运营维护的窗口时间非常短。高速铁路每天都有上百对高速列车通过,只有2～4h的时间窗口进行高铁轨道检测,其日常检测若要求无缝覆盖全部高铁轨道,仅武广高速铁路每晚就要有上千人员上路检测,在高铁沿线布设固定检测设备成本高昂,难以承受。因此,必须将测量仪器安装在沿着高铁轨道行驶的检测平台上,进行移动测量。基于移动平台的动态测量成为精密工程测量的一种重要模式。图1.4展现了动态精密工程测量工作方法的发展历程。

动态精密工程测量

精密工程测量

工程测量

图1.4 动态精密工程测量工作方法的发展历程

当前,传感器技术、计算机技术和机器人技术迅猛发展,多传感器集成化、智能化趋势越来越明显。自动化的测量机器人能够发现并精确照准目标,同时可锁定跟踪目标测量。一方面,激光雷达(light detection and ranging,LiDAR)测量系统具有快速、动态、高精度的特点,可实现快速动态精密观测,以获取目标三维坐标。集成高精度 GNSS 和惯性测量单元(inertial measurement unit,IMU),能够高精度确定测量平台的位置和姿态,高精度、高频率地获取运动平台的位姿信息。另一方面,随着智能车、无人机、无人船、机器人技术的发展,多种低成本的移动平台快速普及,精密工程测量具备了在运动状态下进行测量的必要条件[13]。精密工程测量已向自动化、动态化、智能化方向发展,广泛应用于大型桥梁、水利枢纽、高速铁路、高速公路、地铁等工程的高精度精密测量,以及航空航天、智能制造、科学研究等领域的精密工业测量。当前,动态化的精密工程测量已经进入发展的快车道。

动态精密工程测量既能直接利用成熟测量设备,如测量机器人、移动测量车等;也有研制专用集成测量装备进行动态精密工程测量,其中,专用装备的位置和姿态测量主要采用高精度 GNSS 接收机、IMU、里程计(distance measuring instrument,DMI)、跟踪仪等传感器来实现;工程结构与建筑物的表观测量则主要采用高清可见光或红外相机、LiDAR、线结构激光测量传感器等;工程结构与建筑物的内部测量主要采用探地雷达、多波束声呐、管线机器人等传感器来实现。通过快速获取目标对象的多源几何和非几何数据,进行高效处理和识别,获得目标对象相关的变形、沉降、表观变化等特征信息,并在此基础上对测量目标的状态进行评估和分析,为其安全运行和维护提供可靠依据。

动态精密工程测量具有高精度、动态、高效和协同等特点。

1. 高精度测量

动态精密工程测量是运动状态下的精密工程测量,因此,依然保有测量精度高这个特点,精度一般在毫米级,甚至是优于毫米级。如何实现动态条件下的高精度测量是难点,测量误差分析与控制是关键。动态精密工程测量涉及环节多,误差来源广泛,如在利用智能测量小车进行高铁轨道平顺度和轨道几何参数的测量过程中,既要控制定位定姿误差累积,又要确保结构光测量精度,还需顾及智能测量小车的结构稳定性误差、数据处理与分析误差等。

2. 动态测量

大范围精密测量是常见的工程应用需求,如大范围道路状态测量、道路弯沉检测、路面病害普查等要求不干扰正常的交通出行服务,可利用移动检测车进行动态测量;一些大型工程建筑物,如大型堤坝、跨海大桥等,要求定期进行全面的健康监测,可将测量仪器放置在可移动的测量平台上,进行机动灵活的动态精密工程测量。

3. 高效测量

动态测量是提高测量效率的有效手段。对于分布范围广泛、测量环境恶劣、测量窗口时间短的工程场景,动态测量是唯一有效途径。例如,高速铁路扣件检测若以人工方式进行,检测速度约 600 个扣件/晚,一条线路需要投入大量人力,而且测量精度和可靠性不高,采用智能扣件检测小车,检测速度可提升至 60000 个扣件/晚。针对城市下水道,传统的闭路电视(closed-circuit television,CCTV)检测机器人通过控制在管道内行走的机器人摄像头远程采集管道内图像进行检测,一台机器人每天只能检测 1~2km,而采用排水管道检测胶囊进行快速检测,可以实现高效的管道内部测量,检测速度可以达到每天 8~10km,且成本极低,这使得我国数十万千米城市排水管道的普查检测成为可能。图 1.5 展示了建立在动态测量方法上的动态精密工程测量典型应用形式和场景。

图 1.5　动态精密工程测量框架

4. 协同测量

在大范围精密工程测量中,单一测量设备线性作业的模式在时间和效率上往往无法满足实际工程的需要,动态精密工程测量可采用多台动态测量装备进行分布式协同作业,在同一时空框架下进行多源、多平台海量测量数据的集成处理与分析,也可以对测量机器人、激光扫描仪和探地雷达进行协同,更加精准、全面地获得测量对象的多源信息,实现全面高效的大范围测量。

1.3 动态精密工程测量分类与研究内容

1.3.1 动态精密工程测量分类

动态精密工程测量可以分为测量平台和被测对象两个组成部分。测量平台指的是布设测量仪器的基础平台,包括固定精密测量仪器的基座,如移动车辆、无人机、舰船、机器人等,以及安置在平台上的多种测量仪器和传感器。被测对象指的是被观测的对象,如建筑物、桥梁、隧道、道路、大坝、管道等。和传统精密工程测量不同,动态精密工程测量通常指测量平台或者测量目标这两个要素中至少有一个是运动的。根据测量平台和被测对象的特性,动态精密工程测量可以分为三种模式。

1. 测量平台不动,被测对象运动

这类测量模式指的是精密测量设备固定,测量运动的目标,观测目标的几何形状或者位移变化。如图1.6所示,在大型桥梁的周边选择若干观测站,利用高精度测量仪器,周期或连续地观测桥梁的晃动或者振动变形;利用布设在滑坡体外的地基合成孔径雷达系统,连续观测滑坡体的位移,并根据观测数据和滑坡体的力学模型预测其滑动;利用在高层建筑物周边固定点布设的高频摄像设备,连续监测高层建筑物在台风中的晃动情况,并对其安全性做出评估。

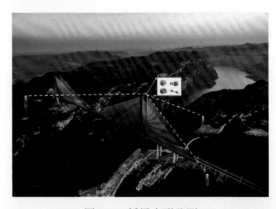

图1.6 桥梁变形监测

2. 测量平台运动,被测对象不动

这类测量模式将测量传感器安置在运动平台(如移动测量车、无人机、无人船)上,对目标进行观测,获取被测对象的相关信息,是常见的动态精密工程测量模式,也是本书的重要研究内容。如图 1.7 所示，道路综合检测装备以车辆作为平台，集成高精度位姿测量系统和精确观测系统，获取道路路面的高清影像和三维点云，通过处理分析识别道路路面的车辙、裂缝、破损等表观信息，为道路养护提供支撑；利用水岸一体测量船，集成高精度定姿传感器、声呐和激光扫描系统，实现对水下地形和水岸工程三维信息的快速获取和一体化处理。

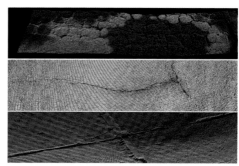

图 1.7　道路综合检测装备

3. 测量平台运动，被测对象也运动

这类测量模式是将测量传感器安置在运动平台（如移动测量车、无人机）上，跟踪观测运动的被测对象，精密测量被测对象的绝对和相对变化。例如，在无人机上装载 LiDAR 和视觉测量系统，对高压输电线路舞动状态进行监测，确保运行安全；在海底沉管隧道安装过程中，利用布置在载运船上的测量仪器，实现对沉管移动状态的监测，确保沉管水下精确对接；在无人驾驶车辆行驶过程中（图 1.8），利用车载多种传感器精确感知车辆周围的车辆、行人，以及不断变化的交通信号，指导车辆的安全行驶。

图 1.8　无人驾驶车动态感知车辆与行人

1.3.2　研究内容

　　和传统工程测量相比,动态精密工程测量的内容更加广泛,从传统的空间位置与几何形态观测拓展到工程建筑物的多维特征,如裂缝、破损、扰动、温变等,测量数据获取的内容和手段与传统工程测量相比发生了根本改变。动态精密工程测量数据在类型、结构、数量、时空分辨率、几何关系等方面已经超出传统工程测量的范畴,经典测量数据处理理论和方法无法直接适用。动态精密工程测量应用深度和广度的不断拓展,从普通的工程建筑物拓展到地下工程、海洋工程、水下工程、管道工程、制造工程等众多特殊工程场景,专用测量装备必不可少。动态精密工程测量的主要研究内容包括如下四部分。

　　1. 高精度时空基准建立与传递

　　工程测量空间基准参考框架是工程建设项目按设计规范进行建造、运营和维护的测量基准。动态测量在传统的空间基准建立与维持之上增加了时间基准。如何建立高精度的时间基准,并克服不同时间基准精度对高精度测量数据同步关联的影响,以及如何在统一的时间基准下建立高精度三维工程测量参考框架及其实时动态传递方法都是亟待研究的难题。

　　2. 新型测量传感器研制与集成

　　传统工程测量主要利用全站仪、水准仪、跟踪仪等仪器测量目标对象的平面位置和高程。动态精密工程测量不仅观测目标对象的几何形状,还要利用IMU、LiDAR、线结构激光、红外相机、深度相机、多波束测深仪等传感器获取被测对象的多维信息。在诸多工程场景中,单一测量传感器已经无法满足测量需要。多种测量传感器集成应用,实现目标多源信息的高效获取是需要研究的问题。同时,针对不同的应用需求研制特定的传感装置,实现数据高效获取也是非常重要的工作。

　　3. 多源测量数据处理与分析

　　不同测量传感器在测量范围、测量精度、测量速度、测量密度和自动化程度等方面各有特点,所获取的测量数据具有多源、动态、异构、海量以及时空粒度差别大等特征。这些测量数据类型多样,测量要素丰富。测量数据关系复杂,无法建立严密的线性约束方程。观测值误差既包含偶然误差,也存在系统误差和粗差,不完全符合正态分布假设。经典测量数据分析方法无法直接使用。面向动态精密工程测量的大数据处理与分析方法是需要研究的又一问题。

4. 专用测量装备研制与应用

动态精密工程测量的测量范围、测量环境、测量内容、测量目标都发生了变化，需要根据工程应用场景的实际需求，研制出专用测量装备。在装备研制过程中，需要充分考虑装备的功能、软硬件架构可靠性和稳定性、多传感器集成与同步控制、传感器和系统标定等问题，实现研制装备与其他仪器的无缝对接，解决专用测量装备的标准化、产品化和应用推广问题。

综上所述，动态精密工程测量支撑大规模工程结构与建筑物的快速、高效、普查性的精密测量，从而提供高质量的基础设施运维服务。随着工程建设的进一步发展，动态精密工程测量也面临着诸多挑战：工程建筑物越来越大，结构越来越复杂；工程环境向深空、深地、深海延伸，测量环境越来越困难；传感器技术迅猛发展，向着微型化、低能耗、智能化方向发展，同时，对测量的精度可靠性、时效性等方面的要求也在不断提高。

1.4　动态精密工程测量应用

随着国民经济和社会的快速发展，大型、复杂、多样的工程建设及其运维对工程测量的要求在不断提高。动态精密工程测量利用精密测量仪器或者专用测量装备，快速高效地获取被测目标的几何形状及其状态变化。相对于传统工程测量，动态精密工程测量具有动态、高效、高精度、协同等特点，并且服务于工程建筑物的全生命周期，能够适用于许多传统工程测量无法满足的应用场景，其应用领域和范围都在不断扩展之中。目前，动态精密工程测量技术已经广泛应用于交通工程、城建工程、能源工程、水利工程、智能制造等领域。

1. 交通工程

交通工程是基础设施最重要的组成部分，也是人员流动和物资流通的重要通路，是保障国民经济稳定运行与发展的重要动脉，包括公路、铁路、机场、地铁、桥梁、隧道、码头，以及相关的附属设施等。交通基础设施的高效平稳运行直接关系到社会稳定和人民群众生命及财产安全。

动态精密工程测量主要服务于交通基础设施运营维护阶段的服役状态检测和监测，为交通工程安全服役和提升服役性能的工程维修养护提供支撑，如公路路面弯沉、车辙、平整度、破损、裂缝等测量，轨道刚度、伤损、磨耗以及扣件等检测[13~15]，机场道面的测量，隧道的变形、渗水、裂缝和空鼓等测量，桥梁工程的健康测量等。这些精密工程测量工作可以通过在移动测量平台（轨道车、汽车）集成

GNSS 接收机、IMU、结构光测量传感器、多普勒激光测速仪、激光扫描仪、高分辨率灰度相机、红外相机、加速度计、DMI 等多种测量传感器形成专用测量装备来实现,如路面弯沉动态测量系统、公路隧道检测车、轨道测量小车等。

2. 城建工程

随着城市化进程的加快,我国开始了历史上最大规模的造城运动,无数高层建筑、市政设施、地下工程、各类管网迅猛增加,相应地,城建工程测量需求规模迅速膨胀,使工程测量成为测绘从业人员最多的专业。

动态精密工程测量广泛应用于城建工程的各个阶段。例如,以无人机和飞艇为运动平台,集成 GNSS 接收机、IMU、高分辨高光谱相机、倾斜摄影相机和 LiDAR 等传感器,实现对城市高精度三维数据的快速获取和更新,并在此基础上,实现城市三维精细建模,为城市建设提供强大三维空间数据支持。利用车载移动测量系统,集成 LiDAR、高分辨率相机、探地雷达等传感器,实现对高层建筑、大型滑坡体、城市地陷、地铁上盖沉降和变形的动态监测,提高城市公共安全水平;利用多个集成超宽带定位系统、LiDAR 和相机的室内三维测量机器人,实现对大型公共建筑室内场景的协同测量和三维建模,为城市位置信息服务提供基础数据;运用集成互补金属氧化物半导体(complementary metal-oxide-semiconductor,CMOS)相机及廉价的 9 轴微机电系统的排水管道检测胶囊,进行大范围的排水管道内部图像数据和胶囊运动轨迹数据的快速采集,通过大数据分析,实现对城市排水管网病害的快速定位和高效检测,为管网修复提供依据,提高城市运营和管理水平。

3. 能源工程

能源生产与输送是经济社会发展的重要基础。没有充足的能源供应就没有高速的经济发展。自然界能源(如煤炭、石油、天然气等)的开发或将自然资源加工转换为电力,进行发电、输电、变电、配电的能源工业离不开测量的保障。

在燃煤发电厂中,快速准确获取堆场储量是电厂进行生产核算、成本控制和生产计划安排的重要依据。集成 LiDAR 和数字云台的车载或无人机大型堆场动态存取测量和估算系统,采用分区独立扫描测量,快速获取堆场三维数据,准确计算堆场体积从而实现生产精细化管理。利用无人直升机作为测量平台,集成 LiDAR、可见光检测仪、红外热成像仪、紫外摄像仪、定位定姿系统(position and orientation system,POS)构建无人机输电线路测量系统,能够获取电力线路走廊海量高精度机载激光扫描点云数据、高分辨率航空数码影像、热红外影像以及紫外影像等,可直接获取电力线走廊内的高分辨率影像和精确的空间三维信息,进行电力线路故障检测及智能诊断。此外,露天和地下煤矿开采中,利用测量机器人系统进行开挖区域的快速测量和计算,服务矿山日常生产管理;井下人员设备位置服务系统,通过移动终端实现人员和设备的动态定位,提高井下工作的安全水平;管道检测机器人通过超声泄漏探测系统和惯性导航系统(intertial navigation system,INS),对石油管道泄漏类型和位置进行精确检测,实现数千千米长距离输油管道的安全运行。

4. 水利工程

水利工程是人类改造自然的重要手段,通过修建坝、堤、溢洪道、水闸、进水口、渠道、渡漕、筏道、鱼道等不同类型的水工建筑物,控制和调配自然界的地表水和地下水,达到除害兴利的目的。在我国长江、黄河和珠江等大江大河流域,经过多年努力建设了众多大型水利枢纽、引水和输水工程,如三峡大坝、南水北调工程等。动态精密工程测量贯穿其设计、建设和运营全过程。

水利工程的变形如垂直位移、水平位移、扰度、裂缝、应力/应变、分层沉降、渗流等是影响其安全运行的重大威胁,运行状态连续监测是保障其安全运行的基础。针对堆石坝内部变形测量,通过测量预埋柔性管道变形推算堆石坝内部变形,是解决大型堆石坝内部变形测量难题的有效手段,利用集成高精度 INS/DMI 的测量机器人,测量管道的三维曲线,推算出面板挠度、水平位移、垂直沉降等变形监测指标。将 GNSS、信息与通信技术与各种工程机械进行集成,构建智能施工碾压系统和机械防撞系统,实时动态测定工程机械的位置和姿态,已经成功应用于大型堆石坝施工中碾压质量控制和塔吊防撞,保证了工程施工安全、质量和工作效率。集成 GNSS 接收机、IMU,以及 LiDAR、多波束测深仪和水下激光测量设备构建水岸一体地形测量系统,可以进行水库库容测量、水上水下堤坝和边坡监测、输水渠道和隧道三维测量、水下工程破损和开裂等病害检测[15]。

5. 智能制造

动态精密工程测量已经拓展应用于工业生产领域。智能制造是现代工业生产的发展方向,快速高精度检测是其重要内容,也是产品生产过程控制和质量控制的重要手段。

工业测量系统是伴随着测量技术发展起来的,具有较长的历史,如早期的经纬仪交会系统、近景摄影测量系统等。随着精密制造技术、光电技术、控制技术和通信技术的发展,出现了诸如激光全站仪、激光跟踪仪等高精度工业测量系统和其他传感器,其测量范围从几米到数十米,精度达亚毫米级或者更高,广泛应用于飞机、汽车、轮船、科学装置等整体和部件的几何检测、精确组装等。例如,利用无人机结合激光扫描仪快速高精度地检测大型飞机的机身形面变化;利用摄影测量机器人和结构光测量系统实现舰艇大型构件精确测量;运用高分辨率高速相机结合人工智能技术实现智能手机屏幕和镜头缺陷自动检测;利用数字机械臂结合光学追踪三维扫描仪实现多种类型工业部件的精确测量。

6. 其他应用

动态精密工程测量技术具有非常好的拓展性和适应性,在一些新兴行业也得到了很好的应用,如无人驾驶车辆与智能机器人、公共安全与应急响应新技术等。

无人驾驶车辆集成 IMU、LiDAR、高清相机等多种传感器,高效感知运动车辆的周边环境,利用机器学习/深度学习快速识别周边的物体和障碍,如行人、车辆、路坎、标志标线等,进行车辆路径规划与控制,自主进行障碍躲避和稳定行驶[16]。物流仓储机器人基于移动平台上的多种传感器观测周围环境,利用高清相机或低成本雷达进行定位与制图,实现货物选取、运送和指定位置堆放。

公共安全与应急响应新技术是现代社会发展的重大需求。基于平流层飞艇的对地观测平台,可以集成多种测量传感器,如高分辨率视频相机、红外相机、LiDAR、干涉合成孔径雷达等,在城市或区域上空长时间驻留,实现连续观测,实时获取多种对地观测数据,应用于交通事故监测、救援和评估,滑坡体、渣土场、高层建筑实时变形监测、预警,城市和森林火灾的监测、消防调度和灾后评估,地震、海啸等重大自然灾害的救援、评估和重建,还可以用于城市管理中的交通流量分析,人群聚集、迁移分析和预测等。图 1.9 展示了动态精密工程测量在轨道检测、管道检测、堆场检测、堆石坝监测、飞机外形检测、海岸带监测等领域的应用。应用范围之广,方法之多,为基础设施精细化管理和智能服务提供了重要支撑。

(a) 轨道检测

(b) 管道检测

(c) 堆场测量

(d) 堆石坝监测

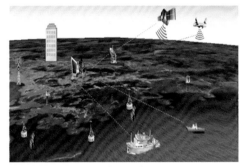

(e) 飞机外形检测　　　　　　　　　　　　(f) 海岸带监测

图 1.9　动态精密工程测量典型应用

1.5　本章小结

动态精密工程测量利用现有测量设备或者研制专用集成测量装备,快速获取目标对象的多源几何和非几何数据,进行高效处理和识别,获得目标对象相关的变形、沉降、表观变化等特征信息,并在此基础上对测量目标的状态进行评估和分析,为其安全运行和维护提供可靠依据。本章回顾了从工程测量到精密工程测量,再到动态精密工程测量的发展历程,介绍了动态精密工程测量的特点、分类、研究内容与应用领域。

参 考 文 献

[1] 张正禄,黄声享,岳建平,等. 工程测量学. 武汉:武汉大学出版社,2013.

[2] 宋超智,陈翰新,温宗勇,等. 大国工程测量技术创新与发展. 北京:中国建筑工业出版社,2019.

[3] 李清泉,萧世伦,方志祥,等. 交通地理信息系统前沿. 北京:科学出版社,2012.

[4] 林鸣,董政,梁桁,等. 港珠澳大桥岛隧工程工厂法沉管预制. 北京:科学出版社,2019.

[5] 何华武. 中国高速铁路创新与发展. 中国铁路,2010,(12):5-8.

[6] 任晓春. 高速铁路精密工程测量技术. 成都:西南交通大学出版社,2018.

[7] 高耀南,王永富,等. 宇航概论. 北京:人民邮电出版社,2018.

[8] 李广云,范百兴. 精密工程测量技术及其发展. 测绘学报,2017,46(10):1742-1751.

[9] 中华人民共和国国家标准. 精密工程测量规范(GB/T 15314—94). 北京:中国标准出版社,2018.

[10] 中华人民共和国国家标准. 城市轨道交通无砟轨道技术条件(GB/T 38695—2020). 北京:中国标准出版社,2020.

[11] 李清泉,邹勤,张德津. 利用高精度三维测量技术进行路面破损检测. 武汉大学学报(信息

科学版),2017,42(11):1549-1564.

[12] 李清泉,毛庆洲. 道路/轨道动态精密测量进展. 测绘学报,2017,46(10):1734-1741.

[13] Li Q, Zhang L, Mao Q, et al. Motion field estimation for a dynamic scene using a 3D Li-DAR. Sensors,2014,14(9):16672-16691.

[14] 张德津,李清泉. 公路路面快速检测技术发展综述. 测绘地理信息,2015,40(1):1-8.

[15] 李清泉,朱家松,汪驰升,等. 海岸带区域船载水岸一体综合测量技术概述. 测绘地理信息,2017,42(5):1-6.

[16] Li Q, Chen L, Li M, et al. A sensor-fusion drivable-region and lane-detection system for autonomous vehicle navigation in challenging road scenarios. IEEE Transactions on Vehicular Technology,2014,63(2):540-555.

第 2 章　动态测量时空基准

　　动态精密工程测量通常是在运动状态下利用搭载的多种传感器对目标进行测量,所获取的数据具有典型的时空特征。因此,为保证测量数据的有效性,必须建立动态条件下统一的时间和空间基准,一方面,确保多种传感器所获取数据的采样时间基准一致性;另一方面,确保空间三维测量数据与参考坐标系的精确关联,从而实现多传感器测量数据在统一时空基准下高精度配准与融合。本章主要介绍动态测量时空基准和建立方法,具体包括时间系统和时间基准、空间基准及定位原理和动态测量定位定姿方法。

2.1　时间系统和时间基准

2.1.1　时间系统

　　时间是一个较为抽象的概念,是物质运动、变化的持续性、顺序性的表现,是用以描述物质运动或事件发生过程的参数。若把时间看作一维的坐标轴,则该轴有无穷远的过去和未来,但是为了方便记录在这历史长河中的每个事件,人们在这根轴上定义了种种不同的原点,创建了不同的时间系统,即历法,如罗马历、儒略历、格里高利历,以及我国的农历等。时间系统的两个要素是时间的计算起点和单位时间间隔的长度,时间单位有年、月、日、时、分、秒、毫秒、微秒等。与传统的静态测量不同,时间是动态精密工程测量中一个重要参数,它与空间参数结合起来实现对观测过程完整的描述。常用的时间系统有以下六种。

　　1. 平太阳时

　　平太阳时是以假想的平均速度运行的太阳(平太阳)连续两次经过测站子午圈的时间间隔为一个平太阳日。19 世纪末,人们将一个平太阳日的 1/86400 作为 1s 的定义。

　　2. 世界时

　　格林尼治平太阳时即世界时(universal time,UT)。地球上每个地方子午圈均存在一个地方平太阳时 m_s(简称地方平时)。它和世界时的关系为

$$m_s = \text{UT} + \frac{\lambda}{15} \tag{2.1}$$

式中，λ 为该地的经度。

为了使用方便，将地球按子午线划分为 24 个时区，每个时区以中央子午线的平太阳时为该区的区时。格林尼治时为零时区，格林尼治时等于世界时；北京时对应第八时区。

$$\text{北京时} = \text{UT} + 8\text{h} \tag{2.2}$$

3. 国际原子时

由于世界时存在不均匀性，1967 年 10 月，第 13 届国际计量大会决定开始采用国际原子时（international atomic time，TAI）以取代历书时作为基本时间计量系统，并引入新的秒长定义：铯原子 C_s^{133} 两超精细结构能态间跃迁辐射 9192631770 周所经历的时间作为 1s 的长度，称为国际单位秒（second，s），按此定义复现秒的准确度已经优于十万亿分之一秒，即时间精度可达每 100 万年误差 1s。国际原子时是一种均匀的时间计量系统，规定 1958 年 1 月 1 日世界时 0 时为国际原子时的初始历元，单位秒长为 s。

4. 协调世界时

尽管原子时的实施使时间计量产生了质的飞跃，但它并不能代替世界时的应用，以地球自转为基础的世界时仍有广泛的用途。由于原子时秒长比世界时略短，世界时时刻将渐渐落后于国际原子时。为了兼顾对世界时时刻和原子时秒长的需要，国际上规定以协调世界时（coordinated universal time，UTC）作为标准时间和频率发布的基础。地面观测系统以 UTC 作为时间记录标准。

协调世界时的秒长和国际原子时秒长一致，在时刻上则要求尽量与世界时接近。从 1972 年起规定两者的差值不超过 0.9s。为此，可以在每年的 1 月 1 日或 7 月 1 日强迫 UTC 跳 1s（闰秒）。具体的调整由国际地球自转服务根据天文观测资料作出规定。

5. GPS 时

GPS 时（global positioning system time，GPST）是以国际原子时为时间基准建立的时间系统，其时间起算原点定义在协调世界时的 1980 年 1 月 6 日 0：00：00，启动后不跳秒以保持时间系统的连续性。在此时间原点后的任意时刻，GPST 与 TAI 均有一个常数偏差，可以表示为：GPST＝TAI－19s；而 UTC 会有跳秒的操作，使得 GPST 与 UTC 之间有不断累积的整数秒的偏差。为了计数的方便，

GPST 把连续的时间看成周期性的,以一个星期(604800s)作为一个时间周期,称为 GPS 周;采用周和周内秒进行时间计数。

6. 北斗时

北斗时(BeiDou system time,BDT)也是以 TAI 为基准建立的原子时时间系统,其起始历元为 UTC 的 2006 年 1 月 1 日 0∶00∶00,是一个不跳秒的连续时间系统,也采用周和周内秒计数。虽然 GPST 和 BDT 均是原子时,但是两者的起算时刻不同,两者时间的关系为

$$\begin{cases} w_{\text{BDT}} = w_{\text{GPST}} - 1356 \\ s_{\text{BDT}} = s_{\text{GPST}} - 14 \end{cases} \tag{2.3}$$

2.1.2　时间基准

任何周期性变化并且可观测的自然现象都可以用来计量时间。人类最早以地球自转作为计时标准,进而以机械钟、石英钟,乃至原子钟作计时工具。从此,对时间的计量精度也跨入了飞秒时代。从性能上看,原子钟(常用的是铯钟和氢钟)性能较好;从价格和可靠性上看,石英钟则更有竞争力。

在动态测量中,系统的各个传感器采用独立的石英钟计时,为了使得采集的数据能够相互关联与融合,就必须有高精度的时间基准,同时还要不断进行时间比对,即时间同步。目前获取精确的时间基准主要有以下三种途径。

1. 以高精度的原子钟作为时间基准

由于原子钟具有极高的频率稳定度,在有些场合可以直接利用原子钟作为系统的时间基准,与国家授时中心直接对时,但目前原子钟造价较高并需要周期对时。

2. 利用 GNSS 卫星接收机提供的秒脉冲信号

GNSS 不仅为用户提供了定位数据和时间信息,而且在 GNSS 有效时,GNSS 接收芯片还输出了秒脉冲(pulse per second,PPS)信号,该脉冲表示了时间秒的起始时刻,目前精度可达 10ns 量级,可以为其他系统提供高精度的时间基准。随着我国北斗导航卫星系统的不断发展和完善,采用北斗卫星接收机也可以实现导航定位,并能获取时间信息和时间基准,目前精度可达 10ns 量级。

3. 利用 GNSS/高频晶振组合提供的高频高精度时间信号

尽管采用原子钟能够灵活获取高精度时间,但是由于价格较为昂贵,移动测量

系统一般没有配备原子钟。采用导航卫星能够以较为低廉的成本实现高精度的时间同步,然而在 GNSS 信号拒止的情况下,无法实现时间同步。另外,GNSS 接收机输出的时间脉冲信号频率较低,无法满足移动测量中高频采样数据的时间同步需求。

考虑到动态测量对时间基准的高精度和高更新率的应用需求,兼顾成本和设计方便,可以选用 GNSS 卫星接收机和高稳石英钟组合来产生高精度、高频率的基准时钟。在 GNSS 卫星信号有效时,利用 GNSS 接收机输出的 PPS 信号驯化高稳石英钟输出的方波脉冲,从而获得高精度的绝对时间基准;在 GNSS 信号拒止情况下利用驯化石英钟输出高频率的时间信息。该方案可以充分利用高稳石英晶体的短时稳定性高和 GNSS 卫星接收机 PPS 信号长期精度高的优点,为动态测量提供高精度、高频率和低造价的时间系统。具体的动态测量时间基准的建立与维持方法涉及传感器的特性和同步控制的逻辑,详细的时间基准传递和同步方法见 3.3 节。

2.2　空间基准及定位原理

空间基准是一组用于空间测量和计算的参考点、线、面[1]。基于给定的空间基准,可以建立相应的空间坐标系统,如大地坐标系定义在给定的参考椭球及其定位定姿基础上,高程参照系定义在给定的大地水准面模型基础上等。坐标参照系是提供系统原点、尺度、定向及其随时间演变的一组协议、算法和参数。定义一个坐标参照系,需要确定其原点、轴向和尺度,而基准则提供了用于确定这些量的依据[2]。

2.2.1　坐标系统与坐标转换

1. 坐标系统

坐标参考系统是空间三维数据采集与表达的基础,任何空间测量数据必须与一个参考坐标系关联进行表达才有意义。动态精密工程测量是通过集成多传感器的测量装备将现实世界映射为统一测图坐标系中空间数据的复杂过程。为表达不同测量过程中的变量,需要定义一系列坐标系,包括大地测量常用坐标系统,以及动态测量常用的坐标系统。

1) 大地测量常用坐标系统

(1) 地心惯性坐标系(inertial frame,记为 i 系)。经典的牛顿运动定律在惯性空间才成立,惯性坐标系是惯性空间运动计算的基础,定义为在惯性空间中静止或者匀速直线运动的坐标系。常用的近似惯性坐标系为地心惯性坐标系,该坐标系原点为地球质心,Z 轴为地球自转轴,指向北极,X 轴在平赤道面内指向平春分点,Y 轴与 Z 轴、X 轴构成右手正交坐标系。地心惯性坐标系主要用于描述地球本身的运动和动态精密工程测量中的惯性测量值。

(2) 地心地固坐标系(earth-frame,记为 e 系)。地心地固坐标系也称为地球坐标系,主要用于表示地球上的位置。地心地固坐标系的原点为地球质心,以地球自转轴为 Z 轴,X 轴在平均赤道面内指向零度子午线,Y 轴与 Z 轴、X 轴构成右手正交坐标系。地球坐标系相对地心惯性坐标系近似匀速旋转,即地球自转,其速率为 7.2921158×10^{-5} rad/s。在测绘领域中,地球坐标系得到广泛的应用,其中,世界大地测量系统 1984(world geodetic system 1984,WGS-84)坐标系是最常用的地球坐标系。地球坐标系的坐标参数可以用空间直角坐标(X、Y、Z 三个参量)表示,也可以用大地坐标系(经度、纬度、高程三个参量)进行表示。目前国际上较常用的地心地固坐标框架有国际地球参考框架(international terrestrial reference frame,ITRF)和世界大地测量系统。在我国常用的坐标参考框架有 1954 北京坐标系、1980 西安坐标系以及国家大地坐标系统 2000(China geodetic coordinate system 2000,CGCS2000)。

(3) 导航坐标系(navigation-frame,记为 n 系)。导航坐标系在传统测量中也称为站心坐标系。由于地球表面为三维曲面,几何运算复杂,需要定义地球表面局部切平面空间,便于线性几何运算。本书中定义的导航坐标系为当地水平指北坐标系,其原点与运动载体位置重合。如图 2.1 所示,X 轴指向地理东(E)方向,Y 轴指向地理北(N)方向,Z 轴垂直参考椭球表面指向天空(U)方向,通常称为东-北-天坐标(E-N-U坐标系)。导航坐标系主要用于描述运动载体在当地坐标系中的运动姿态和速度。

(4) 测图坐标系(mapping-frame,记为 m 系)。测图坐标系即表达最终测量成果的参考坐标系,常用的大范围测图坐标系为高斯投影坐标系,它是利用投影变换将地球坐标系按照特定的投影公式进行投影,其坐标原点为中央经线与赤道的交点,向东为 Y 轴,向北为 X 轴,该坐标系为左手系,Z 轴为高程方向,一般采用地球椭球高。

2) 动态测量常用坐标系统

(1) 平台坐标系(vehicle-frame,记为 v 系)。平台坐标系是与运动平台固连的坐标系,用于表达运动平台在三维空间中的位置姿态,同时为平台上安装的传感器提供坐标基准。以平台几何中心为原点,Y 轴指向前进方向,X 轴指向右方向,Z 轴指向天向方向构成右手坐标系。平台坐标系在涉及平台坐标系测量值或者先验约束的时候使用,如 DMI 速度测量值或者汽车运动速度约束,通常是在平台坐标系中进行表达。

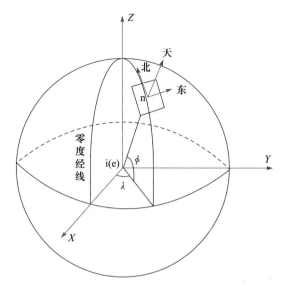

图 2.1　地球导航常用参照系

（2）载体坐标系（body-frame，记为 b 系）。通常在使用了 INS 的载体上，将载体坐标系原点定义为 IMU 的测量中心，X 轴指向右，Y 轴指向前，Z 轴指向上的右手正交坐标系，简称为右前上坐标系。相应的定义绕 Z-X-Y 轴旋转顺序的旋转角定义为航向、俯仰、横滚，如图 2.2 所示。INS 的原始观测值都是表达在载体坐标系中。在没有 INS 的载体平台上，通常也将载体坐标系与平台坐标系混用。

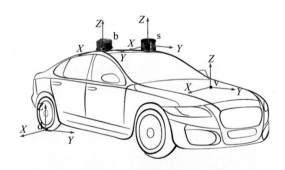

图 2.2　动态测量常用坐标系

（3）传感器坐标系（sensor-frame，记为 s 系）。传感器坐标系即传感器测量值所在的坐标系。以 LiDAR 为例，坐标系以激光发射中心为原点，零度水平方位角为 X 轴指向，零度竖直方位角为 Y 轴指向。后续将不同的传感器坐标系简记为其英文首字母坐标系，如 LiDAR 坐标系记为 l-frame，DMI 坐标系记为 d-frame，相机坐标系记为 c-frame。

2. 坐标转换

在动态测量的数据处理过程中,经常会将变量从一个坐标系转换到另外一个坐标系,描述这种变换关系的参数即坐标转换参数。两个三维空间直角坐标系的转换由一组三维旋转参数和三维平移参数组成,称为 6 自由度变换。其中三维平移为线性变换,比较简单。下面介绍常用的三维旋转参数表示方法。

1) 空间三维旋转

空间三维旋转有常用的四种表达方式,即方向余弦矩阵、欧拉角、旋转矢量和四元数。表示同一个空间三维旋转的不同表示形式之间可以根据其数学定义进行相互转换。本书此处对四种旋转方式的定义和常用转换关系进行简单介绍。

(1) 方向余弦矩阵,也简称旋转矩阵。旋转矩阵为三行三列正交矩阵。一个三维空间旋转对应唯一的旋转矩阵。坐标系 a 到坐标系 b 的旋转矩阵表示为

$$\boldsymbol{R}_a^b = \begin{bmatrix} c_{11} & c_{12} & c_{13} \\ c_{21} & c_{22} & c_{23} \\ c_{31} & c_{32} & c_{33} \end{bmatrix} \tag{2.4}$$

(2) 欧拉角表示目标坐标系相对于原始坐标系按照一定的顺序旋转的角度。每次旋转操作为绕某一固定坐标轴进行旋转。按照依次旋转的顺序不同,同一个三维旋转可以有 12 种欧拉角表示方法,具体为 X-Y-Z、X-Z-Y、Y-X-Z、Y-Z-X、Z-X-Y、Z-Y-Z、X-Y-X、X-Z-X、Y-X-Y、Y-Z-Y、Z-X-Z、Z-Y-Z。欧拉角通过式(2.5)按照旋转顺序左乘得到最终的旋转矩阵。

$$\begin{cases} \boldsymbol{R}_x = \begin{bmatrix} 1 & 0 & 0 \\ 0 & \cos\theta_x & -\sin\theta_x \\ 0 & \sin\theta_x & \cos\theta_x \end{bmatrix} \\ \boldsymbol{R}_y = \begin{bmatrix} \sin\theta_y & 0 & -\sin\theta_y \\ 0 & 1 & 0 \\ \sin\theta_y & 0 & \cos\theta_y \end{bmatrix} \\ \boldsymbol{R}_z = \begin{bmatrix} \sin\theta_z & \cos\theta_z & 0 \\ \cos\theta_z & -\sin\theta_z & 0 \\ 0 & 0 & 1 \end{bmatrix} \end{cases} \tag{2.5}$$

在采用东-北-天坐标系作为导航坐标系时,采用右-前-上坐标系作为载体坐标系,导航坐标系到载体坐标系的旋转采用 Z-X-Y 的旋转顺序,三次的旋转角分别为方位角、俯仰角和横滚角,则载体坐标系到导航坐标系的三维旋转可以表示为

$$\boldsymbol{R}_b^n = \boldsymbol{R}_z \boldsymbol{R}_x \boldsymbol{R}_y \tag{2.6}$$

(3) 空间三维旋转可以表示成绕一个固定旋转轴旋转一定的角度,称之为旋

转矢量,将其记为 $\boldsymbol{\phi}$。旋转矢量的方向表示旋转轴的方向,旋转矢量的模表示旋转角度的大小[3]。坐标系 a 转换到坐标系 b 可以表示为图 2.3。旋转角度的正方向可以用右手法则确定,即右手握住旋转矢量,大拇指指向旋转矢量正方向,余下四指所指方向即旋转正方向。旋转矢量与方向余弦矩阵的关系可表示为

$$\boldsymbol{C}_a^b = \boldsymbol{I} + \frac{\sin\|\boldsymbol{\phi}\|}{\|\boldsymbol{\phi}\|}(\boldsymbol{\phi}\times) + \frac{1-\cos\|\boldsymbol{\phi}\|}{\|\boldsymbol{\phi}\|^2}(\boldsymbol{\phi}\times)^2 \qquad (2.7)$$

式中,$(\boldsymbol{\phi}\times)$ 为向量 $\boldsymbol{\phi}$ 的叉乘矩阵。

$$(\boldsymbol{\phi}\times) = \begin{bmatrix} 0 & -\phi_z & \phi_y \\ \phi_z & 0 & -\phi_x \\ -\phi_y & \phi_x & 0 \end{bmatrix}$$

下文向量的叉乘矩阵也采用类似表达方式。

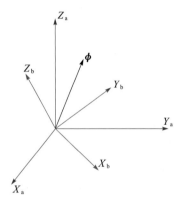

图 2.3　旋转矢量

(4) 四元数由一个三维单位向量和一个标量表示,其中三维向量表示旋转轴,标量表示旋转角度。利用四元数进行角度运算可以很好地避免特殊角度带来的奇异点问题。

$$\boldsymbol{q}_a^b = \begin{bmatrix} \cos(0.5\|\boldsymbol{\phi}\|) \\ \dfrac{\sin(0.5\|\boldsymbol{\phi}\|)}{0.5\|\boldsymbol{\phi}\|}0.5\boldsymbol{\phi} \end{bmatrix} \qquad (2.8)$$

2) 动态测量常用坐标系转换

动态测量是通过集成多传感器的测量装备将现实世界映射为统一测图坐标系中空间数据的复杂过程。动态 POS 获得的位置被统一归算到大地坐标系中,而姿态和速度则归算到导航坐标系中。传感器对环境的原始观测值通过安装标定值转换到载体坐标系中,进一步通过位置姿态参数转换到大地坐标系中,最后转换至测图坐标系中交付使用。本书主要介绍动态测量中从传感器坐标系到大地坐标系的转换过程。地球坐标系到投影坐标系的转换可以参考大地测量相关理论[1]。

（1）传感器坐标系转换至载体坐标系。对于集成多传感器的动态测量平台，由于传感器均具有一定的物理尺寸和安装误差，不同传感器的坐标系之间会存在距离和姿态偏差。通常要对这些偏差进行精确的标定。传感器至载体坐标系之间的三维空间转换关系称为传感器的外参数，其中的三维平移分量称为杆臂值，记为 l_s^b，三维旋转角度称为偏置角，其对应的旋转矩阵记为 C_s^b。动态测量数据解算首先需要将原始观测值从各自的传感器坐标系转换到统一的载体坐标系，其转换公式为

$$x^b = l_s^b + C_s^b x^s \tag{2.9}$$

（2）载体坐标系转换至地球坐标系。通常大范围动态测量需要将测量结果转换到大地坐标系，这个过程也称为直接地理参考，即为测量数据赋予地理坐标值。POS 可以获得采样时刻载体在大地坐标系中的位置 r^n 和在导航坐标系中的姿态 C_b^n。将载体坐标系中的测量值按照式（2.10）进行转换，可以得到大地坐标系中的测量值，进一步可以对其进行转换得到投影坐标系中的坐标。

$$x^n = r^n + C_b^n x^b \tag{2.10}$$

2.2.2　定位定姿原理

位置和姿态是构建空间参考的基本要素，是测量的基础。空间动态定位定姿方法研究主要集中在测绘领域、导航领域、计算机视觉领域、机器人领域和航空航天领域，种类繁多。按照定位的原理，可以将动态定位技术大致分为三类，即几何交会定位、场景匹配定位和航位递推定位。按照定位结果，常用的定位系统可以分为：一维的里程定位，二维的平面定位，三维的平面位置、方位角定位，四维的三维位置、方位角定位，六维的三维位置和三维姿态定位。可见测定位置的需求比测量姿态的需求更为常见，且通过多个定位结果可以反算姿态，因此有时定位也与定位定姿混用。

1. 几何交会定位

几何交会定位是指利用离散测量的距离、角度通过三角几何的原理来计算待测目标的位置。可以分为三类，即距离交会定位、角度交会定位和边角测量定位，如图 2.4 所示。

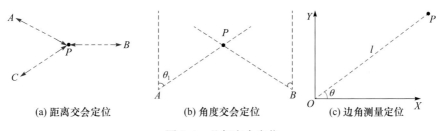

(a) 距离交会定位　　　　(b) 角度交会定位　　　　(c) 边角测量定位

图 2.4　几何交会定位

（1）距离交会定位。距离交会定位通过测量激光、电磁波、声波等信号的飞行时间、相位、强度测量值推算定位目标与多个参考基站之间的距离，通过至少 3 个距离值可以对目标进行三维空间距离交会定位。常用的距离交会定位系统有 GNSS、超宽带（ultra-wideband，UWB）定位系统和水下声基阵定位系统。

（2）角度交会定位。角度交会定位采用机械码盘、无线电测测角、摄影测量等方式，测量目标到多个基站之间连线的方位角，根据两个方位角和基站之间的基线长度就可以对目标进行平面定位，增加两个垂直角测量值即可进行三维定位。常用的角度定位系统有全站仪交会定位系统和双目交会定位系统。

（3）边角测量定位。边角测量定位通过方位角和距离，以极坐标的原理进行定位。常用的边角测量定位系统有雷达、激光跟踪仪。

从几何交会定位的原理看，交会定位需要基站作为定位的基础设施，定位目标与基站之间通常需要通视，因此几何交会定位适用于开阔的固定范围场景。几何交会定位的精度取决于距离和角度测量的精度，定位精度不随时间发生变化。

2. 场景匹配定位

场景匹配定位是利用空间环境特征异质的特点，通过环境特征差异反推位置，即利用感知的局部环境特征与已知的整体环境特征场/数据库进行匹配查询，得到当前位置，有时也称为特征匹配。常见的匹配定位方法有影像地图匹配定位、点云地图匹配定位、Wi-Fi 指纹匹配定位、地磁场匹配定位、地图/地形匹配定位、重力场匹配定位等。这里介绍几种常用场景匹配定位方法。

（1）地磁场匹配定位。室内定位技术研究将室内钢结构引起的地磁异常作为室内不同位置的参考特征，可用于构建基准地图。地磁场无处不在，匹配的性能主要与环境磁场分布相关，因此常存在明显的误匹配现象，在环境磁场特征不明显的区域则更容易出现。

（2）重力场匹配定位。地球表面的重力场特征随着地区差异而发生变化，因此，重力场特征可以用来推算载体所在的地理位置。该方法需要以高精度、高分辨率的重力场测量数据和重力场特征图作为基础，重力特征的丰富程度关系到重力场匹配定位的精度。

（3）Wi-Fi 指纹匹配定位。Wi-Fi 指纹匹配定位主要用于室内场景定位，其主要分为两个阶段：第一阶段是 Wi-Fi 指纹数据库的构建，通过逐点测绘或走动测绘，将采集的多个基站发射信号强度加入到指纹库中；第二阶段是指纹匹配定位，即根据实际接收的信号与指纹数据库中的信号特征进行匹配，其对应的位置即定位位置。Wi-Fi 指纹匹配的缺点在于指纹数据库构建耗时耗力；基于众包可自动更新 Wi-Fi 指纹数据库，但用户导航数据可靠性较差。

场景匹配定位系统需要事先建立整个定位场景范围的环境场/地图等基础数据,并将其保存至数据库中。定位时,将感知到的局部环境信号与数据库中的信息按照一定的准则进行快速关联配准,并计算相似性测度,选取相似性最高的位置作为当前定位结果。场景匹配定位在使用时只需要实时感知局部环境场信息,具有较强的自主性。对于变化的环境场景,需要对数据库进行周期更新,才能保证定位的有效性(图 2.5)。

(a) 视觉匹配定位 (谷歌)

(b) 点云地图匹配定位[4]

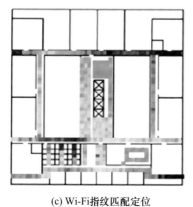

(c) Wi-Fi指纹匹配定位

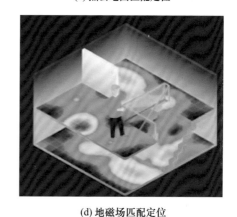

(d) 地磁场匹配定位

图 2.5　场/数据库匹配定位

3. 航位递推定位

航位递推定位是已知初始定位状态,通过测量载体在短时间内的位移、姿态增量进行积分递推,实现动态定位,其原理如图 2.6 所示。由于相对位移和相对旋转运动测量的误差不可避免,航位递推定位的误差会不断增大。常见的航位递推方法包括惯性定位和视觉递推定位。

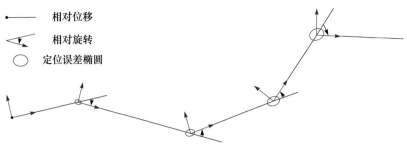

图 2.6　航位递推定位原理

1) 惯性定位

INS 是以惯性传感器为基本传感器的导航定位系统[5]。INS 的基本传感单元是可测量载体运动角速度的陀螺仪和加速度的加速度计。按照是否存在物理的跟踪稳定平台可将 INS 划分为两大类,即平台式 INS 和捷联式 INS。当前大多数INS 为捷联式 INS,捷联式 INS 的 IMU 包括三个测量轴正交的陀螺仪和三个正交加速度计。捷联式 INS 陀螺仪根据测量角速度积分计算载体的姿态,维持一个稳定的姿态参考系,相当于一个数字跟踪平台。将加速度计测量值投影到姿态参考系后,根据牛顿运动定律进行积分得到速度,对速度积分得到位置,实现姿态、速度、位置的全导航状态测量。

从应用的角度按照陀螺性能和成本对 INS 进行划分,如表 2.1 所示,可将 INS划分为导航级、战略级、汽车级和消费级[6]。

表 2.1　INS 性能分级

级别	性能/(°/h)	应用领域
导航级	<0.01	航空航天、航海、武器装备
战略级	0.01~10	武器装备、测量
汽车级	10~200	汽车、无人机
消费级	>200	消费电子产品

2) 视觉递推定位

不同于惯性定位通过加速度和角速度进行运动递推,视觉递推定位通过两帧图像之间的匹配关系恢复相对位移和相对旋转。立体视觉将匹配特征与相对运动参数之间的约束关系构建为极线约束,进而通过多组同名匹配点反推相对运动。图像匹配点对的几何极限约束关系如图 2.7(a)所示,其原理如图 2.7(b)所示,图 2.7(c)为视觉运动递推的实际应用情况。

(1) 共面关系:两条射线经过成像点从相机中心反投影到三维空间,并相交于 P,则这两条射线共面,用平面 π 表示。

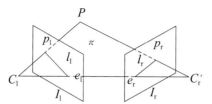

(a) 图像匹配点对的几何极限约束关系

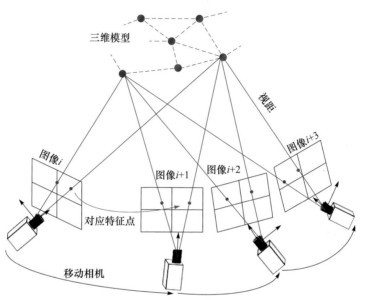

(b) 视觉运动递推原理

(c) 视觉运动递推

图 2.7　视觉定位

(2) 极线约束:如图 2.7(a)所示,左视图 p_1 所对应的同名点 p_r 定位于平面 π 与右视图的交线上,l_r 表示右视图上的极线,反之亦然。两个相机的连线称为基线,基线和极线的交点为核点,用 e_1 和 e_r 表示。根据核线约束的定义,P 在左视图上像点记为 x,右视图上像点记为 x',可以得到关于基础矩阵 F 和匹配点对的关系[7],即

$$x'Fx = 0 \tag{2.11}$$

当左右相机内参已知,用一组包含 $n(n=8)$ 个匹配点对的数据集即可求解基础矩阵 F。基础矩阵 F 经过矩阵分解,即可得到右相机参数相对于左相机的旋转、平移矩阵。

相对于几何交会定位和场景匹配定位,航位递推定位具有很强的自主性,特别是高精度 INS,可以在一段时间内对自身进行高频、高精度定位定姿。视觉运动递推定位可以不需要事先建立数据库,仅仅利用观测到的序列环境图像即可恢复相机的运动轨迹。航位递推特别适用于未知或者封闭场景的定位,如隧道、管道、洞穴、外星球等。

但航位递推定位的不足是定位误差会随着时间不断增加,直至定位系统失败,这使得单独的航位递推定位系统比较依赖传感器的性能。对于低成本的定位应用,通常将航位递推的方法与交会定位和场景匹配定位等方法进行组合。

因此,不同定位系统的精度、频率、可靠性、价格、尺寸、重量等性能指标差异很大,需要根据具体的应用进行选择。不同原理的定位方法的误差特征具有互补性[8],如几何交会和场景匹配定位的定位精度较为稳定,但是存在可能失效而导致定位结果不连续。而航位递推的定位精度随时间不断发散,但具有提供连续定位、短时间定位精度较高的优势,因此通常将不同定位原理的定位技术进行组合可以得到持续高精度的定位结果,服务于不同场景下的动态测量。

2.3　　动态测量定位定姿方法

动态测量的实际应用场景比较复杂,且精度要求高,单一的定位方法在精度、可靠性上都难以满足动态测量需求。在动态测量实践中,通常采用多种定位方式融合的组合定位技术。GNSS 定位技术已成为最常用的大场景、精度稳定的定位手段,对定位技术的配置具有决定性影响,因此可将定位场景按照是否可以接收 GNSS 信号大致分为开放场景和封闭场景。针对这两种场景,本节介绍动态测量中的常用的定位定姿方法,包括开放场景动态定位定姿、封闭场景动态定位定姿方法。其他场景可以基于这两种场景的定位方法进一步组合。

2.3.1　开放场景动态定位定姿

开放场景动态定位定姿主要是利用卫星导航技术实现。然而,在动态测量中,

动态视觉或激光测量通常需要高频、高精度定位定姿信息作为测量基准,单纯的卫星 POS 难以满足,还需采用 GNSS 和 INS 组合的 POS。本节首先介绍 GNSS,然后介绍辅助惯性定位的状态向量和状态转移方程构建方法,最后介绍 GNSS 和 INS 的松组合、紧组合两种定位定姿方法。

1. GNSS

GNSS 是目前唯一能够在全球范围内实现绝对定位的技术,主要包括美国的全球定位系统(global positioning system,GPS)、中国的北斗导航卫星系统(BeiDou navigation satellite system,BDS)、俄罗斯的格洛纳斯导航卫星系统(global navigation satellite system,GLONASS)、欧盟的伽利略导航卫星系统(Galileo navigation satellite system)。GNSS 采用空间交会原理进行定位,如图 2.8 所示,这是最简单的单点定位模式(single point position,SPP),精度为数十米。精密定位模式包括精密单点定位模式(precise single point position,PPP)和差分定位模式(differential GNSS,DGNSS)。精密单点定位需要约 30min 的收敛时间,收敛后能实现厘米级单历元动态定位。差分定位主要包括实时(real time kinematic,RTK)模式和后处理(post process kinematic,PPK)模式。而 RTK 模式或者 PPK 模式定位仅需要几秒钟的观测数据即可实现初始化,并提供厘米级精度的动态定位。图 2.9 为差分定位原理示意图。

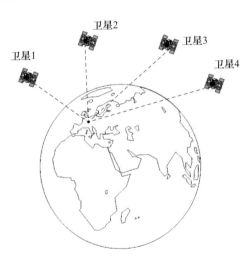

图 2.8　GNSS 定位原理示意图

在动态测量中,常用的是 PPK 和 RTK 定位模式。RTK 模式定位采用载波相位动态差分技术,同时处理基准站和用户接收机的载波相位观测量,然后将基准站采集的载波相位发给用户接收机,进行流动站坐标解算[8]。能够在野外实时得到

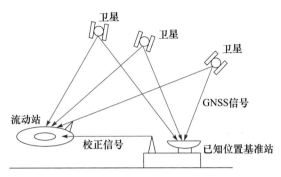

图 2.9　差分定位原理示意图

厘米级定位精度的测量,是 GNSS 应用的重大里程碑,它的出现为工程放样、地形测图及控制测量带来了新的测量原理和方法,极大地提高了作业效率。其主要采用两种模式:一类为自架基站,主要针对周边无稳定基站的野外区域,基本原理为在无遮挡或空旷处,建立临时基站,采用差分技术,定位测量;另一类为基于较密集的连续运行参考网,用单台接收机即可高精度完成 PPK 或者 RTK 测量,极大地提升了测量精度与测量时间。

2. 辅助 INS 定位方法

动态测量中常常需要获取测量平台的姿态,测量装备需要装备 INS。INS 可以推算全部的导航状态(姿态、速度、位置),以 INS 为组合系统的核心,其他定位源方法为辅助,基于卡尔曼滤波算法构建融合框架(参考第 4 章)。因此使用 INS 的 POS 也都可以称之为辅助 INS 定位系统。在卡尔曼滤波框架中,需要定义系统的状态向量、状态转移方程和测量方程。通常状态向量由导航状态、惯性传感器误差参数和辅助源误差参数构成,状态转移方程则以惯性测量值进行构建,测量方程通过辅助源的测量值进行构建。这里简要介绍基于卡尔曼滤波的通用辅助惯性定位的系统状态向量和状态转移方程的建立方法。

1) 系统状态向量

系统状态向量是用来描述定位系统在某一瞬间状态的一组向量,这组向量就是定位解算需要求解的未知数。通常,需要估计的系统状态包括姿态、速度、位置以及传感器具有随机特征的误差参数。但是在实际的卡尔曼滤波算法中,导航状态的变化是非线性的,无法直接估计,通常采用导航状态的误差作为状态向量。因此,系统状态向量通常有如下形式:

$$x = \begin{bmatrix} x_{\text{nav}} & x_{\text{imu}} & x_{\text{sensor}} \end{bmatrix} \tag{2.12}$$

式中,$x_{\text{nav}} = \begin{bmatrix} \phi & \delta v^{n} & \delta r^{n} \end{bmatrix}^{T}$ 为导航状态,其分量分别为系统的姿态、速度、位置误差;$x_{\text{imu}} = \begin{bmatrix} b_{\text{g}} & b_{\text{a}} & s_{\text{g}} & s_{\text{a}} \end{bmatrix}^{T}$ 为 IMU 测量模型参数未补偿的残差,其中 b_{a}、b_{g} 分别为

加速度计和陀螺仪的零偏误差，s_a、s_g 分别为加速度计和陀螺仪的比例因子误差；x_{sensor} 为辅助传感器变量，例如，GNSS 的杆臂值、DMI 的安装误差和刻度系数等。

2）状态转移方程

状态转移方程描述了系统状态随时间变化的规律，通常以微分方程表示。其连续形式可表示为

$$\dot{x}(t) = Fx(t) + G(t)w(t) \tag{2.13}$$

离散形式可表示为

$$x_k = F_{k,k-1}x_{k-1} + G_{k-1}w_k \tag{2.14}$$

式中，F 为状态转移矩阵；G 为系统噪声的设计矩阵；w 为系统噪声向量，由惯性系统性能决定。

$$F = \begin{bmatrix} F_{nav} & F_{nav,imu} & 0 \\ 0 & F_{imu} & 0 \\ 0 & 0 & F_{sensor} \end{bmatrix} \tag{2.15}$$

由于 INS 具有高动态、短时间测量精度高的特性，在辅助 INS 定位系统中，利用 INS 方程进行扰动得到惯性导航误差方程。

（1）惯性导航状态误差方程。系统采用线性卡尔曼滤波器，此时取系统的误差作为状态。位置、速度和姿态误差方程为

$$\begin{cases} \dot{\phi} = -C_b^n \delta\omega_{i,b}^b - \omega_{i,n}^n\phi + \delta\omega_{i,n}^n \\ \delta\dot{v}^n = C_b^n \delta f^b + C_b^n f^b \phi - (\omega_{i,e}^n + \omega_{i,n}^n)\delta v^n - (\delta\omega_{i,e}^n + \delta\omega_{i,n}^n)v^n \\ \delta r^n = \delta v^n \end{cases} \tag{2.16}$$

（2）惯性传感器模型。惯性传感器的测量值可简单建模为零偏误差，比例因子，非正交系数和白噪声误差：

$$\begin{cases} \hat{\omega}^b = K_g \omega^b + b_g + \varepsilon_g \\ \hat{f}^b = K_a f^b + b_a + \varepsilon_a \end{cases} \tag{2.17}$$

式中，b_a、b_g 分别为加速度计和陀螺仪的零偏误差；ε_a、ε_g 分别为加速度计和陀螺仪的测量噪声；K_a、K_g 分别为加速度计和陀螺仪的测量值系数矩阵。

$$\begin{cases} K_a = \begin{bmatrix} s_{a,x} & \gamma_{a,xy} & \gamma_{a,xz} \\ \gamma_{a,yx} & s_{a,y} & \gamma_{a,yz} \\ \gamma_{a,zx} & \gamma_{a,zy} & s_{a,z} \end{bmatrix} \\[2em] K_g = \begin{bmatrix} s_{g,x} & \gamma_{g,xy} & \gamma_{g,xz} \\ \gamma_{g,yx} & s_{g,y} & \gamma_{g,yz} \\ \gamma_{g,zx} & \gamma_{g,zy} & s_{g,z} \end{bmatrix} \end{cases} \tag{2.18}$$

式中,$\boldsymbol{s}=[\begin{matrix} s_{g,x} & s_{g,y} & s_{g,z} & s_{a,x} & s_{a,y} & s_{a,z} \end{matrix}]^{\mathrm{T}}$ 为比例系数;$\boldsymbol{\gamma}=[\begin{matrix} \gamma_{g,xy} & \gamma_{g,xz} & \gamma_{g,yx} \end{matrix}$
$\begin{matrix} \gamma_{g,yz} & \gamma_{g,zx} & \gamma_{g,zy} & \gamma_{a,xy} & \gamma_{a,xz} & \gamma_{a,yx} & \gamma_{a,yz} & \gamma_{a,zx} & \gamma_{a,zy} \end{matrix}]^{\mathrm{T}}$ 为传感器轴系之间的非
正交系数。一般非正交系数影响不大,为简化分析,在惯性传感器建模时可以不考
虑非正交系数。

INS 的器件误差如零偏误差和比例因子误差,一般为缓慢变化量,可建模为一
阶高斯-马尔可夫方程,即

$$\begin{cases} \dot{\boldsymbol{b}}_{g} = -\dfrac{1}{t_{b,g}}\boldsymbol{b}_{g} + \varepsilon_{b,g} \\[2mm] \dot{\boldsymbol{b}}_{a} = -\dfrac{1}{t_{b,a}}\boldsymbol{b}_{a} + \varepsilon_{b,a} \\[2mm] \dot{\boldsymbol{s}}_{g} = -\dfrac{1}{t_{s,g}}\boldsymbol{s}_{g} + \varepsilon_{s,g} \\[2mm] \dot{\boldsymbol{s}}_{a} = -\dfrac{1}{t_{s,a}}\boldsymbol{s}_{a} + \varepsilon_{s,a} \end{cases} \tag{2.19}$$

式中,t 为相关时间;ε 为随机噪声。

对于中、高端 INS,其相关时间比较长,且漂移噪声比较小,短时间内零偏误差
可以视为随机常值。

3. GNSS/INS 组合定位

GNSS 虽然已经广泛用于室外定位,但在动态测量中,往往需要高频、高精度
的位置和姿态基准,GNSS 测量频率不能满足高动态移动测量要求。另外,由于
GNSS 每个历元独立解算,得到的运动轨迹不平滑,短时精度较差,且易受环境影
响产生不可预知的定位误差。INS 是通过陀螺仪测量的角速度和加速度计测量的
加速度对时间积分得到姿态、速度和位置,给定 INS 一个初始状态,短时间内 INS
能够获得高频高精度的位置、速度和姿态。但由于惯性传感器的测量噪声、零偏误
差的存在,惯性定位的精度会随时间发散,需要对其误差进行修正。GNSS 和 INS
的优缺点正好互补,基于 GNSS/INS 组合的 POS 融合了 GNSS 和 INS 的优点,弥
补了各自的缺点,是目前应用最为广泛的 POS。根据融合 GNSS 信息的层次不
同,GNSS/INS 组合可以分为松组合、紧组合和深组合。松组合是 INS 与 GNSS
定位系统得到的位置和速度进行融合,紧组合是 INS 与 GNSS 的原始测量值(包括伪
距、多普勒信息和载波相位信息)进行融合,深组合是将 INS 与 GNSS 信号进行融合。
目前深组合还处于研究阶段,松组合和紧组合是动态测量的常用组合定位方式。

1) GNSS/INS 松组合定位

GNSS/INS 松组合定位是利用 GNSS 得到的位置、速度作为测量信息,对惯性
系统的导航误差和器件的误差参数进行估计和修正。原始 GNSS 测量信息(包括

伪距、多普勒信息和载波相位信息)先通过 GNSS 卡尔曼滤波器进行位置和速度解算,然后再将解算的位置和速度信息传递到 INS 卡尔曼滤波器中进行融合,最后利用 RTS(rauch-tung-striebel)平滑算法对滤波结果进行反向平滑得到最优估计轨迹。需要注意的是,GNSS 卡尔曼滤波估计的协方差阵也要一起传递到 INS 卡尔曼滤波器中,这一信息作为观测噪声信息被利用。GNSS/INS 松组合定位数据处理流程图如图 2.10 所示。

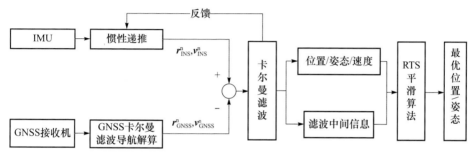

图 2.10　GNSS/INS 松组合定位数据处理流程图

GNSS 辅助 INS 位置测量方程为

$$\boldsymbol{r}_{\text{GNSS}}^{\text{n}} = \boldsymbol{r}_{\text{INS}}^{\text{n}} + \boldsymbol{D}_R^{-1}\boldsymbol{C}_{\text{b}}^{\text{n}}\boldsymbol{l}_{\text{GNSS}}^{\text{b}} \tag{2.20}$$

式中,

$$\boldsymbol{D}_R^{-1} = \begin{bmatrix} \dfrac{1}{R_M + h} & 0 & 0 \\ 0 & \dfrac{1}{(R_N + h)\cos\varphi} & 0 \\ 0 & 0 & -1 \end{bmatrix} \tag{2.21}$$

GNSS 辅助 INS 速度测量方程为

$$\boldsymbol{v}_{\text{GNSS}}^{\text{n}} = \boldsymbol{v}_{\text{INS}}^{\text{n}} - (\boldsymbol{\omega}_{\text{i,e}}^{\text{n}} + \boldsymbol{\omega}_{\text{e,n}}^{\text{n}})\boldsymbol{C}_{\text{b}}^{\text{n}}\boldsymbol{l}_{\text{GNSS}}^{\text{b}} - \boldsymbol{C}_{\text{b}}^{\text{n}}\boldsymbol{l}_{\text{GNSS}}^{\text{b}}\boldsymbol{\omega}_{\text{i,b}}^{\text{b}} \tag{2.22}$$

GNSS/INS 松组合定位的特点是实现简单,系统之间的关联耦合程度低,结果相对单独的 GNSS 和 INS 更加可靠,是目前最常见的组合方式。此外,GNSS 和 INS 存在冗余性,有利于两个系统进行校验。GNSS 进行独立导航解算时至少需要 4 颗卫星,因此在不足 4 颗卫星时,松组合定位不能充分利用 GNSS 的观测信息进行解算。GNSS 独立解算的位置和速度误差可能与时间相关,导致滤波器的不稳定。在 GNSS/INS 松组合定位中,主要是 GNSS 辅助 INS,而 INS 没有对 GNSS 的解算进行辅助。

2) GNSS/INS 紧组合定位

GNSS/INS 紧组合定位是直接基于 GNSS 原始观测信息(伪距、载波相位、多普勒频移)和 IMU 观测信息,采用 GNSS/INS 组合卡尔曼滤波器,能同时估计

GNSS/INS 总共的误差信息,其数据处理流程图如图 2.11 所示。

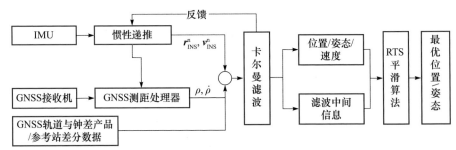

图 2.11　GNSS/INS 紧组合定位数据处理流程图

　　GNSS/INS 紧组合中,卡尔曼滤波器估计 GNSS 测距相关误差(如接收机钟差、对流层和电离层延迟、载波模糊度、GNSS 接收机钟漂等)和 INS 误差,同时使用在线解算来固定载波模糊度整数解。INS 系统通过估计的位置和速度,结合GNSS 接收机获取的卫星星历,可以得到卫星的伪距和伪距率的估算值,将估算值与 GNSS 接收机观测到的伪距、伪距率之差作为观测值,可以实现对 INS 误差的反馈和修正。GNSS/INS 紧组合算法流程形成闭环结构,在有 GNSS 信息辅助时,实现对 INS 的持续反馈和修正,在没有 GNSS 时,INS 可以在保持一定精度的条件下独立运行一段时间,从而实现持续提供精确的、连续的导航定位信息。

　　在紧组合算法中,GNSS 原始观测值需要输入到 GNSS 测距处理器中进行预处理,其关键在于模糊度的实时解算,即在运动状态下利用一个或少数几个历元的观测信息来确定模糊度,也称为模糊度在线解算。在线模糊度搜索主要作用是将卡尔曼滤波器估计的浮点型模糊度固定成整周模糊度,重新反馈到卡尔曼滤波器中,提高后续的解算精度。典型的在线模糊度搜索算法有,快速模糊度解算(fast ambiguity resolution approach,FARA)方法、最小二乘搜索(least squares search, LSS)法、快速模糊速度滤波器(fast ambiguity search filter,FASF)方法、最小二乘去相关调整(least-squares ambiguity decorrelation adjustment,LAMBDA)方法,以及利用特殊约束条件来固定模糊度的方法等。

　　相对于松组合定位,GNSS/INS 紧组合定位的优势主要体现在其能充分利用GNSS 原始观测量信息,在观测卫星数量少于 4 颗的情况下依然可以辅助 INS 进行定位。单独的 GNSS 导航系统在信号丢失时需要利用伪距信息对载波模糊度进行重新初始化,受到强多路径效应等因素的影响导致其精度不高。而 GNSS/INS 紧组合定位系统能够利用 INS 信息辅助 GNSS 进行快速的模糊度搜索,缩小搜索空间,降低搜索时间,从而增强系统在复杂环境下的导航性能。

2.3.2　封闭场景动态定位定姿

　　相对于开放场景,人类活动的大部分场景是封闭或半封闭的人造场景,如大型建筑内部空间,复杂工业厂房,地铁隧道,地面立体交通结构,城市峡谷、森林等,人们对这些场所、设施的运营和管理也需要高精度三维空间数据的支撑。GNSS 信号在复杂环境中如峡谷、隧道,容易受到影响产生多路径效应或信号遮挡,使得 GNSS 的定位误差显著增大甚至出现粗差,不能对 INS 误差进行有效纠正,导致误差增大或发散,POS 的精度受到极大影响。本书介绍几种常用的辅助惯性定位定姿方法,包括 DMI 辅助 INS 定位、激光辅助 INS 定位和视觉辅助 INS 定位。

1. DMI 辅助 INS 定位

在陆地动态测量中,通常采用轮式移动平台,可以采用 DMI 对载体速度进行精确测量,进而辅助 INS,提高定位定姿精度。另外,对于带有轨道的接触测量,可以对载体的测量轨迹进行约束,即载体按照指定的轨迹行走,轨迹本身的特征可以用来辅助提高定位的精度,如图 2.12 所示。

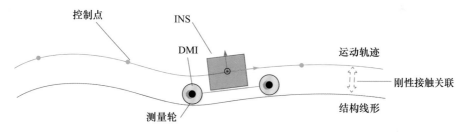

图 2.12 DMI 辅助 INS 定位

以卡尔曼滤波为框架,利用 DMI 测速、非完整性约束等速度测量模型,提高相对位置精度。利用控制点测量模型来纠正 INS 定位误差,提高绝对定位精度。最后,通过 RTS 平滑算法对所有数据进行平滑优化,得到最优估计的位置和姿态。其数据处理流程图如图 2.13 所示。

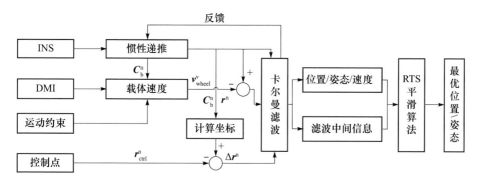

图 2.13 INS、DMI 和控制点辅助定位数据处理流程图

1) DMI 辅助测量模型

DMI 作为一种低成本、稳定的速度测量传感器在陆地移动装置定位中应用广泛。采用常用的速度测量模型,将 DMI 测量的速度与 INS 数据进行融合。DMI 测量的速度为载体坐标系(v 系),与惯性测量值的坐标系(b 系)不同(参见 2.2 节),因此,在做测量融合之前必须将其转换到统一坐标系。为了更好地利用 DMI 的测量误差的高斯分布特性,在 v 系构建测量方程。

根据惯性导航中的 ϕ 角扰动模型,可将计算的 v 系速度表示为

$$\hat{\boldsymbol{v}}_{\text{wheel}}^{\text{v}} = \boldsymbol{C}_{\text{b}}^{\text{v}}\,\hat{\boldsymbol{C}}_{\text{n}}^{\text{b}}\,\hat{\boldsymbol{v}}_{\text{imu}}^{\text{n}} + \boldsymbol{C}_{\text{b}}^{\text{v}}(\hat{\boldsymbol{\omega}}_{\text{n,b}}^{\text{b}} \times)\boldsymbol{l}_{\text{wheel}}^{\text{b}}$$

$$\approx \boldsymbol{v}_{\text{wheel}}^{\text{v}} + \boldsymbol{C}_{\text{b}}^{\text{v}}\boldsymbol{C}_{\text{n}}^{\text{b}}\boldsymbol{v}_{\text{imu}}^{\text{n}} - \boldsymbol{C}_{\text{b}}^{\text{v}}\boldsymbol{C}_{\text{n}}^{\text{b}}(\boldsymbol{v}_{\text{imu}}^{\text{n}} \times) - \boldsymbol{C}_{\text{b}}^{\text{v}}(\boldsymbol{l}_{\text{wheel}}^{\text{b}} \times)\delta\boldsymbol{\omega}_{\text{i,b}}^{\text{b}} \qquad (2.23)$$

式中,$\hat{\boldsymbol{v}}_{\text{wheel}}^{\text{v}}$ 为实测的里程轮在汽车的平台坐标系中的速度;$\hat{\boldsymbol{v}}_{\text{imu}}^{\text{n}}$ 为 IMU 测量中心处在导航坐标系中的速度;$\boldsymbol{C}_{\text{b}}^{\text{v}}$ 为 INS 载体坐标系到汽车平台坐标系的三维旋转矩阵;$\hat{\boldsymbol{C}}_{\text{n}}^{\text{b}}$ 为导航坐标系到载体坐标系的三维旋转矩阵的计算量;$\hat{\boldsymbol{\omega}}_{\text{n,b}}^{\text{b}}$ 为载体坐标系相对于导航坐标系的旋转角速度在载体坐标系中的表示;$\boldsymbol{l}_{\text{wheel}}^{\text{b}}$ 为里程轮相对于载体坐标系的偏移量;$\delta\boldsymbol{\omega}_{\text{i,b}}^{\text{b}}$ 为陀螺的偏移量。

v 系测量值可以表示为

$$\tilde{\boldsymbol{v}}_{\text{wheel}}^{\text{v}} = \boldsymbol{v}_{\text{wheel}}^{\text{v}} + \boldsymbol{\varepsilon}_{\text{v}} \qquad (2.24)$$

v 系测量方程可以表示为

$$\boldsymbol{z}_{\text{v}} = \hat{\boldsymbol{v}}_{\text{wheel}}^{\text{v}} - \tilde{\boldsymbol{v}}_{\text{wheel}}^{\text{v}} \qquad (2.25)$$

在实际测量中,DMI 测量的是里程轮转过的离散脉冲数,且往往包含若干个脉冲的采样噪声。为了计算测量时刻 t_k 的精确速度,对时刻为 $t_{k-n} \sim t_{k+n}$ 的时间窗口中的里程增量除以时间间隔可以得到平滑后的里程轮速度。在对 INS/DMI 进行组合的时候,速度的测量误差参数十分关键。根据 DMI 的噪声来源,DMI 的测速精度的计算公式为

$$\varepsilon_{\text{v}} = \frac{c_{\text{wheel}}}{t_{\text{s}}N_{\text{tick}}} \qquad (2.26)$$

式中,c_{wheel} 为里程轮周长;N_{tick} 为编码器旋转一周的刻度;t_{s} 为编码器采样时间间隔。例如,采用每圈 1000 刻度的里程编码器,车轮周长为 0.2m,采样频率为 5ms,里程编码噪声设为 1 个刻度,则里程编码器的测速精度为 4cm/s。

因此,DMI 的采样刻度越精细,所测得速度越精确。

2) 非完整性约束测量模型

非完整性约束是指载体在运动时,其速度在载体坐标系中只有沿前方向的分量不为零,才会出现车体横向和向上方向速度约等于零的现象,即

$$\tilde{\boldsymbol{v}}_{\text{nhc}}^{\text{v}} = \begin{bmatrix} 0 & v_y^{\text{v}} & 0 \end{bmatrix}^{\text{T}} + \boldsymbol{\varepsilon}_{\text{nhc}} \qquad (2.27)$$

这种运动特征在陆地移动测量中较为常见。速度是位置的一阶导数,因此对速度的约束可以视为对轨迹的局部平滑性的约束,这也是非完整性约束提高惯性定位精度的重要原因。非完整性约束测量方程可以表示为

$$z_{\text{nhc}} = \hat{v}_{\text{wheel}}^{\text{v}} - \tilde{v}_{\text{nhc}}^{\text{v}} \tag{2.28}$$

由于前向方向的速度未知,ε_{nhc} 的前向分量的协方差可以给到很大,只对右向分量和上方向分量进行赋值,其具体值可根据载体的实际符合非完整性约束的程度进行调试。

2. 激光辅助 INS 定位

动态测量通过移动定位建立动态的位置和姿态基准,然后通过载体上的非接触的环境传感器(如 LiDAR、相机)对周围环境进行观测,如图 2.14 所示。由于移动的连续性,只要观测频率足够,环境传感器总是容易对同一环境进行多次重复观测。利用好这种重复观测的冗余信息提高定位的相对精度是提高最终定位精度的重要途径。不仅如此,可以精确建模的环境传感器对环境中的特征点进行观测时,如果对环境中的一些稀疏的显著特征点进行控制测量,可以有效地提高定位的绝对精度。这里主要介绍提出的激光辅助 INS 定位方法。图 2.15 概括了 INS、LiDAR、控制点辅助定位方法的数据处理流程。

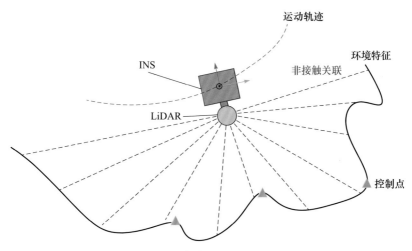

图 2.14　非接触传感器对环境进行动态观测

1) 激光配准辅助定位

Mourikis 等[9]针对无 GNSS 环境下纯惯性定位误差发散问题,提出一种激光扫描配准辅助惯性定位方法。利用惯性递推得到的运动轨迹对激光点云进行拼接,INS 误差的存在会导致重复扫描的点云存在错位现象。这种错位可以通过激

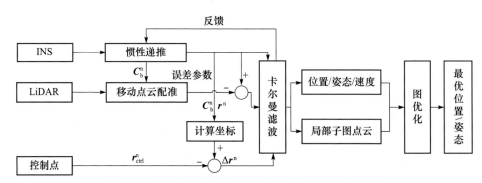

图 2.15　INS、LiDAR 和控制点辅助定位数据处理流程

光配准算法精确测量,通过对短时间惯性误差变化的分析,可以构建激光配准误差与惯性导航误差之间的模型,利用该模型即可对惯性导航误差进行估计,进而通过卡尔曼滤波对这种误差进行修正。这种方法可以消除短时间内的惯性导航误差,提高定位系统的相对定位精度。

$$\boldsymbol{p}^{\mathrm{p}} - \boldsymbol{q}^{\mathrm{p}} = (\hat{\boldsymbol{p}}^{\mathrm{p}} - \hat{\boldsymbol{q}}^{\mathrm{p}}) - [\delta \boldsymbol{r}^{\mathrm{p}}(t_p) - \delta \boldsymbol{r}^{\mathrm{p}}(t_q)]$$

$$= (\hat{\boldsymbol{p}}^{\mathrm{p}} - \hat{\boldsymbol{q}}^{\mathrm{p}}) - (\Delta t_p - \Delta t_q)\delta \boldsymbol{v}_p(t_0)$$

$$- \frac{1}{2}(\Delta t_p^2 - \Delta t_q^2)\delta \boldsymbol{g}^{\mathrm{p}} + [\boldsymbol{C}^2(t_p) - \boldsymbol{C}^2(t_q)]\delta \boldsymbol{b}_{\mathrm{a}} \qquad (2.29)$$

式中,p 为 p 系,即惯导在初始时刻计算得到的导航坐标系;$\boldsymbol{p}^{\mathrm{p}}$、$\boldsymbol{q}^{\mathrm{p}}$ 为匹配的激光点云;$\Delta t_p - \Delta t_q$ 为点云扫描时间与前一段时间之差;$\delta \boldsymbol{g}^{\mathrm{p}}$ 为姿态角引起的重力分解误差;$\delta \boldsymbol{b}_{\mathrm{a}}$ 为加速度计的零偏误差;$\boldsymbol{C}^2(t_p)$、$\boldsymbol{C}^2(t_q)$ 分别为短时间内 INS 相对旋转角对应的旋转矩阵的二次积分。

2) 激光控制点辅助定位

LiDAR 在移动的过程中可以对周围环境中的控制点进行扫描,将空间中的控制点信息与 INS 载体进行关联。激光控制点的观测模型如式(2.30)所示。通过对观测模型进行扰动,可以得到控制点坐标的误差模型[10]:

$$\boldsymbol{r}_{\mathrm{ctrl}}^{\mathrm{n}} = \boldsymbol{r}_{\mathrm{ins}}^{\mathrm{n}} + \boldsymbol{C}_{\mathrm{b}}^{\mathrm{n}}(\boldsymbol{C}_{\mathrm{l}}^{\mathrm{b}}\boldsymbol{r}_{\mathrm{ctrl}}^{\mathrm{l}} + \boldsymbol{l}_{\mathrm{l,b}}^{\mathrm{b}})$$

$$= \hat{\boldsymbol{r}}_{\mathrm{ins}}^{\mathrm{n}} + \delta \boldsymbol{r}^{\mathrm{n}} + (\boldsymbol{I} - (\boldsymbol{\phi} \times))\hat{\boldsymbol{C}}_{\mathrm{b}}^{\mathrm{n}}(\boldsymbol{C}_{\mathrm{l}}^{\mathrm{b}}\boldsymbol{r}_{\mathrm{ctrl}}^{\mathrm{l}} + \boldsymbol{l}_{\mathrm{l,b}}^{\mathrm{b}}) \qquad (2.30)$$

式中,$\boldsymbol{r}_{\mathrm{ctrl}}^{\mathrm{n}}$ 为控制点坐标;$\boldsymbol{r}_{\mathrm{ctrl}}^{\mathrm{l}}$ 为控制点坐标对应的激光点坐标,即点云中计算得到的控制点坐标;$\boldsymbol{l}_{\mathrm{l,b}}^{\mathrm{b}}$ 为激光扫描仪与 INS 载体坐标系之间的杆臂值;$\boldsymbol{C}_{\mathrm{l}}^{\mathrm{b}}$ 为激光坐标系转换至 INS 载体坐标系之间的旋转矩阵。$\boldsymbol{l}_{\mathrm{l,b}}^{\mathrm{b}}$ 和 $\boldsymbol{C}_{\mathrm{l}}^{\mathrm{b}}$ 事先标定出来。

将观测到的控制点坐标与真实的控制点坐标之差作为观测值,可以得到控制点辅助 INS 的测量模型,即

$$\boldsymbol{z}_{\mathrm{LiDAR}} = \hat{\boldsymbol{r}}_{\mathrm{las}}^{\mathrm{n}} - \boldsymbol{r}_{\mathrm{ctrl}}^{\mathrm{n}}$$

$$= \delta \boldsymbol{r}^{\mathrm{n}} + \hat{\boldsymbol{C}}_{\mathrm{b}}^{\mathrm{n}}((\boldsymbol{C}_{\mathrm{l}}^{\mathrm{b}}\boldsymbol{r}_{\mathrm{ctrl}}^{\mathrm{l}} + \boldsymbol{l}_{\mathrm{l,b}}^{\mathrm{b}}) \times)\boldsymbol{\phi} + \boldsymbol{\varepsilon}_{\mathrm{ctrl}} \approx \delta \boldsymbol{r}^{\mathrm{n}} + \boldsymbol{\varepsilon}_{\mathrm{ctrl}} \qquad (2.31)$$

导航定位系统姿态角误差比较小,其引起的误差量 $\hat{C}_b^n((C_l^b r_{ctrl}^l + l_{l,b}^b) \times)\phi$ 比控制点测量噪声 ε_{ctrl} 小一个数量级,可以将其忽略。值得注意的是,当控制点离载体越远时,标定误差和 INS 本身姿态角误差的影响越大。

3. 视觉辅助 INS 定位

与激光辅助 INS 定位原理类似,视觉也可以通过连续帧间的冗余观测产生的约束来辅助 INS,提高相对定位精度;通过对绝对控制点或地标的观测提高绝对定位精度。采用卡尔曼滤波框架或者图优化框架对多源数据进行融合。卡尔曼滤波框架中通常利用序贯影像的重投影误差、双目对极几何约束或三视三焦张量约束构建测量模型。卡尔曼滤波融合框架的优势在于实现简单,计算量小,但是受状态维数限制,无法对所有的场景特征点进行优化,不能加入闭环约束[9,11]。图优化框架对惯性测量值和关键帧进行同时优化,IMU 采样频率非常高,无法将每个惯性测量值构建约束边,通常采用预积分技术将多个惯性测量值合成一个测量值,有效减小计算量。图优化框架可以支持闭环约束,构建全局一致地图,精度相对更优[12]。

相较于激光辅助,视觉辅助定位的优势在于可以瞬间获取物方的面状局部信息,几乎不存在运动畸变,因此相邻帧图像可以独立恢复出三维位移和三维旋转,整个视觉辅助 INS 的冗余度更高。此外,现阶段相机比 LiDAR 更小、更轻、更便宜,适用于轻小型的载体平台,如排水管道检测胶囊、轻小型无人机。但是视觉配准对于弱纹理或重复纹理区域、光照条件和快速旋转更加敏感,容易产生错误匹配,导致系统失败。视觉辅助 INS 定位的关键在于可靠的视觉配准和对错误的检测和恢复。充分利用惯性信息对误匹配点进行剔除是提高系统可靠性的有效手段。此外,采用直接法配准相对于基于特征描述的间接法匹配具有更好的可靠性。从传感器数据质量、融合算法和测量模式方面进行创新将是视觉辅助 INS 定位的发展方向,提高系统整体可靠性才能更好地适应实际工程应用。

2.4　本　章　小　结

本章介绍动态测量时空基准的相关原理,首先介绍了时间系统和时间基准,包括时间系统和动态测量时间基准构建方法,随后介绍了空间测量基准,包括坐标系统、坐标转换及定位定姿原理及方法,最后介绍了面向动态测量的定位定姿方法,包括开放场景动态定位定姿和封闭场景动态定位定姿方法。

空间基准是动态测量的关键基础,决定了动态测量的可行性和测量数据的最终质量。动态测量的应用场景复杂多样,目前还没有一种能够适用于所有应用场景的高精度定位定姿方法。多传感器集成的全源定位定姿是未来的发展趋势,场景自适应的智能、可靠融合定位算法是关键。随着技术的不断进步,定位定姿技术将朝着更加智能化、低成本和通用化方向发展。

参 考 文 献

[1] 孔祥元,郭际明,刘宗泉. 大地测量学基础. 武汉:武汉大学出版社,2010.

[2] 李征航,黄劲松. GPS测量与数据处理. 武汉:武汉大学出版社,2005.

[3] Riedel F W, Hall S M, Barton J D, et al. Guidance and navigation in the global engagement department. Johns Hopkins Applied Physics Laboratory Technical Digest, 2010, 29(2):15.

[4] Pomerleau F, Colas F, Siegwart R. A review of point cloud registration algorithms for mobile robotics. Foundations & Trends in Robotics, 2015, 4(1):1-104.

[5] Titterton D, Weston J L. Strapdown Inertial Navigation Technology. 2nd ed. Chicago:IET, 2004.

[6] Hartley R, Zisserman A. Multiple View Geometry in Computer Vision. Cambridge:Cambridge University Press, 2003.

[7] Groves P D. Principles of GNSS, Inertial, and Multi-sensor Integrated Navigation Systems. 2nd ed. Boston:Artech House, 2008.

[8] Shin E H. Estimation techniques for low-cost inertial navigation. Calgary:Calgary University PhD Dissertation, 2005.

[9] Mourikis A I, Roumeliotis S I. A multi-state constraint kalman filter for vision-aided inertial navigation // Proceedings IEEE International Conference on Robotics and Automation. Rome, 2007:3565-3572.

[10] Li Q, Chen Z, Hu Q, et al. Laser-aided INS and odometer navigation system for subway track irregularity measurement. Journal of Surveying Engineering, 2017, 143(4):04017014.

[11] 张礼廉,屈豪,毛军,等. 视觉/惯性组合导航技术发展综述. 导航定位与授时, 2020, 7(4):50-63.

[12] Qin T, Li P, Shen S. Vins-mono:A robust and versatile monocular visual-inertial state estimator. IEEE Transactions on Robotics, 2018, 34(4):1004-1020.

第 3 章　多传感器集成动态测量

　　动态精密工程测量往往需要集成多种类型的传感器,结合适当的载体平台和配套系统,形成多传感器集成动态测量系统,实现对目标的多源、多视角、多尺度观测数据的快速获取。动态测量系统的功能和构成由测量对象所处场景、自身特征以及测量时段等多种客观条件所决定。同时,传感器的合理选型也是有效获取数据的基础,多种传感器的协同工作和数据的关联是多传感器集成的关键。

　　本章将首先介绍动态精密工程测量道路、铁路、水面、空中、管道等多种场景中的典型应用和动态测量系统,进一步介绍常用的动态测量传感器的功能、原理和特点,最后介绍多传感器的同步集成和数据时空关联方法。

3.1　动态测量典型场景及系统

　　动态精密工程测量技术经过数十年的发展,相关应用十分广泛,根据场景划分,典型的应用有道路动态测量、铁路动态测量、水面动态测量、空中动态测量以及近年来发展的管道动态测量和室内与地下动态测量等。不同测量场景中测量系统的载体平台、传感器选型和定位定姿方式等技术特征具有显著差异。因此,根据测量载体的不同,将动态精密工程测量系统划分为车载、轨道、船载、机载、管道、便携等动态测量系统。

3.1.1　道路动态测量

　　道路动态测量通常用于快速、大范围获取公路路面及其周边地形、地物的各种几何和属性信息,可用于道路基础设施检测、导航地图数据采集及数字城市建设。道路动态测量通常以汽车为运动载体,称为车载动态测量系统,车载动态测量系统主要采用 GNSS、IMU、DMI 作为位姿传感器来测量、解算载体的运动轨迹,借助激光扫描仪、线结构激光等传感器来获取目标的三维几何信息,利用相机获取目标纹理信息。

　　针对不同的应用领域,车载动态测量系统的应用范围不同,主要应用于公路检测、隧道检测、导航地图、数字城市等方面。

　　1) 公路检测
　　道路路面综合检测系统是车辆在正常行驶状态下,高效进行路面破损、车辙、平整度、弯沉等道路健康状态指标的高精度检测,不影响道路正常交通,降低了人工测量的劳动强度和作业危险性,满足道路科学决策与养护需要。

2)隧道检测

隧道检测系统是车辆在正常行驶状态下,自动完成隧道衬砌病害数据采集、几何限界检测、隧道全断面诊断等工作,完全替换人工,实现隧道短周期、高频次的安全状态普查检测。

3)导航地图

移动道路测量系统主要用于快速导航地图数据采集,包括测量目标地物(电线杆、交通标志、道路中心线等)位置和几何属性(道路宽度、街道边界、桥梁高度等),将导航数据信息进行图形化表示,制作信息量丰富、直观易读、更新便捷的数字化导航地图。未来高精度地图也是移动道路测量系统的主要应用领域。

4)数字城市

利用车载动态测量系统可获取道路及道路两侧的城市建筑、树木、地貌等多种景观信息,快速、高效地建立三维数字模型。同时,利用外业拍摄或倾斜摄影测量获取地形数据、建筑物纹理,借助三维建模软件进行贴图、光照、投影、纹理纠正,获取城市实景三维模型。车载动态测量技术的优点有:①测量全面,测量数据为目标物体的完整点云及影像数据,在无遮挡的情况下,能获取目标物体的完整信息,可避免全站仪测量在外业数据采集中因技术人员粗心导致的错漏;②作业效率高,可以极大地缩短外业工作时间,减少人员投入,从而降低生产成本;③受天气情况影响较小,作业方式较为灵活。但是,车载动态测量技术也存在一些不足:①对车辆无法到达的成片建筑区域,无法测量;②数据处理内业工作量较大,处理时间较长。图 3.1 为三种典型车载动态测量系统。

(a) 中海达 iScan　　　　　　(b) 立得空间 MyFlash　　　　　(c) 武大卓越 RTM

图 3.1　典型车载动态测量系统

3.1.2　铁路动态测量

铁路动态测量主要用于快速精确获取铁路轨道、隧道等结构的位置、形状、磨损、裂缝等,常见应用主要有轨道基础设施建设期间的轨道精调、竣工验收,运营期间的轨道基础设施安全状态检测等。轨道动态测量系统以轨道车为载体,搭载 GNSS、INS、DMI、激光扫描仪、数字照相机等多种传感器,获取轨道沿线测量目标的三维几何信息和影像纹理信息。根据轨道的不同,作为载体的轨道车也不同。常见的轨道有铁轨(普铁轨道、高铁轨道、地铁轨道等)、磁浮轨道、城市轻轨、悬挂轨道等样式,载体以大型轨道检测列车和小型自制轨道检测小车为主。典型的轨道动态测量系统如图 3.2 所示。

(a) 高铁轨检列车　　　　　(b) 地铁综合检测车　　　　　(c) 扣件轨检小车

图 3.2　典型轨道动态测量系统

轨道动态测量系统主要应用于高铁测量、地铁测量、云轨测量等方面。

1) 高铁测量

高铁线路长、分布广,检测项目多且对轨道要求高,利用轨道动态测量系统,快速获取轨道的三维几何信息和影像纹理信息,检测轨道的服役状态,如钢轨表观病害、轨道扣件脱落、轨道板裂缝等,同时能识别铁路周边环境,如限界入侵、第三轨状态等,大大减轻了测量人员的劳动强度,为高铁的养护和安全运营提供技术支撑。

2) 地铁测量

适用于地铁测量的轨道动态测量系统操作简单、携带方便,大大减轻了测量人员的劳动强度,广泛用于地铁建设和养护中的各个方面,能够快速、准确检测轨道基础设施的服役状态,如钢轨表观病害、轨道不平顺性、限界检测、隧道表观病害等,并能长时间监测地铁轨道、隧道和周边设施的安全状态,及时预警地铁中存在的安全隐患,为地铁的养护和安全运营提供技术支撑。

3) 云轨测量

云轨高于地面,底部看不准,顶部看不见,比高铁测量和地铁测量更加困难。采用云巴搭载磁轨道动态测量系统,快速获取云轨的三维几何信息和影像纹理信息,全面检测云轨的服役状态,及时预警云轨中存在的安全隐患,为云轨的养护和云巴的安全运营提供技术支撑。

3.1.3　水面动态测量

水面动态测量主要用于获取水域地形和地物的三维和图像信息,典型应用包括数字水利、数字航道、海岛礁测量和海岸带与堤岸测量。相应的船载动态测量系统主要包括水上和水下两个部分，水上部分采用激光扫描仪和电荷耦合器件（charge-coupled device，CCD）相机，水下部分采用声呐、多波束等测深仪器。船载动态测量系统主要应用于数字水利、数字航道、海岛礁测量、海岸带与堤岸测量等方面。

1）数字水利

利用船载动态测量系统获取河道三维地理数据，实现对航道、水库、水利工程的动态检测，并结合水位分析与灾害预测模型，实现库容计算、水情预报、供水调度及滩险灾害应急管理，为水文分析、防洪抗灾、水坝维护等提供重要参考依据，促进数字水利工程应用。

2）数字航道

利用船载动态测量系统可以对航（河）道进行水上水下三维地形的采集和建库，为河道管理、航道开发规划、航运准备、环境监测、航道测报、各水期碍航情况分析、河道权益主张等多种应用提供精准的三维地形数据，支撑数字航道建设，促进航道建设、管理、运维的智能化，保障围绕着河道的经济开发活动。

3）海岛礁测量

利用船载动态测量系统可以对航（河）道进行水上水下三维地形的采集和建库，为河道管理、航道开发规划、航运准备、环境监测、航道测报、各水期碍航情况分析、河道权益主张等多种应用提供精准的三维地形数据，支撑数字航道建设，促进航道建设、管理、运维的智能化，保障围绕着河道的经济开发活动。

4）海岸带与堤岸测量

针对地质灾害和大面积降水、台风对海岸带、水库堤岸的影响，借助船载动态测量系统进行三维测量、建模和多周期测量等功能实现了对海岸带、堤岸的变形检测，可为灾害预警提供数据支持，从而保障水库的安全运行。

3.1.4　空中动态测量

空中动态测量主要应用于大范围、短作业周期、全要素的地形、地物数据采集任务，应用十分广泛。空中动态测量主要以飞机、飞艇、气球等为载体平台。传统的机载动态测量系统以大中型飞机为载体，搭载专业测量相机进行拍摄，获取高清相片，并通过数字摄影测量系统进行处理，随着无人机技术的发展和机载 LiDAR 便携化，以无人机为载体的机载动态测量系统以其飞行限制少、成本低、作业灵活等优势逐步成为市场的热点。与传统航测相比，无人机动态测量系统具有明显的优势，逐步得到行业认可，应用范围不断扩大。图 3.3 是一个典型的机载 LiDAR 动态测量系统。

机载动态测量系统主要应用于数字城市、工程勘测、能源规划与交通监测、灾害评估与环境监测等方面。

1）数字城市

数字城市需要构建高精度、真三维、可量测、具有真实感的城市三维模型,作为管理城市的虚拟平台。利用机载动态测量系统可以快速获取目标高精度的三维点坐标,结合地面多角度激光扫描,对点云数据进行模型构建和纹理映射,快捷构建大面积的城市三维模型,可以实施快速动态更新,为数字城市建设提供基础数据源。

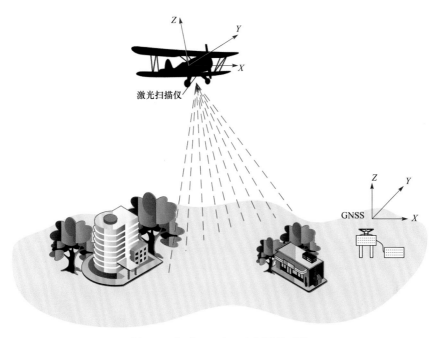

图 3.3　机载 LiDAR 动态测量系统

2）工程勘测

机载动态测量系统提供的高程数据能够应用到道路工程及其他建筑项目中,生成的 DEM 结合 GIS 及 CAD 软件,可为设计人员模拟各种方案以选择出最佳路线或最好位置。对于施工线路的设计,DEM 结合正射影像可为工程设计人员提供他们所需的地形和测量信息。

3）能源规划与交通监测

机载动态测量系统广泛应用于能源领域,利用机载动态测量系统可获取整个电力线路设计区域内的地形、地貌情况,能清晰地看到线路走廊内地物与线路的空间关系,能够精确测量线路间、线路与地面、线路与邻近植被的距离;机载动态测量系统可以应用于交通领域的多个方面,如交通路口车流量监测、交通违法监控等。

4）灾害评估与环境监测

机载动态测量系统可快速获取数据和高机动性的特征，可在地震、泥石流、山体滑坡、洪涝灾害、飓风等自然灾害发生后的第一时间获取灾区受灾情况，预测灾害变化趋势，对灾区进行受害情况评估与决策分析。机载动态测量系统可以广泛应用于环境保护领域，如城市黑臭水体监测、红树林生态变化监测等。

3.1.5　其他场景动态测量

常见的动态精密工程测量主要是室外场景的动态测量，但是对很多相对封闭的复杂空间，如地下管网、室内空间，由于运动受限和定位技术受限，传统室外场景的动态测量系统难以适应，这使得受限空间的动态测量成为近年来的研究热点。

1. 管道动态测量

管道动态测量主要用于获取管道内部形状、纹理、压力、磁场等多种特征，典型应用包括各种管网的竣工验收、路由探测、运维检/监测等。管道动态测量系统的载体没有固定形式，但大致可以分为管道机器人和流体驱动两种。通常系统搭载IMU、DMI、相机等多种传感器，在管道中运动的时候进行定位和内部特征测量。管道机器人根据检测的管径不同，通常有两种模式，大直径的管道如引水隧洞和输水隧洞，采用的是四轮行走小车，中等直径的管道采用的是六轮全贴合小车。流体驱动常见的有排水管道胶囊和沉潜式检测球。典型的管道动态测量系统如图 3.4 所示。

(a) 大型管道检测车　　　　(b) 地下管道测量机器人　　　　(c) 排水管道检测胶囊

图 3.4　典型管道动态测量系统

管道动态测量系统主要应用于引水与输水隧洞检测、大坝内部变形检测、给排水管道检测、城市管廊测量等方面。

1）引水与输水隧洞检测

传统的引水与输水隧洞检测依靠人工目测和拍照，工作量大、作业时间长、准确性差，长度长、坡度陡、落差大的斜井部分难以进入。大型管道动态测量系统，以四轮行走小车为载体，辅助爬绳升降机等设备，搭载传感器无接触、快速获取隧道影像和三维点云，准确检测隧道变形和表面病害，为引水/输水隧洞提供新的检测手段和方法。

2）大坝内部变形检测

管道动态测量系统的一个有意义的应用是大坝变形检测，通过在大坝内部埋设柔性变形检测管道，然后利用测量机器人对管道三维线形进行观测，通过管道线形变化推算出大坝内部形变指标。

3）给排水管道检测

以排水管道检测胶囊和检测球为代表的管道动态测量系统能够在有水的情况下快速获取给、排水管道的内部情况，并利用搭载的 IMU、相机、声呐等传感器获取管道内壁的伤损情况，发现管道病害。

4）城市管廊测量

在城市管廊顶部安装轨道，引入轨道动态测量系统和技术，能够快速获取城市管廊的三维点云，实现构建三维模型，提取和分离管线，监测变形和沉降，检测表面病害，保障城市管廊内部各种工程管线和管廊的安全稳定运营，同时为管廊信息化管理提供有效的技术和手段。

2. 室内与地下动态测量

室内与地下动态测量主要用于获取室内三维、图像数据，典型应用包括大型室内场景地图构建、矿山巷道测量、数字工厂构建。室内与地下动态测量系统以人或移动小车为载体，搭载 GNSS、IMU、激光扫描仪、CCD 相机等多种传感器，针对室内或地下场景完成高精度三维数据采集，填补了传统动态测量的不足。室内与地下动态测量系统主要以背包式和手持式三维测量为主，这类动态测量系统拆装简单便携，易于运输，采集模式灵活，既可背负式、手持式，又可推车式采集，适用各种复杂的室内外环境。

室内与地下动态测量系统主要应用于室内测图与建模、矿山巷道测量、数字工厂等方面。

1）室内测图与建模

利用室内动态测量系统采集数据并自动生成室内环境的三维点云，通过采集到的影像数据贴图后完成室内三维精细建模与建筑信息模型（building information model，BIM）建模。为智慧楼宇、智慧园区、BIM＋GIS 等三维可视化运维管理应用提供基础数据采集服务。

2）矿山巷道测量

对于矿区、巷道等地形复杂环境,传统测绘及开挖测量方式具有作业难度大,部分区域难以抵达及效率低等问题,而通过室内动态测量系统能够充分发挥灵活非接触式采集、作业效率高等优势,实现土石方测量、面状测图、数字化三维建模功能。

3）数字工厂

利用室内动态测量系统能够快速采集工厂园区的高精度激光点云,能够精确测量建筑物、车间设备装置等工厂设施的位置和相互关系,形成可以线上存储、修改、量测的数字化工厂,能够很方便地用于工厂管理、资产管理、人员管理、安全生产管理等。

3.2　动态测量常用传感器

传感器是动态测量系统的基本工作单元。与传统静止的测量系统不同,动态测量系统不仅要测量场景,还需要测量系统自身的运动。因此,动态精密工程测量系统中的传感器按照功能可分为定位定姿传感器和场景测量传感器两类。其中,场景测量传感器用于获取被测地物目标的空间信息,定位定姿传感器主要用于构建移动载体的空间位姿基准,场景测量传感器的局部空间数据和空间位姿基准结合,可生成统一的、完整的测量对象的空间数据。需要注意的是,单一传感器可能同时具有定位定姿功能与场景测量功能,因此本书按照最常用的功能将其进行分类。图 3.5 的系统展示了定位定姿传感器和场景测量传感器的应用。

图 3.5　动态精密工程测量系统

3.2.1 定位定姿传感器

定位定姿传感器包括协同定位传感器和独立定位传感器。其中,协同定位传感器通过接收信号实现定位,如 GNSS、无线电定位系统、超声波定位系统等;独立定位传感器通过计算自身测量递推实现定位,如 IMU、DMI、电子罗盘等。

1) GNSS

在多传感器集成的动态精密工程测量系统中,GNSS 模块包括 GNSS 天线和接收机/板卡两部分,主要有定位、导航、授时(position, navigation and timer, PNT)三方面的作用:①定位,即利用 GNSS 接收机提供的定位数据信息,实现移动载体的精确定位,建立高精度的空间基准;②导航,为人员、车辆和船舶提供位置、速度及航向等导航服务信息;③授时,即利用 GNSS 接收机提供的高精度时间脉冲,为移动载体的测量传感器及设备进行高精度授时。

2) IMU

IMU 由三轴加速度计、三轴陀螺仪、数字采样电路和微处理器组成,可测量载体的三轴角速度和三轴加速度。常用的 IMU 按照陀螺仪的工作原理可分为机械陀螺仪、激光陀螺仪、光纤陀螺仪和微机电陀螺仪等[1]。

机械陀螺仪基于角动量守恒理论,当陀螺仪的转子开始高速旋转,即产生抗拒方向改变的趋向,转子陀螺则利用该特性完成测量和方向的维持。转子陀螺仪加工工艺要求高,其精度高,生产成本高,常用于潜艇等有高精度要求的军事领域。

激光陀螺仪利用光程差的原理来测量角速度,两束光波沿着同一个圆周路径反向而行,当光源与圆周均发生旋转时,两束光的光程不同产生相位差,通过测量相位差可以得到激光陀螺的角速度。近年来,激光陀螺仪的发展已经十分成熟,新型激光陀螺仪研究的主要成果体现在激光陀螺的小型化、新型化等方面。

光纤陀螺仪是基于萨尼亚克效应的一种光学陀螺仪,由光源、光检测器、分束器和光纤线圈等组成。当陀螺仪沿着与光纤线圈平面相垂直的轴向旋转时,产生一个与旋转角速度成正比的相位差,通过检测相位差可以得到旋转的角速度。光纤陀螺仪具有高可靠性、长寿命、小体积、轻质量、低功耗、力学环境适应性好、动态范围大、线性度好、频带范围宽、启动时间短等特点,可广泛应用于航天、航空、航海、兵器及多种军民用领域。

微机电陀螺仪基于微机电工艺及惯性测量原理,将 3 轴陀螺仪和 3 轴加速度计集成在一个极小的空间内,实现完整的惯性测量高度集成单元,极大缩小了捷联式 INS 的体积和成本。随着激光陀螺、光纤陀螺、微机电陀螺等新兴固态陀螺仪的逐渐成熟,以及高速大容量数字计算机技术的进步,捷联式 INS 在低成本、短期中精度惯性导航中呈现出巨大的优势。在低精度捷联式 IMU 中,采用微机电陀螺,其价格低廉、体积小、重量轻,成为当前无人机和室内动态测量系统的最佳选择;但对车载、机载及船载等专业动态精密工程测量系统而言,激光/光纤捷联式 IMU 仍然是主流。

3) DMI

DMI 可准确获取载体的速度信息,由光电式旋转编码器构成,通过光电转换电路,将旋转轴的角位移或角速度等物理量转换成对应的电子脉冲输出,基于光电编码器在采样周期内脉冲的变化量计算出车轮相对于地面移动的距离变化量。通过在不同位置安装 DMI,还可以分析得到载体的旋转运动。激光多普勒 DMI 是利用光学多普勒效应,当激光照射运动物体时,激光被跟随物体运动的粒子所散射,散射光的频率将发生变化,其与入射激光的频率之差称为多普勒频差,该频差正比于物体运动速度,可通过测量多普勒频差得到物体运动速度,同时系统以与速度成正比的速率生成脉冲输出,外部电路通过对脉冲计数测量里程。

在动态测量系统中,旋转编码器安装在载体车轮的中心,与车轮共轴,通过简单的标定即可得到编码器每走过一个脉冲所代表的移动载体的位移量。DMI 主要有以下两方面的作用:①辅助定位,即在 GNSS 信号失锁的情况下辅助 IMU 进行组合导航解算;②协同触发控制其他传感器,即 DMI 输出的脉冲作为数字相机等属性传感器的触发信号按照设定的频率触发其进行数据采集[2]。

3.2.2 场景测量传感器

动态测量系统中的测量传感器用于测量目标对象的几何、纹理等特征,常用传感器包括激光扫描仪、数字照相机、深度相机等。

1. 激光扫描仪

激光扫描仪是利用激光测距原理对被测物体进行快速扫描,采集被测目标上激光返回点相对于扫描仪的距离和角度,从而获取物体表面的点云数据,包括空间三维坐标和反射强度等信息,并据此快速重现被测物体的三维模型。依据扫描方式的不同,激光扫描仪可分为三维激光扫描仪和二维激光扫描仪。

三维激光扫描仪主要由激光测角测距传感器、垂直和水平扫描驱动电机以及嵌入式计算机等组成,其中激光测距传感器通过发射一束足够强度的激光束至被测物体上,经过被测物体表面的反射后,激光测距传感器获得仪器至投射点之间的距离,同时记录由角度传感器获取的水平角度和垂直角度信息,实现单点坐标测量。通过机械旋转棱镜改变激光束方向,完成对目标的三维扫描,获得三维点云。

单线二维激光扫描仪通过棱镜以旋转方式进行扫描,配合载体的移动,实现对被测目标的三维扫描并获得点云信息。二维激光扫描仪为单线扫面,在一个旋转扫描周期内只能在一个平面内对目标进行探测。为解决该问题,多线激光扫描仪得到发展,此种激光扫描仪的激光发射部件在竖直方向上排列成激光光源线阵,并可通过透镜在竖直面内产生不同指向的激光光束,在步进电机的驱动下旋转,竖直面内的激光光束由"线"变成"面",经旋转扫描后形成多个激光探测"面",从而实现探测区域内的三维扫描。单线二维激光扫描仪具有较好的精度及较快的扫描速度,可用于动态测量系统中,实现目标区域地理信息的快速获取。多线二维激光扫描仪其较早应用于智能驾驶领域中,凭借其原理简单、易驱动、易实现、水平 360°扫描等优点被广泛应用于机器人、计算机视觉等领域中。

2. 数字照相机

数字照相机可获取目标的数字影像数据,在动态精密工程测量系统中使用的数字照相机可接收同步控制系统的控制指令,按照一定的时间或者空间间隔进行拍摄,以获取载体周围目标的属性信息及实景图像,具有丰富的光谱、纹理和语义信息,且各类特征连续。数字照相机采用 CCD 或 CMOS 光敏元件组成的图像传感器将光信号转变为电信号,电信号再经过模数转换(A/D转换器)后,进行数字处理和压缩,最后将图像数据保存在计算机存储介质内,可通过显示设备进行显示。按照相机的响应波长范围可划分为可见光相机、红外相机及多光谱相机和高光谱相机。

(1) 可见光相机用于采集目标的真实色彩信息,获取目标的 RGB 色彩信息。按照数字照相机所使用的成像传感器的结构特性,可分为线阵数字照相机和面阵数字照相机。线阵相机,是采用线阵图像传感器的相机,其图像传感器呈线性分布,长度可达数千甚至上万,宽度仅有几个像素,因此线阵相机的分辨率极高,图像采集速度快,适用于检测领域和超大视场高分辨率图像的获取。面阵相机,是指光电传感器像素以类似矩阵的形式呈面阵排列的相机,面阵相机的像素是指感光单元的总个数,面阵相机的分辨率是指一个像素所表示的实际物体的大小,其优点在于可直接获取二维图像信息,测量图像直观。

(2) 红外相机则利用红外辐射感光技术对物体进行成像。在自然界中,任何自身温度高于热力学温度绝对零度(−273.15℃)的物体,都具有自身发射电磁辐射的能力,因此无须外界光源,便可利用红外光线观测物体,相比于可见光,红外成像系统具有更好的透雾、透烟、透霾、夜视能力,可用于极端环境下的目标成像。由于大气对辐射的吸收,形成了 0.5～2.5μm、3～5μm 和 8～14μm 三个大气窗口,红外成像系统可分为短波、中波和长波三类。红外成像质量好、抗干扰能力强,可全天时工作,在动态精密工程测量系统中得到广泛应用。

（3）多光谱相机是将入射的全波段或者宽波段的光信号分为几个波段的光束，让这些光束分别在光电探测器上成像，一次拍摄可获取同一区域不同光谱的多幅影像，其所获取的数据不仅是二维空间信息，同时包含目标的光谱辐射信息，根据这些光谱信息，可准确地分辨成像目标的成分。多光谱相机可分别对可见光、近红外和紫外波段单独成像，其光谱分辨率约为 0.1mm，在可见光和近红外区域只有几个波段。

（4）高光谱相机相比于多光谱相机，其光谱分辨率更高，约为 0.01mm，其波段数在 10～1000，波段数多，高光谱相机获取区域的二维空间信息的同时，还可获取高光谱分辨率的连续、窄波段图像数据，这些数据可组成三维的数据结构，称为数据立方体。该技术具有空间可识别性、高光谱分辨率、光谱范围广以及光谱合一等特点，其在大气监测、食品和药品安全检测、农林业、海洋水体检测，以及军事、国防等方面得到广泛应用。

3．深度相机

深度相机可获取图像中每个点到摄像中心的距离信息，这些距离信息结合平面图像像素坐标，可形成每个点的三维空间坐标，从而还原真实场景，实现场景建模、行为识别、物体识别等应用。根据成像原理，深度相机可分为结构光深度相机、双目视觉深度相机和飞行时间（time of flight，TOF）深度相机。

（1）结构光深度相机是一种主动探测装置，它利用线形结构光光源进行投影凸显出待测目标的表面轮廓特征，利用 CMOS/CCD 相机等成像装置获取含有产生畸变的线结构激光光条图像，对所获取的光条图像进行处理，还原待测目标的三维几何特征。结构光深度相机每次触发探测只能获取被测目标的剖面信息，其作用距离越近，测量精度越高。在动态测量系统中，结构光深度相机的数据采集频率可根据工程要求灵活设定，由系统中的 DMI 进行触发，测量频率可由几赫兹到几千赫兹，且其测量精度可达亚毫米级甚至微米级，可满足各类高精度动态测量需求。

（2）双目视觉深度相机主要依靠双目立体视觉匹配技术，该类深度相机通过两个安装位置固定的普通摄像机从不同位置获取被测物体的两幅图像，通过计算图像对应点间的位置偏差，利用双目立体视觉匹配算法进行深度图的生成。完整的双目深度计算较为复杂，但是双目视觉深度相机成本低，只需要两个成像传感器，可用于近距离的高精度立体观测。

（3）TOF 深度相机与激光测距传感器的原理相似，TOF 深度相机利用测量光飞行时间获取距离信息，TOF 深度相机工作时通过给目标发射激光脉冲，然后利用探测器接收目标返回的光信号，通过测量激光往返飞行时间得到准确的深度信息。依据激光的调制方法不同,TOF 深度相机可分为脉冲调制 TOF 深度相机和连续波调制 TOF 深度相机,脉冲调制 TOF 深度相机发射高频率、高强度的激光,采用高精度计时电路计算激光往返时间;而连续波调制 TOF 深度相机则发射调制后的连续光,根据调制光的波长信息,检测目标反射光信号的相位偏移实现测距。TOF 深度相机可快速获取物体信息,不需要其他设备进行辅助,在测量低纹理等目标时,TOF 深度相机具有独特的优势,可用于中远距离的立体观测。

4. 其他测量传感器

(1) 测量机器人是一种能够进行自动搜索、跟踪、辨识和精确照准目标并进行角度、距离测量完成三维坐标计算的自动型全站仪。测量机器人采用自动目标识别(automatic target recognition,ATR)技术实现靶标棱镜的自动识别、照准与测量,ATR 部件内有红外激光发射器及 CCD 阵列探测器,在实现自动照准时,首先发射一束红外激光,当红外激光经目标上的靶标棱镜反射后,由 CCD 探测器对反射激光进行探测,通过图像处理算法计算靶标棱镜的中心位置,以指导伺服系统对棱镜的精确照准。测量机器人可由马达驱动,利用 ATR 技术对目标进行自动识别测量。在此基础上还可进一步通过开发程序完成全自动的测量任务,用户可根据不同场景、不同测量需求自行编程进行设置,控制测量机器人实现无人值守的自动化观测。因此,测量机器人在连续多周期、多测回的变形监测领域,如大型矿山监测、坝体监测、大型基坑监测等应用场景可极大提高测量效率,此外相对于人工测量,测量机器人自动测量还具有准确性好、稳定性高等特点。

(2) 激光跟踪仪是一种可对运动目标进行实时跟踪测量的精密测量仪器。激光跟踪仪主要由激光干涉仪、光电位置探测器、跟踪伺服系统以及目标靶镜组成,其中目标靶镜是激光跟踪仪的光学目标,它可使入射的激光以平行光的形式原路返回到跟踪仪中。当目标移动时,入射到靶镜的激光将会偏离靶镜中心,导致靶镜的反射激光产生平移偏差量,从而被光电位置探测器检测。光电位置探测器检测到目标移动后则向控制系统发送数据,控制系统则控制伺服系统对目标进行跟踪,使激光始终入射到靶镜中心,以实现目标跟踪的目的。激光干涉仪测量精度可达亚微米级,通过与伺服系统中角度测量值的融合处理,可实时计算目标的位移量。激光跟踪仪具有方便、快捷和精度高等特点,可用于机器人的分析和校准、逆向工程,以及航空航天、机械制造等大型工件组装与工装检查等领域中。

(3) 毫米波雷达工作在毫米波波段,其波长范围为 1~10mm,频率范围为30~300GHz,其工作波长位于厘米波段和红外波段之间,既具有厘米波全天候工作的特点,同时具有红外波段的高分辨率特点,具有较好的抗干扰能力,以及穿透烟、尘、雨、雾的能力,在避障、探测领域具有广泛的应用。毫米波雷达由信号发射机、接收机、信号处理机和天线组成,其中发射机发一个射频信号,射频信号通过功率放大器将该信号放大到一定的功率电平,电平信号由天线发射并耦合到大气中,电磁波在大气传播过程中遇到目标后则反射并由天线接收,并将回波信号传递到接收机。接收机对信号进行放大、去噪、检波等处理,完成对目标的探测。

(4) 声呐是针对水下目标探测的装备,利用声波对水下的目标进行探测、定位和识别。声呐主要使用超声波换能器进行声波的发射和接收,在水下环境中,由换能器将电信号转换为超声波信号发射到水体中,超声波在水体中向前传输,当其遇到障碍时将会返回,此时换能器将返回的超声波转换为电信号由信号处理系统分析,从而完成水下目标的探测。声呐是各国海军进行水下监视使用的主要技术,用于对水下目标进行探测、分类、定位和跟踪、水下通信和导航,保障舰艇和反潜飞机的战术机动和水中武器的使用。此外,声呐技术还广泛用于鱼雷制导、海洋石油勘探、船舶导航、水下作业、水文测量和海底地质地貌的勘测等。

3.3　多传感器集成方法

在多传感器集成动态测量过程中,载体平台处于运动状态,其空间位姿基准是不断变化的,需要利用统一的时间基准对不同时空状态下采集的原始测量数据进行关联。这需要在传感器集成测量时,生成统一的时间基准,并将所有的采集数据打上统一基准的时间标签。同时,为了使所有传感器协同工作,需要根据传感器的技术特点和采集需求,对传感器进行同步控制。此外,由于不同传感器的测量值都是在各自参考系上,标定不同参考系之间的空间关系也是数据融合的关键。最后,多传感器集成采集的原始数据,通过统一的时间基准和统一的空间基准进行融合,可以实现对现实场景的精确测量。

3.3.1　时间基准生成

1. 设备系统时间

设备系统时间为设备在未进行 GNSS 同步或在 GNSS 同步后,下一次进行 GNSS 同步前的参考时间系统。设备系统时间的建立依靠高稳晶振和实时时钟芯片(real timer chip,RTC)或编程计时。

实时时钟芯片根据晶振提供的脉冲参考信号自动走时,控制器核心可与实时时钟芯片进行通信读写时间信息,用于无 GNSS 的工作条件,如地铁、隧道等。实时时钟芯片通常需单独用电池供电,使得其在设备断电的情况下能够继续走时。但晶振受温度漂移和抖动等误差因素的影响,与 GNSS 时间存在偏差,且其时间读取过程需要一定时间,从计时芯片中获得的时间会存在延时,仅在设备开机后读取一次时间,作为设备的初始时间,时间单位为秒。

编程计时是通过以高稳晶振提供的参考时钟为基准进行计数,根据相应的进位关系建立毫秒、秒、分、时、天等时间信息,并用寄存器锁存,在需要进行时间打标时读取寄存器的值,从而获得当前时刻的时间信息。采用现场可编程门阵列(field programmable gate array,FPGA)建立时间系统,可使用其内部 PLL 对晶振脉冲进行整形、分频、倍频、相移等操作产生内部系统时钟,其时间系统的最小单位为时钟周期,即若时钟频率为 10MHz,则时间系统最小单位为 100ns。

2. GNSS 时间

动态精密工程测量设备通过上述方法建立设备系统时间后,已获得了一个相对系统时间。晶振漂移误差使设备系统时间与长时稳定度更好的 GNSS 时间存在一定偏差,设备系统时间还需与 GNSS 时间进行对时同步。GNSS 板卡除了输出 GNSS 报文信息外,还可以输出一个 PPS 信号,可以用来进行精确的对时操作。图 3.6 为 GNSS 报文信息和 PPS 信号在时间上的关系示意图,GNSS 报文数据与 PPS 信号上升沿存在一定延时,可达数十乃至几百毫秒。针对这一问题,处理器先解析 GNSS 报文数据,在判断报文数据有效后,将解析出的 GNSS 时间锁存并更新系统时间,在之后的 PPS 信号上升沿到来时,将锁存的 GNSS 时间进行加 1s,同时整秒计数抹零,并更新系统时间。对 FPGA 而言,授时误差可缩小到数个时钟周期,延时在 $0.1\mu s$ 量级甚至更少,完全能够满足动态测量系统的技术指标要求。

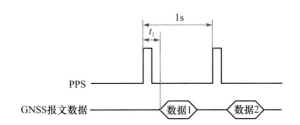

图 3.6　GNSS 报文信息和 PPS 信号在时间上的关系示意图

3. 时间系统的维持

卫星信号的不稳定和各种干扰的存在,会使得 GNSS 信号失锁、重启,也可能导致 PPS 信号出现毛刺等干扰现象。对于 GNSS 信号失锁、重启,可根据 GNSS 报文数据如卫星数量、数据有效标志位等判断,若 GNSS 报文数据无效,则设备时间不与 GNSS 时间对准。对于 PPS 信号干扰,控制器可利用本身的高精度脉冲来对 PPS 信号进行可信度鉴别,即设定一定宽度的窗口,将窗口之外的脉冲作为干扰脉冲,系统不对其进行响应,从而达到滤波效果。

动态精密工程测量系统在 GNSS 对时完成后才开始工作,但对于某些复杂环境,系统可能会先在无 GNSS 信号状况下工作一段时间,再经过有 GNSS 信号的环境,之后 GNSS 信号也存在时有时无的情况。针对这种 GNSS 信号时有时无的情况,可程序判别后决定是否进行同步,关键在于首次获得 GNSS 信号时对设备时间系统的处理。在未进行 GNSS 同步时,动态测量系统工作在相对时间系统,与绝对时间存在固定的差值(不考虑晶振误差),因此在获得 GNSS 信号并判断有效后,在下一个 PPS 信号上升沿到来时,将此刻的设备时间和 GNSS 时间通过寄存器锁存或其他方式存储下来,并在这之后与 GNSS 时间同步。通过存储下来的时刻即可得到相对时间与绝对时间的固定差值,后续可在软件处理方面得到修正。

3.3.2　多传感器同步控制

动态精密工程测量需要将各个传感器的位置姿态与其对应的时间相关联,才能实现各观测传感器数据的高精度融合[3]。多传感器同步控制的核心思想是要将高精度时间基准传递到各个传感器,使得获取的数据具有精确的时间标签。本小节结合动态测量系统自身的特点,分析动态测量系统多传感器高精度同步控制方法,即多传感器同步控制。

1. 时间同步方式

动态精密工程测量常见传感器自身没有独立的计时装置,没有提供授时接口,无法独立实现传感器的数据同步。这些传感器可以分为两类:一类是自身带有触发控制接口,可以接收外部控制信号,控制传感器的数据采样,如各种线阵和面阵相机等,其输入信号包含了触发引脚;另一类是传感器直接连续输出信号(一般是模拟信号),需要通过 A/D 数据采集卡采集这类传感器的输出数据,如光纤陀螺仪和加速度计等。

根据传感器的工作特性,可将其同步控制方式分为主动同步、被动同步及授时同步三种。

1) 主动同步

主动同步是指时间同步控制电路主动向传感器发送同步控制信号,这类控制信号主要包括脉冲触发信号(电平触发、上升沿触发、下降沿触发等)和记录此脉冲触发信号的精确时间信息。传感器接收到同步控制信号后,便开始数据采集工作,等完成一次数据采集后,将采集的数据与同步时间信号配准后发送到数据采集计算机,从而实现多传感器的数据同步采集。因此,主动同步控制要求传感器能够接收同步控制器的控制信号,具备相应的硬件和软件接口。具备此功能的传感器主要有各种型号的逐行扫描的面阵或线阵 CCD 相机/高光谱相机、带有外触发功能的激光测距传感器等。

2)被动同步

被动同步是指时间同步控制器被动接收传感器发送回来的同步工作信号,通过内部的硬件中断来记录该信号的精确时刻信息,并将该时刻信息发送到数据采集计算机。数据采集计算机通过软件将传感器的测量数据与同步控制器发送的同步时刻信息进行融合配准,从而实现多传感器的数据同步采集。因此,被动同步控制要求传感器在进行测量的过程中能够在测量采样开始或终止时刻输出脉冲信号,具备相应的硬件接口。具备此功能的传感器主要有各种型号标准视频信号、CCD 相机、DMI、某些带有同步输出功能的 IMU 等。

3)授时同步

授时同步是指时间同步控制器仅向传感器发送时间数据信号和 PPS 信号,不发送同步控制脉冲信号,传感器也不向同步控制器发送同步工作脉冲信号,但是传感器内部能够接收时间数据信号和 PPS 信号,并直接将测量数据与采样时刻的精确时间信息融合,发送到数据采集计算机中。也就是说,传感器输出的测量数据中就含有精确的同步时间信息。因此,具备授时同步功能的传感器是一种智能化的传感器,其结构和电路非常复杂,价格昂贵,但是其后续的数据融合配准比较简单。这类传感器主要是一些高性能的激光扫描仪,如 LMS 系列二维激光扫描仪和 9012 系列的激光扫描仪都具备 GNSS 授时功能,输出的数据带有 UTC 时间标签。

多传感器同步控制方法如图 3.7 所示。

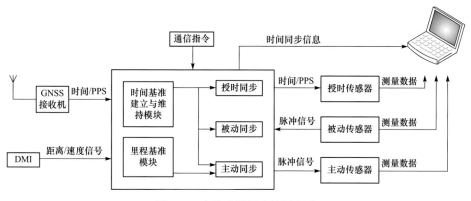

图 3.7　多传感器同步控制方法

2. 触发采集方式

为了实现动态精密工程测量系统中多源数据的融合配准处理,整个系统的传感器采集的数据必须建立在同一时间坐标轴上,通过一个同步控制器实现各传感器数据的同步控制与时间记录。同步控制器就是通过特定的逻辑控制电路,保证各个传感器之间,以及传感器和定位系统之间的协同工作和时间同步。根据驱动多传感器数据采集的驱动源,可以将动态测量系统的同步方式分为距离触发同步和时间触发同步两种方式。

1) 距离触发同步

距离触发同步以系统载体的行驶距离作为驱动源,根据设定的距离间隔,控制多传感器的数据同步采集。通常需要一个高精度的距离传感器,将行驶距离转换成电脉冲信号输出,送入同步控制电路进行计数,根据设定的距离间隔,发送触发信号或指令控制传感器,完成数据采集,触发信号/指令同时也传送到同步控制电路的中央处理器,通过中断服务程序记录发送触发信号/指令的精确时刻、位置、数据序号等同步数据,并将该数据通过千兆网或串行接口上传给上位数据采集计算机,上位数据采集计算机实现传感器采集数据与采样时刻及位置等信号的对齐和配准。车载/轨载动态精密工程测量系统采用距离同步方式,驱动源是光电编码器输出的距离脉冲信号,传感器在距离脉冲的驱动下,实现等距离的数据采样。

2) 时间触发同步

时间触发同步以高精度的时间作为驱动源,根据设定的时间间隔,控制多传感器的数据同步采集。时间间隔采用对高精度时间基准时钟计数获得,利用同步电路中断复杂可编程逻辑器件(complex programmable logic device,CPLD)或FPGA对时间基准脉冲计数,时间间隔到达时发送触发指令控制传感器或数据采集设备,完成传感器的数据采集,触发指令同时也传送到同步控制电路的中央处理器,通过中断服务程序记录发送触发指令的时间、位置、序号等同步数据信息到上位数据采集计算机,上位数据采集计算机实现传感器采集数据与采样时刻及位置等信号的对齐和配准。时间触发同步在机载或船载动态测量系统上使用。动态测量系统同步方式如图 3.8 所示。

3.3.3　多传感器标定与时空数据关联

1. 多传感器标定

通常,测量系统输出的测量值与真实值存在偏差,这种偏差主要由系统误差和

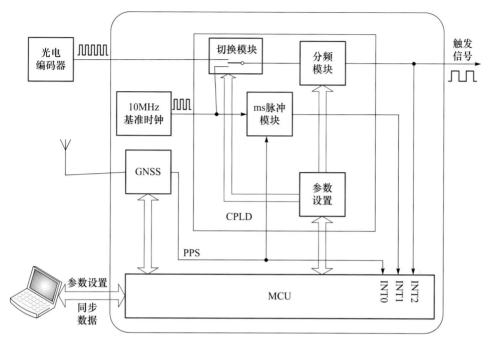

图 3.8　动态测量系统同步方式

随机误差构成。系统误差是测量系统的测量模型本身或者测量模型参数的误差引起的。消除或者补偿系统误差是提高测量精度的重要途径,因此需要对测量传感器精确建模,并精确测定测量模型的参数,即传感器标定。按照标定工作是否需要构建标定场,可以分为标定场标定和自标定。标定场标定是利用测量系统对标定场中高精度的已知控制特征进行观测,建立观测误差方程实现对标定参数的精确估计,而自标定则是利用特征之间的先验约束关系构建误差方程估算标定参数。标定场标定具有精度高的特点,而自标定具有低成本、方便的优势。

　　动态测量系统获取的几何数据最终需要转换到统一的坐标系中,形成一个整体的数据结果。这个转换分为两个步骤,首先根据安装参数将所有传感器测量原始数据补偿系统误差后,由各个传感器坐标系转换到统一的与载体固连的坐标系中;然后通过定位定姿结果将其转换到统一的测图坐标系中。因此,对于多传感器集成的动态测量系统,标定工作有两个层次:第一个层次是对单个传感器标定,即逐个标定所有相关传感器的系统误差参数;第二个层次是对整个系统进行标定,即标定多个传感器之间的安装误差参数。

　　2. 时空数据关联

　　载体上场景测量传感器采集的原始数据均为自身所在的传感器坐标系。通过多传感器集成标定,可以将某一时刻的多种传感器的数据转换到统一的载体坐标系中。载体在不断地移动,需要进一步根据定位定姿结果获取每个时刻载体在测图坐标系中的位置和姿态,从而将动态测量系统采集的场景测量数据从载体坐标系转换到统一的测图坐标系中。在这个过程中,需要通过同步板获取的采集时间将不同时间频率、不同坐标系、不同空间分辨率的多源数据关联到 POS 提供的测量瞬间的载体姿态和位置。

以动态三维激光扫描系统为例,在进行激光扫描数据融合计算中有三种数据,即激光扫描仪的安置参数、激光扫描数据和位姿轨迹数据。

$$x^m = R_b^m(t)(R_l^b x^l + l^b) + r^m(t) \tag{3.1}$$

式中,R_l^b、l^b 分别为激光扫描仪坐标系到载体坐标系的旋转矩阵和杆臂值,通过标定获取;$R_b^m(t)$、$r^m(t)$ 分别为 t 时刻的载体姿态矩阵和位置向量。

场景测量传感器的采样频率与定位定姿传感器的采样频率存在差异,因此采样时刻的姿态和位置需要对轨迹点进行内插得到,一般可以采用线性内插的方式进行计算。需要注意的是,姿态角为分布在流形空间上的参数,需要在切空间中进行插值[4],才能获得较为精确的姿态插值。

3.4　本章小结

多传感器集成动态测量具有广泛的应用,本章首先介绍了常见的动态测量场景和相应的动态测量系统。动态测量系统的移动平台、传感器选型和集成方法都取决于测量场景,显现出多样性的特点。随后,简要介绍了常用的动态测量传感器。最后,对多传感器的同步控制和多传感器的空间关系标定做了简要介绍,并阐述了动态测量数据在时间和空间上的关联方法。多传感器集成动态测量方法奠定了动态精密工程测量的多源数据快速、精确获取的硬件基础。

参 考 文 献

[1]　张炎华,王立端,战兴群,等.惯性导航技术的新进展及发展趋势.中国造船,2008,49(S1):134-144.

[2]　李清泉,毛庆洲,胡庆武,等.高精度时空数据获取的多传感器集成同步控制方法和系统:中国,CN101949715A[P].2011.

[3]　李清泉,毛庆洲.道路/轨道动态精密测量进展.测绘学报,2017,10:1734-1741.

[4]　Kang I G, Park F C. Cubic spline algorithms for orientation interpolation. International Journal for Numerical Methods in Engineering,1999,46(1):45-64.

第4章 动态精密工程测量数据处理

动态精密工程测量需要处理不同场景的多源测量数据,从中提取出被测目标的特征和信息。这些数据具有明显的多源特征,如激光点云、影像数据、惯性测量数据、DMI数据等;同时,还具有多尺度特征,同一个测量场景可能既有亚毫米级数据,也有分米级数据;还有大数据特征,测量数据每秒可以达到几百兆甚至更多。传统测量数据处理理论和方法无法满足其测量数据处理的需要。本章主要介绍动态精密工程测量中的数据分析框架、常用数据类型、误差和常用的数据处理方法。

4.1 数据类型和处理方法

动态精密工程测量是测量发展到现代阶段的一种新的表现形式,其测量数据类型与误差有自身的特点,分析方法也存在新的挑战。在数据分析过程中,除了继承经典最小二乘估计理论之外,还融合了计算机视觉和机器学习领域的很多方法和技术,形成适用于动态精密工程测量特有的数据分析框架。

4.1.1 测量数据类型与特征

随着现代传感器技术的快速发展,传感器类型逐渐多样化。同时,观测目标对象日趋复杂,测量需求也不断增加。因此,动态精密工程测量需要处理多种类型数据。归纳起来,主要包括位姿数据、点云数据、图像数据三种类型,如图4.1所示。

从数据对象角度来讲,位姿数据是平台数据,点云数据和图像数据为环境数据。从数据特点角度来讲,位姿数据和点云数据是几何测量数据,而图像数据是电磁波辐射数据,其具体关系如图4.2所示。

1. 位姿数据

位姿数据描述动态精密工程测量平台本身的空间运动状态,包括测量平台及传感器的位置、姿态、速度、加速度、角速度等。这里的位姿数据是通过对GNSS、陀螺仪、加速度计、DMI等定位定姿传感器采集的原始数据进行时空关联融合处理后获得的测量平台运动状态数据。时空关联融合解算通过对这些传感器误差,以及其他误差影响进行识别补偿,进而计算出最优的、精确的位姿数据。经过融合解算后的位姿数据常见属性信息如表4.1所示。

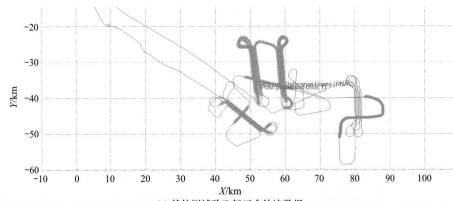

(a) 某航测试验飞行平台轨迹数据

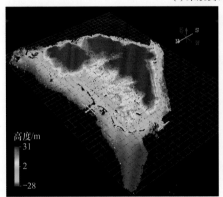

(b) 某海岛点云数据

(c) 某道路路面裂缝图像数据

图 4.1　实际场景中三种类型测量数据

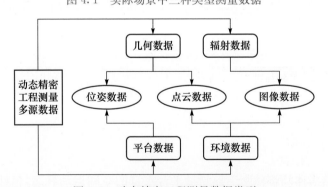

图 4.2　动态精密工程测量数据类型

表 4.1　位姿数据常见属性信息

数据名称	单位
时间	s
X 坐标	m 或 (°)
Y 坐标	m 或 (°)

续表

数据名称	单位
高程	m
X 方向速度	m/s
Y 方向速度	m/s
Z 方向速度	m/s
侧滚角	rad
俯仰角	rad
航向角	rad
X 方向加速度	m/s^2
Y 方向加速度	m/s^2
Z 方向加速度	m/s^2
X 方向角速度	rad/s^2
Y 方向角速度	rad/s^2
Z 方向角速度	rad/s^2

2. 点云数据

点云数据是观测目标对象的几何测量数据,具体体现为被测量对象的三维空间坐标。点云数据的获取有两种形式:一种是通过运动平台上架设的观测设备(如激光、声呐)对目标或对象主动式测量,通过将相对位置数据与运动平台的位姿数据结合,从而获得对象在地理空间的三维点云;另一种是基于光学摄影测量方法,通过立体像对解算出对象的视觉三维点云数据。第一种主动式点云由于测距精度较高,常用于精密工程测量对象三维信息获取。激光点云数据包含的常见属性如表 4.2 所示。

表 4.2　激光点云数据常见属性信息

数据名称	单位
时间	s
X 坐标	m 或(°)
Y 坐标	m 或(°)
高程	m
回波强度	—
第几次回波	次
回波次数	次
扫描角	rad

3. 图像数据

图像数据是运动平台上二维成像设备采集的图像数据。根据成像光谱的不同,主要分为灰度、红外、紫外、可见光、高光谱等图像数据,可根据不同测量场景选用成像传感器。不同类型成像相机的部分使用场景如表 4.3 所示。

表 4.3　不同类型成像相机的部分使用场景

图像数据	使用场景
灰度相机	道路病害检测
近红外相机	夜视观察、渗水检测
热红外相机	火情探测、人体测温
紫外相机	高压带电检测
可见光相机	地物分类、纹理特征识别
高光谱相机	环境监测、精准农业

4.1.2　测量误差的来源与类型

1. 误差来源

测量的误差主要来源于设备、测量过程和环境。与传统测量场景相比,动态精密工程测量中的这三种类型误差来源更加复杂。主要原因在于其涉及的测量设备类型多样,测量过程也是动态连续的,其测量环境影响因素还会随着测量动态过程发生不断变化。

1) 设备误差

动态精密工程测量设备涉及的传感器类型多,各类传感器在测量原理上具有一定限度的精确度,因此观测值存在不可避免的误差。不同厂家生产的传感器在设计、加工、装配等制造过程的工艺限制,又会额外带来一定程度的误差。另外,传感器和集成装备本身的固有参数在检校过程中也存在残余误差。各类典型传感器的误差特征如下:

(1) 惯性传感器误差。惯性传感器包含加速度计和陀螺仪,这两种传感器都有两种基本误差:零偏误差、刻度误差。惯性技术行业中所指的惯性器件精度习惯上为静态条件下的随机误差,这是惯性器件性能的最重要指标之一,它代表了器件在最理想条件下达到的最高精度。陀螺仪的随机漂移稳定性和加速度计的逐次启动零偏重复性,是最常用的概括惯性传感器精密性的名词。惯性传感器的精度瓶颈主要在于陀螺仪的精度,成本也往往取决于陀螺仪。

(2) 里程编码器误差。里程编码器通过测量车轮旋转的圈数和车轮周长来推算车辆行驶里程。其刻度系数、航向安置偏差角、车轮空转/滑行、车轮磨损等因素,都会带来 DMI 测距误差,且随着运动轨迹的推移,其误差会逐渐积累。

(3) GNSS 相关误差。GNSS 相关误差主要包括卫星系统相关误差、传播路径误差和接收机相关误差。卫星系统相关误差主要包括卫星轨道误差和卫星钟差；传播路径误差主要包括电离层、对流层误差和地形地图引起的多路径误差；接收机相关误差包括接收机钟差和天线相位中心偏差等。

（4）LiDAR 误差。LiDAR 通过测角、测距的原理对三维空间的点进行测量，并通过旋转装置对三维环境扫描，获得环境中目标点与 LiDAR 的相对位置，相关误差主要包括测距误差、测角误差、轴系误差、加常数、波长及分辨率引起的误差等。

（5）相机成像误差。与相机相关的误差主要包括几何畸变和辐射畸变。几何畸变主要来自光学成像系统中本身存在的非线性误差，光学系统加工时可能带来的形变，以及探测器本身排列存在的不规则性。辐射畸变主要包括光学相机镜头中心与边缘的透射光强不同所引起的误差、由于光电转换和探测器增益引起的误差，以及成像传感器引起的辐射畸变等。

2）测量过程误差

动态精密工程测量过程具有动态、连续和数据量大的特点，对操作员以及测量方法模型的要求都比较高。但受操作员自身业务能力、责任心等方面的限制，会因测量过程操作失误或者不当产生带来误差。另外，在数据处理过程中，处理方法采用不当，模型不够完善，也会带来一定的误差。当然，受人的生理机能以及处理模型的限制，这些过程误差也是不可避免的，良好的操作规范和优秀的模型算法可以降低此类误差，但是并不能完全剔除测量过程中产生的误差。

3）环境误差

测量工作都是在特定的环境中开展的。这些环境由稳度、湿度、气压、风向、电离层、地形等多种因素组成。动态精密工程测量中，这些因素会随着时间动态变化，给测量结果带来复杂的影响。温度湿度的变化可能引起仪器性能参数的变化，大气折射可能会引起电磁波传播路径的变化，地形和光照强度可能会引起成像几何和辐射的变化。例如，GNSS 定位数据准确性就受到传播路径中电离层误差、对流层误差和多路径效应影响。路面裂缝光学成像受路面阴影、裂缝退化、光照方向等环境因素影响。这些环境因素都会给几何测量和辐射特征提取带来不可忽视的影响。在动态精密工程测量中，需要特别注意这些环境因素的影响。

2. 误差类型

根据观测误差对观测结果影响的性质和特点，可以将误差分为系统误差、偶然误差和粗差三类。

1）系统误差

在条件一定的情况下，如果多次测量后，测量误差的大小和符号表现出系统性，或者在观测期间，误差表现出一定的规律性或为某一常数，这种误差被称为系统误差。根据系统误差表现形式的不同,可以将其分为线性系统误差、周期系统误差、复杂系统误差和恒定系统误差。实际观测中,为让系统误差可以达到忽略不计的程度,可在了解系统误差来源和规律的基础上,采取以下几种方式消除或减弱系统误差的影响。

(1)设计科学合理的观测程序。通过设计科学合理的观测程序,可在一定程度上消除和减弱系统误差。

(2)对观测条件进行合理的选择。选择在不同的观测条件下进行观测,然后对观测值进行平均化,可减弱系统误差的影响。

(3)改进和优化观测仪器的结构。通过优化和改进观测仪器的结构,在观测过程中,系统误差数值在一定范围内表现出规律的上下波动,并且波动差值大小相近,符号相反,可在观测结果综合中对其进行抵消。

(4)针对系统误差建立合适的修正模型。建立合适的系统误差修正模型,可对分布规律的系统误差进行削弱和降低,这是减少系统误差影响的常用方法。

(5)对观测资料进行分析和总结。对观测资料进行综合分析并总结,找出系统误差的分布规律,通过平差计算可对系统误差进行减弱或消除。

2)偶然误差

在同一观测状态下进行一系列观测,如果误差在大小和符号上都呈现无规律性,我们将这种误差称为偶然误差。这种误差往往是多种微小误差项叠加造成的,根据中心极限定律,大量独立随机变量叠加渐近于正态分布。因此偶然误差在单个误差上的大小和符号没有规律性,但是把大量偶然误差作为总体看,则具有一定的统计特性。例如,在使用激光测距时,大气环境、传感器状态等都会导致测距存在一定误差,这种偶然因素引起的误差忽大忽小,忽正忽负,被称为偶然误差。就单次观测的误差而言,其数值大小、正负都是事先或观测过程中无法预知的,表现出一定的随机性。通过统计大量的观测值,偶然误差的总和服从或近似服从正态分布,因此也称偶然误差为随机误差。

3)粗差

在观测过程中,由于人为原因或外界条件的变化所引起的显著观测误差被称为粗差。观测人员在观测过程中使用仪器不规范、观测出错、听错以及记录出错等造成的误差属于人为原因造成的粗大误差,对于人为原因造成的粗大误差,在一定程度上是可以避免发生的;在观测过程中突然出现天气剧烈变化或周围环境出现变化造成观测出现显著的误差则为外界条件变化引起的粗大误差。

4.1.3　典型测量数据处理方法

1. 最小二乘方法

测量数据处理的目的是降低数据和测量模型的误差,实现对待估测量参数的

最优求解。在经典的测量数据处理问题中,线性参数估计占据主导地位。高斯-马尔可夫模型则是线性参数估计的核心,其具体形式为

$$\begin{cases} \boldsymbol{y} = \boldsymbol{A}\boldsymbol{x} + \boldsymbol{e} \\ E(\boldsymbol{e}) = 0 \\ \boldsymbol{D} = \sigma_0^2 \boldsymbol{Q} = \sigma_0^2 \boldsymbol{P}^{-1} \end{cases} \tag{4.1}$$

式中,$\boldsymbol{y}$ 为观测向量;$\boldsymbol{e}$ 为误差向量;$\boldsymbol{A}$ 为函数模型的系数矩阵;$\boldsymbol{x}$ 为待估参数;σ_0^2 为单位权中误差;$\boldsymbol{D}$ 为方差矩阵;$\boldsymbol{Q}$ 和 $\boldsymbol{P}$ 分别为协因素阵和权阵。

假设观测数为 n,待估参数个数为 t,通过 n 个观测 $\boldsymbol{y}$ 求解 $n+t$ 个未知数(t 个待估参数 $\boldsymbol{x}$ 和 n 个误差向量 $\boldsymbol{e}$)是一个多解的问题。需要施加一定准则来获取最优估计值。在数理统计中所述的最优估计量主要应具备无偏性、一致性和有效性。最小二乘准测以估计的误差向量加权平方和最小作为最优估计准测,基于该准则估计的参数能满足最优的统计性质,从而在测量数据处理中被广泛采用。然而,最小二乘准则仅仅顾及了观测误差中的偶然误差,对粗差和系统误差没有很好的考虑。

2. 现代测量数据处理方法

在传统测量中,主要开展工程控制网、导线测量、地形图测绘、施工放样测量等工作,测量的要素主要为测边、测角和测高。为了处理观测值中的系统误差和粗差,往往采用严格测量操作规程控制系统误差,通过几何约束和人工挑错的方法控制粗差。随着测量进入数字化阶段,激光扫描技术、全站仪等技术和设备的发展促使了更高效、自动化、低成本测量数据采集管理,在数据处理中需要进一步高效解决系统误差和粗差问题。

系统误差和粗差的发现和检测是解决系统误差和粗差问题的第一步,基于假设检验方法的可靠性理论常被用于测量系统里粗差发现和系统误差测定。最开始的可靠性理论是在单个备选假设下针对一维备选假设提出的,然后逐渐从一维推广至多维。但是单个备选假设下的可靠性理论无法解决不同误差的可区分性,而在实际测量场景中,不同误差经常是同时存在且相互影响的。李德仁等[1]随后创立了两个多维备选假设的测量误差可区分性理论,通过两个统计量的相关性分析,可发现、区分多个不同的粗差和系统误差。

可靠性理论给出了发现和检测粗差的统计检验量,但如果要在平差模型中将粗差剔除,还需要正确指出粗差的位置。粗差定位涉及程序控制的自动化探测,因此不仅仅是理论问题,需要从算法层面上进行设计。最常用的一类方法是选择权迭代法。由于粗差未知,平差仍从惯常的最小二乘法开始,但在每次平差后,根据其残差和有关其他参数,按所选择的权函数,计算每个观测值在下步迭代平差中的权。迭代终止时,相应的残差将直接指出粗差的值,而平差的结果将不受粗差的影

响。这样便实现了粗差的自动定位和改正。根据权函数的选择又分为最小范数选代法、丹麦法、带权数据探测法、稳健估计法等。李德仁[2]提出了基于验后方差分量估计的选权迭代粗差探测方法,通过最小二乘法的验后方差估计,求出观测值的验后方差,找出方差异常大的观测给予相应小的权迭代平差,逐步进行粗差定位。该方法能够在平差过程中准确地对粗差进行探测和定位。

　　另外,现实测量场景还存在设计矩阵误差、观测不足、参数具备先验信息等情况,为满足实际问题中不同场景测量数据处理的需要,基于基本的高斯-马尔可夫模型和最小二乘估计方法,发展了系列新的理论和方法[3]。如图 4.3 所示,现代测量数据处理方法主要有以下九个方面。

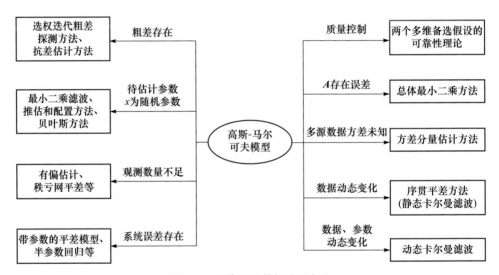

图 4.3　现代测量数据处理方法

　　(1) 在一些实际问题中,待估计参数 x 为随机参数,在估计时需要考虑这些参数的先验统计性质。为解决此类问题,发展了最小二乘滤波、推估和配置方法和贝叶斯方法。

　　(2) 当函数模型也不确定时,即系数矩阵 A 也存在误差,为同时考虑系数矩阵和观测量的随机性,发展了总体最小二乘方法。

　　(3) 当观测数量不足时,无法满足最小二乘求解时,针对这种病态问题,发展了有偏估计、秩亏网平差等方法。

　　(4) 当测量数据动态变化时,为将不同期观测分期处理,发展了序贯平差方法。序贯平差方法有时也称为静态卡尔曼滤波。

　　(5) 当参数也随时间动态变化时,静态卡尔曼滤波进一步发展为动态卡尔曼滤波方法。

（6）当观测从单一来源变成多来源时，为解决各类数据方差未知，无法定权的问题，发展了方差分量估计方法。

（7）在自动化海量数据观测场景中，粗差难以控制。为解决测量数据中混入粗差的问题，发展了选权迭代粗差探测方法、抗差估计方法等。

（8）系统误差的存在会对结果产生系统性影响。为解决测量系统中规律性的系统误差，发展了带参数的平差模型、半参数回归等。

（9）为对测量处理进行质量控制，指导平差系统的优化设计，发展了两个多维备选假设的可靠性理论。

4.1.4　动态精密工程测量处理方法

随着包括激光扫描仪、高精度 INS、无人平台等现代测量传感器、装备和平台的快速发展，测量数据迅猛增长，形成了当代测量场景中的测量大数据。与传统测量数据（水准、全站仪测量的高程、距离、角度）相比，当代测量数据来源更多，涵盖数据类型更加广泛，给测量数据处理方法带来了巨大变化和挑战，主要表现为以下三点。

（1）在数据类型上，从传统测量需要处理的点数据，扩展到现在的线（结构线）、面（图像）、体（点云）数据。

（2）在测量要素上，从过去的边、角、高等基本几何要素处理扩展到包括几何和属性要素的更多描述测量对象状态的具体指标（如平顺度、变形、裂缝等）。

（3）在理论方法上，传统以代数为主的平差理论和方法不能适用于复杂场景中的数据处理，需要进一步将概率统计学，优化理论与测量数据处理融合为一体。

动态精密工程测量是一种典型的当代测量场景，涉及多类型传感器和多种测量要素。与传统测量相比，测量技术更加多样，测量的数据类型更为丰富。测量数据从静态发展到动态，从离散发展到连续，具有测量大数据的特点。为应对测量大数据处理面临的挑战，动态精密工程测量数据分析方法吸收融合了计算机视觉和机器学习领域的很多方法和技术，主要体现在以下两个方面。

（1）在几何要素处理上，普遍采用贝叶斯框架下的概率模型融合多源测量数据，通过最大化参数在观测条件下的后验概率或根据后验概率计算期望值来获得几何测量参数。与经典最小二乘估计模型对比，贝叶斯理论提供描述概率和不确定性更精确的语言，概率密度分布不限于高斯分布，涵盖了经典最小二乘估计，是一个更完善、更普适的处理方法。为求解动态观测下的此类模型，通常采用扩展卡尔曼滤波、粒子滤波等贝叶斯滤波方法。如果不需要动态求解或者本身为静态问题，则还可以用如图优化、马尔可夫-蒙特卡罗采样等最优化方法进行解算。

（2）在属性要素处理上，普遍采用机器学习领域的方法。常用的机器学习方法包括支持向量机、随机森林、K-近邻算法等监督学习方法和 K-Means 聚类算法等非监督学习方法,这些经典机器学习方法都使用人工设计的特征,它们被用于点云和图像语义信息理解和目标属性提取。近年来,可以自动学习特征的深度学习方法得到快速发展。深度学习方法通过大量样本训练,对特征表达进行自动学习,学习到的特征由大量参数组成,具备很强的属性描述能力,因此被逐渐用于测量数据的属性要素处理中[4]。

从数据流的角度看,动态精密工程测量数据处理的过程即是将原始传感器采集的数据转化为所需要的测量对象特征信息的过程,如图 4.4 所示。

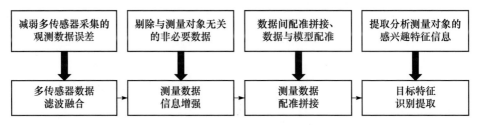

图 4.4　动态精密工程测量数据处理基本流程

（1）需要对多传感器采集的观测数据进行滤波融合,借助冗余观测降低观测误差,获得平差后的测量数据。

（2）需要对测量数据进行信息增强,去除或削弱非测量目标的测量信息,如点云中非目标点、图像中树木阴影等。

（3）需要对信息增强后获得的数据进行配准拼接,包括不同站点数据配准拼接、数据模型间配准拼接。

（4）需要对测量目标的特征信息进行识别提取,如识别道路裂缝、轨道病害等。

下面将阐述多传感器数据滤波融合、测量数据信息增强、测量数据配准拼接、目标特征识别提取这四步中的常用方法。

4.2　多传感器数据滤波融合

动态精密工程测量涉及多传感器采集的定位数据,而且数据获取过程是动态连续的,需要将这些动态采集的定位数据进行滤波融合。数据受不同传感器和环境的固有因素的影响必然存在一定误差,但是这些数据客观上是符合一定物理或者几何规则的,如何借助这些客观规则,动态融合多传感器冗余观测数据降低这些误差,获得高精度测量值,是动态精密工程测量数据处理的第一步要解决的问题。

假设在时间范围$[t_0, t_k]$内,用以下变量对测量相关要素进行表示:

$X_{0:k}$为系统在所有时刻的状态向量(位置和姿态);X_i为系统在t_i时刻的状态向量(位置和姿态);$U_{1:k}$为所有时刻的控制输入测量值;U_i为t_i时刻的控制输入测量值;$Z_{1:k}$为定位定姿传感器在所有时刻的测量值;Z_i为定位定姿传感器在t_i时刻的测量值。

在概率框架下,动态精密工程测量多传感器数据融合问题可以定义为最大化所有时刻状态的后验概率:

$$p(\boldsymbol{X}_{0:k} \mid \boldsymbol{Z}_{1:k}, \boldsymbol{U}_{1:k}) = \frac{p(\boldsymbol{Z}_{1:k} \mid \boldsymbol{X}_{0:k}, \boldsymbol{U}_{1:k}) p(\boldsymbol{X}_{0:k})}{\int_{-\infty}^{+\infty} p(\boldsymbol{Z}_{1:k} \mid \boldsymbol{X}_{0:k}, \boldsymbol{U}_{1:k}) p(\boldsymbol{X}_{0:k}) \mathrm{d}\boldsymbol{X}_{0:k}} \tag{4.2}$$

如果仅关心当前状态,则为最大化当前时刻的后验概率,即

$$p(\boldsymbol{X}_k \mid \boldsymbol{Z}_{1:k}) \tag{4.3}$$

在数据处理中,如果考虑模型参数是非随机参数,即不存在参数先验概率,后验概率的最大化等价于条件概率$p(\boldsymbol{Z}_{1:k} \mid \boldsymbol{X}_{0:k})$的最大化,用代数方法进行处理,并习惯性称之为平差过程。常用的多传感器数据融合方法有卡尔曼滤波、粒子滤波和图优化。其中前两种是滤波方法,而图优化本质是借助图概念的最小二乘平差。

4.2.1 卡尔曼滤波

卡尔曼在美国国家航空航天局埃姆斯研究中心访问时,发现斯坦利·施密特(Stanley Schmidt)的方法对于解决阿波罗计划的轨道预测很有用,于 1960 年发表了著名的"线性滤波与预测问题的一种新方法"一文[5]。卡尔曼滤波已经被广泛应用于卫星成像、航空摄影测量、地面移动测图等涉及 GNSS、陀螺仪、加速度计等多传感器组合的测量系统。卡尔曼滤波有两个重要假设:一是观测值独立;二是状态参数动态随机过程为马尔可夫随机过程。在这两个假设下,基于贝叶斯准则,t_k时刻状态向量$\boldsymbol{X}_k$后验概率可以表示为

$$p(\boldsymbol{X}_k \mid \boldsymbol{Z}_{1:k}, \boldsymbol{U}_{1:k}) = \eta p(\boldsymbol{Z}_k \mid \boldsymbol{X}_k) p(\boldsymbol{X}_k \mid \boldsymbol{X}_{k-1}, \boldsymbol{U}_k) p(\boldsymbol{X}_{k-1} \mid \boldsymbol{Z}_{1:k-1}, \boldsymbol{U}_{1:k-1})$$

$$\tag{4.4}$$

式中,$p(\boldsymbol{X}_k \mid \boldsymbol{X}_{k-1}, \boldsymbol{U}_k)$对应运动模型;$p(\boldsymbol{Z}_k \mid \boldsymbol{X}_k)$对应观测模型。

当前状态参数的求解则是最大化这两个概率密度函数之积。卡尔曼滤波过程则是提供了一种交替计算方式,获取概率密度最大化的参数。具体如下:

(1)依据运动模型,根据上一时刻的状态预测当前时刻的状态参数。假设运动模型的线性数学表示为

$$\boldsymbol{X}_k = \boldsymbol{A}\boldsymbol{X}_{k-1} + \boldsymbol{B}\boldsymbol{U}_k + \boldsymbol{w}_k$$

式中,$\boldsymbol{w}_k$为运动模型误差,$\boldsymbol{w}_k \sim \boldsymbol{N}(0, \boldsymbol{Q}_k)$。

在已知上一时刻状态参数 $\hat{X}_{k-1}$ 和方差 $\hat{P}_{k-1}$ 条件下，当前状态参数的预测值 $\widetilde{X}_k$ 和协方差 $\widetilde{P}_k$ 为

$$\begin{cases} \widetilde{X}_k = A\hat{X}_{k-1} + BU_k \\ \widetilde{P}_k = A\hat{P}_{k-1}A^{\mathrm{T}} + Q_k \end{cases} \quad (4.5)$$

由于参数都假设服从高斯正态分布，式（4.5）中两式对应的也即是 X_k 的先验概率密度函数的期望和方差。

（2）依据观测模型，通过观测值修正当前时刻的状态参数。假设观测模型的线性数学表示为

$$Z_k = H_k X_k + v_k$$

式中，v_k 为运动模型误差，$v_k \sim N(0, R_k)$。

状态参数的修正值和协方差为

$$\begin{cases} \hat{X}_k = \widetilde{X}_k + K_k(Z_k - H_k\widetilde{X}_k) \\ \hat{P}_k = (I - K_k H_k)\widetilde{P}_k \end{cases} \quad (4.6)$$

式中，$K_k = \widetilde{P}_k H_k^{\mathrm{T}}(H_k\widetilde{P}_k H_k^{\mathrm{T}} + R_k)^{-1}$。

式（4.6）中两式对应的也即是 X_k 的后验概率密度函数中的期望和方差。

实际情况中，运动模型和观测模型都为非线性。将卡尔曼滤波拓展到非线性情况，则称为扩展卡尔曼滤波。假设状态模型的非线性数学表示为

$$X_k = f(X_{k-1}, U_k, w_k) \quad (4.7)$$

假设测量模型的非线性数学表示为

$$Z_k = h(X_k, v_k) \quad (4.8)$$

用泰勒级数展开一次项，对运动模型和观测模型进行线性化。之后，卡尔曼滤波过程将与线性模型一致。需要注意的是，卡尔曼滤波是一种动态求解的过程，获取的解是当前观测时刻最优解，如果需要获取之前时刻全局最优解，还需从最新时刻往回再进行一次滤波，将前后两次滤波数据进行融合才能得到所有时刻最优估计结果。

4.2.2　粒子滤波

在卡尔曼滤波和平差方法中，需要假设观测值是符合高斯分布的。另外，针对非线性函数关系，需要用泰勒展开进行线性近似化。因此，如果在观测非正态分布，或者非线性函数线性化误差很大的情况下，基于卡尔曼滤波方法或者平差方法获得的结果将不可靠。粒子滤波不需要进行高斯分布假设，可以对非线性过程进

行模拟,这是进行更为复杂参数概率建模时的一种有效解决方法。

粒子滤波的基本方法是用一组随机样本(粒子)集合来模拟概率分布,粒子的均值则对应了状态向量的估计值,粒子的分布则对应了状态向量的随机特性。当粒子数目足够多时,粒子表征的概率分布将收敛于真实的概率分布。粒子滤波中概率分布表示为带权粒子,基于蒙特卡罗方法,不断产生一系列具有权重的粒子对概率密度进行递归估计,其中粒子的权值用来衡量该粒子代表的参数与观测符合程度。这一步称为序贯重要性采样。在算法递归计算中,越来越多的粒子会偏离真实值,其权值也趋于 0。权值小的粒子将被淘汰,而权值大的粒子被保留并不断增加。这一步称为重采样。两个步骤合并起来就构成了粒子滤波的序贯蒙特卡罗算法。

在动态测量环境中,粒子滤波与卡尔曼滤波的流程相似,其具体过程如下:

(1) 初始化。如果平台初始位置已知,根据平台的初始位置和精度可以获取初始位置的高斯概率密度函数,使用高斯分布抽样方法可以获取初始样本(粒子)。如果平台初始位置未知,可以任意假设一定范围内的均匀分布,直接用随机数获得一定数量初始样本(粒子)。

(2) 预测。与卡尔曼滤波预测过程一样,这一步基于上一时刻的粒子预测当前时刻的粒子。通过运动模型表示的概率密度函数 $p(\boldsymbol{X}_k|\boldsymbol{X}_{k-1},\boldsymbol{U}_k)$,也即是重要性概率密度函数,进行当前时刻粒子采样。假设运动模型的函数写为 $\boldsymbol{X}_k = f(\boldsymbol{X}_{k-1},\boldsymbol{U}_k,\boldsymbol{w}_k)$,依据此状态方程,每一个上一时刻粒子得到一个当前时刻的预测粒子。

(3) 更新。使用观测模型 $\boldsymbol{Z}_k = h(\boldsymbol{X}_k,\boldsymbol{v}_k)$ 表示的条件概率密度函数 $p(\boldsymbol{Z}_k|\boldsymbol{X}_k)$ 更新第 i 个粒子的权重 w_k^i。粒子与观测越符合,条件概率越大,获得的权重越高。

(4) 归一化。至此我们得到了 t 时刻第 i 个粒子的状态 X_k^i 和权重 w_k^i。假定有 m 个粒子,那么根据步骤(2)、(3)重复运算 m 次。运算完成后,对权重进行归一化。

(5) 重采样。递归过程中,越来越多的粒子会不断退化并且权值也趋于 0。解决粒子权值退化的方法是引入重采样技术。重采样技术的基本方法是复制权值大的粒子,淘汰权值小的粒子,然后对优胜劣汰之后的粒子重新分配权值,总粒子数目不变。

(6) 迭代。按照时间序列不断推进,重复步骤(2)~(5),获得每个粒子的路径,以及对应的权重,直到最后时刻。

(7) 最优解。根据最终获得代表参数后验概率密度分布的离散加权粒子,给出估计参数的期望值。

$$\hat{X}_k = \sum_{i=1}^{m} X_k^i w_k^i \tag{4.9}$$

粒子滤波在理想状态下,足够密的粒子将能较好地完成全局定位的任务。更关键的是,粒子滤波并不需要观测的高斯分布假设,因此可以处理一些传统方法无法完成的任务。

4.2.3　图优化

图优化方法是即时定位与地图构建(simultaneous localization and mapping,SLAM)中广泛采用的多传感器数据融合方法,它综合了线性优化理论和图论,实现对状态向量的优化。图优化方法将动态定位与测图中待求解的优化问题表示为图的形式,图的节点表示待估计的变量,图中的边表示图中节点之间的约束关系。图优化的主要特点是在状态估计的过程中使用多个时刻的观测值进行统一估计,是一种全局的估计方法,可以所有时刻的状态进行最优估计。近年来,随着计算设备性能的提升和一些高效率优化方法的发展,图优化算法得到越来越广泛的应用,特别在通过闭环约束消除累计误差方面,具有很大的应用前景。

以闭环约束为例,移动载体在一段较长时间后返回相同位置,对相同的环境进行观测,可形成闭环约束,这种约束可以用来消除累计的位置误差。对于重复测量的场景,卡尔曼滤波无法建立长时间间隔的空间约束关系。而使用图优化可以根据所有相对空间约束关系,对所有的点云进行全局优化,得到全局的几何一致三维点云地图。

在图优化方法中,需要具体化节点和边,可以将其设置为 $v_i = [p_i \quad \psi_i]^T$,节点 i 与节点 j 之间的约束关系可以表示为图的边,即 $e_{i,j}(v_i,v_j)$。

$$e_{i,j}(v_i,v_j) = \begin{bmatrix} \boldsymbol{R}(\hat{\phi}_i,\hat{\theta}_i,\psi_i)^{-1}(p_j-p_i)-\hat{p}_{ij} \\ \psi_j-\psi_i-\hat{\psi}_{i,j} \end{bmatrix} \tag{4.10}$$

式中,$\hat{p}_{i,j}$、$\hat{\psi}_{i,j}$ 为观测值。

$$\begin{cases} \hat{p}_{i,j} = \hat{\boldsymbol{R}}_i(\hat{p}_j-\hat{p}_i) \\ \hat{\psi}_{i,j} = \hat{\psi}_j-\hat{\psi}_i \end{cases} \tag{4.11}$$

对卡尔曼滤波产生的子图进行图优化存在两种边,其中第一种为序列边,即边的节点时间相邻;第二种为闭环边,即经过一段时间后,重复观测到的场景对应的节点构成的边。对于相邻的边,可以利用卡尔曼滤波配准的局部点云子图结果进行配准,计算位姿点之间的空间约束关系,对于闭环边,需要进行闭环检测,判断两个子图是否属于同一个场景,如果属于同一个场景,则根据初始的相对位置关系进行配准。最终可以得到序列边的集合 $(i,j)\in S$ 和闭环边的集合 $(i,j)\in L$,其中 i,j

为图优化中的顶点节点。

构建完图优化的节点和边之后,可以采用常用的图优化计算工具进行求解,得到每个子图经过全局调整后的位置和方位角:

$$\begin{bmatrix} p & \boldsymbol{\psi} \end{bmatrix}^{\mathrm{T}} = \min_{p,\psi} \left\{ \sum_{k=1}^{N_S} \boldsymbol{e}_{s_k}{}^2 + \sum_{k=1}^{N_L} \boldsymbol{e}_{L_k}{}^2 \right\} \tag{4.12}$$

式中,N_S、N_L 分别为集合 S、L 的边数目;$\boldsymbol{e}_{s_k}$、$\boldsymbol{e}_{L_k}$ 分别为集合 S、L 中的第 k 个边约束。

最后通过优化后的位置和姿态,将所有子图拼接到一起,得到最终的优化点云地图。

图优化本质上就是最小二乘平差的另一种称呼而已,只是借用了图的概念。图的边代替了观测方程,图的顶点就是参数或变量。

4.3　测量数据信息增强

动态精密工程测量数据除了来自传感器的噪声之外,还会受到外界环境干扰,如外界灰尘、非目标点、阴影等。动态测量过程中,这些非目标信息会不断变化,给测量结果带来一定干扰,从而影响到随后动态测量数据的特征提取。下面主要介绍点云和图像两类测量数据的信息增强。

4.3.1　点云数据信息增强

经过多传感器滤波融合获得的点云测量数据,受扫描设备精度、测量目标场景特性、测量环境等影响,存在采样点不均匀、噪声点、点云空洞等数据质量问题。因此,需要对点云进行简化、重采样、滤波等信息增强处理,以改善点云精度,提高点云质量,为后续的配准建模、特征识别提取提供准确数据。

点云简化的目标是尽可能在保持原有特征情况下减少点云的数据量,进而方便点云数据处理、绘制和传输。简化方法主要有基于曲面拟合的简化方法、基于网格的简化方法和基于三维点云的简化方法三大类。点云重采样的目的是通过修复空洞和改变采样点分布,从而生成完整、均匀分布的点云。重采样的方法有基于移动最小二乘(moving least square,MLS)投影方法、基于几何形状拟合方法、基于加权局部最优投影方法等。点云滤波的目的是去除点云数据中的距离测量主体较远的噪声点。点云滤波的方法主要有高斯滤波、双边滤波、小波变换滤波等。图 4.5 为点云数据信息增强的常用方法。

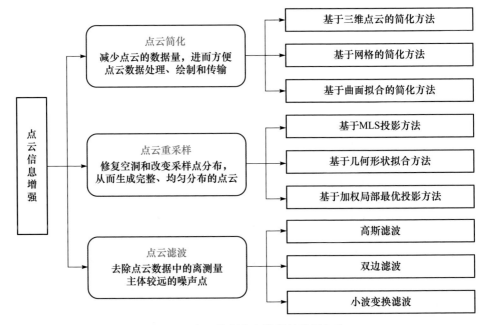

图 4.5　点云数据信息增强的常用方法

　　在动态精密工程测量的点云预处理中,最主要的处理是点云滤波,也即是去除非测量目标干扰点。其中,基于小波变换的滤波方法效果较好。下面以隧道衬砌点云断面干扰点滤波为例,介绍小波变换干扰点滤波的具体算法。

　　小波变换(wavelet transform,WT)是一种的数据变换分析方法,它继承和发展了短时傅里叶变换局部化的思想,同时又克服了窗口大小不随频率变化等缺点,能够提供一个随频率改变的"时间-频率"窗口,是进行信号时频分析和处理的理想工具。在信号处理、图像处理、语音处理,以及众多非线性科学领域,它被认为是继Fourier 分析之后的又一有效的时频分析方法。

　　在隧道衬砌表面干扰点滤波的过程中,只能粗略定位圆心,因此,对于隧道衬砌表面上的点,很难准确计算每个点半径、梯度、斜率等信息,这将导致传统的方法无法滤除干扰点。而对非平稳信号做小波变换可以得到信号的时频谱,正是圆心的不确实使得半径在标准半径上下波动,如果将连续半径看成是时间的函数,则连续半径波形就是一个非平稳信号,波动是低频的,而干扰则可以看作是低频波动上叠加的高频扰动,对连续半径波形做小波变换,即可得到连续半径波形的时频谱,从而准确找到高频扰动出现的位置而准确滤除掉。在算法实现中,首先通过标定参数选定一个初始圆心位置,然后得到衬砌表面上每个点的半径,从而得到整体的半径分布波形,通过小波变换的方法,在半径分布波形上滤除掉高频分量,即是将干扰点滤除,从而得到正常的衬砌表面点云。具体方法步骤如表 4.4 所示。

表 4.4　基于小波变换的隧道衬砌表面干扰点滤波

Require：
　　定义修正后的隧道衬砌横断面为 P
Ensure：
　　for 每一个隧道衬砌横断面 do
　　计算初始圆心，依据式(4.2)～式(4.5)选择初始圆心选择为$(-230-\ddot{x}, 227)$
　　计算衬砌横断面上每个点到圆心的半径，将半径看作是激光点编号的函数，即 $R=f(i)$，并以 i 作为
时间轴，如图 4.6(a)所示
　　采用小波变换分析 R 的时频特征，如图 4.6(b)所示
　　将 R 中的高频分量滤除，即可得到平滑的 R 曲线
　　对比 R 的原始曲线和平滑曲线，即可定位到高频分量在 R 的索引，从而将干扰点和背景成功分离并
最终滤除干扰点，如图 4.6(c)所示
　　end for

　　图 4.6(a)显示半径 R 随时间 i 变化的波形，可以看到 R 整体上是一个低频信号，在个别位置叠加了幅值较大的毛刺信号，这些毛刺信号的本质是半径发生了较大的改变，即对应着隧道衬砌表面的干扰点，通过小波变换对 R 进行时频分析，得到图 4.6(b)的结果，横坐标对应时间 i，纵坐标代表频率分量的幅值，可以很明显看到，在干扰点出现的时刻，有很明显的频率分量出现，所以通过小波变换可以很快找到波形中的毛刺信号，滤除此毛刺分量，即可得到平滑的波形，如图 4.6(c)所示。衬砌干扰点分离与滤除结果如图 4.7 所示。

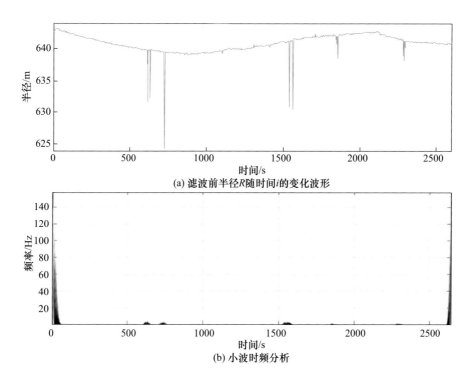

(a) 滤波前半径R随时间i的变化波形

(b) 小波时频分析

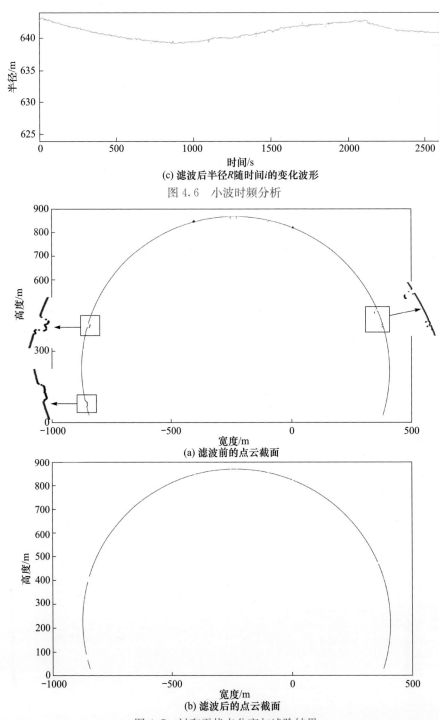

(c) 滤波后半径R随时间i的变化波形

图 4.6　小波时频分析

(a) 滤波前的点云截面

(b) 滤波后的点云截面

图 4.7　衬砌干扰点分离与滤除结果

4.3.2　图像数据信息增强

　　动态精密工程测量获取的图像数据往往会受到环境影响产生与目标无关的干扰信息,从而影响对目标特征的准确提取。图像增强的目的则是将感兴趣的特征突显出来,拟制或者消除不感兴趣的特征。从消除对象上讲,图像增强类别主要可以分为去雾、去阴影和滤波。

　　图像去雾的目标是尽可能减缓大气雾霾环境引起的图像模糊、泛白、对比度低等问题。去雾方法主要有基于暗通道先验的去雾方法、基于雾密度感知的去雾方法和基于对尺度"雾觉"统计特征的去雾方法等。图像去阴影的目的是减缓太阳光被物体遮挡导致的图像照亮度不均匀。去阴影的方法有基于时间序列自然影像统计方法、基于视频阴影位置变化连续性方法和基于亮度高程模型等。图像滤波的目的是滤除图像非相关特征,增强图像的视觉效果。图像滤波的方法主要有基于空间域的图像滤波、基于变换域的图像滤波、基于融合模型的图像滤波等。图 4.8 为图像数据信息增强的常用方法。

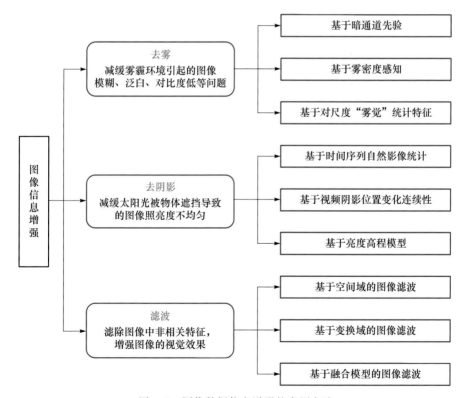

图 4.8　图像数据信息增强的常用方法

　　图像阴影是动态精密工程测量领域中的一种典型图像干扰信息,在太阳光照射影响下,路旁的树木、灯杆等的投影常常形成路面阴影,影像亮度并不均匀,而且,这种阴影具有形状不规则、半影区大等特点,使得阴影区域的界定非常困难;另外,由于同一幅影像中的各像素是在相同的曝光时间内采集得到的,处在阴影区的亮度对比度较非阴影区的小,表现为纹理细节要比非阴影区的纹理细节模糊[6]。下面以道路检测中的图像阴影消除为例,介绍基于亮度高程模型的图像去阴影具体算法。

　　阴影消除是通过亮度补偿来实现的。如图 4.9 所示,S 和 B 分别表示阴影区域和非阴影区域,平行的斜线表示路面纹理,曲线表示路面裂缝。假设 $I_{i,j}$ 表示像素 (i,j) 的亮度值,$\hat{I}_S$ 代表阴影区的平均亮度,$\hat{I}_B$ 代表非阴影区的平均亮度,则可以通过式(4.13)来均衡阴影区和非阴影区的亮度:

$$I'_{i,j}=\begin{cases}I_{i,j}+\lambda, & (i,j)\in S\\I_{i,j}, & (i,j)\in B\end{cases} \tag{4.13}$$

式中,$\lambda=I'_B-I'_S$。

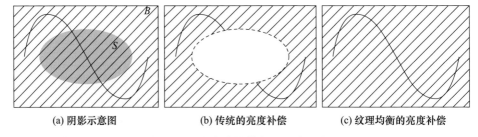

(a) 阴影示意图　　　　　　(b) 传统的亮度补偿　　　　　　(c) 纹理均衡的亮度补偿

图 4.9　两种亮度补偿方法的效果对比

　　然而,阴影通常会降低图像的对比度:在阴影区域的裂缝和路面纹理的对比度都要比非阴影区的低,如图 4.9(a)所示,其中平行的斜线代表路面纹理,曲线代表裂缝。通过式(4.13)的亮度补偿,阴影区的亮度可以达到非阴影区的亮度水平,但阴影区的低对比度并不能得到改善,结果如图 4.9(b)所示。这是因为式(4.13)建立在单纯的加法运算的基础上,其只能改变对应像素集的整体亮度,不能改变它们的方差。因此,其处理的结果表现为阴影区与非阴影区的亮度一致,但阴影区的纹理细节却比非阴影区的弱。为了克服式(4.13)的这个缺点,得到亮度和纹理都均衡的路面影像,可使用如下亮度补偿方法:

$$I'_{i,j}=\begin{cases}\alpha I_{i,j}+\lambda, & (i,j)\in S\\I_{i,j}, & (i,j)\in B\end{cases} \tag{4.14}$$

式中,$\alpha=\dfrac{D_B}{D_S}$,D_S 和 D_B 分别为阴影区和非阴影区的像素亮度值的标准方差;$\lambda=$

$I'_B - \alpha I'_S$。

在亮度补偿方法中，通过参数 α 的引入，可以将阴影区的方差提升到非阴影区的水平。由于影像像素的方差的大小通常反映了影像的对比度的强弱，式(4.14)所展示的亮度补偿方法不仅可以使阴影区和非阴影区的亮度保持一致，而且可以使它们的纹理细节强度保持一致，如图4.9(c)所示为纹理均衡的亮度补偿的结果。

前面在介绍亮度补偿方法时，为了阐述的方便，假设了阴影区域已知，并且阴影是"硬阴影"，即影像中的一像素，要么属于阴影区，要么属于非阴影区。但在实际中，大多数的路面阴影具有巨大的半影区域，如图4.9(b)所示。半影区的存在使得很难界定阴影区域，也就很难对它们进行精确的亮度补偿。考虑到路面阴影的强度是从阴影中心向阴影边界逐渐递减的，本节介绍一种基于亮度高程模型的阴影划分方法，将阴影按照强度的不同划分为不同的等级，然后运用纹理均衡的亮度补偿方法对各个阴影区域进行亮度补偿，实现对路面阴影的去除。具体算法主要包含以下四个步骤。

(1) mmClose——形态闭合运算。采用灰度形态闭合运算(结构元素半径为 rc)对原始路面影像进行处理，去掉路面裂缝。本步操作的目的是消除裂缝对后续阴影区域划分的影响。因为裂缝的亮度与阴影区的亮度较接近，为了避免将裂缝划入阴影区内而被执行亮度补偿，需要在阴影区域划分前将裂缝去掉，灰度形态学闭合运算能实现这一目标，图4.10(c)是对原始路面影像图4.10(b)进行形态闭运算处理的结果。

(2) gauSmooth——高斯平滑。对上一步骤所得结果进行二维高斯平滑。本步操作的目的是将路面纹理进行平滑处理，消除路面纹理对后续阴影区域划分的影响。图4.10(d)是对原始路面影像4.10(c)进行平滑的结果。

(3) geoLevel——亮度等高区域划分。首先计算 $N-1$ 个阈值，$0 \leqslant K_1 \leqslant K_2 \leqslant \cdots \leqslant K_N - 1 \leqslant 255$，用于将上一步骤得到的图像划分为不同的亮度等级区域 $\{G_i \mid i=1,2,\cdots,L,\cdots,N\}$，使区域 G_i 包含亮度值 $I \in (K_i - 1, K_i]$ 的所有像素，其中 $K_0 = -1$，$K_N = 255$。亮度高程划分算法见表4.5。为了使算法具有普遍适用性，表4.5将各个亮度等级区域内的像素数量保持一致；接着，选取 L 个较低的亮度等级 $S = \{S_i = G_i \mid i=1,2,\cdots,L\}$ 作为阴影区域，而较高的 $N-L$ 个亮度等级 $B = \{G_i \mid i=L+1, L+2,\cdots,N\}$ 作为非阴影区域，其中 L 取经验值 $\frac{7}{8}N$。图4.10(a)显示了对图4.10(d)进行亮度区域划分的一个结果。

(4) illumComp——具有纹理均衡的亮度补偿。在原始路面影像中，应用式(4.14)所对应的纹理均衡的亮度补偿方法，对每一等级的阴影区域 S_i 进行亮度补偿。图4.10(f)显示了最后的去除阴影的结果。

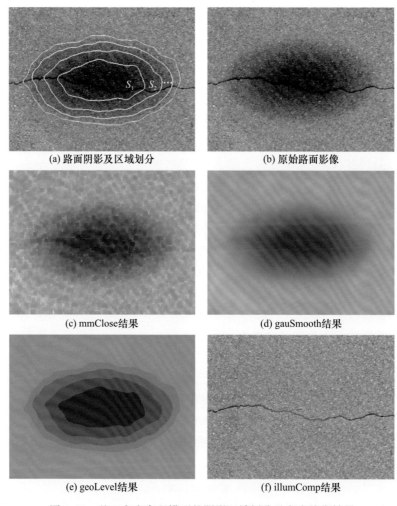

(a) 路面阴影及区域划分　　　　　　(b) 原始路面影像

(c) mmClose结果　　　　　　　　(d) gauSmooth结果

(e) geoLevel结果　　　　　　　　(f) illumComp结果

图 4.10　基于亮度高程模型的阴影区域划分及亮度均衡结果

表 4.5　亮度高程划分算法

1：procedure geoLevel
2：input：img_s：一幅平滑后的影像
3：　　　n_g：每级亮度等高区域的像素数量
4：output：$\{G_i|i=0,1,\cdots,N\}$ 划分后的亮度等高区域
5：$i=0$, sum$=0$；
6：for $k\leftarrow0,255$ do
7：　　$P_k\leftarrow$ 获取亮度值为 k 的所有像素；
8：　　$G_i\leftarrow$ 将 P_k 加入 G；
9：　　sum$=$sum$+$Number of Pixels(P_k)；
10：　　if sum$\geqslant n_g$ then $i=i+1$, sum$=O$, $N=i$；
11：　　end if
12：　end for
13：end procedure

4.4　测量数据配准拼接

动态测量过程中,传感器位置和获取的场景都存在变化,配准拼接是动态精密工程测量数据分析的共性处理环节。小场景的测量数据需要进行配准拼接以获得大场景的测量数据;不同站点观测的同一区域数据可以经过配准增加约束条件以降低测量误差。下面从点云数据配准拼接、图像数据配准拼接两个方面阐述数据配准拼接处理涉及的方法。

4.4.1　点云数据配准拼接

测量平台运动时在不同位置或者不同角度获取的点云数据,需要通过配准来生成更大范围的点云或者形成相互之间的约束条件。或者为从点云数据中进一步提取对象特征(病害、伤损等),需要先将点云与对象标准模型进行配准。点云配准往往要经过粗配准和精配准两个阶段。

粗配准主要目的是对任意初始位置的点云进行配准,为精细配准提供良好的初始位置。采用的方法可以归为基于整体点云数据的配准算法、基于局部点云特征属性的配准算法和基于数学统计分析的配准算法。精配准则是在初始位置较好情况下,对点云进行更细化的配准。精配准算法通常是以迭代的方式让点云间或者点云与模型间互相逼近,使得距离误差最小。目前,应用最为广泛的精配准方法是迭代最近点(interative closest point,ICP)算法。图 4.11 为点云数据配准拼接的常用方法。

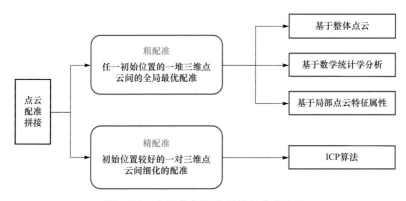

图 4.11　点云数据配准拼接的常用方法

ICP 算法是一种基于纯粹几何模型的三维对象对齐算法,其本质是基于最小二乘法的最优匹配算法。它通过首先确定具有相应关系的集合,然后计算最优的刚性变换，重复这个过程直到满足正确匹配的收敛准则，以便两个匹配数据的最佳匹配满足给定的度量，从而找出目标点集 P 到参考点集 Q 的旋转变换量 $\boldsymbol{R}$ 和平移变换 $\boldsymbol{T}$。目标点集即为滤波后的衬砌横断面点集，而参考点集即为标准衬砌模型点集。

这个过程用数学描述如下：定义目标点集为 $\{P_i, i=1,2,\cdots\}$，参考点集为 $\{Q_i, i=1,2,\cdots\}$；在第 k 次迭代中，从 Q 中找到一个对应目标点集 P 的点集 $\{Q_i^k, i=1, 2,\cdots\}$，然后计算 P 和 $\{Q_i^k, i=1,2,\cdots\}$ 的变换矩阵，并更新初始点集直到两个点集之间的平均距离小于给定的阈值 τ，换句话说，就是要满足 $f(\boldsymbol{R},\boldsymbol{T}) = \sum_{i=1}^{n} Q_i - (\boldsymbol{R}P_i + \boldsymbol{T})^2 = \min$，详细步骤为：

(1) 从目标点集 P 中取点集 P_i^k。

(2) 计算出参考点集 Q 中的点集 Q_i^k 作为 P_i^k 的对应点集，使得 $Q_i^k - P_i^k = \min$。

(3) 计算从 P_i^k 到 Q_i^k 的变换，使得 $Q_i^k - P_i^k = \min$，记旋转矩阵为 $\boldsymbol{R}^k$，平移矩阵为 $\boldsymbol{T}^k$。

(4) 更新点集并计算 $P_i^{k+1} = \boldsymbol{R}^k P_i^k + \boldsymbol{T}^k$。

(5) 计算 P_i^{k+1} 和 Q_i^k 之间的平均距离，记为 $d^{k+1} = \dfrac{1}{n} \sum_{i=1}^{n} (P_i^{k+1} - Q_i^k)^2$。

(6) 如果 $d^{k+1} \geqslant \tau$，则返回步骤(2)，直到 $d^{k+1} < \tau$ 或者迭代次数大于预设的最大迭代次数。

以隧道衬砌横断面模型配准为例，隧道衬砌横断面是一段标准的圆弧，而对于 ICP 算法匹配来讲，计算的是最优的旋转变换和平移变换，而对于圆弧来说，最优的旋转变换会有很多解，因此，在实际此隧道衬砌横断面模型匹配时，还要带上圆弧下面的水平段，一起参与配准[7]，配准效果图如图 4.12 所示。

4.4.2　图像数据配准拼接

动态精密工程测量中，平台在运动时采集的不同角度和位置的测量对象图像数据，需要经过配准和色彩融合才能形成完整的全景影像，供后续分析处理。点云数据主要关注几何信息，点云几何配准后合并数据即完成了拼接。而图像数据除了几何拼接，还需要进行匀光匀色。因此，图像数据配准拼接包括图像配准和图像融合两个过程。

1. 图像配准

图像配准是图像处理中的一大分支，本质上是将含有重合区域的两张或者多张图像作为源图像，利用多种方法将源图像合成一张大场景、宽视场的全景图。如图 4.13 所示，常用的图像配准方法可分为基于图像灰度信息的配准方法、基于特征的配准方法、基于空间域变换的配准方法等。由于每个相机在成像时的光照、视场和角度等差异,相邻图像的重叠区域会存在较明显的拼接缝,这些拼接缝对于裂缝识别会有一定干扰,需要使用合适的图像融合方法进行无缝拼接和平滑过渡是关键技术。常用的图像融合方法有加权平均、金字塔融合、小波变换等。

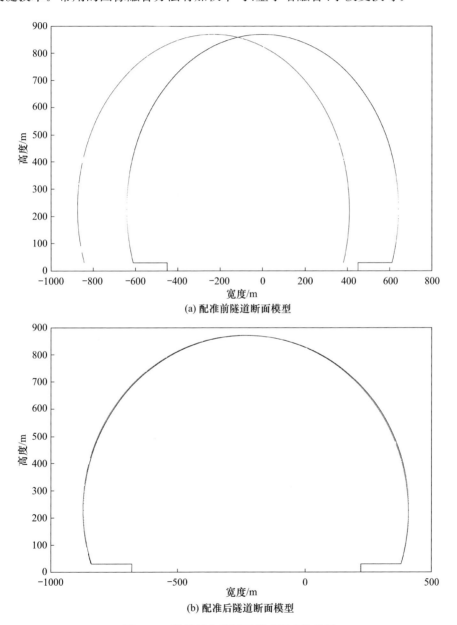

(a) 配准前隧道断面模型

(b) 配准后隧道断面模型

图 4.12　隧道衬砌横断面模型配准效果图

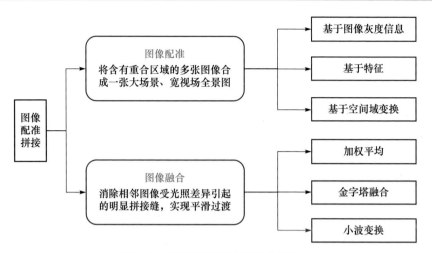

图 4.13　图像数据配准拼接常用方法

　　下面以隧道衬砌检测为例介绍图像配准拼接的方法流程[8]。砌阵列相机成像系统采集的有序排列且互有重合的隧道衬砌三维序列影像,需要拼接成完整的隧道衬砌全景图,以便确定隧道衬砌表面病害的类型、形态,以及病害在隧道中的位置,便于隧道维护人员进行更科学的保养维修决策。实现的拼接过程可分为 4 个步骤,其示意图如图 4.14 所示。

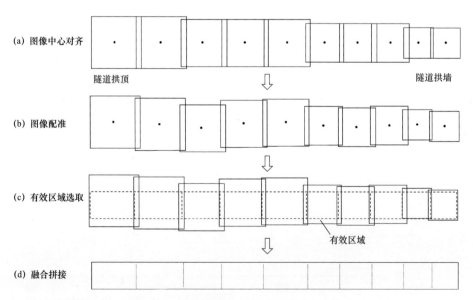

图 4.14　隧道衬砌三维序列影像拼接过程

　　在实际的隧道衬砌三维序列影像测量过程工作中,相机框架中每个相机的工

作距离 d 都不一样,若使用相同焦距的相机,拍摄隧道拱顶的相机其工作距离会比拍摄两侧拱墙的相机要大,导致相机的实际视场和分辨率会变大。因此,在相机选型的时候,相机框架顶端的几个相机会选择焦距较长的镜头,以确保每个相机所采集的实际视场和分辨率大致相当。本节介绍的大断面衬砌影像测量方法获取的隧道衬砌三维序列影像,可以按图像中点的空间位置排列对齐,建立图像间的相邻与局部重叠关系,如图 4.15 所示。图像中点对齐本质上是一种基于隧道场景模型的全局配准。

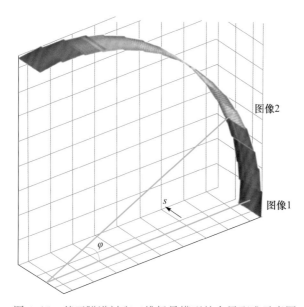

图 4.15　基于隧道衬砌三维场景模型的全局配准示意图

如图 4.15 中的隧道三维场景模型所示,序列影像之间存在空间变换矩阵转换关系:

$$\begin{bmatrix} x_2 \\ y_2 \\ z_2 \end{bmatrix} = \boldsymbol{R} \begin{bmatrix} x_1 \\ y_1 \\ z_1 \end{bmatrix} + \boldsymbol{T} = \begin{bmatrix} \cos\varphi & 0 & -\sin\varphi \\ 0 & 1 & 0 \\ \sin\varphi & 0 & \cos\varphi \end{bmatrix} \begin{bmatrix} x_1 \\ y_1 \\ z_1 \end{bmatrix} + \begin{bmatrix} 0 \\ s \\ 0 \end{bmatrix} \quad (4.15)$$

式中,φ 为两个图像中心之间的夹角,可以在成像系统标定过程中确定;s 为沿行车方向行驶的距离,由车辆 POS 进行计算。

全局配准之后,同一断面的所有图像都能按照图像中心对齐,在实际的采集图像过程中,因为相机抖动等原因,中心对齐的两个相邻图像,图像的内容并没有对齐,而是发生了错位。对于隧道序列图像中只有衬砌的图像,图像中没有任何特征目标,无法反映病害和其他目标信息,只需要保持全局配准的结果即可;对于一些特征目标较为明显的图像,如裂缝、灯具、管线、物体边缘等,需要将相邻图像中重叠区域的同名点联系起来,然后通过特征点匹配来实现局部二次配准。

这里使用的局部配准是采用尺度不变特征变换(scale invariant feature transform,SIFT)算法提取待拼接参考图像中的特征点,通过欧氏距离的相似量方法对所提取的特征点进行预匹配,再利用随机一致性采样(random sample consensus,RANSAC)算法剔除预匹配结果中的误匹配点,最后计算两幅图像之间的坐标变换关系,更新变换矩阵。基于特征点匹配的局部配准效果如图 4.16 所示,SIFT 算法和 RANSAC 算法结合能实现像素级图像配准,但依赖于图像中特征点个数。算法会对特征点数量进行计数,特征点达一定数量的情况下才会进行局部配准,局部配准之后,如果它和全局配准的空间相似度差异较小,则结果有效,否则保持原来全局配准的结果。

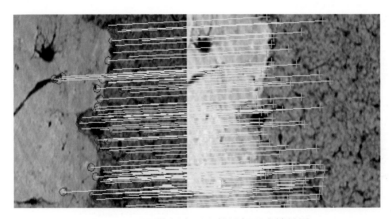

图 4.16　基于特征点匹配的局部配准效果图

2. 图像融合

序列图像在全局配准和局部配准之后,图像的空间位置发生了一定的变化,经过裁剪有效区域以后,每个图像的高度一致,则可以选取高分辨率的图像作为参考图像,通过合适的图像融合方法,使相邻的目标图像与参考图像融合为一张新的全景图像。

图像融合的方法有很多,根据图像融合的目的、精度和速度等的不同要求,可以采用加权平均、金字塔融合、小波变换等方法进行像素级的图像融合。为了兼顾数据处理速度和质量,这里选择在加权平均融合的基础上对重叠数据进行泊松融合,根据指定的边界条件求解泊松方程,实现相邻图像间的梯度域上的连续,以消除边界处的拼接缝。图 4.17 展示了加权平均融合和泊松融合消除拼接缝的效果。

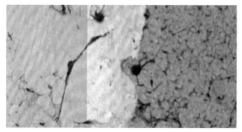 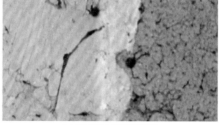

(a) 加权平均融合　　　　　　　　　　　　　(b) 泊松融合消除拼接缝

图 4.17　图像融合效果

采用阵列相机和激光扫描仪组成的成像系统采集隧道衬砌三维序列影像,建立空间直角坐标系使序列影像都转换到同一坐标系中,使用基于三维场景模型的全局配准和基于图像特征点匹配的局部配准策略,使相邻影像相互配准,经过边缘截取后,相邻的影像通过图像融合变成整个隧道断面的图像,如图 4.18 所示。

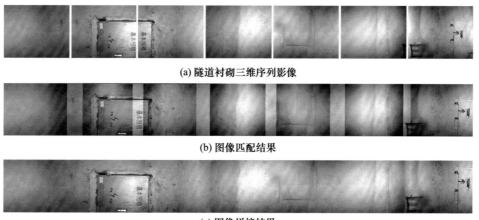

(a) 隧道衬砌三维序列影像

(b) 图像匹配结果

(c) 图像拼接结果

图 4.18　多张图拼接演示

基于摄影几何、辅以图像特征分析的图像拼接方法,很好地避免了传统图像拼接技术中普遍存在的计算量大、耗时长,并且容易发生误匹配等缺点,适合于隧道衬砌全景图像的拼接。

4.4.3　点云图像数据配准

激光扫描可提供精确的三维点云信息,但是它却难以直接获得目标表面的纹理和结构。如果不融合其他数据源,如图像数据,而单独利用激光扫描点云数据对目标进行分类和识别等自动化的处理具有很大的难度。图像数据可提供丰富的空间信息和彩色纹理信息。结合二者的优势将有利于三维数据的目标分类和物体特征的提取。

在动态激光扫描和影像数据采集系统中,数字照相机和激光扫描仪处于两个独立的相对固定的坐标系中,其数据虽然是在同步控制的作用下获得,但是同时获得的点却不是物方空间相同的地方,因此使用前首先需要将激光扫描数据(即三维点云)与数字影像进行配准,将两种数据源统一到同一个地理坐标框架下,建立数据间精确的对应关系。配准的精度决定了后续处理步骤的精度。由于激光扫描数据和影像上同名地物的表示方式存在较大差异,点云图像数据配准研究的目的即是寻找一种稳健的自动配准方案。

按照配准的方式来分,点云图像配准主要分为激光点云与单张图像直接配准和激光点云与图像点云配准两种方式。第一种方法根据摄影测量的共线方程,建立图像像点坐标与物方空间坐标的变换关系。基于配准基元对变换参数进行求解,实现图像与点云的配准。根据配准基元选择方式不同,第一种方法还可以继续分为基于预分割平面特征、基于直线特征、基于点特征等配准方法。第二种方法需要多张序列图像数据,首先将序列图像通过特征点匹配、光束法平差等过程转换为三维影像点云。然后通过 4.4.1 节所述点云配准的方法实现激光点云与影像点云的配准,从而达成点云和图像的配准,如图 4.19 所示。

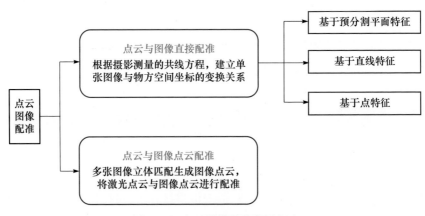

图 4.19　点云图像配准常用方法

4.5　目标特征识别提取

经过滤波融合、去噪增强、配准拼接等数据处理步骤之后,动态精密工程测量最后的任务为提取点云或者图像上的特征,如路面裂缝衬砌的剥落等。由于获取的往往是大场景、大数据量的数据,以往小测量数据中人工识别提取特征的方式不再适用,需要对目标特征进行自动化和高效识别提取。目标特征识别提取可使用常用的机器学习方法。近年来,随着深度学习方法的发展和兴起,基于深度学习方法从测量目标点云或者图像测量数据中提取测量特征成为新的技术潮流。

4.5.1　通用机器学习方法

1. 非监督分类方法

非监督分类方法往往又称聚类分析方法。它无须获取类别的先验知识,仅仅依靠数据属性信息将数据分为不同的类,同时使得不同类别的数据对象相似度尽可能大。目前聚类分析方法有很多种,主要可以分为层次化聚类方法(BIRCH 算法)、划分式聚类方法(如 K-Means)、基于密度的聚类方法(如 DBSCAN)、基于网格的方法(如 STING 算法)、基于模型的聚类算法(如 SOM 神经网络算法)等。

K-Means 聚类算法是动态精密工程测量中点云特征提取的一种常用方法。空间聚类分析方法是空间数据挖掘理论中一个重要的领域,是从海量数据中发现知识的一个重要手段。K-Means 聚类算法是空间聚类算法中应用非常广泛的算法,同时它也在聚类分析中起着重要作用。日益丰富的空间和非空间数据收集存储于空间数据库中,随着空间数据的不断膨胀,海量的空间数据的大小、复杂性都在快速增长,远远超出了人们的解译能力,从这些空间数据中发现邻域知识迫切需求产生一个多学科、多邻域综合交叉的新兴研究邻域,空间数据挖掘技术应运而生。虽然 K-Means 聚类算法被提出已经快 60 年了,但是目前仍然是应用最为广泛的划分聚类算法之一。容易实施、简单、高效、成功的应用案例和经验是其仍然流行的主要原因。K-Means 聚类算法是典型的基于原型的目标函数的硬聚类算法,以欧式距离作为优化的目标函数求解对应某一初始聚类中心向量的最优分类。

K-Means 聚类算法是一种基于形心的划分技术,是数据挖掘领域最为常用的聚类方法之一,最初起源于信号处理领域。它的目标是划分整个样本空间为若干个子空间,每个子空间中的样本点距离该空间中心点平均距离最小。因此,K-Means 聚类算法是划分聚类的一种。K-Means 聚类算法接受输入量 K,然后将 N 个数据对象划分为 K 个聚类以便使得所获得的聚类满足同一聚类中的对象相似度较高,而不同聚类中的对象相似度较小。聚类相似度是利用各聚类中对象的均值获得一个中心对象(引力中心)来进行计算的。算法过程如下:

(1)从 N 个对象中随机选取 K 个对象作为初始质心。

(2)对剩余的每个对象计算其与每个质心的距离,并将其归类到最近质心所属的类。

（3）更新分类结果并重新计算新的质心。

（4）迭代步骤（2）～（3）直至新的质心与原质心相等或小于指定阈值则算法结束。

K-Means 聚类算法简单易懂，该算法的关键在于初始聚类中心的选取。以隧道点云数据衬砌裂缝提取为例，在使用 K-Means 聚类算法之前，提取出连续疑似裂缝区域，对疑似区域加以长度和宽度的限制，去除掉散点干扰，这将极大地减少初始聚类中心的个数，同时，对聚类迭代过程中聚类半径的扩展加以限制，一方面防止散点被加入到邻近裂缝区域，另一方面不漏掉中间有些许断裂的裂缝部分。

2. 监督分类方法

监督分类又称训练场地法、训练分类法，是以建立统计识别函数为理论基础，依据典型样本训练方法进行分类的技术，即根据已知训练区提供的样本，通过选择特征参数，求出特征参数作为决策规则，建立判别函数以对各待分类测量数据进行的分类，是模式识别的一种方法。在测量对象特征识别提取中，监督分类方法中包含了大量的训练学习过程，这类算法通常是从分割的不重叠的测量数据中，首先建立描述目标特征的特征向量，如各向异性测度、矩不变量和均值、方差等多种统计量；然后根据选定的测试子图像使用随机森林、反向传播神经网络（back propagation，BP）、贝叶斯网络和支持向量机（support vector machine，SVM）等工具训练特征向量，最后使用这些分类器对新样本进行分类，识别裂缝病害。它们的不同点在于选择的特征类别和分类器的组合不同。

下面对监督分类方法常用的随机森林分类器进行简要介绍。随机森林是一种由一定数量决策树组成的集成学习方法[9]。其中，每棵决策树都包含一些分裂节点和叶节点。分裂节点是一个由属性参数（ϕ）和标量阈值（τ）组成的弱分类器。每一个未分类的对象 p（像素或者点）从根节点开始，不断重复地通过分裂节点的弱分类器进行判别，最终分裂到叶节点。

$$h(p;\phi,\tau) = [\phi_n(p) \geqslant \tau_n] \tag{4.16}$$

每棵树的训练集都是 Bootstrap 抽样产生的，即初始数据有放回抽样。大概有 1/3 训练实例没有参与树的生成，这些数据称为袋外数据样本。基尼不纯净度（gini impurity）用来决定分裂准则 $\phi_n(p) \geqslant \tau_n$。每个候选子集都会计算这一指标并用于表示子集样本同质性。基尼不纯净度值越小，分裂质量越高。假设总类别数为 J，在某个子集里被分为类别 i 的对象比例为 c_i，那么基尼不纯净度的计算公式为

$$I_G(c) = 1 - \sum_{i=1}^{J} c_i^2 \tag{4.17}$$

通过将这些决策树弱分类器组合起来即形成了随机森林强分类器，如图 4.20 所示。随机森林分类器有两个关键参数：决策树的数量和每个节点随机选择的属

性数量。随机森林分类错误率主要取决于两棵决策树的相关性和每棵树的分类能力。然而,降低每个节点上属性数量会同时降低决策树的相关性和决策树的分类能力,对随机森林的分类精度影响比较复杂。

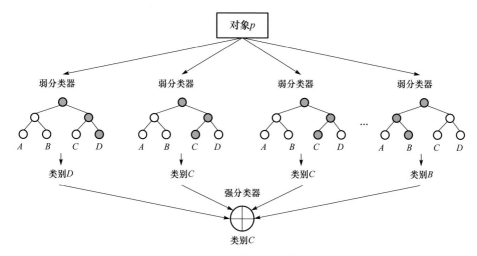

图 4.20　随机森林强分类器示意图

随机森林生成过程主要步骤如下:

(1) 从原始训练数据中创建 Bootstrap 抽样样本集,每个样本用来训练决策树。

(2) 从所有属性中随机选择一些属性分配给每个分裂节点,然后根据基尼不纯净度最小原则形成节点判别的属性和阈值。

(3) 让树节点不断分裂,直到最终节点只包含一种类别,或者已经达到最小的大小要求。

(4) 重复步骤(1)、(2),生成满足要求数量的决策树。

(5) 当决策树数量达到要求,基于决策树结果投票得出分类样本的类别。

随机森林分类算法还允许对属性的重要性进行计算。有两种方法计算属性重要性。第一种方法是使用预留的袋外数据样本。对每一棵决策树,计算袋外样本集的错误率。同时,分别排除每一个属性,再计算错误样本集的错误率。平均每棵树的两个错误率区别然后进行归一化,即可以获得每个属性的重要性。第二种方法是计算排除每一个属性后的基尼不纯净度,平均每个节点的基尼不纯净度变化,从而得到属性的重要性。

4.5.2　深度学习方法

深度学习方法是最近备受关注的机器学习方法,它从大量训练数据中自动学习特征的表达,且学习到的特征中可以包含成千上万的参数,提高了特征描述能力,在测量数据处理中逐渐被采纳。深度学习技术可以理解为是一种归纳的方法,从训练的数据中学习到抽象的概念,找到规律生成模型,就像人的大脑一样可以解释日常生活中的事情。深度学习算法对输入的原始数据经过多层的神经网络进行学习后提取出丰富的表示信息,该信息与正确的信息进行对比,找到输出值与预期值之间的差别,然后根据差别通过优化调节的手段进行迭代学习,每一次在训练时各层神经网络处理数据后将结果保存在该层的权重中。训练过程的本质就是通过调节每层权重参数使所有层的神经网络都找到一组最优的恰当的权重参数值,使得输入数据与正确数据一一对应,深度学习的工作原理如图 4.21 所示。

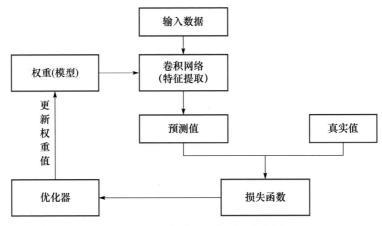

图 4.21　深度学习工作原理流程图

1. 神经网络

人工神经网络(artificial neural networks,ANN)的概念来源于生物神经网络,它是一种通过模拟人脑神经网络来进行信息处理和传递的数学模型。人工神经网络的主要原理是根据所学信息的复杂程度来改变内部神经元节点之间的空间相互关系从而达到处理信息的目的。神经网络主要由神经元、连接权重、偏置项三部分组成,神经元是一个包含权重和偏置项的函数,神经元之间通过权重进行相互连接,每个神经元接收来自其他神经元传递的信号后进行带权重和偏置项的相应计算,然后使用激活函数输出,单个神经元模型如图 4.22 所示。

神经网络是由大量神经元经过特定的方式相互连接来达到信息的传递和信号处理,结构模型如图 4.23 所示。它主要包含输入层、隐藏层和输出层,每个层由多个神经元组成,相邻层之间的神经元相互连接,输入层将信息传递给隐藏层,在隐藏层中对神经元信息进行计算和传递,最后在输出层将获取的信息进行输出。深度学习技术是在神经网络的基础上发展起来的,它是具有多层隐藏层的神经网络模型,所以深度学习又叫深度神经网络(deep neural networks,DNN)。

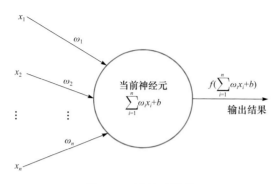

图 4.22　神经元模型

$b.$ 偏置项;$x_i.$ 来自前面神经元的输入$(i=1,2,\cdots,n)$;$\omega_i.$ 连接权重$(i=1,2,\cdots,n)$

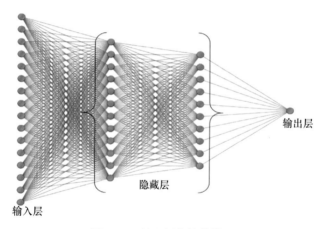

图 4.23　神经网络结构模型

神经网络进行深度学习的训练主要由多个层组成的神经网络模型、输入数据和相应的真值标签、用于学习的反馈信号即损失函数、决定学习过程如何进行的优化器四个方面组成,对于每个特定任务要构建好相应的神经网络模型,构建好神经网络模型后,将人工标记的训练数据输入网络中进行训练,在训练过程中通过损失函数和优化器不断调节神经网络的连接权重,通过设置学习率大小控制学习的速度,并通过循环迭代得到最优参数的组合,具体流程如下。

(1) 向前传播。送入训练数据,根据初始化网络的权重参数使训练数据在神经网络中从前向后逐层计算,最后在输出层输出计算的数值。

(2) 反向传播。将输出的数值与真值进行比较得到误差,然后从最后的输出层开始从后向前逐层计算网络参数的梯度值。

(3) 参数调整。根据小批次随机梯度下降的原则,按照设置的学习率对目标的负梯度方向对参数进行调整。

(4) 重复步骤(1)～(3)，对网络的参数进行调整，直到最后误差最小，网络收敛。

2. 卷积神经网络

1) 卷积神经网络的结构

卷积神经网络(convolutional neural network,CNN)是一种具有局部连接、权重共享等特点的深层前馈人工神经网络，由若干卷积层、池化层和全连接层交叉堆叠而成，使用反向传播算法进行训练。卷积神经网络每一层的特征都由上一层的局部区域通过共享权值的卷积核激励得到，非常适合图像特征的学习与表达。

典型的卷积神经网络结构如图 4.24 所示，一个卷积块由连续 M 个卷积层和 b 个池化层(通常取 $2 \leqslant M \leqslant 5, 0 \leqslant b \leqslant 1$)组成，一个卷积网络中可以堆叠 N 个连续的卷积块($1 \leqslant N \leqslant 100$ 或更大)，一层卷积学到的特征往往是局部的，多层卷积才可以将局部的信息综合起来得到全局的信息，卷积神经网络通过卷积层和池化层交替堆叠构造提取原始图片特征，在特征提取的过程中图像尺寸慢慢缩减，特征图的层数慢慢增加，层数越高，学到的特征就越全局化。经过多层卷积层和池化层处理，从输入原始图片中提取出各局部的特征，通常后面会接 K 个全连接层($0 \leqslant K \leqslant 3$)连接各个特征，把这些分布式的特征映射到整个输入，最后把特征放入合适的分类器进行准确分类。输出为 softmax，表示输入样本属于各个类的概率[8]。

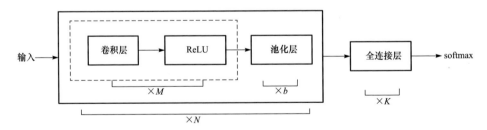

图 4.24　典型的卷积神经网络结构

2) 卷积层

卷积神经网络中的卷积层是特征提取的有效方法，一幅图像在经过卷积操作后得到的结果成为特征图。卷积层中的卷积操作与图像处理的卷积运算略有不同，卷积层是通过图像局部区域与卷积核进行矩阵的内积运算，即相同位置的数字逐位相乘后累加求和，从而获取该局部区域的卷积特征，具体如图 4.25 所示。卷积核在神经网络中表示为权重 w，有时候也称为滤波器，每一种卷积核能提取出图像的一种特征，如某个方向的边缘。

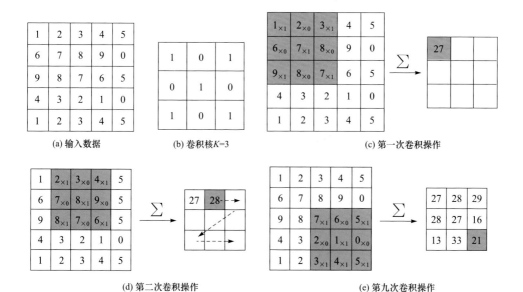

图 4.25　卷积操作示例

可以看出,卷积操作是有信息损耗的,且会造成图像边界的边缘信息丢失,因此需要引入补零操作,即在原始图像的周围加 0,这样可以使输入和输出的尺寸一致,如图 4.26(a)所示。此外,输出特征图的尺寸还和卷积操作的步长有关,即每个 s 个位置进行一次卷积运算,如图 4.26(b)所示。

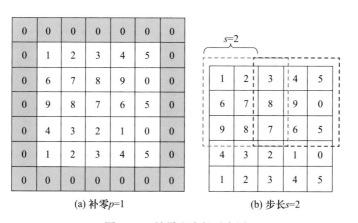

图 4.26　补零和步长示意图

假设输入维度为 $H \times W \times C$,卷积核大小为 K,补零值为 p,步长为 s,输出的特征图尺寸为 $H' \times W' \times C'$,则可得

$$H' = \frac{H + 2p - K}{s} + 1 \qquad (4.18)$$

转置卷积又称为反卷积,常常用于 CNN 中对特征图进行上采样,是语义分割任务中必不可少的模块。转置卷积示例如图 4.27 所示,输入 2×2,补零 $p=0$,步长 $s=2$,卷积之后得到的输出大小为 5×5。

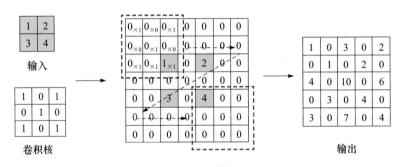

图 4.27 转置卷积示例($p=0, s=2$)

3) 激活函数

激活函数的引入是为了增加整个神经网络的非线性表达能力,否则若干线性操作层的堆叠依然只能起到线性映射的作用,无法形成复杂的函数。修正线性单元(rectified linear unit,ReLU)函数是目前卷积神经网络使用最广泛的一种激活函数,ReLU 函数实际上是一个分段函数,其定义为

$$f(x) = \begin{cases} x, & x \geqslant 0 \\ 0, & x < 0 \end{cases} \qquad (4.19)$$

ReLU 函数图像如图 4.28(a)所示,ReLU 函数实际上是一个取最大值函数,计算代价要小很多。在 $x \geqslant 0$ 时,ReLU 函数梯度恒为 1,如图 4.28(b)所示,无梯度耗散问题,收敛速度快;当 $x < 0$ 时,该层输出为 0,能增加整个网络的稀疏性,使提取出来的特征具有代表性,网络泛化能力强。

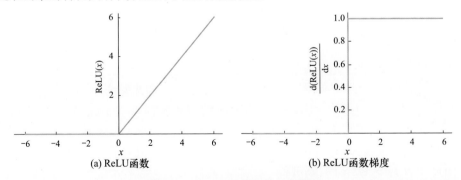

图 4.28 ReLU 函数及其函数梯度

4) 池化层

池化层也叫子采样层,其目的是保留卷积层提取的特定特征,舍弃不重要的样本,进一步降低特征维数。常用的池化操作是在 2×2 的小方块中进行,通常有最大池化和平均池化两种。如图 4.29 所示为 2×2 大小,步长为 2 的最大池化操作示例。

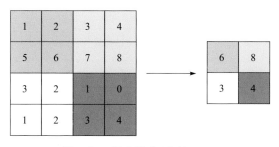

图 4.29　最大池化(步长 $s=2$)

5) 典型图像分类网络

CNN 已经在图像分类方面取得了巨大的成就,涌现出如 VGG(visual geometry group)和残差网络(residual network,ResNet)等经典的网络结构,并取得广泛的应用。VGG 的主要特点是采用了连续若干个 3×3 的小尺寸卷积核,代替较大的卷积核(7×7、5×5),通过增加网络深度提高性能。VGG 常用的模型有 VGG-16,其结构如图 4.30 所示。VGG 网络结构简洁、分类效果好,常被用作其他任务的骨干网络。

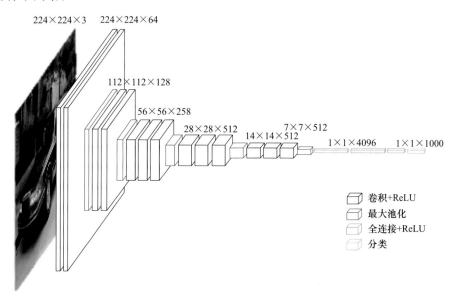

图 4.30　VGG-16 的网络结构

随着网络层数的增加,网络模型可以进行更复杂的特征提取,但是随着网络的加深,训练集的准确率反而会下降。因此 He 等[10] 提出了残差网络,通过在一个残差块(residual block,ResBlk)的输入和输出之间引入一条直接的通路,来对网络模型的结构进行改进,以解决准确率下降的问题。一个典型的残差块如图 4.31 所示,由多个残差块堆叠而成的网络结构称为残差网络。

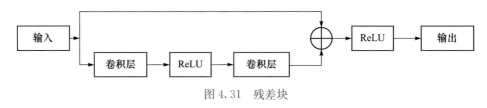

图 4.31　残差块

3. 动态精密工程测量中的深度神经网络模型

深度学习是一种基于特征学习的机器学习方法,能把海量的原始数据通过一些简单但非线性的模型转变为对特征更高层次和抽象的表达。近年来,以 CNN 为代表的深度学习方法在计算机视觉、自然语言处理等领域的应用取得了巨大成功。在动态精密工程测量中,深度学习可用于道路、轨道、隧道等工程目标对象激光点云和图像数据的智能处理,自动提取出路面破损、路面裂缝、轨道伤损、隧道渗水、隧道空鼓等特征,实现工程对象的状态感知。

其中,目标裂缝检测是动态精密工程测量中的一种典型场景,裂缝检测的深度神经网络模型主要有基 CNN 的深度学习模型[11,12]和基于全卷积网络(fully convolutional network,FCN)的深度学习模型[13,14]两类。基于 CNN 的深度学习模型能提取图像高层特征,裂缝识别效果优于基于底层特征、全局特征和手工特征的方法,但该方法只能检测图像块里是否包含裂缝,并没有进行像素级的裂缝识别。基于 FCN 的深度学习模型可以对任意大小的输入图像进行像素级的语义分割,在裂缝识别性能方面取得很好的效果。下面简要说明裂缝检测中的基于 FCN 的端到端可训练深度卷积神经网络 DeepCrack。

DeepCrack 是一种专门针对裂缝识别的端到端可训练深度卷积网络。它基于 SegNet 网络改进提出,通过融合每层卷积过程中裂缝的多尺度特征来检测裂缝。编码器网络基于 VGG-16 网络,由 13 个卷积层和 5 个下采样池化层组成,解码器网络与编码器几乎是对称的,唯一的区别是编码器中第一个卷积运算产生的多通道特征映射,与解码器中最后的卷积运算共同生成 c 个通道的特征图(c 是分割类别数)。该网络也是通过记录在池化操作时的最大元素的索引,然后在解码器相应的层进行非线性上采样,以获得图像边缘的精确位置。DeepCrack 网络在 SegNet 网络的基础上,通过跨层连接,融合了每个尺度的稀疏特征图和连续特征图,以提高网络的线状目标检测能力,关于该网络的具体介绍可参见本书第 5 章。

4.6　本 章 小 结

　　动态精密工程测量使用了多种类型的测量传感器,测量过程动态变化且测量场景往往很大,其数据具有动态、连续和大数据量等特征。跟以往测量数据处理相比,需要解决动态多测量传感器融合、动态测量数据去噪增强、动态测量数据配准拼接、大场景动态数据特征自动识别等问题。动态精密工程测量的整个数据处理分析链条也相对以往测量数据处理更长,需要覆盖这四个环节。未来,随着测量工程智能化需求的提升,动态精密工程测量还将从自动化测量进一步发展到智能理解。在目标特征自动化测量基础上,深入融合智能分析算法,实现基于自动化测量特征的目标状态智能判别,如对道路、桥梁等基础设施的安全状态智能性评价等。

参 考 文 献

[1]　李德仁,袁修孝. 误差处理与可靠性理论. 2 版. 武汉:武汉大学出版社,2012.

[2]　李德仁. 利用选择权迭代法进行粗差定位. 武汉测绘学院学报,1984,(1):51-73.

[3]　朱建军,宋迎春. 现代测量平差与数据处理理论的进展. 工程勘察,2009,37(12):1-5.

[4]　龚健雅,季顺平. 摄影测量与深度学习. 测绘学报,2018,47(6):693-704.

[5]　Kalman R E. A new approach to linear filtering and prediction problems. Journal of Basic Engineering,1960,82:35-45.

[6]　Li Q,Zou Q,Zhang D,et al. FoSA:F* seed-growing approach for crack-line detection from pavement images. Image and Vision Computing,2011,29(12):861-872.

[7]　Xiong Z,Li Q,Mao Q,et al. A 3D laser profiling system for rail surface defect detection. Sensors,2017,17(8):1791.

[8]　廖江海. 隧道表观病害快速检测关键技术研究[博士学位论文]. 深圳:深圳大学,2020.

[9]　Wang C,Shu Q,Wang X,et al. A random forest classifier based on pixel comparison features for urban LiDAR data. ISPRS Journal of Photogrammetry Remote Sensing,2019,148:75-86.

[10]　He K,Zhang X,Ren S,et al. Deep residual learning for image recognition//Proceedings of The IEEE Conference on Computer Vision and Pattern Recognition. Las Vegas,2016.

[11]　Zhang L,Yang F,Zhang Y,et al. Road crack detection using deep convolutional neural network//IEEE International Conference on Image Processing. Phoenix,2016.

[12]　Cha Y,Choi W,Buyukozturk O,et al. Deep learning-based crack damage detection using

convolutional neural networks. Computer-Aided Civil Infrastructure Engineering，2017，32(5)：361-378.

[13] Long J，Shelhamer E，Darrell T. Fully convolutional networks for semantic segmentation// Proceedings of the IEEE Conference on Computer Vision and Pattern Recognition. Boston，2015.

[14] Zou Q，Zhang Z，Li Q，et al. DeepCrack：Learning hierarchical convolutional features for crack detection. IEEE Transactions on Image Processing，2018，28(3)：1498-1512.

第5章 道路路面智能检测

道路路面技术状况检测是道路路面养护的重要前提,我国已经普及使用快速检测装备对各等级道路进行路面技术状况快速检测。本章介绍道路路面快速检测技术的研究现状、路面技术状况指标定义、测量原理和测量方法,并以国内广泛使用的道路智能检测装备(intelligent road testing and measurement system,RTM)为例,对装备组成、标定方法、数据处理方法以及工程应用进行详细的介绍。

5.1 概 述

随着交通量增加、交通荷载、环境等因素的影响,道路路面会逐渐产生各种病害,甚至一些高速公路沥青路面开放交通2~3年就出现坑槽、开裂、车辙和表面功能不足等早期破坏现象,使路面使用性能大大降低,严重影响路面的使用质量和服务寿命,不仅造成巨大的经济损失,而且会产生恶劣的社会影响。只要养护管理及时得当,并且采取合理的预防性养护措施,完全可以延长道路使用寿命。交通运输部提出"公路建设是发展,公路养护也是发展"的理念,要求重视道路养护工作。路面技术状况指标是路面养护的依据,需使用快速检测装备对路况指标进行检测[1]。

5.1.1 道路检测技术现状

路面检测是道路施工、建设和养护的重要工作,《多功能路况快速检测装备》(GB/T 26764—2011)[1]、《公路路基路面现场测试规程》(JTG 3450—2019)[2]、《公路技术状况评定标准》(JTG 5210—2018)[3]等对检测装备功能、测试方法以及检测数据使用给出了明确的规定。检测装备输出的是各种路面技术状况指标,《公路技术状况评定标准》(JTG 5210—2018)[3]规定,公路路面技术状况指数包含路面技术状况指数、路基技术状况指数、桥隧构造物技术状况指数和沿线设施技术状况指数四部分内容。路面是公路技术状况评价的核心内容,路面在国外许多国家的公路养护管理工作中占有70%以上的比例,而且也只有路面的各项技术指数能被快速、准确和自动化检测[4]。在现有快速检测技术中,路面损坏状况指数、路面行驶质量指数、路面车辙深度、路面跳车指数、路面磨耗指数、路面结构强度和路面抗滑性能等指数可以快速检测,抗滑性能指数检测需要边洒水边检测导致无法集成检测。下面主要介绍可集成检测的路面技术状况指数快速检测技术现状。

1. 路面损坏检测

《公路技术状况评定标准》(JTG 5210—2018)[3]规定待检测路面分为沥青路面和水泥混凝土路面,沥青路面损坏类型包括裂缝、沉陷、车辙、修补、拥包、坑槽、松散和泛油,水泥混凝土路面损坏类型包括破碎板、裂缝、板角断裂、错台、边角剥落、拱起、接缝料损坏、坑洞、唧泥、露骨和修补。路面损坏检测从数据特征分析可以归纳为可视化特征和变形特征。当前广泛使用可视化技术进行路面损坏检测,提取路面裂缝、修补等可视化特征典型的损坏类型,产品基本上都是采用图像系统获取路面图像,然后利用二维灰度信息处理技术分析路面裂缝,定量分析路面损坏状况。

加拿大 Roadware、澳大利亚 ARRB、武汉武大卓越 RTM、中公高科 CiCS 等广泛应用的装备都采用可视化技术进行路面损坏检测,采用中型车为检测平台,检测系统安装在载车尾部,影像采集单元由线阵 CCD 相机或工业面阵相机,以及线激光器、无影灯、发光二极管(light emitting diode,LED)或闪光灯等辅助照明组成。相机通信采用 RJ45 或 Camera Link 接口,根据测量环境的不同选择不同频率的相机,如检测速度达到 120km/h 时,需要选择 36kHz 的相机。数据采集时相机在外触发模式下工作,DMI 为相机提供外触发信号,触发距离与相机类型相关,如线阵相机采用 1mm 距离触发,采集的数据保存在服务器中。典型的快速检测装备如图 5.1 所示。

(a) 武大卓越RTM

(b) 中公高科CiCS

(c) 加拿大Roadware

(d) 澳大利亚ARRB

图 5.1　国内外广泛应用的快速检测装备

实际工程检测路面环境复杂,数据质量难以满足全自动化识别,裂缝识别普遍采取人机交互式,保证裂缝在采集的路面图像中尽可能显著,便于人眼观察到裂缝病害是评估检测系统的重要指标。面阵相机和线阵相机是目前两种主流的图像获取传感器,面阵相机结合 LED 等面光源辅助照明,一次采集获取一张完整图像,图像质量有保证,但 LED 工作时的频闪光对后车驾驶员视线有影响,工作时以 2 台相机组合,每台相机拍摄不超过 2000mm 路面幅宽,采用 2048 像素分辨率相机时可以达到 1mm 的数据分辨率,以 CiCS、ARRB 检测系统为典型代表。线阵相机结合红外激光器照明,一次采集获取道路横断面上一行(1mm)数据,通过连续采集拼接获取路面影像,适合全天候检测,是国内外检测装备主流的数据采集方式,工作时采用 2 台 2048 像素相机,相机与线激光器采用交叉辅助照明模式,即左激光器为右相机照明,右激光器为左相机照明,是因为激光器与路面成一定夹角后当路面有裂缝且具有一定深度时,光线照射会在裂缝内产生阴影,获取的图像上裂缝数据的灰度值会明显低于背景,特征显著,有助于人眼识别,便于后续自动识别。

《公路技术状况评定标准》(JTG 5210—2018)[3]规定检测设备应能够分辨 1mm 及以上的路面裂缝,检测结果宜采用计算机自动识别,识别准确率应达到 90%以上。但是,大量工程实践证明,对于宽度 1mm 裂缝的分辨与裂缝的成因、形态、数据采集环境等因素关系密切,并不能保证任何情况下都能准确分辨宽度 1mm 的裂缝。而对于实际工程图像数据的裂缝自动识别问题,依然是研究的热点与难点,目前仍未彻底解决,数据处理仍然以人机交互处理为主。

2. 路面车辙检测

车辙是车辆在路面上行驶后留下的车轮永久压痕,是沥青路面影响安全行车的主要病害形式,通常由于沥青层及路面下层的塑性形变产生。许多公路机构和研究人员认同路面车辙导致车辆在潮湿天气下打滑和防滑性能下降,直接影响到行驶安全。路面车辙也是路面病害的早期表现,是典型的路面恶化表征。根据《公路路基路面现场测试规程》(JTG 3450—2019)[2]规定,路面车辙测量本质是测量道路横断面,结合图 5.2 所示的车辙模型进行变形计算,以轮迹带最大车辙深度为车辙值。

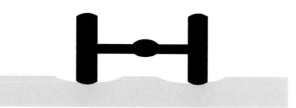

图 5.2　车辙形成模型

共梁式激光断面仪测量和线结构激光断面测量是路面横断面测量的重要方法。如图 5.3 所示,共梁式激光断面仪测量通过在刚性横梁上布设多个激光测距传感器,采集传感器到道路横断面上的多个离散点的距离,通过曲线拟合方式计算道路横断面,再依据规程进行车辙计算,由于采用离散点拟合测量,测量点可能不能测量到车辙最深的点,导致车辙计算误差增大。线结构激光断面测量法基于激光三角测量原理,利用线激光器和面阵相机组成测量系统,相机与激光器成一定夹角安装,获取包含激光线的地面影像,从影像中提取激光线代表位置得到道路横断面,通过像方-物方转换得到断面实际高程信息,再依据规程进行车辙计算。

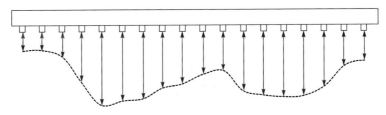

图 5.3 共梁式激光断面仪测量

1) 共梁式激光断面仪测量

激光断面仪是国内使用较为普遍的车辙测量设备,利用横断面方向上至少 13 个激光测距传感器测量道路横断面。随着传感器数目 n 的增加,车辙测量最大误差在 $n<21$ 时减小较快,$n>33$ 后衰减缓慢。在准确度检测时,至少要选用 $n=21$ 才能保证车辙的最大误差不超过 5%,使用成本偏高。共梁式激光断面仪测量采用有限测距传感器测量离散点模拟道路横断面,离散点模拟的断面与真实道路横断面存在一定的差异,不能准确测量车辙的波峰和波谷,测量的车辙深度值存在偏小现象,试验发现,由 5 个激光测距传感器组成的车辙断面仪测量的结果与水平仪测量的相关性约为 0.4。

同时,测量横梁不能超过车身宽度,导致该方法无法全车道全断面测量,从而也会导致测量误差。该方法采用的高频率激光测距传感器可以保证在行车测量方向有较高的采样率,能得到几乎连续的横断面,有利于车辙长度的计算[4]。但同一深度数值可能对应若干种不同的横断面形态,因而单一深度值无法准确反映不同类型车辙对路面结构的影响程度,也无法反映路面与车辆作用实际情况,不利于车辙病害的评估与养护。共梁式激光断面仪测量存在的测量误差、断面不完整、幅宽不够等缺陷将会限制在未来道路养护管理的继续推广使用。

2) 线结构激光断面测量

线结构激光断面测量是一种高成本、高性能的测量方法,原理为激光线从一侧以一定角度投射到道路路面,CCD 相机从另一侧以一定角度采集道路路面包含激光线的图像,激光线在图像中显示为一根高亮的曲线,从图像中提取出沿高亮曲线的中心线,得到在图像上曲线的行列信息,列坐标(图像坐标系)为断面点在图像上的高度。结合测量前对测量系统进行的像素级的标定结果,利用标定表换算像方到物方坐标,可高精度计算出断面曲线对应的物方实际坐标,从而获取道路路面的真实断面数据,实现高精度车辙计算。

采用 CCD 相机和线结构激光获取道路横断面宽度可以根据需要调整,能全车道全断面测量,现有技术状况下横断面分辨率可以达到 1mm。该方法能精确获取道路横断面,车辙计算精度高,由于测量受 CCD 相机帧频限制,行车测量方向最小采样间隔不大于 100mm,满足现行规范规定小于 200mm 要求[2]。

3) 线扫描三维测量

随着三维相机的发展,以三维相机结合线激光器进行路面三维扫描的测量方法在道路检测中得到应用,线扫描频率高达 20kHz 以上,测量高程分辨率达到 1/64 像素,相对于传统线结构激光测量,从测量精度、频率上的得到提升,可以实现 1mm 间距的断面测量,测量结果不仅仅对车辙深度测量,而且对车辙成因定量分析、养护方量计算都有着积极的意义。

3. 路面平整度测量

路面平整度不仅影响驾驶员及乘客行驶舒适度,而且与车辆的振动、运行速度、轮胎摩擦与磨损,以及车辆运营费用等有关,是一个涉及人、车、路三方面的指标。路面平整度也是影响路面使用性能的指标,大约 95% 的路面服务性能来自于道路表面的平整度。路面平整度特别是初始路面平整度将严重影响路面使用寿命。由于路面平整度本身的复杂性,从不同的角度出发,对路面平整度的定义就有多种,至今还没有统一的路面平整度定义。

国际平整度指数(international roughness index, IRI)是评估道路平整度的标准尺度,采用 1/4 车模型,以 80km/h 速度在已知路面上行驶,计算一定行驶距离内悬挂系统的累积位移为 IRI。基于惯性基准的激光断面仪测量是主要的快速平整度测量方法,以 250mm 间距测量每个计算段的高程,并按照标准提供的算法计算 IRI。

图 5.1 中的设备都可以满足快速平整度测量,但是大多数设备都是基于高等级公路检测状况研发设计,几乎都假设在高速、匀速情况下进行连续检测,随着交通日益繁忙拥堵,在检测过程中出现非匀速情况将是普遍现象,为了更适应实际交通情况,研究平整度波长、测量速度及变速对加速度积分的影响,将有助于进一步完善各种测量方法和数据处理算法。

4.沿线设施检测

道路沿线设施的损坏情况也是道路养护的重要指标,关系到驾驶员的正确导航及交通安全。维护良好完整的交通标志与交通设施,是减少和降低交通事故的重要措施,尤其是高速公路。现行设备采用近景摄影测量方法,通过两台严格标定过的相机组成测量单元,以一定间隔(如5m)采集道路沿线设施图像数据。道路沿线设施类型多、形状差异大、在道路两旁位置变化频繁,采集的图像数据基本采用人机交互式处理。随着深度学习的发展,深度神经网络在标识标牌处理中得到应用,对于标识标牌的准确率可达到95%以上,未来沿线设施数据处理有望实现自动化。

5.1.2　道路检测技术发展趋势

《公路技术状况评定标准》(JTG 5210—2018)[3]规定的路面技术状况指标基本上实现了快速检测,形成了路面智能检测装备、路面横向力检测装备、激光动态弯沉测量装备等成果,但依然存在以下问题。

(1)道路智能检测装备只部分实现了现有技术状况评定要求的指标,部分指数依然无法检测,如路面破损中的沉陷、拥包和坑槽等变形病害,可能有高程变化而无可视化信息变化,导致通过可视化方法无法检测。

(2)各指数检测技术路线按照各自测量要求设计特定的检测方法,导致装备组成复杂、数据多样,影响系统的可靠性、数据处理效率及新指数的适应性。

(3)路面技术状况评定依赖在统一时空基准下的数据,但是,不同指数采用不同的装备导致检测数据难以形成统一的时空基准,如路面横向摩擦力等指数检测不能在路面智能检测装备中集成实现。

(4)现有裂缝数据无法实现自动化处理,在其他指数都实现自动化的情况下,影响了路面技术状况高效评定,进而影响路面养护决策,难以满足及时精细化养护的需求。

路面表观病害具有典型三维可测量特征,如裂缝、坑槽、沉陷、拥包和车辙等,获取路面高精度三维点云,建立路面真实三维模型,可实现路面几何参数以及病害提取,能统一路面检测技术路线和数据格式,达到"一测多用"目的,简化系统、提高效率、利于指数扩展,是路面检测技术的发展趋势。

5.1.3　路面技术状况指标

1.路面技术状况指标体系

路面技术状况客观反映公路技术状况水平,指导公路养护生产,促进公路养护工作制度化、规范化。《公路技术状况评定标准》(JTG 5210—2018)[3]规定,公路技术状况指数(maintenance quality indicator,MQI)由相应分项指标组成,体系如图5.4所示。图5.4中,SCI为路基技术状况指数(subgrade condition index),PQI为路面技术状况指数(pavement maintenance quality index),BCI为桥隧构造物技术状况指数(bridge, tunnel and culvert condition index),TCI为沿路设施技术状况指数(traffic facility condition index),PCI为路面损坏状况指数(pavement surface condition index),RQI为路面行驶质量指数(pavement riding quality index),RDI为路面车辙深度指数(pavement rutting depth index),PBI为路面跳车指数(pavement bumping index),PWI为路面磨耗指数(pavement surface wearing index),SRI为路面抗滑性能指数(pavement skidding resistance index),PSSI为路面结构强度指数(pavement structure strength index)。

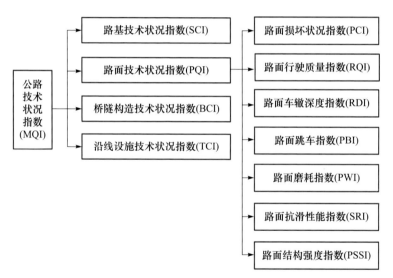

图5.4　路面技术状况指标体系

评定方法为

$$MQI = w_{SCI}SCI + w_{PQI}PQI + w_{BCI}BCI + w_{TCI}TCI \quad (5.1)$$

式中,w_{SCI}为SCI在MQI中的权重,取值为0.08;w_{PQI}为PQI在MQI中的权重,取值为0.70;w_{BCI}为BCI在MQI中的权重,取值为0.12;w_{TCI}为TCI在MQI中的权重,取值为0.10。

从式(5.1)可以看出,PQI为路面技术状况评定最核心的指标,也是完全实现快速检测的指标,下面重点介绍PQI指标计算方法,其中PSSI不参与PQI评定。

2. PQI 指标

PQI 计算公式为

$$PQI = w_{PCI}PCI + w_{RQI}RQI + w_{RDI}RDI + w_{PBI}PBI$$
$$+ w_{PWI}PWI + w_{SRI}SRI + w_{PSSI}PSSI \tag{5.2}$$

式中，w_x 为各分项的取值，具体取值参见《公路技术状况评定标准》(JTG 5210—2018)[3]。

在实际评定过程中，各分项对应的权重值允许依据需要调整，特别需要注意的是，因为路面结构强度(弯沉)采用抽测方法，无法参与计算，但随着最新的弯沉快速检测技术的普及，未来将有可能参与计算。

1) PCI

PCI 反映了路面损坏情况，依据损坏面积与检测面积关系计算，不同路面损坏类型如表 5.1 所示，可以看出，PCI 指标由路面不同类型的病害综合评价。

$$PCI = 100 - a_0 DR^{a_1} \tag{5.3}$$

$$DR = \frac{100 \sum_{i=1}^{i_0} w_i A_i}{A} \tag{5.4}$$

式中，DR 为路面破损率，%；a_0 为公路等级相关系数，沥青路面采用 15.00，水泥混凝土路面采用 10.66；a_1 为公路等级相关系数，沥青路面采用 0.412，水泥混凝土路面采用 0.416；A_i 为第 i 类路面损坏的累计面积，m²；A 为路面检测或调查面积，m²；w_i 为第 i 类路面损坏的权重系数；i_0 为损坏类总数。

表 5.1　路面损坏类型

序号	沥青路面		水泥混凝土路面	
	损坏名称	损坏程度	损坏名称	损坏程度
1	龟裂	轻、中、重	破碎板	轻、重
2	块状裂缝	轻、重	裂缝	轻、中、重
3	纵向裂缝	轻、重	板角断裂	轻、中、重
4	横向裂缝	轻、重	错台	轻、重
5	沉陷	轻、重	拱起	轻、重
6	车辙	轻、重	边角剥落	轻、中、重
7	波浪拥包	轻、重	接缝料损坏	轻、重
8	坑槽	轻、重	坑洞	—
9	松散	轻、重	唧泥	—
10	泛油	轻、重	露骨	—
11	修补	轻、重	修补	—

　　破损检测的目的是获取路面病害数据,通过自动或人工处理得到病害对应的面积,依据式(5.3)计算。能够准确、全覆盖地检测表 5.1 中的各类病害是路面破损检测的基本要求。

　　2) RQI

　　RQI 反映了路面行驶质量,以路面平整度作为评价依据,平整度指道路表面纵向的凹凸量的偏差值,是路面评价及路面施工验收中的一个重要指标,主要反映道路纵断面曲线的平整性。当道路纵断面曲线相对平滑时,则表示路面相对平整,或平整度相对好,反之则表示平整度相对差。《公路路基路面现场测试规程》(JTG 3450—2019)[2]规定,以精密水准仪为标准仪具,测量标定路段上测线的纵断面高程,要求采样间隔为 250mm,高程测量精度为 0.5mm,从起点开始相邻两点求差,对所有高程差求和计算平整度,依据相关公式计算 RQI 值。平整度自动检测多采用基于惯性基准测量方法,利用激光测距传感器结合加速度计,激光测距传感器测量传感器到地面的距离,加速度计通过积分消除测量载体颠簸影响,从而计算相邻两点的高程差,通过高程差计算 IRI,依据公式计算 RQI。

$$RQI = \frac{100}{1 + a_0 e^{a_1 IRI}} \tag{5.5}$$

式中,a_0 为公路等级相关系数,高速公路和一级公路采用 0.026,其他等级公路采用 0.0185;a_1 为公路等级相关系数,高速公路和一级公路采用 0.65,其他等级公路采用 0.58。

　　3) RDI

　　RDI 反映了路面车辙深度,车辙是路面病害的早期表现,也是路面恶化的典型表征,影响行车安全。车辙深度测量采用横断面测量方法,《公路路基路面现场测试规程》(JTG 3450—2019)[2]规定,利用 3m 直尺分别测量两个轮迹带车辙的最大值作为车辙深度值,依据相关公式计算 RDI 值,自动化检测方法通过断面测量,计算轮迹带上车辙的最大深度为 RD 值,依据公式计算 RDI:

$$RDI = \begin{cases} 100 - b_0 RD, & RD \leqslant RD_a \\ 90 - b_1 (RD - RD_a), & RD_a < RD \leqslant RD_b \\ 0, & RD > RD_b \end{cases} \tag{5.6}$$

式中,RD 为车辙深度,mm;RD_a、RD_b 为车辙深度参数,分别采用 10.0、40.0;b_0、b_1 为模型参数,分别采用 1.0、3.0。

　　4) PBI

　　PBI 为路面跳车指数,是路面跳车数和跳车程度(轻度、中度、重度)的函数,路面跳车程度与道路纵断面高差相关。路面跳车影响因素包括水泥混凝土路面错台,沥青路面的坑槽、拥包、沉陷、波浪、井盖凸起或沉陷、路面与桥隧构造物异常连接等。跳车指数以 10m 为一个计算单元,每个单元内均分为 100 等份,每等份计算一个高程值,共 100 个高程值,依据单元内最大高程与最小高程之差,结合一定的阈值确定跳车严重程度并计数得到 PB,依据公式计算 PBI:

$$PBI = 100 - \sum_{i=1}^{i_0} c_i PB_i \tag{5.7}$$

$$\Delta h = h_{\max} - h_{\min} \tag{5.8}$$

式中,PB_i 为第 i 类程度(轻、中、重)的跳车数;c_i 为第 i 类程度跳车扣分值;i_0 为跳车程度总数。

5) PWI

PWI 为路面磨耗指数,是指行车道三线位置(左轮迹带、右轮迹带及车道中线)路面构造深度最大差值的函数,用于描述道路表面磨损状况。道路表面的构造深度(texture depth,TD)以前称纹理深度,是路面粗糙度的重要指标,是指一定面积的道路表面凹凸不平的开口孔隙的平均深度,主要用于评定道路表面的宏观粗糙度、排水性能及抗滑性,可用 TD、平均断面深度(mean profile depth,MPD)和 SMTD 表示,其中 MPD 的计算单元长度为 100mm,为前 50mm 和后 50mm 断面高程峰值的平均值与整个计算单元的平均值之差。PWI 计算式为

$$PWI = 100 - d_0 WR^{d_1} \tag{5.9}$$

式中,WR 为路面磨耗率,%;d_0、d_1 为模型参数,分别采用 1.696、0.785。

路面技术状况指数为路面检测技术发展提供了方向和技术要求,路面检测结果为路面质量评估与养护决策提供服务。路面养护高度依赖路面技术状况检测结果,但在实际工作中,养护资金总是难以保证所有路段都得到养护,需要基于检测的技术状况指标进行技术状况发展预测。因此,路面检测效率、成果准确性,以及可靠性直接影响到养护策略的制订和养护实施,高可靠性、高精度和高效率的检测技术和装备是公路领域的核心技术和装备。

5.2　路面损坏检测

利用可视化技术获取路面图像,或利用三维测量技术获取路面三维数据并建模是路面损坏检测的两种主要检测方法,下面将对两种检测方法分别进行介绍。

5.2.1　路面损坏检测方法

道路检测应在满足正常行车速度下检测,检测以车道为单位,如果道路有多个车道,则需要分多次进行检测,我国高速公路车道设计宽度为 3.75m,数据采集必须覆盖完整车道。损坏检测有二维图像数据法和三维数据法两种方法。

1. 二维图像数据法

工业相机结合辅助光照明是路面影像采集的主要技术路线,辅助光源需要根据相机特性进行选择,相机选型需要考虑工作模式、频率、分辨率、镜头焦距以及视场角等。相机工作模式有内触发和外触发两种,内触发模式下相机以既定频率采集数据,外触发模式下相机只有接收到外部触发信号才工作。实际道路检测中均难以维持匀速行驶,如果采用内触发模式则可能出现路面数据重复采集或漏采集的情况。因此,实际工作中往往采用等距离触发方式,保证数据的完整性和一致性。路面图像数据精度 1mm,测量幅宽为车道宽度 3750mm,最高速度 100km/h 以上。

1) 线阵相机

线阵相机每次采集输出一行数据,依据幅宽 3750mm 和数据精度 1mm 的测量指标要求,行向分辨率需要达到 4096 像素,检测速度 100km/h 要求相机工作频率达到 28kHz 及以上。CCD 相机高质量成像与 CCD 像元大小有较大关系,基于测量要求和环境,确定相机分辨率、相机到路面距离 D、地面幅宽 L 后,应该选择焦距尽量大的相机。在确定分辨率下,CCD 像平面越大对应的像元尺寸越大,有利于成像。以焦距 12mm、物距 2000mm、分辨率 4096、物方幅宽 4094mm 为例,像平面长为 12.3mm,可选择 $6\mu m$ 大小像元;反之,如果选择 $7\mu m$ 大小像元,则可以选择 14mm 镜头。实际选型时,还需要计算相机感光视场角和镜头视场角的关系,即需要镜头视场角大于相机感光需要的视场角。

辅助光源可以选择面阵光源或线阵光源,常见的 LED、卤素灯等都可以作为非常好的面光源选择,但这些光源在能耗、安装和维护上相对复杂。随着激光技术的发展,线激光器传感器技术已经非常成熟,激光辅助照明已经成为发展趋势。激光器作为辅助照明光源时需要注意与相机光谱特性相吻合,尽量选择符合相机光谱特性的激光器,如红外相机可以选择 808nm 的红外激光器等。

相机接收地面反射光成像,地面反射光越强烈图像灰度值越大,视觉感觉越明亮,反之成像越暗,视觉感觉越暗。路面裂缝检测数据无论是人工处理还是计算机自动处理,增加裂缝在图像中的对比度都是有必要的。裂缝本质特征是路面纹理裂开形成的有一定深度的表观变形,激光线从裂缝正上方照明,近似于以平行光照射,如图 5.5 左侧所示,裂缝和非裂缝对光的反射特征一样,难以增强裂缝对比度。让激光线以一定角度投射到地面,理论上在裂缝处将形成阴影区域,相机所成图像中裂缝和背景将产生比较明显的对比,如图 5.5 右侧所示,有利于数据处理。

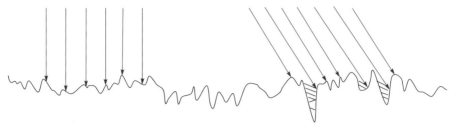

图 5.5　不同照明方法对比

采用两个相机和两个激光器组成测量单元,相机垂直向下,激光器对角互补照明,即左激光器为右相机照明,右激光器为左相机照明,如图 5.6 所示。

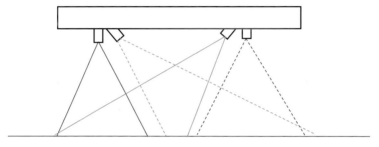

图 5.6　测量单元工作示意图

基于以上方案采集的路面数据为二维图像数据,可以利用数字图像处理方法或人机交互方法进行病害的识别,实际路面裂缝图像数据如图 5.7 所示。

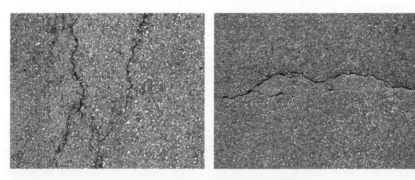

图 5.7　典型二维路面裂缝图像数据

2)面阵相机

面阵相机与线阵相机的区别在于每一次采集获取的是一幅图像,相当于线阵相机多次采集的集合,面阵相机无法使用激光辅助照明,一般采用 LED、卤素灯等照明,或直接利用自然光照明。如果使用 LED 等辅助照明,工作时频闪光会对后车行车有一定影响,有潜在安全隐患,如果不采用辅助照明,则光线不好或夜间无法使用,国内外装备中已经很少采用。

2. 三维数据法

基于图像的路面病害检测满足了路面快速检测的需要,但是,沉陷、拥包等病害没有典型的可视化特征,二维图像难以检测,同时,路面水渍、油渍及阴影在成像后与裂缝难以区分,影响病害数据处理,特别是自动识别。分析路面病害测量特征可知,严重的路面病害相对于正常路面而言,都产生了一定程度的形变,如果建立路面三维模型,则所有病害都在三维模型中有所表现,基于三维模型和病害形变特征,理论上可以实现所有类型病害检测,特别是路面水渍、油渍及阴影等在高程上没有变化,对路面三维模型的建立没有影响[5]。

路面三维检测采用基于线结构激光测量原理的线扫描三维测量方法,采用高频三维相机结合线结构激光组成测量单元,采用分辨率为 2048 的相机,在高程测量量程 300mm 范围内,扫描频率可以达到 20kHz 以上,测量精度优于 0.5mm。

如图 5.8(a)所示,相机和激光器安装在一个刚性结构件中,以保障在动态条件下不会产生相对位移,利用电路控制传感器数据采集逻辑,组成一个独立数据获取单元,称为传感头。传感头需要外部触发及其他控制,采集的数据需要进行存储和处理,将传感头控制、数据存储和处理一体化组成控制器,一个控制器可以接入多个传感器头,以便适应幅宽所要求的更大的测量场景,如机场跑道道面病害检测等,控制器与传感头组成线扫描三维测量传感器,如图 5.8(b)所示。传感头获取路面三维断面数据,控制器负责控制传感头工作,接收传感头断面数据并预处理,对预处理断面存储后同步上传到上位机。传感头测量部分由三维相机和线激光器组成,线激光垂直投射到被测物体表面,相机与激光器成一定夹角(6°~8°)采集激光线图像,通过内置算法提取激光线并输出激光线在像方的位置,通过标定文件进行像方和物方转换,实现被测物体表面的高程测量。

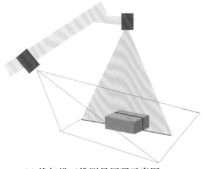

(a) 线扫描三维测量原理示意图　　　　　　(b) 线扫描三维测量传感器实物图

图 5.8　线扫描三维测量原理及传感器

线扫描三维测量传感器只需要接收外部触发和定位信息即可独立工作,采用外触发工作模式,可以利用距离编码器产生触发信号用于外触发传感头测量,定位信息和时间信息用于和检测系统其他数据同步,控制器内置存储器,自动存储采集的原始数据。如果和上位机有通信连接,控制器将输出传感器状态信息和采集的数据到上位机。

相机与激光器不同夹角测量精度分析如表 5.2 所示。可以看出,在安装角为 6° 的情况下,垂直测量范围达到 300mm,测量精度达到 0.15mm。对于裂缝检测,可以满足 1mm 以上的裂缝测量。

表 5.2　不同夹角测量精度参数

序号	高度/mm	夹角/(°)	X 量程/mm	Z 量程/mm	X 精度/mm	Z 精度/mm
1		6	2018.13	300.02	0.99	0.15
2	2150	8	2018.13	224.37	0.99	0.11
3		10	2018.13	178.83	0.99	0.09

设计测量装备时,线扫描三维测量传感器安装在载车尾部,采用两个传感器头结合一个控制器方案,安装高度距离地面 2150mm,可覆盖 4000mm 宽车道,如图 5.9 所示。

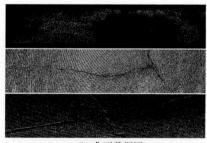

(a) 测量装备图　　　　　　　　　　　(b) 典型数据图
图 5.9　线扫描三维测量装备及典型数据

3. 测量方法评价与发展

相机结合辅助光的二维图像采集技术成熟,无论是线阵还是面阵相机都得到了广泛应用,特别是国内线激光器技术已经达到国际领先水平。一方面,有利因素使得系统维护升级容易,使用成本较低,而且图像数据质量高,基本上都能满足宽度 1mm 裂缝识别,特别适合交竣工验收等数据质量要求非常高的场景。另一方面,存在着沉陷和拥包等病害不能检测,环境因素(水渍、油渍和阴影)影响自动识别问题,存在着数据处理工作量大、成本高和效率低的问题。突破适合于工程应用的病害识别方法将有助于装备的广泛应用。

线扫描三维路面测量是新发展的路面检测技术,高精度的路面三维模型能支持路面检测"一测多用",三维数据可以实现路面破损、车辙、构造深度、磨耗、跳车等指标检测,以及标线测量。一方面,采用三维测量技术将能明显简化路面指标检测逻辑和系统,提高数据处理自动化,数据也能支持更多潜在特征的挖掘,具有良好的应用前景,特别是对于大范围养护检测,具有不可替代的优势。另一方面,三维测量反映的是路面高程变化信息,对于高程变化不明显,如细小裂缝、深度很浅的裂缝等三维测量将不能很好解决。同时,三维技术成熟还需要时间,目前国内外三维测量相机选择少,使用起来会提高维护成本。

5.2.2 路面图像分析

1. 路面图像特点

1) 路面材料具有颗粒特性

沥青混凝土路面由适当比例的各种不同大小颗粒的集料、矿粉和沥青加热到一定温度后拌和,经摊铺压实而成。集料是沥青路面材料中矿物质粒料的通称,在路面材料中起骨架作用和填充作用。有时采用数种粗、细粒料混合组成所需要的粒度级配。集料根据粒径的不同分为粗集料(19~26.5mm)、中集料(13.2~19mm)和细集粒(4.75~13.2mm),4.75mm 及以下者称为砂集料。集料使路面具有颗粒纹理特征,在进行路面裂缝检测时,会带来大量的点状噪声,如图 5.10 所示。

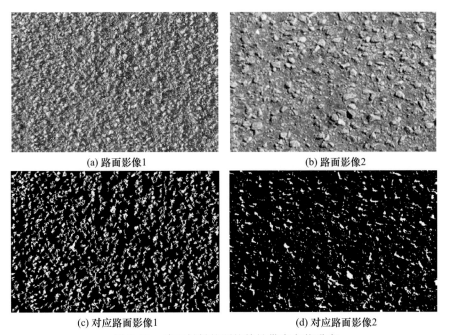

(a) 路面影像1   (b) 路面影像2

(c) 对应路面影像1   (d) 对应路面影像2

图 5.10 路面材料的颗粒特性带来点状噪声

2) 路面图像裂缝退化

路面裂缝由于受车轮长期碾压以及自然侵蚀的作用,容易发生退化,由最初清晰、具有较大深度的缝隙,演变为缝壁模糊、被沙尘填充的裂痕[5]。裂缝的退化程度随裂缝在路面中所处位置的不同而有所差别,如在车轮经常碾压位置的裂缝退化速度快,退化较严重,而处在道路中间位置的裂缝,退化速度相对缓慢。裂缝退化使裂缝与路面背景之间的对比度降低,且造成裂缝的亮度连续性差,如图 5.11 中所示的路面影像含有退化的裂缝,在箭头所指的位置,退化很严重,破坏了裂缝的连续性。

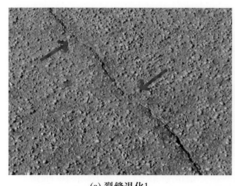

(a) 裂缝退化1　　　　　　　　(b) 裂缝退化2

图 5.11　路面裂缝退化示例

裂缝是不规则的线目标,由较短的裂缝段组成,图 5.12(a)为其示意图。对于具有一定深度的裂缝段,从某些方向拍摄时会形成阴影,表现为目标较背景暗,称为显缝段;从另一些方向拍摄时不能形成阴影,表现为目标与背景之间对比度低,称为隐缝段。由于裂缝段分布的不规则性(裂缝通常是曲折的),从单一角度进行拍摄时,所得显缝段和隐缝段通常是交替的,如图 5.12(b)所示,显缝段在整体上构成较背景暗的线性目标。

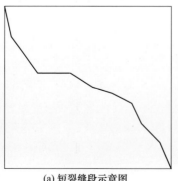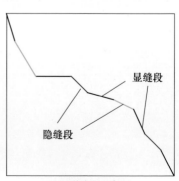

(a) 短裂缝段示意图　　　　　　　　(b) 深裂缝段示意图

图 5.12　裂缝成像示意图

有多种裂缝增强和检测的方法,尽管在基于阈值分割、边缘检测以及机器学习的裂缝识别方面取得了很多研究成果,但在实际应用中,它们的效用非常有限[6]。其根本原因就在于这些算法假定路面影像亮度均衡,裂缝具有较高的对比度和较好的连续性,但这种假设往往不成立,特别是在以上情况发生时,它们会大大降低裂缝的信号强度,使裂缝相对于路面背景具有极低的信噪比,造成路面裂缝自动识别具有极大的难度,使传统的基于边缘检测的方法、形态学的方法、阈值分割的方法等的作用非常有限。当处理背景复杂的裂缝时,只能得到裂缝的部分片段,并且含有大量噪声面元,不能满足路面裂缝检测的要求[6]。因此,迫切需要针对低信噪比的路面裂缝开展研究,提出可靠的裂缝增强与提取方法,以提高路面裂缝的自动识别率。

2. 路面裂缝增强

路面裂缝由于受车体载重碾压、自然风化等作用,常发生退化,导致裂缝与路面背景之间的对比度极低,甚至造成裂缝不连续,给基于影像的路面裂缝自动识别带来了巨大困难。增强路面裂缝的信号强度,如对比度、连续性,将增大裂缝的可识别性。

张量投票算法采用二阶张量表征数据基元,将一些知觉组织的规则嵌入投票的过程中,并通过投票场实现数据基元之间的信息传递,然后结合二阶张量与矩阵的同构性,利用矩阵的特征分析技术提取空间几何结构特征,在计算机领域得到广泛的研究和应用。

在二值裂缝图像中经常可以发现,裂缝对应的像素具有线性聚集特征,人眼可以通过像素的邻近性和连续性来识别裂缝。可以借助张量投票这个工具,将具有知觉导向性的邻近规则、连续规则用于二值路面影像中的裂缝增强,提高裂缝的信号强度,为后续的裂缝提取做准备。为实现对裂缝上的点进行信号增强,对非裂缝点进行信号抑制,采用球投票和棒投票两个投票步骤[7]。

(1)球投票。首先将阈值化后的二值影像中的目标像素点作为输入数据,不过这些像素点都没有方向信息。因此,本步操作运用球投票来估计每一个裂缝像素(包括噪声点)的方向信息。将每一个目标像素点(token)用一个球形张量来表达,使其在各个方向上具有等量的显著性。然后,通过球投票场(ball voting field)实现张量之间的信息传递。在具体操作中,球投票场是通过将棒投票场绕中心点每间隔较小的一定角度进行旋转,并叠加这些棒投票场得到。在每一个像素点累加其邻域像素点的球投票场强的过程中,将它和邻域像素点之间的邻近性和连续性等信息也增加到了它对应的张量中。球投票的目的是给像素点增加方向信息,因此仅需要对目标像素进行投票,即稀疏投票。如图 5.13(a)为模拟的裂缝像素点,经过球投票后,每一个裂缝像素点都具有方向,如图 5.13(b)所示,而且这些目标点的方向与模拟裂缝的延伸方向保持一致。

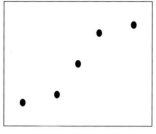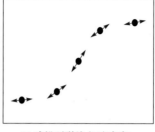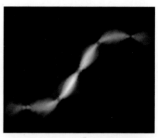

　(a)仿真裂缝点(无方向信息)　　　　(b)球投票裂缝点(有方向)　　　　(c)棒投票(亮度代表置信度)

图 5.13　裂缝点仿真及基于张量投票的裂缝增强试验

(2) 棒投票。在同构的意义下,二阶张量对应为矩阵,又因为线性曲率表现在切向方向而不是法向方向,所以,在球投票完成后,可以通过将矩阵较小的特征值设为 0,把球形张量转变成棒形张量。得到棒形张量后,采用棒投票将棒形张量的投票场覆盖到所有的邻域区域,即张量投票。张量棒投票可以将相邻裂缝点之间的间隔进行软填充,即填充的强度根据投票场场强的叠加值决定。对经过棒投票后的张量,通过特征分解可得

$$(\lambda_1 - \lambda_2)\hat{e}_1\hat{e}_1^{\mathrm{T}} + \lambda_2(\hat{e}_1\hat{e}_1^{\mathrm{T}} + \hat{e}_2\hat{e}_2^{\mathrm{T}}) \tag{5.10}$$

式中,λ_1 和 λ_2 为按降序排列的特征值;$\hat{e}_1\hat{e}_1^{\mathrm{T}}$ 和 $\hat{e}_2$ 为其对应的特征向量。

根据特征分解的知识,二维张量投票下的 $\lambda_1 - \lambda_2$ 能较好地反映线状结构的显著性,具有线状结构特征的像素点将具有较大的 $\lambda_1 - \lambda_2$ 值,而噪声点则具有较小的 $\lambda_1 - \lambda_2$ 值。因此,将 $\lambda_1 - \lambda_2$ 作为判断目标点为裂缝点的置信度,生成裂缝概率图。生成裂缝概率图的同时,即实现了对裂缝目标的增强和对噪声的抑制。图 5.13(c)即为图 5.13(b)经过棒投票和线特征提取得到的裂缝概率图。

由 $\lambda_1 - \lambda_2$ 值构建的裂缝概率图较好地描述了各个目标点的线性显著度。在棒投票的过程中,投票场强(票数)投递给了棒方向上的相邻像素点。但投票的时候,所有的像素点的线性显著度是一样的。考虑到裂缝概率图较好地体现了二值图像中各点的线性显著度,本节提出了嵌入线性显著度的张量投票,用于二值路面影像的裂缝增强,算法步骤为:

(1) 对二值路面影像 B_0 依次进行球投票和棒投票,并按式(5.10)分解投票结果,利用 $\lambda_1 - \lambda_2$ 值构建裂缝概率图 B_p。

(2) 对影像 B_0 进行球投票,估计出各像素点的方向,将 $\lambda_1 - \lambda_2 < 0.3$ 的张量去掉,并通过将 λ_2 设为 0,把其他的张量全部变为棒张量,结果记为 B_s。

（3）对 B_s 进行棒投票，在投票时，将各 B_p 值以乘性参数赋给 B_s 中的各个棒张量的投票场，则得到棒投票结果 $B_{p,s}$。

以上算法在投票的时候嵌入了各点的裂缝概率，即各点的线性显著度，因此称之为嵌入线性显著度的张量投票。

图 5.14(a)为一幅高速公路原始路面影像，其中裂缝对比度很低，连续性很差，而且，图像右侧有一个较大面积的黑色污物。在经过预处理后，可以得到二值化路面影像，如图 5.14(b)所示，可以看到，二值影像中，包含大量的噪声面元，并且污物处形成一个面积较大的圆形状噪声面元。图 5.14(c)为对图 5.14(b)进行张量投票的结果，即裂缝概率图。对比图 5.14(a)和(c)可以看出，裂缝线处的像素具有较大的裂缝概率，且在空间上呈连续分布，块状污物面元处像素的裂缝概率与路面背景的差别不大，即裂缝像素的信号得到了增强，而背景噪声的信号得到了抑制，说明基于张量投票的裂缝增强算法是有效的。对所提的嵌入线性显著度的张量投票算法进行了试验，将图 5.14(c)显示的裂缝概率图作为线性显著度，以乘性参数嵌入到棒投票的场强生成函数中，并进行棒投票，得到图 5.14(d)所示的结果。对比图 5.14(c)和(d)可以看出，嵌入线性显著度的张量投票对裂缝有更进一步的增强，特别是在裂缝线条比较平缓的地方。同时，对于呈线状分布的噪声面元，张量投票也会将它们增强。图 5.14(a)的右下角有一个呈条形分布的污染物，在图 5.14(b)中为条状分布的噪声面元，经过基于张量投票的裂缝增强算法处理后，此长条形噪声也被增强。一般情况下，路面污染物分布面积较大，宽度较裂缝宽很多，或者长度较裂缝短很多，因此，可以通过这些特征进行滤除。

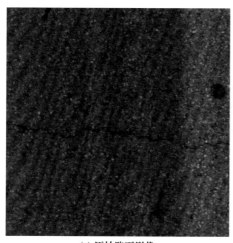

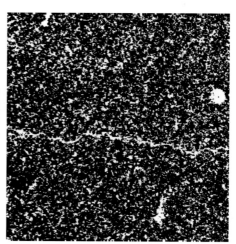

(a) 原始路面影像　　　　　　　　　　(b) 二值分割结果

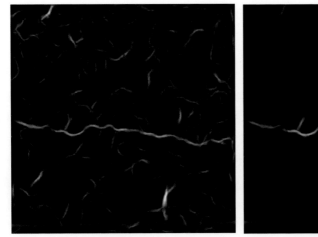
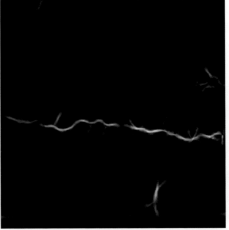

(c) 裂缝概率图　　　　　　　　　　(d) 嵌入线性显著度的张量投票

图 5.14　基于张量投票的二值路面影像裂缝增强试验

5.2.3　路面裂缝分析

裂缝是最常见的道路表面损害,是计算机视觉的典型线条结构,可以表述为线检测。本节介绍的 DeepCrack 网络是一种通过学习裂纹表示的高级特征来进行自动裂纹检测的端到端可训练深度卷积神经网络。该网络将在分层卷积阶段学习的多尺度深度卷积特征融合在一起,以捕获线结构,从而在较大比例的特征图中进行更详细的表示,在较小比例的特征图中进行更全面的表示。DeepCrack 网络采用编码器-解码器结构,成对融合编码器网络和解码器网络中的卷积特征。

1. 多尺度卷积特征融合网络 DeepCrack

DeepCrack 网络是一种全卷积网络,其编解码结构参考了 SegNet 的编码器-解码器,它包含一个编码器网络和一个相应的解码器网络。编码器网络由 VGG-16 网络中的卷积层启发,由 13 个卷积层和 5 个下采样池化层组成[8]。解码器网络包含 13 个卷积层,并且每个解码器层在编码器网络中都有一个对应的层。因此,编码器网络几乎与解码器网络对称,唯一的区别在于,第一编码器层(第一次卷积运算)生成多通道特征图,而相应的最后一个解码器层(最后一次卷积运算)将生成 c 通道特征图,其中 c 是图像分割任务中的类数。

在每个卷积操作之后,将批量归一化步骤应用于特征图。步长大于 1 的最大池化操作可以减小特征图的比例,同时不会在较小的空间移位上引起平移差异,但是子采样将导致空间分辨率的损失,这可能会导致边界偏差。为了避免细节缺失,执行下采样时,使用最大池化索引来捕获边界信息并将其记录在编码器特征图中。

然后,在解码器网络中,相应的解码器层使用最大池索引来执行非线性上采样。此上采样步骤将生成稀疏特征图。但是,与连续和密集特征图相比,稀疏特征图获得区域边界的位置更精确。

同时,由于深度卷积神经网络的分层学习特质,我们可以在下采样层中以越来越大的感受野的形式学习多尺度卷积特征。考虑了合并操作和上采样操作所引起的比例变化,并在 SegNet 的编码器-解码器体系结构上构建了 DeepCrack。在 SegNet 中,存在五个不同的标度,它们对应于五个下采样池层。为了在每个尺度上同时使用稀疏特征图和连续特征图,DeepCrack 进行了跳层连接融合,以连接编码器网络和解码器网络。如图 5.15 所示,在编码器网络中每个尺度上的汇聚层之前的卷积层被连接到解码器网络中相应尺度的最后的卷积层。跳层连接融合通过一系列操作来处理级联卷积特征。

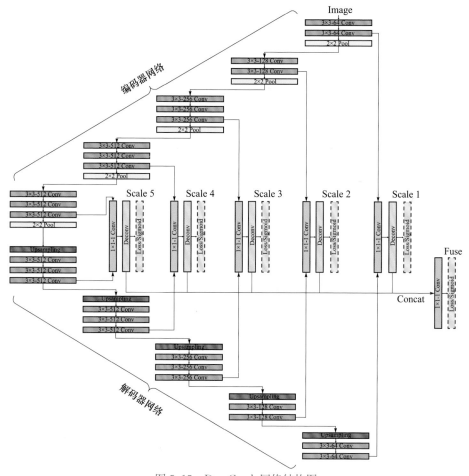

图 5.15　DeepCrack 网络结构图

图 5.16 为跳层连接融合示意图。首先,连接来自编码器网络和解码器网络的特征图,然后是 1×1 的卷积层,将多通道特征图减少到 1 个通道。然后,为了计算每个尺度下的逐像素预测损失,添加了反卷积层对特征图进行上采样,并使用裁剪层将上采样结果裁剪为输入图像的大小。经过这些操作,可以获得具有相同尺寸的真实裂缝图的各个尺度的预测图。进一步串联以五个不同比例生成的预测图,并使用 1×1 的卷积操作以融合所有尺度的输出。最后,可以在每个跳层连接融合处以及最终的融合处获得预测图。

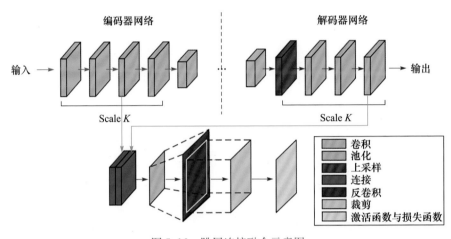

图 5.16　跳层连接融合示意图

构建有效的损失函数训练深度网络,以实现裂缝分割,假设训练数据集 S 中包含了 N 幅图像,即

$$S = \{(X^n, Y^n), \quad n = 1, 2, \cdots, N\} \tag{5.11}$$

式中,$X^n = \{x_i^{(n)}, \quad i = 1, 2, \cdots, l\}$ 为原图像;$Y^n = \{y_i^{(n)}, \quad i = 1, 2, \cdots, I, y_i^{(n)} \in 0, 1\}$ 为 X^n 二进制的裂缝真值图。

在编码器-解码器体系结构中,令 K 为卷积级数,然后在级 k 处,由跳层连接融合生成的特征图可以表示为

$$F^{(k)} = \{f_i^{(k)}, \quad i = 1, 2, \cdots, I\}, \quad k = 1, 2, \cdots, K \tag{5.12}$$

多尺度融合特征图可以定义为

$$F^{\text{fuse}} = \{f_i^{\text{fuse}}, \quad i = 1, 2, \cdots, I\} \tag{5.13}$$

与 Pascal VOC 上的语义分割不同,裂纹检测中只有两类可以看作是二进制分类问题。采用交叉熵损失来衡量预测误差。通常,真实的裂缝像素在裂缝图像中属于少数类,这使其成为不平衡分类或分割。一些工作通过为少数类增加更大的

权重来解决这个问题。但是,在裂缝检测中,我们发现增加裂缝的权重会导致更多的误报。因此,将逐像素预测损失定义为

$$l(F_i,W) = \begin{cases} \log[1-P(F_i,W)], & y_i = 0 \\ \log[P(F_i,W)], & y_i = 1 \end{cases} \tag{5.14}$$

式中,F_i 为像素 i 在网络的输出特征图值;W 为深度网络参数的权重值;$P(F)$ 为标准 Sigmoid 型函数,将特征图转换为裂缝概率图。

总损失可以表示为

$$L(W) = \sum_{i=1}^{I} \sum_{k=1}^{K} \left[l(F_i^{(k)},W) + l(F_i^{\text{fuse}},W) \right] \tag{5.15}$$

为了训练 DeepCrack 模型,采用 CrackTree 数据集的 260 幅图像作为基础数据,进行裁剪等操作扩增后,由 35100 幅 512×512 分辨率的图像构成训练集。为了验证裂缝检测效果,构建了两个测试集。测试集 1 为 CRKWH100,包含线阵相机在可见光照明下捕获的 100 幅 512×512 分辨率的路面图像,线阵相机的地面采样距离为 1mm;测试集 2 为 CrackLS315,包含在激光照射下拍摄的 315 幅 512×512 分辨率的路面图像。

图 5.17 为 DeepCrack 和其他方法裂缝提取结果的对比。图 5.18 和图 5.19分别为 DeepCrack 在 CRKWH100 和 CrackLS315 上的裂缝检测结果。可以看出,即使在路面阴影、油污、道路标志线的干扰下,DeepCrack 方法也可以完整地检测裂缝线。

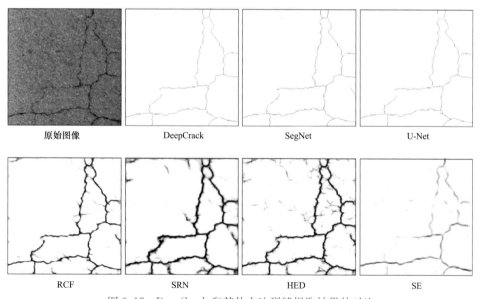

图 5.17　DeepCrack 和其他方法裂缝提取结果的对比

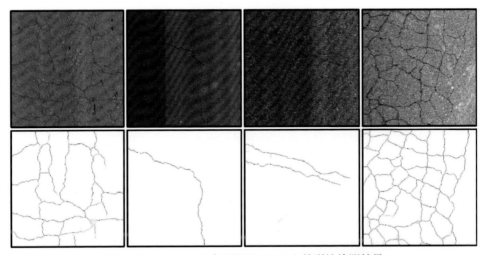

图 5.18　DeepCrack 在 CRKWH100 上的裂缝检测结果

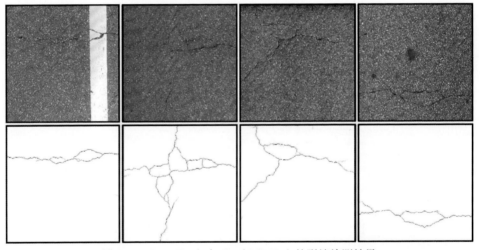

图 5.19　DeepCrack 在 CrackLS315 上的裂缝检测结果

2. 邻域连接约束的深度卷积网络 LinkCrack

DeepCrack 深度卷积网络表明了编解码网络结构在提取图像中线状特征的有效性,可以实现像素级的裂缝识别。但现有的编解码网络结构,仍然存在两方面问题:第一,深度网络复杂度较高,计算效率低。在 VGG 网络编码层,深度卷积网络中网络层数非常多,从而权重参数也较多,其表征能力强,但前提是要有足够量的数据用于训练,其计算量相对较大。第二,在极端复杂的图像背景下,如裂缝非常细小、有强噪声干扰、裂缝发生了退化连续性很差,这时网络需要采用一些约束条件,指导其对宏观上连续的线性目标的检测和提取。

DeepCrack 网络中的语义分割只是对每个像素进行独立判断,并没有考虑与其他像元的连通性情况。考虑到裂缝在宏观上是线性的线状目标,因此,可以考虑将连续性的空间约束引入网络训练中[9],以提高裂缝检测的性能。为此,提出一种新网络,即 LinkCrack,其网络结构如图 5.20 所示。LinkCrack 包含了一个编码器网络和解码器网络,两个网络都包含了 4 个尺度,并通过跳层连接融合相应尺度下的卷积特征,因此也是属于典型的编解码架构的深度卷积网络。

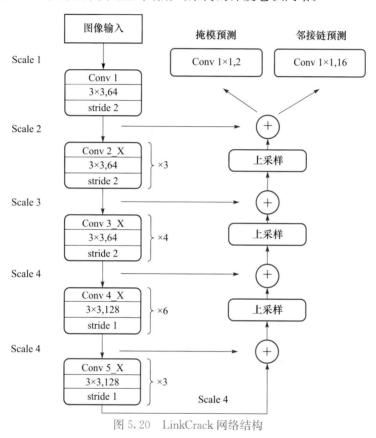

图 5.20　LinkCrack 网络结构

　　LinkCrack 的输入图像尺寸为 512×512,编码网以 34 层的残差网络 ResNet-34[10] 为骨干网络,每个尺度连接了若干个残差块,其中各层的第一个残差块步长 $s=2$,进行下采样操作可得到 4 种不同尺度下的特征图,特征通道的数量在每一个下采样步骤中增加一倍。在每个尺度下,编码器在下采样操作之前,通过跳层连接与解码器相应尺度下卷积特征进行特征融合,这样就能把特征信息传播到更高分辨率的层。

　　解码器网络与 U-Net[11] 网络类似,先进行一次反卷积上采样操作。使特征图的维数增倍,然后与编码器相应尺度的特征图进行融合,重新组成一个 2 倍维数的特征图,再连接 2 个卷积层,并在每个尺度重复这一结构,使网络学习多尺度和不同层级的特征,提高表达精度。为了减少参数数量,减少了高层卷积层的通道数量。在解码器网络中,使用最近邻插值的上采样方法来增加特征图的大小,并使用点乘法合并相应的编码器层特征,以减少解码器部分中的参数数量。在最后的输出层,采用一个 1×1 大小卷积将特征向量映射到裂缝掩模和 8 个邻域连接映射。

一方面,深度卷积网络中参数越多,网络结构就越复杂,所产生的高分辨率特征图有助于检测裂缝像素,但与此同时会带来计算量的增加,检测速度也会变慢;另一方面,感受域较大的卷积核在检测连续性较差的裂缝时更有优势。因此,为了增加编码器卷积层的感受野,LinkCrack 对编码器骨干网络 ResNet-34 做了如下改变:

(1) 将第一层卷积的卷积核大小从 7×7 转换为 3×3,并移除最大池化层。因为 ResNet 本身是为分类任务而设计的,所以模型不需要关注细微的纹理特征,但是这些细微纹理特征对于裂缝识别是至关重要的。

(2) 在第 4 层和第 5 层中使用空洞卷积[12]扩大网络的感受野,从而对多尺度的对象进行编码。空洞卷积在图像分割任务中被广泛使用,能够以较少的参数进行卷积的同时保持较大的感受野。

LinkCrack 网络模型参数的数量约为 U-Net 的 1/5,其各层的模型参数如表 5.3 所示。预期可以使用这种简化的网络结构在相对较小的训练数据集上进行训练,避免出现过拟合。

表 5.3　LinkCrack 网络模型参数

层级	名称	核函数大小/通道	步长 s	补零 p	空洞率 r	激活函数	输出
Level 1	Conv 1_1	$3 \times 3/32$	1	1	1	ReLU	512×512
	Conv 1_2	$3 \times 3/64$	1	1	1	ReLU	512×512
Level 2	ResBlk 2_1	$3 \times 3/64$	2	1	1	ReLU	256×256
	ResBlk 2_2	$3 \times 3/64$	1	1	1	ReLU	256×256
	ResBlk 2_3	$3 \times 3/64$	1	1	1	ReLU	256×256
Level 3	ResBlk 3_1	$3 \times 3/64$	2	1	1	ReLU	128×128
	ResBlk 3_2	$3 \times 3/64$	1	1	1	ReLU	128×128
	ResBlk 3_3	$3 \times 3/64$	1	1	1	ReLU	128×128
	ResBlk 3_4	$3 \times 3/64$	1	1	1	ReLU	128×128
Level 4	ResBlk 4_1	$3 \times 3/128$	2	1	1	ReLU	64×64
	ResBlk 4_2	$3 \times 3/128$	1	1	1	ReLU	64×64
	ResBlk 4_3	$3 \times 3/128$	1	2	2	ReLU	64×64
	ResBlk 4_4	$3 \times 3/128$	1	1	1	ReLU	64×64
	ResBlk 4_5	$3 \times 3/128$	1	2	2	ReLU	64×64
	ResBlk 4_6	$3 \times 3/128$	1	1	1	ReLU	64×64
Level 5	ResBlk 5_1	$3 \times 3/256$	2	1	1	ReLU	32×32
	ResBlk 5_2	$3 \times 3/256$	1	2	2	ReLU	32×32
	ResBlk 5_3	$3 \times 3/256$	1	1	1	ReLU	32×32

续表

层级	名称	核函数大小/通道	步长 s	补零 p	空洞率 r	激活函数	输出
	Deconv 6_1	$3\times3/128$	2	1	1	ReLU	64×64
Level 6	Conv 6_2	$3\times3/128$	1	1	1	ReLU	64×64
	Conv 6_3	$3\times3/128$	1	1	1	ReLU	64×64
	Deconv 7_1	$3\times3/64$	2	1	1	ReLU	128×128
Level 7	Conv 7_2	$3\times3/64$	1	1	1	ReLU	128×128
	Conv 7_3	$3\times3/64$	1	1	1	ReLU	128×128
	Deconv 8_1	$3\times3/64$	2	1	1	ReLU	256×256
Level 8	Conv 8_2	$3\times3/64$	1	1	1	ReLU	256×256
	Conv 8_3	$3\times3/64$	1	1	1	ReLU	256×256
	Deconv 9_1	$3\times3/64$	2	1	1	ReLU	512×512
	Conv 9_2_mask	$3\times3/32$	1	1	1	ReLU	512×512
Level 9	Conv 9_3(mask	$1\times1/1$	1	1	1	None	512×512
	Conv 9_2_link	$3\times3/32$	1	1	1	ReLU	512×512
	Conv 9_3(link)	$1\times1/8$	1	1	1	None	512×512

引入空间连续性约束策略,对训练过程中的裂缝连续性进行建模,以提高网络完整检测裂缝的能力。LinkCrack 构建了 8 邻域连接图来表示图像的连续性,如图 5.21 所示。裂缝真值是一个二进制图像,其中白色像素表示裂缝,黑色像素表示背景,对于给定的裂缝像素及其 8 个相邻像素中的一个,如果两个像素之间存在连接,那么它们之间的连接就是正的,否则为负。对于每个像素的 8 个邻域方向,都构建一个邻域连接图,这样就可以定量地预测裂缝在各个方向的连续性。

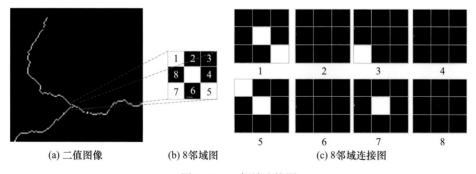

(a) 二值图像　　　　(b) 8邻域图　　　　　(c) 8邻域连接图

图 5.21　8 邻域连接图

通过计算深度卷积网络输出预测结果和标签数据之间的相似性来评估网络模型性能。预测结果与标签数据越相近,则根据损失函数计算出的数值结果越小。在深度学习方法中,对于具体数值预测等的回归问题,常用的损失函数是均方差,而对于语义分割等分类任务,常用的损失函数是交叉熵损失。交叉熵损失描述的是数据标签真实分布于分类模型预测概率分布之间的差异程度,损失值越小,模型就越能准确地进行预测。

基于 LinkCrack 的网络结构设计和空间约束策略,构建相应的交叉熵损失函数,通过训练网络以生成接近真实值的预测图。假设训练数据集 S 中包含了 N 幅图像,即定义 LinkCrack 的损失函数为像素损失和邻域像素损失的加权和,即

$$L = L_{\text{pixel}} + \lambda L_{\text{c}} \tag{5.16}$$

式中,L_{pixel} 为像素损失;L_{c} 为邻域像素损失;λ 为对应的邻域像素损失的权重参数。

通常,裂缝像素区域只占整张图像的一小部分,图像大部分为背景区域。裂缝像素和背景像素的数量比例是远小于 1 的。在计算像素损失的时候,将相同的权重放在所有像素上容易导致背景像素的损失量占主导地位,不能达到预期的识别结果。

为此,考虑给裂缝像素和背景像素的损失加上不同的权重,再计算裂纹和背景像素在标签中的比例,将像素损失定义为

$$L_{\text{pixel}} = \begin{cases} a\log(1 - P(F_i, \theta)), & y_i = 0 \\ \log(P(F_i, \theta)), & y_i = 1 \end{cases} \tag{5.17}$$

式中,F_i 为像素 i 在网络中的输出特征;θ 为 LinkCrack 模型参数;$P(\cdot)$ 为标准的 Sigmoid 函数;a 为类平衡权重系数。

$$a = \frac{\text{pixel\_num}_{\text{crack}}}{\text{pixel\_num}_{\text{image}}} \tag{5.18}$$

式中,$\text{pixel\_num}_{\text{crack}}$ 为裂缝像素的数量;$\text{pixel\_num}_{\text{image}}$ 为背景像素的数量。

在空间约束方面,邻域像素损失 L_{c} 为

$$L_{\text{c}} = \sum_{k=1}^{8} L_k \tag{5.19}$$

式中,L_k 为第 k 个邻域像素损失。

使用交叉熵损失来计算邻域像素损失。由于只需要考虑前景像素的连续性,即裂缝像素连续性,邻域像素损失只考虑裂缝像素交叉熵损失。图 5.22 为使用在不同邻域像素损失权重 λ 的 LinkCrack 的裂缝检测效果。可以看出,λ 值越大,所提取裂缝的连接性越好,说明线性空间约束能有效地指引网络训练时学习到的对于连续线特征的表征能力;同时,当 λ 增大到 10 时,会产生一些伪裂缝,说明 λ 太大会带来负面影响,可见邻域像素损失需要和前景像素交叉熵损失取得平衡才能更好地提取裂缝。

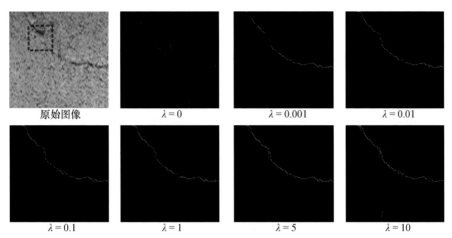

原始图像　　　　$\lambda = 0$　　　　$\lambda = 0.001$　　　　$\lambda = 0.01$

$\lambda = 0.1$　　　　$\lambda = 1$　　　　$\lambda = 5$　　　　$\lambda = 10$

图 5.22　使用不同邻域像素损失权重 λ 的 LinkCrack 裂缝检测结果

5.2.4　路面点云数据处理

三维点云数据可以进行路面裂缝病害和变形病害识别,裂缝病害是在测量断面中存在局部异常的数据,即微观病害;变形病害是测量断面中较大范围高程异常的数据,即宏观病害。路面裂缝具有典型的线状特征,深度较小;坑槽、沉陷和拥包等变形病害具有典型的面状特征,深度较大。裂缝在测量断面上表现为向下偏离断面拟合曲线(控制轮廓)较大,变形病害在测量断面上表现为向上或向下偏离路面原始断面(标准轮廓)。断面、轮廓、病害关系如图 5.23 所示。三维数据病害识别将分为裂缝病害和变形病害两类处理。

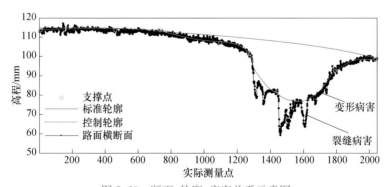

图 5.23　断面、轮廓、病害关系示意图

1. 断面数据预处理

动态条件下路面线扫描三维测量到的三维断面数据含有测量姿态信息,通常每个断面姿态都不同,全局数据处理时,姿态对数据一致性分析有较大影响,特别

体现在需要利用沿测量方向进行数据分析时,需要利用采集的测量姿态数据对断面数据进行姿态修正。假设传感器在横断面方向与高程方向组成平面中的安装倾角为α,传感器安装高程为H;在任意时刻,传感器在横断面方向与高程方向组成平面中的测量倾角为α',测量时传感器高程为H';当前断面第i个测点原始测量高程值为z_i,则经姿态矫正后的高程测量值的计算公式为

$$z'_i = z_i + k_i\tan(\alpha'-\alpha) + (H-H') \tag{5.20}$$

式中,k_i为横断面方向相邻采样点的物理间隔,根据标定的像方和物方关系换算。

路面铺装材料不均,路面上的水渍、油渍导致反光异常,以及路面上异物的影响,导致了采集的三维激光断面信号中出现异常数据,通常表现为一个高频脉冲信号,具有较高变化幅值,此类数据可采用中值滤波获取断面的参考断面,计算断面各点与参考断面距离,寻找偏离参考断面较大的异常点,利用异常点附近非异常点数据进行替换。异常数据的存在会影响裂缝的检测,有必要在数据处理前通过相关预处理进行降低或消除异常。

2. 路面裂缝识别

线扫描断面数据由路面控制轮廓、纹理、损坏、姿态及噪声数据组成。用频域分析方法分离纹理提取路面控制轮廓,以控制轮廓为参考提取裂缝疑似数据,形成三维路面数据集进行裂缝检测。检测流程如图5.24所示。其中,FFT表示快速傅里叶变换(fast fourier transform),IFFT表示快速傅里叶逆变换(inverse fast fourier transform),SVM表示支持向量机。按照上述过程,检测结果如图5.25所示。

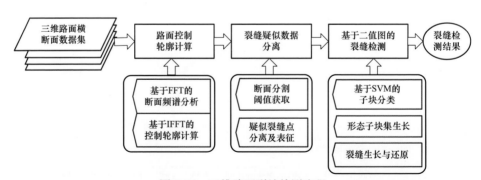

图 5.24　三维路面裂缝检测流程

1)路面控制轮廓计算

在信号时空域中,路面纹理、裂缝以及路面控制轮廓相互混叠影响,路面控制轮廓和裂缝信息的精确提取及定位存在困难。而在信号频率域内,路面纹理属于高频变化信息,裂缝也包含较为急剧的突变部分,而路面控制轮廓的变化趋势相对较为平缓,路面纹理与裂缝在频谱中对应高频部分,路面控制轮廓在频谱中对应低

频部分。因此,采用 FFT 能有效分离路面纹理与控制轮廓,图 5.26 显示了经过 FFT 后的信号频率幅度谱和功率谱。

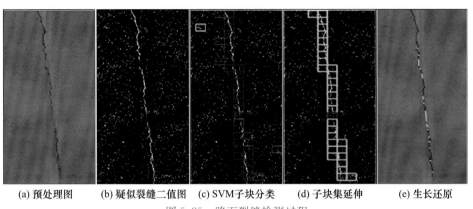

(a) 预处理图　　(b) 疑似裂缝二值图　(c) SVM子块分类　　(d) 子块集延伸　　(e) 生长还原

图 5.25　路面裂缝检测过程

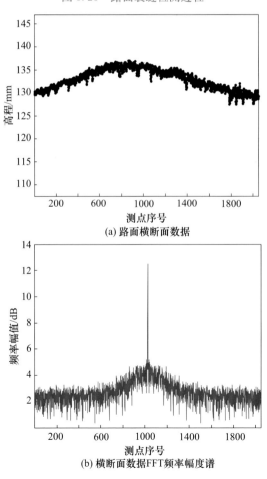

(a) 路面横断面数据

(b) 横断面数据FFT频率幅度谱

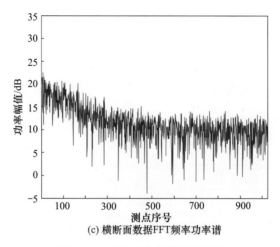

(c) 横断面数据FFT频率功率谱

图 5.26　FFT 及信号频谱示意图

　　经过 FFT 的横断面数据频谱中(设频谱范围最大值为 fH),路面控制轮廓是贴合路面的平缓轮廓,对应为频谱低频部分,利用带通滤波器可实现路面控制轮廓频段截取。与 FFT 过程相反,IFFT 则是实现频率域信号到时空域的转换。利用 IFFT 对相应低频率段功率谱进行处理获取其对应的信号波形,即为路面控制轮廓,其中截取的低频信号范围为 0~fs1,提取的控制轮廓如图 5.27 所示。

　　当截止频率 fs1=0.003fH 时,带通滤波后信号包含的成分较少,即截取后恢复的控制轮廓更加平缓,部分位置存在偏离断面轮廓走势现象,如图 5.27(a)所示;对于 fs1=0.015fH 时恢复的控制轮廓比较贴合路面走势,且裂缝信息无明显损失,如图 5.27(b)所示;对于 fs1=0.03fH 时恢复的控制轮廓比较贴合路面走势,但裂缝信息有所损失,如图 5.27(c)所示。

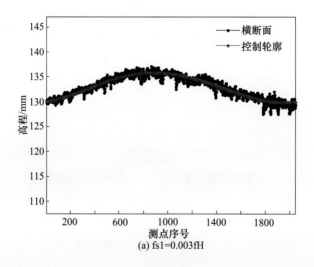

(a) fs1=0.003fH

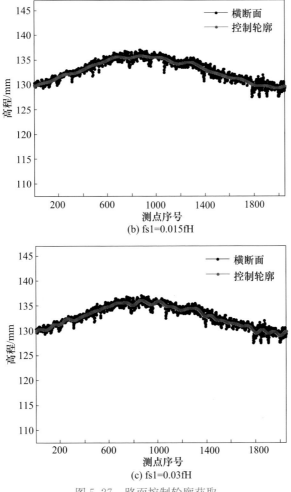

图 5.27　路面控制轮廓获取

2）裂缝疑似数据分离

路面横断面数据中包含有路面控制轮廓、路面纹理和裂缝三部分信息,裂缝数据高程都向下偏离控制轮廓,理想情况下,路面均有已知设计纹理值,将路面控制轮廓从路面轮廓中分离后,路面轮廓中还包含路面纹理、裂缝两部分信息,结合已知的设计纹理直接运算就可以得到路面裂缝数据。但是,路面铺装的实际纹理值与设计纹理值存在差异,路面在使用过程中行车碾压和磨耗均导致路面纹理发生变化,路面纹理直接体现断面数据局部波动幅度,纹理越大、波动越大,分离数据中裂缝点时所需分割阈值越大。因此,需要通过分析每个断面的纹理分布特征计算断面的动态分割阈值,根据阈值与路面控制轮廓计算,得到疑似裂缝数据。路面轮廓的局部波动主要由路面纹理高程变化产生,预处理断面轮廓 PP 与控制轮廓 CP

的高程差|PP−CP|可以反映断面的纹理分布特征,对纹理分布值进行统计分析,得到纹理均值 $\mathrm{Avg_{Tex}}$、纹理均方差 $\mathrm{MSE_{Tex}}$。

$$\mathrm{Avg_{Tex}} = \sum_{i=1}^{N} \frac{\mid \mathrm{PP}_i - \mathrm{CP}_i \mid}{N} \tag{5.21}$$

$$\mathrm{MSE_{Tex}} = \sqrt{\frac{1}{n} \sum_{i=1}^{N} (\mid \mathrm{PP}_i - \mathrm{CP}_i \mid - \mathrm{Avg_{Tex}})^2} \tag{5.22}$$

$$T = \mathrm{AvgTex} + k\,\mathrm{MSE_{Tex}} \tag{5.23}$$

$$\mathrm{Flag}C_i = \begin{cases} 1, & \mathrm{CP}_i - \mathrm{PP}_i > T \\ 0, & \mathrm{CP}_i - \mathrm{PP}_i \leqslant T \end{cases} \tag{5.24}$$

式中,$k(2 \leqslant k \leqslant 3)$为阈值系数。

按照上述判定获取所有断面的疑似裂缝点,联合连续断面数据集中的潜在裂缝目标点得到潜在裂缝目标赋权二值图,每个像素数据都包含了可能的裂缝的概率。

通过将三维数据处理后转换为二维图像,利用前面介绍的图像处理技术进行裂缝检测是当前的主要方法。

3. 路面变形分析

路面坑槽、车辙、拥包、沉陷等是路面常见变形类病害,空间分布上具有较大深度和面积,向上或向下偏离实际路面参考面。因此,基于标准轮廓和测量断面提取疑似病害数据,形成二值图像再处理,处理流程如图 5.28 所示。

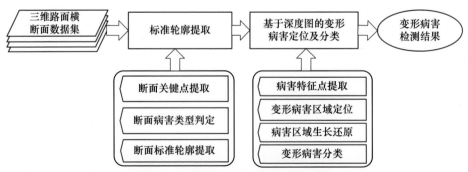

图 5.28　路面变形病害检测处理流程

路面变形病害从形态上可分为向上型和向下型两类,拥包病害为向上型损坏,沉陷、车辙和坑槽损坏为向下型损坏。假设单个断面中不存在同时含有向上型和向下型的损坏,故断面的上、下包络线中存在一条包络线与当前断面的标准轮廓相似,具备良好的方向一致性,与包络线距离较远的关键点具备较差的方向一致性。断面损坏类型判定具体步骤如下:

（1）利用角检测法提取断面上的高曲率点作为关键点。

（2）分别计算断面的上、下包络线。

（3）依据关键点到上、下包络线的距离，对抽稀断面各个关键点进行类别判定，靠近上包络线的关键点标记为"1"，靠近下包络点的关键点标记为"0"。

（4）分别评估上包络线和潜在向下型损坏区域关键点（标记值为"0"的关键点）的方向一致性，下包络线和潜在向上型损坏区域关键点（标记值为"1"的关键点）的方向一致性。

（5）评估上包络线和下包络线为相似标准轮廓的置信度，若上包络线具备较高的置信度，则当前断面损坏类型判别为向下型，相反，若下包络线具备较高的置信度，则当前断面损坏类型判别为向上型。

选定类别连线中包含标准轮廓信息和损坏过渡段信息，将选定类别连线划分子段，分段后，计算子段 i 的方向 O_i，然后计算各子段与其他子段的方向差异总和 S_i，剔除方向总体差异值较大的子段，循环该过程直到子段方向总体差异值满足设定阈值的要求。获取标准轮廓之后，将标准轮廓恢复为原始数据长度。图 5.29 显示了断面损坏类型判定及断面标准轮廓提取过程。

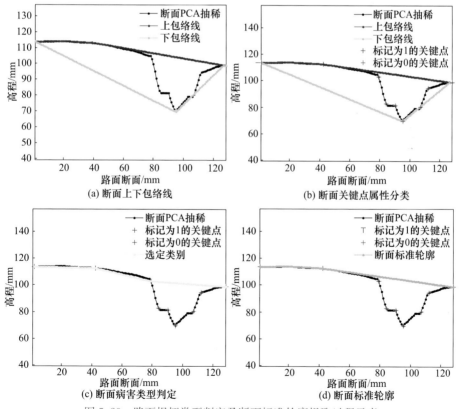

图 5.29　路面损坏类型判定及断面标准轮廓提取过程示意

　　断面经过处理之后可获取标准轮廓与原始数据深度差值,连续三维断面数据深度差值组成三维路面损坏深度图。损坏深度图中按照一定深度阈值获取变形病害特征点。变形病害定位方法依据变形具有区域聚集性,在深度图上体现为一定深度变化延续性,定位同类邻近损坏区域(合并邻近损坏区域,剔除离散小面积损坏区域)。病害定位完成后,获取病害位置、面积、深度分布及边缘等信息,依据损坏属性特征,将损坏数据进行分类。图 5.30(a)～(e)给出了变形病害定位及分类全过程。

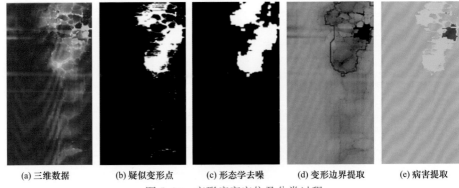

(a) 三维数据　　　(b) 疑似变形点　　　(c) 形态学去噪　　　(d) 变形边界提取　　　(e) 病害提取

图 5.30　变形病害定位及分类过程

5.3　路面平整度检测

　　路面平整度是道路表面相对于理想平面的竖直偏差,反映的是道路纵断面剖面曲线的平整性,是路面评价和施工验收的重要指标,直接反映了车辆行驶的舒适度、安全性和使用期限,采用国际平整度指数(IRI)评价。本节将介绍平整度测量原理及实现方法。

5.3.1　国际平整度指数

　　世界银行在 1986 年的报告[14]中,规定以 1/4 汽车模型在 80km/h 行驶时,行驶距离内悬挂系统的动态响应累积竖向位移量作为 IRI。IRI 是道路平整度的标准化度量,可以通过对悬挂系统直接测量,也可以提取道路纵断面高程值,并由此间接计算。

　　1/4 汽车模型指由固定的弹簧体质量与非弹簧体质量以及弹簧和阻尼组成车辆动态响应模型,如图 5.31 所示。簧上质量 M_b 由车身和弹簧体组成,其位移为 x_b,弹簧体刚性为 K_s,阻尼为 C;簧下质量 M_w 由车轮和制动器组成,其位移为 x_w,与之接触的路面高程为 x_r,非弹簧体(车轮)刚性为 K_t。

　　对悬挂系统直接测量 IRI 时,使用 2 个位移传感器和 2 个加速度传感器记录

1/4 汽车模型中弹簧体和非弹簧体在道路纵断面上位移量的速度及加速度记录为 4 个动态反应量:

$$\begin{cases} z'_1 = x_b \\ z'_2 = x'_b \\ z'_3 = x_w \\ z'_4 = x'w \end{cases}$$ (5.25)

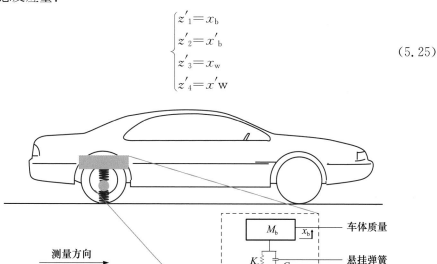

图 5.31　1/4 汽车模型

使用第一个 11m 处的平均坡度初始化变量:

$$\begin{cases} z_1' = z_3' = \dfrac{y_a - y_1}{11} \\ z_2' = z_4' = 0 \\ a = \dfrac{11}{dx} + 1 \end{cases}$$ (5.26)

式中, y_a 为轮廓的第 a 个高程点; y_1 为第 1 个点; dx 为采样间隔。

因此,对于 $dx=0.25m$ 的测量采样间隔,式(5.26)将使用第 45 个高程点与第一个高程点之间的差为计算 IRI 的初始斜率,然后针对每个高程点求解以下递归方程:

$$\begin{cases} z_1 = a_{11}z'_1 + a_{12}z'_2 + a_{13}z'_3 + a_{14}z'_4 + b_1 Y' \\ z_2 = a_{21}z'_1 + a_{22}z'_2 + a_{23}z'_3 + a_{24}z'_4 + b_2 Y' \\ z_3 = a_{31}z'_1 + a_{32}z'_2 + a_{33}z'_3 + a_{34}z'_4 + b_3 Y' \\ z_4 = a_{41}z'_1 + a_{42}z'_2 + a_{43}z'_3 + a_{44}z'_4 + b_4 Y' \end{cases}$$ (5.27)

式中,

$$Y' = \frac{Y_i - Y_{i-1}}{\mathrm{d}x}, \quad i = 2,3,\cdots,n \tag{5.28}$$

$$z'_j = z_j, \quad j = 1,4 \tag{5.29}$$

式中,n 为高程测量次数;z_j 为前一断面计算值。

矩阵 $\boldsymbol{S}$ 和 $\boldsymbol{P}$ 为模型参数,参数取值和剖面采样间距与模拟速度相关。当采样间距 0.25m,测量速度 80km/h 的条件下,$\boldsymbol{S}$ 和 $\boldsymbol{P}$ 为

$$\boldsymbol{S} = \begin{bmatrix} 0.9966071 & 0.01091514 & -0.002083274 & 0.0003190145 \\ -0.5563044 & 0.9438768 & -0.8324718 & 0.05064701 \\ 0.02153176 & 0.00212673 & 0.7508714 & 0.008221888 \\ 3.335013 & 0.3376467 & -39.12762 & 0.4347564 \end{bmatrix} \tag{5.30}$$

$$\boldsymbol{P} = \begin{bmatrix} 0.005476107 & 1.388776 & 0.2275968 & 35.79262 \end{bmatrix} \tag{5.31}$$

对于每个位置,计算后轮廓的校正斜率计算为

$$\mathrm{RS}_i = |\, z_3 - z_1\,| \tag{5.32}$$

IRI 统计量是测量长度上校正斜率的平均值。因此,在对所有轮廓点求解了上述方程后,IRI 的计算公式为

$$\mathrm{IRI} = \frac{1}{n-1} \sum_{i=2}^{n} \mathrm{RS}_i \tag{5.33}$$

式中,RS_i 为校正斜率;n 为高程测量次数。

因此,可以通过测量道路纵断面高程来计算 IRI。

5.3.2 平整度测量方法

IRI 测量需要测量道路纵断面高程。激光测距传感器和加速度计组成的惯性激光断面仪可以快速测量路面横断面,激光测距传感器和加速度计通常整体安装在刚性横梁或测量载车底盘上,如果安装在刚性横梁上,横梁可以安装在测量载车前保险杠或后保险杠上;如果安装在测量载车底盘上,则一般安装在后轮正前方。激光测距传感器测量传感器到地面的距离,加速度计测量车身的垂直动态响应,通过使用加速度计和激光测距传感器的测量值来计算,载车行进距离和速度通过 DMI 测量值计算,获取道路轮廓和相应的行进距离后就可以利用计算公式求解 IRI 值。ARAN 和 ARAB 产品的前置式断面仪如图 5.32 所示。

惯性补偿的激光平整度测量方法主要依靠激光测距传感器和加速度计补偿技术来实现对平整度的精确测量。激光测距传感器测量出测试道路纵断面上任意一点车体与地面的垂直距离(图 5.33(a)),此测量值是道路纵断面平整度信息(图 5.33(b))和车体颠簸(图 5.33(c))的综合。测量中还需要使用加速度计测量出车体颠簸的偏移量(图 5.33(d))。这样,对激光测距传感器值和加速度计的测量值进行有效融合,就可以得到国际平整度指数,如图 5.33 所示。

(a) ARAN　　　　　　　　　　　　　　　(b) ARAB

图 5.32　前置式断面仪

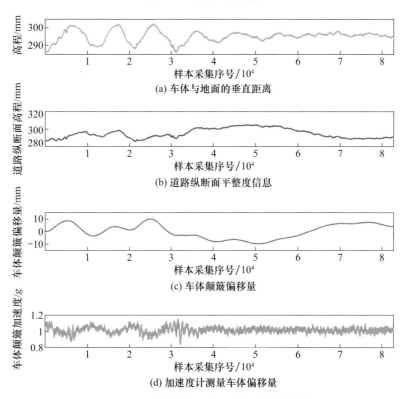

(a) 车体与地面的垂直距离

(b) 道路纵断面平整度信息

(c) 车体颠簸偏移量

(d) 加速度计测量车体偏移量

图 5.33　惯性补偿的激光平整度测量数据

对一段路面,连续采集同一道路纵断面不同测点的路面高程值 R_t,便可以累计计算得到此路面的平整度值。IRI 通常以 100m 为一次采样段,每 0.25m 为一个采样点。假设车速为 V,激光采样频率为 F。对每一个采样点的道路纵向高程 R_n,有

$$R_n = \frac{1}{m}\sum_{t=0}^{m} R_t, \quad n=0,1,\cdots,399 \tag{5.33}$$

式中，m 为此采样小段中采集的信号数，$m=0.25F/V$。

对得到的路面不平度阵列 $\{R_0,R_1,R_2,\cdots,R_{399}\}$ 进行差量累加分析，即可得到 IRI。

5.3.3　平整度数据处理

1. IRI 计算

在获取道路纵断面高程情况下，可直接利用公式计算 IRI。由激光测距传感器和加速度计组成的惯性激光断面测量仪中，激光测距传感器测量值含路面高程和车体颠簸信息，将车体颠簸偏移量从激光测距传感器测量值中移除，即可得到道路纵断面高程。

车体上下颠簸的加速度通过加速度计测量，对加速度二次积分得到车体颠簸偏移量。假设 t_1 时刻车体颠簸速度为 $v(t_1)$，加速度为 $a(t_1)$，偏移量为 $s(t_1)$，则在 t' 时刻的速度 $v(t')$ 为

$$v(t')=v(t_1)+\int_{t_1}^{t'}a(t)\mathrm{d}t \tag{5.34}$$

在 t_2 时刻的车体颠簸偏移量为

$$s(t_2)=s(t_1)+\int_{t_1}^{t_2}v(t)\mathrm{d}t \tag{5.35}$$

加速度计在工作中按固定采集频率采集数据，即加速度计测量值为离散数据，式(5.34)和式(5.35)为连续时间情况下的计算公式，在实际数据处理中计算公式为

$$a(n)=A(n)-g \tag{5.36}$$

$$v(n+1)=v(n)+a(n)\Delta t \tag{5.37}$$

$$s(n+1)=s(n)+v(n)\Delta t \tag{5.38}$$

式中，n 为样本采集序号；A 为加速度计第 n 次采集的样本值；g 为本地重力加速度；Δt 为相邻两个样本采样的时间间隔。

在给定初始速度 $v(0)$、偏移量 $s(0)$ 和本地重力加速度 g 的情况下，可通过加速度计测量值计算任意时刻的车体颠簸偏移量。

在加速度惯性补偿中，随着时间的延长，容易产生较大的累积误差，同时由于平整度测量具有分段和动态特点，在计算平整度过程中，按区间段确定初始速度 $v(0)$、偏移量 $s(0)$ 和测量区间重力加速度 g。平整度测量是一个相对的测量，因此可假设初始偏移量 $s(0)=0$。

假设在平整度测量区间段内车体颠簸累积偏移量为 B(式(5.39))，则 B 与初始速度 $v(0)$ 和测量区间重力加速度 g 有关。如果 $v(0)$ 或 g 设置的初值与真值存在差异，将导致车体颠簸累积偏移量 B 偏大，因此，将 $v(0)$ 和 g 作为未知参数，以最小化累积偏移量 B 为目标(式(5.40))所示，利用优化算法求解参数 $v(0)$ 和 g。

$$B = \sum_{n=0}^{N-1} | s(n+1) - s(n) | \qquad (5.39)$$

$$\min(B) = \min\left\{\sum_{n=0}^{N-1} | s(n+1) - s(n) |\right\} \qquad (5.40)$$

将激光测距传感器测量值与车体颠簸偏移量作差,得到道路纵断面高程,再结合式(5.21)~式(5.26),直接计算 IRI。

2. MPD 计算

测量的平整度数据还可以用于路面构造深度计算,路面构造深度是规定区域内道路表面开口空隙的深度,又称宏观纹理深度,以毫米为单位,用于评定路面的宏观粗糙度、排水性能及抗滑性。工程上常用已知体积的砂摊铺在所要测试路面测点上,量取摊平覆盖的面积,砂的体积与所覆盖平均面积的比值即为平均构造深度(mean texture depth,MTD),测试结果受人为影响因素较大,效率较低,稳定性和可重复性较差。

MTD 通过测量面状轮廓数据计算指标,可以理解为测量多个断面拼接得到的结果。因此,通过测量道路纵断面,计算 MPD 就可以测量 MTD,即为激光构造深度测量方法,如图 5.34 所示。

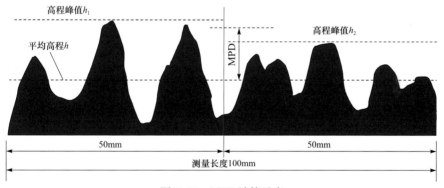

图 5.34 MPD 计算示意

MTD 通过测量面状轮廓数据计算指标,可以理解为测量多个断面拼接得到的结果。激光构造深度测量方法通过测量道路纵断面,计算平均断面深度来获得MTD,如图 5.34 所示。MPD 的计算公式为

$$\mathrm{MPD} = \frac{h_1 + h_2}{2} - h \qquad (5.41)$$

路面构造深度也可以用传感器测量的构造深度 SMTD 计算,计算方法参考《公路路面技术状况自动化检测规程》(JTG/T E61—2014)[14]。

利用 10m 构造深度值,可以计算路面磨耗率(WR)和路面磨耗指数。路面磨

耗率是行车道左轮迹带构造深度 MPD_l、右轮迹带构造深度 MPD_r 和车道中线构造深度 MPD_c 最大差值的函数,用于描述道路表面磨损状况。路面构造深度的基准值为无磨损的车道中线路面构造深度检测数据。

$$WR = 100 - \frac{\min\{MPD_l, MPD_r\}}{MPD_c} \tag{5.42}$$

5.3.4 试验分析

1. IRI 试验分析

平整度试验路段可选择标准试验路法和路段测试法。标准试验路法选择一段直线路段作为测试路段,在测试路段的不同位置布置不同厚度、不同数量的试验组块,试验组块在道路横断面上的布置方式如图 5.35 所示。路段测试法是在实际运营道路上选择四段不同平整度水平的路段,IRI 分布范围分别为 $0\sim2m/km$、$2\sim3m/km$、$3\sim4m/km$ 和大于 $4m/km$。

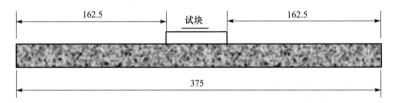

图 5.35　试验组块道路横断面布置方式示意图(单位:mm)

在试验中采用标准试验路法和路段测试法两种方法,试验中对每条测试路段均采用多种速度测量,且在匀速情况下进行重复测量,试验结果如图 5.36 和表 5.4 所示,其中人工测量值采用精密水准仪测量试验路段中各测点的相对高程,具体的测量方法见《车载式路面激光平整度仪》(JJG(交通) 075—2010)[15]。

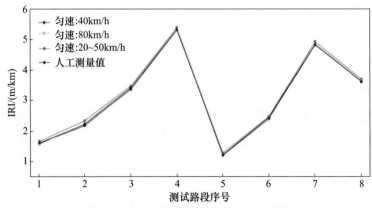

图 5.36　不同速度下的平整度试验结果

表 5.4　平整度试验结果

序号	试验方法	人工测量值 /(m/km)	速度 40km/h 时的 IRI/(m/km)			速度 80km/h 时的 IRI/(m/km)			重复性
			第 1 次	第 2 次	第 3 次	第 1 次	第 2 次	第 3 次	
1		1.6	1.54	1.52	1.68	1.56	1.47	1.62	0.952
2	标准试验路法	2.2	2.24	2.15	2.09	2.31	2.26	2.13	0.961
3		3.4	3.25	3.45	3.36	3.48	3.27	3.51	0.967
4		5.3	5.23	5.21	5.42	5.35	5.3	5.36	0.985
5		1.2	1.15	1.23	1.26	1.19	1.12	1.22	0.956
6	路段测试法	2.4	2.55	2.34	2.42	2.38	2.32	2.41	0.966
7		4.8	4.73	4.81	4.94	4.95	4.66	4.86	0.976
8		3.6	3.62	3.71	3.52	3.58	3.69	3.55	0.979
相关性	—	1	0.998	0.999	0.99	0.999	0.99	0.999	—

由图 5.36 和表 5.4 可以看出,在不同测量速度下(含变速情况),IRI 测量结果的重复性和相关性均大于 0.95,即测量结果稳定、可靠,满足正常交通时速环境下的检测要求。

2. 构造深度试验分析

试验中选择多条平直路段作为测试路段,每条测试路段选择 5 个测点(测点间隔 20m),对每个测点采用铺砂法获取人工测量值。测试中对每条测试路段均采用多种速度重复测量多次,测试结果如图 5.37 和表 5.5 所示。

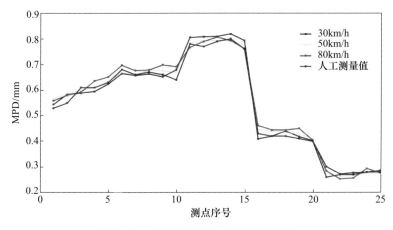

图 5.37　不同速度下的 MPD 试验结果

表 5.5　构造深度试验结果

序号	人工测量值/mm	MPD/mm					重复性
		第1次	第2次	第3次	第4次	第5次	
1	0.53	0.557	0.600	0.569	0.544	0.559	0.963
2	0.55	0.574	0.616	0.583	0.584	0.580	0.972
3	0.61	0.589	0.633	0.599	0.589	0.592	0.969
4	0.68	0.651	0.693	0.655	0.645	0.696	0.963
5	0.66	0.661	0.665	0.648	0.637	0.686	0.972
6	0.67	0.666	0.709	0.674	0.663	0.678	0.973
7	0.78	0.784	0.773	0.788	0.805	0.767	0.981
8	0.77	0.789	0.777	0.791	0.808	0.790	0.986
9	0.79	0.788	0.776	0.790	0.810	0.807	0.982
10	0.43	0.438	0.474	0.444	0.409	0.462	0.944
11	0.42	0.428	0.461	0.441	0.420	0.445	0.964
12	0.42	0.419	0.445	0.429	0.440	0.445	0.974
13	0.26	0.256	0.262	0.269	0.301	0.284	0.933
14	0.27	0.260	0.259	0.271	0.273	0.254	0.968
15	0.27	0.264	0.258	0.273	0.277	0.257	0.966
相关性	1	0.997	0.989	0.996	0.992	0.995	—

图 5.37 中测点的值为对应速度的测量均值,表 5.5 为速度 50km/h 情况下各测点的多次测量结果。由图 5.37 和表 5.5 可以看出,在不同测量速度条件下,MPD 测量结果的重复性大于 0.95,测量值与人工测量值的相关性大于 0.98,即测量结果稳定、可靠,满足正常交通时速环境下的检测要求。

5.4　路面车辙检测

车辙是沥青路面主要的损坏类型之一,重载车辆通行、渠化交通以及沥青混合料设计施工不合理等因素是形成车辙的主要原因,车辙严重影响沥青路面服务质量及行车安全,直接影响路面的使用寿命,导致维护成本的增加。车辙检测是道路检测的核心工作,本节将介绍车辙测量原理以及实现方法。

5.4.1　车辙测量方法

路面车辙按照不同的形状可以分为七种车辙模型,如图 5.38 所示。

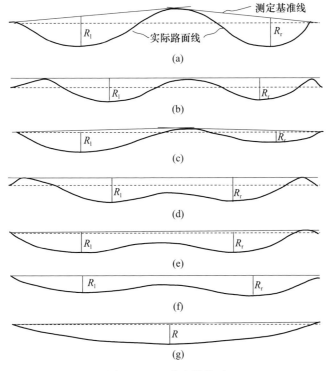

图 5.38　七种车辙模型

设 R_l、R_r 分别为左右轮迹带车辙最大值,则车辙深度为

$$R_d = \max\{R_l, R_r\} \tag{5.43}$$

根据车辙定义,车辙测量是通过测量道路横断面结合车辙模型计算得到,线结构激光测量是当前高精度全断面测量的主要方式。线结构光测量采用面阵 CCD 相机和线激光器组成测量单元,激光器与地面成一定夹角投射激光线到地面,相机与激光器成一定夹角获取地面激光线的图像,如图 5.39 所示,X 为横断面方向,Y 为行车方向。如果地面有车辙,激光线在图像中由于地面车辙而成像曲线,从图像中提取出曲线,得到在图像上曲线的行列 (x, y) 信息,Y 方向为变形高度像方值,x 为变形位置,像方坐标 y 可通过像方到物方转换得到路面变形值。

路面车辙测量必须覆盖路面幅宽 3.5m 以上,采用一台相机和一个激光器测量整个断面是理想测量方式,以选用 $60°$ 视角、4096 分辨率相机计算可知,激光器到被测路面距离 3.5m 以上,会影响行车安全,实际测量中均采用左右轮迹带分开测量方法,5.2 节介绍的路面线扫描三维测量技术能满足车辙测量要求。

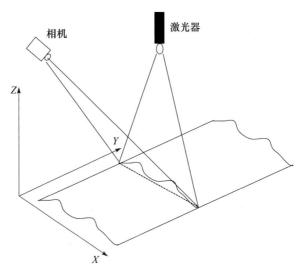

图 5.39 线结构激光测量方法

5.4.2 车辙深度计算

1. 三维断面处理

车辆在行驶过程中会产生多自由度的姿态变化,造成数据采集相机也随之左右旋转和上下移动。物理结构加强可以减少两台相机相对位移,但无法完全消除影响,特别是左右旋转带来的误差无法消除,表现在断面数据上就是曲线整体向一个方向倾斜,两条曲线在垂直方向有相对位移。如图 5.40 所示,图中不同颜色的数据为左侧断面数据和右侧断面数据,方框内为两段数据的重叠部分。

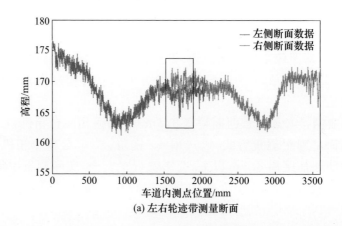

(a) 左右轮迹带测量断面

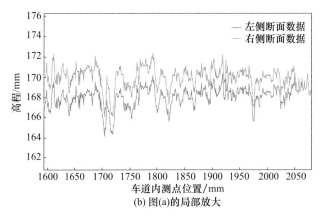

(b) 图(a)的局部放大

图 5.40　左右轮迹带测量断面

　　车体摇晃引起的左右旋转导致曲线整体向某一个方向倾斜,需要将曲线整体进行线性变换,变换到以理想道路平面为参考的平面上。在进行旋转变换前,先采用移动平均方法对曲线进行滤波处理,再剔除滤波后数据可能存在的异常值(如路面反光引起的异常值)。根据 3σ 准则,在处理数据时以两倍标准差剔除可能的异常值,处理后的数据采用最小二乘拟合一条直线 $y=kx+b$,曲线上所有点参照拟合的直线进行 $y_i-(kx_i+b)$ 变换。旋转后两曲线在垂直方向上的位移根据中间重合的部分求取平均值进行平移,如图 5.41 所示。对预处理完成后的数据进行下一步车辙计算。

2. 车辙深度计算方法

1) 车辙模型匹配

　　车辙模型共分为七种标准模型,七种模型可以简化为 W 和 U 两种模型,W 模型又可分为凸凹两大类。对于凹 W 型和 U 型需要通过参数界定,如定义为 W 中间最高点与最低点的差为某个常数,大于这个常数为 W 型,否则为 U 型。

　　模型匹配算法基于变换后的断面数据(剔除标线及车道外数据)。车辙分布在车道路面的 $500\sim3000\mathrm{mm}$ 范围。据此,图 5.42中 ab 为可能的有效车辙范围,在 ab 范围内确定最高点 c,然后左右方向各确定最低点 d、e,以 d、e 为参考,向左确定 f,向右确定 g,连接这 fg 两个最高点为参考基准线,对于断面数据中大于基准线端点最小值的所有点 p_i,利用向量叉乘右手法则,逐一计算向量 $\boldsymbol{fg}$ 与向量 $\boldsymbol{fp_i}$ 的关系,分别表示为 $f(x_0,y_0)$、$g(x_1,y_1)$、$p_i(x_i,y_i)$,则有

$$\begin{cases} d_1=(x_1-x_0)(y_i-y_0) \\ d_2=(x_i-x_0)(y_1-y_0) \end{cases}$$

(5.44)

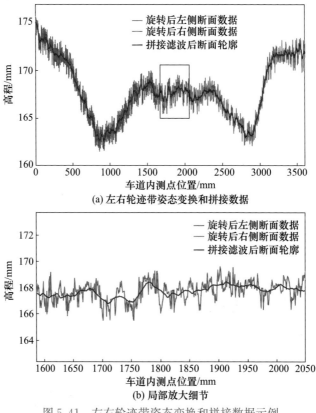

(a) 左右轮迹带姿态变换和拼接数据

(b) 局部放大细节

图 5.41　左右轮迹带姿态变换和拼接数据示例

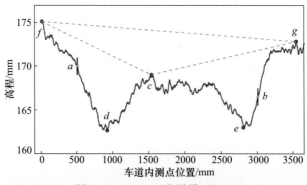

图 5.42　凹 W 型车辙模型匹配

若 $d_1 > d_2$，则 $\boldsymbol{fg}$ 在 $\boldsymbol{fp_i}$ 顺时针方向；若 $d_2 > d_1$，则 $\boldsymbol{fg}$ 在 $\boldsymbol{fp_i}$ 逆时针方向；否则，两向量重合。若有断面点满足重合或在逆时针方向，则模型为 W 型，否则参数判断其实际模型（如图 5.42 的 c 点）为凹 W 型。

2）车辙深度计算

完成模型匹配后，可以求取三个最高特征点（f、c 和 g 点），如图 5.42 所示，作为参考线经过点。模型为 W 型时,利用三个高点建立两个直线(fc 和 gc)方程在 fc 和 gc 段分别计算所属点到直线 fc 和 gc 的垂线距离,即 $h_{ai}=kx+b-y_i$ 和 $h_{bi}=kx+b-y_i$ 则有

$$\begin{cases} R_{ap}=\max\{h_{a1},h_{a2},h_{a3},\cdots,h_{an}\} \\ R_{bp}=\max\{h_{b1},h_{b2},h_{b3},\cdots,h_{bn}\} \end{cases} \tag{5.45}$$

下面示例为凹 W 型车辙,根据图 5.38 所示车辙模型和计算方法,车辙深度为计算 d、e 到直线 fg 的距离最大值,如图 5.43 所示。

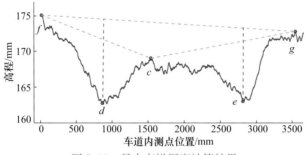

图 5.43　最大车辙深度计算结果

根据式(5.45),最大车辙为 $R=\max\{R_{ap},R_{bp}\}$。模型为 U 型时,只需要一条参考线,计算方法与 W 型一致。需要注意的是,最大车辙深度处不一定在三维断面曲线的最低点。

5.4.3　试验分析

试验采用标准量块测量和实测路段测量两种方法进行,标准量块为 50cm×60cm 长方形试块,高度在 10~60mm。选择一段直线路段为测试路段,行车方向每间隔 10m 在道路横断面左、中、右各摆放一个任意高度量块形成车辙模型,共摆放 10 组,量块横向间距 1m,整体覆盖道路宽度 3.8m。

试验采用 4m 直尺实测人工测量值作为标准参考。按照 30km/h、50km/h 重复测量 3 次,以 1m 间隔输出一个测量值,测量数据如表 5.6 所示。

表 5.6　车辙试验结果

序号	人工测量值 /mm	速度 30km/h 时的车辙深度/mm			速度 50km/h 时的车辙深度/mm			重复性
		第 1 次	第 2 次	第 3 次	第 1 次	第 2 次	第 3 次	
1	13	13.5	13.8	13.4	13.7	13.9	12.6	0.97
2	27	28.0	27.2	28.2	27.9	27.9	28.7	0.98
3	37	36.5	36.3	37.7	36.6	36.2	36.6	0.99
4	57	56.3	56.0	57.3	56.0	56.9	56.7	0.99
相关性	1.0000	0.9996	0.9999	0.9998	0.9998	0.9994	0.9985	—

利用三维扫描断面进行车辙测量以 1～3mm 为间距采样,高精度的车辙模型可以支持车辙损坏体积的高精度计算,为精细化养护和定量分析提供依据。

5.5　RTM 系列道路智能检测装备及应用

5.5.1　装备组成

1. RTM 系列装备概述

道路智能检测装备在公路交通领域得到广泛应用。国内以武汉武大卓越科技有限责任公司研制的 RTM 系列道路智能检测装备为典型代表,装备采用二、三维融合的技术方法,不同型号系列装备可在各等级公路、市政道路以及机场等多种场景应用,如图 5.44 所示。

二维高速公路检测装备

二维等级公路检测装备

三维道路检测装备

出口加拿大的三维检测装备

图 5.44　RTM 系列道路智能检测装备

2. 总体结构

RTM 全系列道路智能检测装备提供路面破损、车辙、平整度、构造深度以及沿线设施等指标检测功能,本节将以 RTM 系列装备为例介绍道路智能检测装备组成及功能。装备由载车、供电、控制、指标测量等组成,如图 5.45 所示。

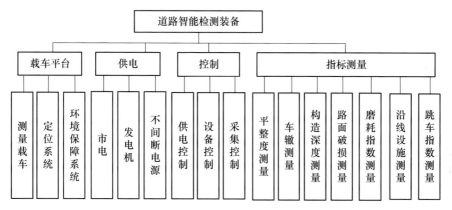

图 5.45　RTM 道路智能检测装备组成

道路智能检测装备一般以中型客(货)车为测量载车,根据测量需求进行定制改装,供电、控制以及存储系统安装在车内,指标测量系统安装在车身外不同位置。路面破损测量系统安装在载车后方顶部,离地面 2150mm 高,采用双三维传感器;平整度和构造深度共用测量单元,安装在两个后轮正前方,测量左右轮迹带纵断面计算平整度和构造深度,也可采用横梁方式安装在载车前后办保险杠上,在横梁左、中、右安装多个测量单元,这种模式可以实现平整度、构造深度、磨耗指数和跳车指数的一体化测量;沿线设施测量系统安装在车顶上部,利用左右相机形成双目测量系统测量沿线设施。道路智能检测装备如图 5.46 所示。

图 5.46　道路智能检测装备

道路智能检测装备利用同步控制器同步所有传感器,同步控制器利用输入的

GNSS 和 DMI 计算里程信息,换算成线性坐标,结合 GNSS 进行空间基准建立,利用高精度时钟电路建立时间基准,利用统一的时间和空间基准建立所有数据关联关系,即保证所有传感器能独立工作,但传感器数据都能映射到同一时刻和同一位置。采集的数据按照特定格式存储在车载服务器中。

3. 核心传感器

道路智能检测装备使用的传感器包括:线扫描三维测量传感器、激光测距传感器、线扫描 CCD 相机、加速度计、面阵 CCD 相机、GNSS 和光电编码器等。线扫描三维测量传感器测量路面三维断面建立三维路面图像,实现路面破损、车辙和变形病害检测;线阵 CCD 相机与线激光器结合组成二维路面图像获取单元;激光测距传感器与加速度计组合测量道路纵断面,实现路面平整度、磨耗、跳车、构造深度等指标测量;两台面阵彩色相机组成相机对,实现道路沿线设施状况调查;GNSS 与光电编码器组成定位系统,提供高精度空间定位。主要测量传感器参数如表 5.7所示。

表 5.7　主要测量传感器参数

传感器	指标名称	指标	指标名称	指标
线扫描三维测量传感器	断面分辨率	2048	测量范围	≥300mm
	扫描频率	10~28kHz	高程精度	0.35mm
	工作距离	≥2000mm	激光波长	808nm
加速度计	测量范围	-5g~5g	响应频率	0~600Hz
激光测距传感器	测量范围	200mm	响应频率	20kHz
	分辨率	0.05mm		
线阵 CCD 相机	波长	(808±5)nm	出光功率	(5.5±0.3)W
	出光角度	50°~51°	功率密度误差	≤25%
	线宽	(8±1)nm		
面阵 CCD 相机	分辨率	2560×2048	像元尺寸	5μm
	帧率	22fps	动态范围	55
	曝光模式	时间、脉冲宽度以及自动曝光		

4. 装备组成

1) 载车平台

道路智能检测装备采用中小型客(货)车为载车平台,同步控制、电源管理、服务器等控制设备安装在车内标准机柜中,测量传感器通过结构件安装在车身外部不同位置,在车轮上安装光电编码器提供运行里程信息,与 GNSS 融合输入同步控制器产生时间和空间基准,为测量数据提供数据融合条件。

2) 供电

采用综合电源为整个测量系统提供可靠稳定的电能来源,综合电源能接受市电、发电机和不间断电源三个供电方式。综合电源的输出分为直流部分和交流部分,分别输出到对应的分线盒给不同设备供电。综合电源监测整个电力系统的运行状况,将相关参数发送给控制器,在电力系统出现异常时切断电力系统并报警,完成电能的选择、转化、分配。

综合电源完成电压的转换和电源保护,它的输入是市电或者发电机,输出是直流 12V、24V 和交流 220V。直流分线盒将直流 12V 和 24V 分接成多路直流电压输出,供车上的直流设备使用。交流分线盒将交流 220V 分接成多路交流电压输出,供车上的交流设备使用。

3) 控制

控制主要包括设备控制、供电控制和采集控制三部分。设备控制和供电控制为硬件级控制,由同步控制器进行统一控制;采集控制为软件控制,设备启动后,所有设备都处于采集状态,只是需要控制命令控制采集的数据是否保存。所有控制设备都安装在车内工作台,硬件级的控制采用按钮方式实现,软件级的控制使用计算机安装的主控软件收发控制指令。

4) 路面三维测量

基于三维测量技术可以实现路面破损和车辙测量,基于对数据的分析和理解,未来可以实现路面纹理、磨耗、跳车等多指标测量。路面破损通过线扫描三维测量方法实现,同步控制器以 1mm 间距触发传感器连续测量,传感器控制器直接存储测量数据,通过网络通信上传到上位机,并基于三维数据实现车辙深度实时计算。

5) 道路纵断面测量

路面平整度、磨耗、构造深度、跳车采用统一的纵断面测量技术路线,利用激光测距传感器和加速度计测量道路纵断面。平整度测量左右轮迹带纵断面,磨耗测量左中右三个纵断面,跳车指数采用一个纵断面测量。激光测距传感器以内触发模式自主工作,同步控制器以 5mm 间隔采集激光测距传感器和加速度计数据,建立测量的时间和空间基准,以 100m 为单位存储数据,计算指标。

6) 测量数据采集与管理

原始测量数据采用文件方法保存,存在机柜中的数据服务器中,三维数据同时也会保存于三维控制器中。需要采集的数据包括由 DMI 和 GNSS 采集的定位数据,加速度计和激光测距传感器的道路纵断面数据,线扫描三维测量传感器的路面三维数据,以及环境温度等辅助数据。

5.5.2　装备标定

　　道路智能检测装备平整度、车辙、损坏等指标测量单元都需要进行对应的标定才能使用,不同测量单元标定的意义不完全一样。平整度测量采用激光测距传感器结合加速度传感器进行测量,传感器出厂时已经做过标定,测量单元主要标定指按照 5.3 节所述方法计算的平整度值和人工测量值的关系,验证其测量重复性和相关性,一般采用线性拟合方法求取人工测量值与计算值的相关性,在此不进行阐述。车辙采用线结构激光测量方法进行测量,其标定主要针对线扫描三维测量传感器进行。

　　线扫描三维测量利用线结构激光测量原理,激光器垂直投射激光线到被测物表面。如图 5.47 所示,相机从一侧成角度观察,传感器输出测量激光线在图像中的位置(x,y),X 方向为沿激光线方向,Y 方向为高程方向,图像中的高程并不是被测物的物方实际高程,但和被测物高程有相关关系,为了确定这种相关关系,需要对这种相关关系进行标定,通过标定出的关系,实现测量高程像方到物方的转换。

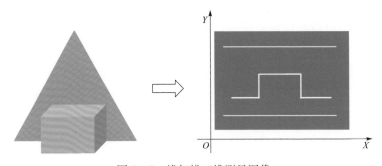

图 5.47　线扫描三维测量图像

　　从图 5.47 已知,线扫描测量激光线会成像在图像上的一定范围,这个范围定义为测量量程(黄线所示),即如果被测物变形成像超过这个范围将无法测量。根据《公路路基路面现场测试规程》(JTG 3450—2019)[2]规定,路面检测测量量程不超过 300mm,即标定范围不小于 300mm。以图像 1 像素代表物方 6.4mm 计算,需要标定图像中至少 47 行像素。

　　路面大的变形病害主要为沉陷、坑槽和拥包,尤其以沉陷和坑槽为主,都是典型的向下变形病害,完整测量这类病害并考虑测量行驶中车辆颠簸的影响,标定中心线应该在标定范围中心偏上,即扩大地面下的测量范围。

　　标定是为了确定图像上某像素点 $p(x,y)$ 处 y 对应的物方高程值 h,测量相机支持对像素进行亚像素化,以 C4 行分辨率 2048 相机为例,可以实现 1/64 亚像素,即在 y 方向需要标定的实际行数为 64×47 行,标定后形成 2048 行,64×47 列的标定表,像物转换时直接查表计算,标定原理如图 5.48 所示。

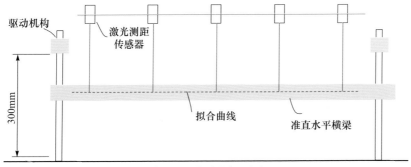

图 5.48　标定原理示意

标定系统由高精度激光测距传感器(精度 0.05mm,频率 16kHz)、驱动机构、准直横梁,以及控制和采集部分组成,驱动机构采用步进电机以控制运动速度,激光测距传感器测量多个到准直横梁的距离。标定前先调平传感器和准直横梁,确定标定 0 点位置。标定共分为四个步骤:

(1)左右电机同步匀速运动,激光测距传感器测量 1/16000s 时间间隔的移动距离,以多个测量点拟合曲线,与相机返回断面运算后,计算每个像素点对应的高度值,计入对应的临时标定表的对应位置。

(2)上位机算法拟合曲线评估标定结果,如果拟合结果与已经记录曲线结果误差过大,则记录位置,通过后续重复运动修正。

(3)调整电机相对位置,使得水平横梁产生一定角度,然后做匀速运动重复步骤(2)重新标定。

(4)若 95% 以上像素点都获取了至少 5 组有效值则停止标定,依据多组值标定值计算每个像素的标定结果作为像素对应的高程值,并记录到最终标定表中。

图 5.49 为不同高度情况下对应的像方和物方数据示例。测量计算时像方转物方通过直接查询标定表实现。上述标定方法标定了高程方向像方与物方关系,水平方向标定可采用相似方法进行标定。

5.5.3　系统软件

道路智能检测装备对应的软件主要包括数据采集软件和数据处理软件。

1. 数据采集软件

路面检测采集的数据包括定位数据、三维数据、二维 CCD 相机数据、激光测距传感器数据以及加速度数据等。同步控制器采集 GNSS、DMI 数据,经过处理输出同步信号和触发信号,触发信号触发传感器工作,通过信号与传感器数据融合生成具有统一时空基准的测量数据。激光测距传感器和加速度计输出是模拟信号,利用模拟信号卡采集,支持同时采集8路信号,采集时同步采集同步信号;CCD相机利用数字信号卡或通过RJ45网口直接采集,采集时同步采集同步信号;三维数据利用三维控制器采集,采集时同步采集同步信号。各采集程序通过对应的端口号接收数据。

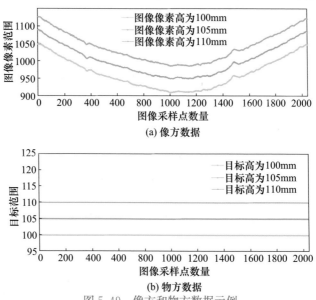

图5.49　像方和物方数据示例

采集软件分为主控软件和采集程序两部分。主控软件执行向采集程序发送启动、停止等控制指令,设置采集必需的参数。采集软件以 Windows 服务方式随计算机启动而自动启动,启动后读取配置文件获取对应端口并打开,通过监听端口接收测量数据,根据接收的数据类型调用不同处理程序进行数据处理和存储。

主控软件提供人机交互界面,将执行指令发送给采集程序,界面如图5.50所示。界面上显示行驶速度、行驶里程、传感器数据、同步数据与存储数据;车辙、平整度、构造深度等实时计算值也在界面中显示。

主控软件主要功能包括初始化、新建工程、启动工程和停止工程。

(1) 初始化。初始化传感器设备,准备接收控制指令进行数据采集。

(2) 新建工程。录入基本信息,如工程名、路线名、上下行、车道数、路面材质、采集时间、采集人员等,建立数据存储目录。

(3) 启动工程。开启数据保存、处理、采集,向硬件发送开始指令。

(4) 停止工程。停止数据保存、处理、采集,向硬件发送停止指令。

采集软件启动后读取配置文件获取系统参数并初始化采集服务,等待主控系统指令,根据指令执行不同的处理程序。

不同传感器对应不同的数据采集程序,数据存在相应目录。对于车辙、平整度、构造深度、跳车以及磨耗等指标,采集时调用计算程序实时计算指标。

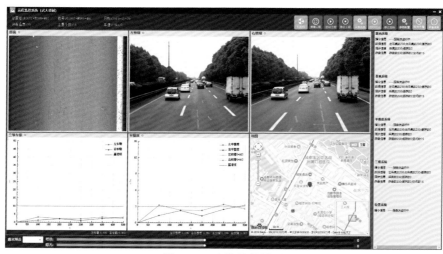

图 5.50　主控软件界面

2. 数据处理软件

　　路面智能检测装备采集的数据类型多,专业数据处理软件提供对路面病害自动处理结果核查和人机交互处理,根据规范或用户定义进行路面技术状况指标计算和报表输出,下面对处理软件的典型功能做简单介绍。数据处理软件主界面如图 5.51所示。

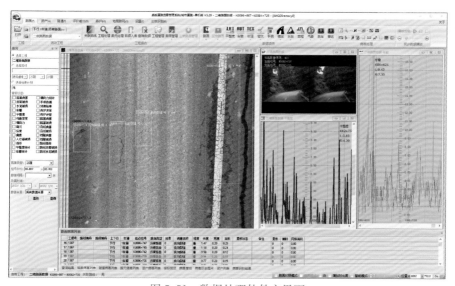

图 5.51　数据处理软件主界面

　　路面数据有二维图像和三维点云两类,三维点云裂缝采用全自动化处理。在此仅仅介绍二维图像病害处理。由于环境等多因素影响,基于图像的自动识别可能存在漏检或虚检的现象,自动识别后,还需要通过软件采用人机交互方法进行核查,也可以完全通过人机交互裂缝识别。人机交互处理采用拉框框选方式标记裂缝,如图 5.52 所示。

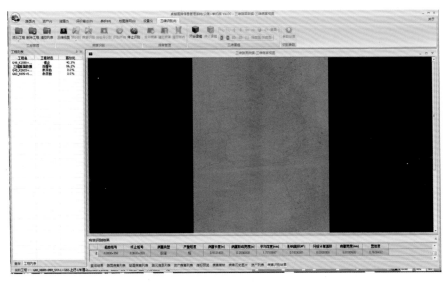

图 5.52　三维路面裂缝自动识别

如果自动识别已经正确检测病害,可以双击病害编辑病害属性;如果交互式确认病害,则利用鼠标用矩形框框选病害的外接矩形确认病害,在界面中输入病害对应的属性信息,包括类型、长度、宽度、程度等,系统结合检测的同步信息自动记录到数据文件,可以进行查询、修改等,如图 5.53 所示。

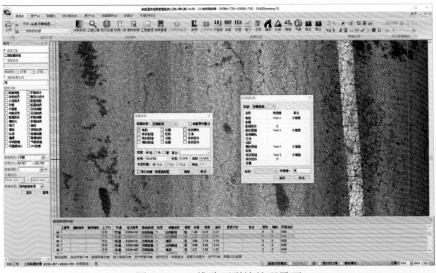

图 5.53　二维路面裂缝处理界面

病害数据处理结果可按要求输出病害报表,如表 5.8 所示。

表 5.8　沥青路面损坏调查表

路线名称				丁兰路					调查方向		上行	
调查时间				2019/4/16 9:54:32					调查人员		武大卓越	
调查内容	程度	权重 W_i	单位	起点桩号		K0+000			终点桩号	K1+000		累计损坏
				路段长度		1000.000000			路面宽度	3.750000		
				1	2	3	4	5	6	7	8	9	10

调查内容	程度	权重 W_i	单位	1	2	3	4	5	6	7	8	9	10	累计损坏
龟裂	轻	0.6	m²	0.00	0.00	0.00	0.00	0.00	0.00	0.00	0.00	0.00	0.00	0.00
	中	0.8		0.00	0.00	0.00	0.00	0.00	0.00	0.00	0.00	0.00	0.00	0.00
	重	1.0		0.00	0.00	0.00	0.00	0.00	0.00	0.00	0.00	0.00	0.00	0.00
块状裂缝	轻	0.6	m²	0.00	0.00	0.00	0.00	0.00	0.00	0.00	0.00	0.00	0.00	0.00
	重	0.8		0.00	0.00	0.00	0.00	0.00	0.00	0.00	0.00	0.00	0.00	0.00
纵向裂缝	轻	0.6	m	0.00	0.00	0.00	10.05	0.00	0.00	0.00	0.00	0.00	0.00	10.05
	重	1.0		0.00	0.00	0.00	0.00	0.00	0.00	0.00	0.00	0.00	0.00	0.00
横向裂缝	轻	0.6	m	0.00	0.85	0.00	0.00	0.00	0.00	0.00	0.80	2.65	0.00	4.30
	重	1.0		0.00	0.00	0.00	0.00	0.00	0.00	0.00	0.00	2.45	0.00	2.45
坑槽	轻	0.8	m²	0.00	0.00	0.00	0.00	0.00	0.00	0.00	0.00	0.00	0.00	0.00
	重	1.0		0.00	0.00	0.00	0.00	0.00	0.00	0.00	0.00	0.00	0.00	0.00
松散	轻	0.6	m²	0.00	0.00	0.00	0.00	0.00	0.00	0.00	0.00	0.00	0.00	0.00
	重	1.0		0.00	0.00	0.00	0.00	0.00	0.00	0.00	0.00	0.00	0.00	0.00
沉陷	轻	0.6	m²	0.00	0.00	0.00	0.00	0.00	0.00	0.00	0.00	0.00	0.00	0.00
	重	1.0		0.00	0.00	0.00	0.00	0.00	0.00	0.00	0.00	0.00	0.00	0.00
车辙	轻	0.6	m	4.11	15.42	16.44	21.57	16.49	9.26	18.50	4.11	20.56	18.52	144.98
	重	1.0		0.00	0.00	3.08	6.16	2.06	1.02	1.03		2.45	2.68	18.48
波浪拥包	轻	0.6	m²	0.00	0.00	0.00	0.00	0.00	0.00	0.00	0.00	0.00	0.00	0.00
	重	1.0		0.00	0.00	0.00	0.00	0.00	0.00	0.00	0.00	0.00	0.00	0.00
泛油		0.2	m²	0.00	0.00	0.00	0.00	0.00	0.00	0.00	0.00	0.00	0.00	0.00
块状修补		0.1	m²	0.00	0.00	0.00	2.12	1.29	0.63	0.00	0.52	0.00	0.00	4.56
条状修补		0.2	m	0.00	0.00	0.00	0.00	0.00	0.00	0.00	0.00	0.00	0.00	0.00
评定结果:		DR		0.07				PCI			94.95			

车辙和平整度数据在检测过程中实时计算,计算依据设定参数进行,处理软件提供了重新计算指标的功能。以平整度为例,一般计算 100m 间隔的 IRI。实际应用中,会需要不同距离的 IRI,如 10m、20m、50m、1000m 等。平整度计算界面如图 5.54 所示。

指标计算结果可以为数字或可视化方式表达,可视化方式能更加直观地反映应车辙、平整度、构造深度等状况,如图 5.55 所示,左边为平整度、中间为车辙、右边为纹理。X 轴为里程,Y 轴为指标测值。

图 5.54　平整度计算界面

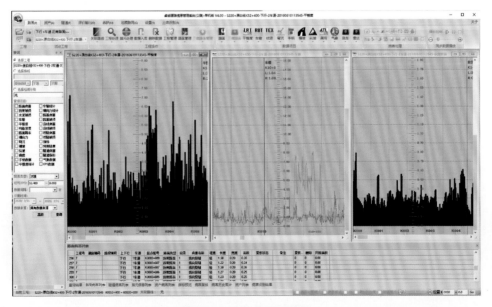

图 5.55　指标曲线图界面

5.5.4　装备检定及应用

1. 装备检定

道路智能检测装备是一种道路评定计量仪器类装备《公路路基路面现场测试规程》(JTG 3450—2019)[2]对每项指标都制定了独立的检定方法和标准,包括路面损坏、路面平整度、路面车辙、路面构造深度等。道路智能检测装备每年必须进行一次检定,检定现场如图 5.56 所示。

图 5.56　道路智能检测装备检定现场

1) 路面损坏检定

路面损坏系统检定规程为《车载式路面损坏视频检测系统》(JJG(交通) 077—2015)[16],其路面损坏系统性能要求如表 5.9 所示。

表 5.9　路面损坏系统性能要求

序号	检测项	要求
1	成像分辨力	Ⅰ级 1mm,Ⅱ级 2mm
2	路面有效检测宽度	Ⅰ级 3.75m,Ⅱ级 2.6m
3	横纵长度测量偏差	不大于 5%
4	路面损坏面积示值相对误差	Ⅰ级±5%,Ⅱ级±10%
5	纵向距离传感器示值误差	±0.1%
6	路面损坏面积示值重复性	变异系数不大于 5%

（1）成像分辨力检验。在满足条件的试验路段上,将分辨力测试板置于车道上靠近成像区域左、右边界和纵向轴线位置上。检测装备以不低于 50km/h 的速度采集各分辨力测试板图像识别样条数,检查是否满足成像分辨力的相关要求。

（2）路面损坏面积示值相对误差检验。在满足条件的试验路面上,放置不同类型的路面损坏标准样块,其损坏面积已由标准装置测量并赋值。检测装备以不低于 50km/h 的速度检测试验路段,检测系统输出各种类型的损坏面积,计算路面损坏面积的相对误差,检查是否满足面积示值的误差要求。

(3) 纵向距离传感器示值误差检验。在满足条件的试验路面上,用全站仪量取 500m 长度路面。检测车由始点开始距离测量,行至终点停止距离测量,计算路面距离传感器示值误差,检查是否满足纵向距离传感器示值误差要求。

(4) 路面损坏面积示值重复性检验。在满足条件的试验路面上,放置不同类型的路面损坏标准样块,其损坏面积已由标准装置测量并赋值。检测装备以不低于 50km/h 的速度检测试验路段 10 次,检测系统输出各种类型的损坏总面积,计算路面损坏总面积的重复性,检查是否满足路面损坏面积重复性要求。

2) 路面平整度检定

路面平整度系统检定规程为《车载式路面激光平整度仪》(JJG(交通) 075—2010)[15],其路面平整度系统性能要求如表 5.10 所示。

表 5.10　路面平整度系统性能要求

序号	检测项	要求
1	测距传感器垂直示值误差	Ⅰ级±0.5mm,Ⅱ级±1mm
2	纵向距离传感器示值误差	不大于 0.05%
3	路面平整度测量相对误差	Ⅰ级±5%,Ⅱ级±15%
4	路面平整度测量重复性	变异系数不大于 5%
5	路面平整度检测速度影响误差	不大于 5%

(1) 路面平整度测量相对误差检验。在满足的试验路段上,以 50km/h 的检测速度检测并输出平整度值,计算相对误差,应满足路面平整度测量相对误差要求。

(2) 路面平整度测量重复性检验。在满足的试验路段上,以 60km/h 的检测速度检测 10 次并输出平整度值,计算重复性,应满足路面平整度测量重复性要求。

(3) 路面平整度检测速度影响误差检验。在满足的试验路段上,分别以 50km/h,80km/h 的检测速度检测 5 次并输出平整度值,计算两种速度下的平整度平均值,通过平均值计算速度影响误差,应满足路面平整度检测速度影响误差要求。

3) 路面车辙检定

路面车辙系统检定规程为《车载式路面激光车辙仪》(JJG(交通) 076—2010)[17],其路面车辙系统性能要求如表 5.11 所示。

表 5.11　路面车辙系统性能要求

序号	检测项	要求
1	测距传感器垂直示值误差	Ⅰ级±0.3mm,Ⅱ级±1mm
2	纵向距离传感器示值误差	不大于 0.1%
3	路面车辙测量相对误差	Ⅰ级±10%,Ⅱ级±15%
4	路面车辙测量重复性(0～50mm)	变异系数不大于 5%

路面车辙重复性与相对误差的检验方法为,在满足要求的试验路段上每隔 10m 在左、中、右位置放置高度为 0～10mm、10～20mm、20～30mm、30～40mm、40～50mm 和 50～60mm 的标准量块中的任意三种,模拟 JTGE60 的七种车辙模型。检测车以 60km/h 的车速检测试验路段 10 次并输出车辙深度,通过 10 次车辙深度计算车辙测量重复性,通过 10 次车辙平均值计算车辙测量相对误差,重复性与相对误差应满足相关要求。

4）路面构造深度检定

路面构造深度系统检定规程为《车载式路面激光构造深度仪检定规程》(JJG(交通)112—2012)[18],其路面构造深度系统性能要求如表 5.12 所示。

表 5.12　路面构造深度系统性能要求

序号	检测项	要求
1	测距传感器垂直示值误差	Ⅰ级±0.1mm,Ⅱ级±0.5mm
2	纵向距离传感器示值误差	不大于 0.1%
3	路面构造深度测量相对误差	Ⅰ级±5%,Ⅱ级±15%
4	路面构造深度测量重复性(0～50mm)	变异系数不大于 10%

路面构造深度系统重复性与相对误差的检验方法为,分别测量安装在旋转底座的四块构造深度范围在 0～0.5mm、0.5～1mm、1～1.5mm、1.5～2mm 的标准圆盘 10 次,通过 10 次构造深度值计算每个区间的构造深度重复性,通过每个区间 10 次平均值计算测量的相对误差,重复性与相对误差应满足相关要求。

2. 装备工程应用

道路智能检测的主要目标是通过对路面病害的测量,评定路面技术状况指标,为路面技术状况预测及养护决策提供依据。RTM 系列装备已在国内等级公路、市政道路以及机场跑道等领域实现普及应用。

以广州市北环高速公路路面破损、平整度和车辙指标的评定为例,路面破损检测状况评价结果如表 5.13 所示,路面破损评价等级统计结果如表 5.14 所示。路面平整度检测结果如表 5.15 所示,路面行驶质量评价等级统计结果如表 5.16 所示。路面车辙检测结果如表 5.17 所示,路面车辙评价等级统计结果如表 5.18 所示。

表 5.13 路面破损检测状况评价结果

序号	起止桩号	长度/m	路面综合破损率/%	路面损坏状况指数 PCI	路面损坏评价等级
1	K6+000—K7+000	1000	0.07	94.98	优
2	K7+000—K7+350	350	0.02	97.09	优
3	K7+350—K8+000	650	3.89	80.07	良
4	K8+000—K9+000	1000	1.74	86.25	良
5	K9+000—K10+000	1000	0.52	92.13	优
6	K10+000—K10+120	120	0.00	100.00	优
7	K10+120—K11+000	880	0.00	100.00	优
8	K11+000—K12+000	1000	0.00	98.80	优
9	K12+000—K13+000	1000	0.06	95.27	优
10	K13+000—K14+000	1000	0.02	97.30	优
11	K14+000—K15+000	1000	0.07	94.99	优
12	K15+000—K16+000	1000	0.03	96.41	优
13	K16+000—K17+000	1000	0.01	97.73	优
	平均值			94.69	优

表 5.14 路面破损评价等级统计结果

检测路段	测试路段总长/km	评定等级					
		单位	优	良	中	次	差
K6+000—K17+000 上行主车道	11.000	km	9.350	1.650	0.000	0.000	0.000
		%	85.00	15.00	0.00	0.00	0.00
K0+000—K6+000、 K17+000—K21+652 下行主车道	10.652	km	7.300	3.352	0.000	0.000	0.000
		%	68.53	31.47	0.00	0.00	0.00
汇总	21.652	km	16.650	5.002	0.000	0.000	0.000
		%	76.90	23.10	0.00	0.00	0.00

表 5.15 路面平整度检测结果

序号	起止桩号	长度/m	国际平整度指数 IRI	路面行驶质量指数 RQI	路面行驶质量评价等级
1	K6+000—K7+000	1000	2.46	88.59	良
2	K7+000—K7+350	350	2.81	86.11	良
3	K7+350—K8+000	650	2.81	86.09	良
4	K8+000—K9+000	1000	3.31	81.72	良
5	K9+000—K10+000	1000	2.95	84.98	良
6	K10+000—K10+120	120	2.17	90.37	优
7	K10+120—K11+000	880	1.74	92.53	优
8	K11+000—K12+000	1000	1.97	91.42	优
9	K12+000—K13+000	1000	1.22	94.58	优
10	K13+000—K14+000	1000	2.82	86.00	良
11	K14+000—K15+000	1000	1.84	92.07	优
12	K15+000—K16+000	1000	1.37	94.05	优
13	K16+000—K17+000	1000	1.37	94.03	优
	平均值			89.43	良

表 5.16　路面行驶质量评价等级统计结果

检测路段	测试路段总长 /km	评定等级					
		单位	优	良	中	次	差
K6+000—K17+000 上行主车道	11.000	km	6.000	5.000	0.000	0.000	0.000
		%	54.55	45.45	0.00	0.00	0.00
K0+000—K6+000、 K17+000—K21+652 下行主车道	10.652	km	8.452	1.500	0.700	0.000	0.000
		%	79.35	14.08	6.57	0.00	0.00
汇总	21.652	km	14.452	6.500	0.700	0.000	0.000
		%	66.75	30.02	3.23	0.00	0.00

表 5.17　路面车辙检测结果

序号	起止桩号	长度 /m	平均车辙深度 /mm	路面车辙深度指数 RDI	路面车辙评价等级
1	K0+000—K1+000	1000	6.33	87.33	良
2	K1+000—K2+000	1000	7.69	84.62	良
3	K2+000—K2+800	800	6.11	87.77	良
4	K2+800—K3+300	500	—	—	—
5	K3+300—K4+000	700	9.03	81.95	良
6	K4+000—K5+000	1000	8.14	83.72	良
7	K5+000—K5+800	800	6.85	86.30	良
8	K5+800—K6+000	200	—	—	—
9	K17+000—K18+000	1000	5.04	89.91	良
10	K18+000—K19+000	1000	5.24	89.52	良
11	K19+000—K20+000	1000	4.49	91.02	优
12	K20+000—K21+000	1000	4.71	90.58	优
13	K21+000—K21+652	652	7.60	84.80	良
平均值				87.05	良

表 5.18　路面车辙评价等级统计结果

检测路段	测试路段总长 /km	评定等级					
		单位	优	良	中	次	差
K6+000—K7+350、 K10+120—K17+000 上行主车道	8.230	km	3.000	5.230	0.000	0.000	0.000
		%	36.45	63.55	0.00	0.00	0.00
K0+000—K2+800、 K3+300—K5+800、 K17+000—K21+652 下行主车道	9.952	km	2.000	7.952	0.000	0.000	0.000
		%	20.10	79.90	0.00	0.00	0.00
汇总	18.182	km	5.000	13.182	0.000	0.000	0.000
		%	27.50	72.50	0.00	0.00	0.00

5.6　本章小结

　　我国道路智能检测装备经历了单一功能、多功能集成、统一技术路线"一测多用"三个历史阶段,形成了完全自主知识产权的高端装备,特别是在以三维测量为核心的新一代检测技术方面明显优于国际同类产品,实现了从传感器、分析方法、装备到应用的全链条创新。道路智能检测装备已经广泛应用于我国道路路面技术状况检测,极大地提高了我国道路科学决策与养护水平,低等级公路和城市道路对养护要求的逐步提高,将会推动智能检测技术装备在行业的普及化应用。当前,国内装备技术水平已经达到国际领先水平,实现了从依赖进口、自主替换到出口海外的转变,为将来行业普及化推广提供了良好条件。功能全、集成度高、装备特种化是当前检测技术和装备的特色,但不同环境对检测的要求不完全一样,如农村公路与国内省干线、城市道路与等级公路等,其指标要求、检测环境、经济状况等都存在巨大差异,功能模块化、装备通用化、应用便捷化和数据处理自动化是未来道路智能检测技术发展的趋势。

参 考 文 献

[1]　中华人民共和国国家标准. 多功能路况快速检测装备(GB/T 26764—2011). 北京:中国标准出版社,2011.

[2]　中华人民共和国行业标准. 公路路基路面现场测试规程(JTG 3450—2019). 北京:人交通出版社,2019.

[3]　中华人民共和国行业标准. 公路技术状况评定标准(JTG 5210—2018). 北京:人交通出版社,2018.

[4]　张德津,李清泉. 公路路面快速检测技术发展综述. 测绘地理信息,2015,40(1):1-8.

[5]　Zhang D,Zou Q,Lin H,et al. Automatic pavement defect detection using 3D laser profiling technology. Automation in Construction,2018,96:350-365.

[6]　Li Q,Zou Q,Zhang D,et al. FoSA:F* seed-growing approach for crack-line detection from pavement images. Image and Vision Computing,2011,29:861-872.

[7]　Zou Q,Cao Y,Li Q,et al. CrackTree:Automatic crack detection from pavement images. Pattern Recognition Letters,2012,33:227-238.

[8]　Zou Q,Zhang Z,Li Q,et al. DeepCrack:Learning hierarchical convolutional features for crack detection. IEEE Transactions on Image Processing,2019,28(3):1498-1512.

[9]　Li Q,Zou Q,Liao J,et al. Deep learning with spatial constraint for tunnel crack detection//

ASCE International Conference on Computing in Civil Engineering. Atlanta, 2019.

[10] He K, Zhang X, Ren S, Sun J. Deep residual learning for image recognition//Proceedings of the IEEE Conference on Computer Vision and Pattern Recognition. Las Vegas, 2016.

[11] Ronneberger O, Fischer P, Brox T. U-Net: Convolutional networks for biomedical image segmentation // International Conference on Medical Image Computing and Computer-Assisted Intervention. Munich, 2015.

[12] Liang C, Papandreou G, Kokkinos I, et al. Deeplab: Semantic image segmentation with deep convolutional nets, atrous convolution, and fully connected CRFs. IEEE Transactions on Pattern Analysis and Machine Intelligence, 2017, 40(4): 834-848.

[13] Sayers M W. On the calculation of international roughness index from longitudinal road profile. Transportation Research Record, 1995, 1501: 1-12.

[14] 中华人民共和国行业与推荐性标准. 公路路面技术状况自动化检测规程(JTG/T E61—2014). 北京: 人民交通出版社, 2018.

[15] 中华人民共和国交通运输部部门计量检定规程. 车载式路面激光平整度仪(JJG(交通) 075—2010). 北京: 人民交通出版社, 2010.

[16] 中华人民共和国交通运输部部门计量检定规程. 车载式路面损坏视频检测系统(JJG(交通) 077—2015). 北京: 人民交通出版社, 2015.

[17] 中华人民共和国交通运输部部门计量检定规程. 车载式路面激光车辙仪(JJG(交通) 076—2010). 北京: 人民交通出版社, 2010.

[18] 中华人民共和国交通运输部部门计量检定规程. 车载式路面激光构造深度仪(JJG(交通) 112—2012). 北京: 人民交通出版社, 2012.

第6章 道路弯沉动态测量

道路弯沉(deflection)是表征道路承载能力或结构强度的重要力学指标,对道路的设计、施工与养护具有重要意义。本章在介绍道路弯沉测量技术的国内外研究现状、动态弯沉测量的原理和测量方法的基础上,对国内首台激光动态弯沉测量装备原理、标定方法、数据处理以及工程应用进行阐述说明。

6.1 概 述

随着我国公路管理"由建转养"时代到来,大量十几年前或更早修建的道路达到了设计年限,新修建公路预计在今后几年内也将达到养护高峰。养护策略的制订依赖于路面弯沉。弯沉是指路基路面在规定标准车的荷载作用下轮隙位置产生的总垂直变形值(总弯沉)或垂直回弹变形值(回弹弯沉),如图 6.1 所示。弯沉是表征道路整体强度的重要力学参数,反映了道路各结构层的整体强度和刚度,直接反映路面使用性能,是道路设计、验收及养护的重要参考指标,测量结果可用于评定道路承载能力及预估道路的剩余使用年限[1]。因此,道路弯沉测量是公路交通领域的重要工作。

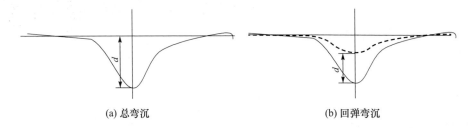

(a) 总弯沉　　　　　　　　　　　　　　　(b) 回弹弯沉

图 6.1 弯沉定义

自 20 世纪 60 年代采用贝克曼梁作为道路弯沉测量设备以来,无损测量设备已被广泛应用于测量现有或新建道路的结构强度或承载能力。同时,各种各样的类似测量设备被研制投入使用,基本原理都是对路面施加一定的载荷力并测量路面变形量。我国交通运部 2019 年新颁布的《公路路基路面现场测试规程》(JTG 3450—2019)[2]给出了贝克曼梁法、自动弯沉仪法、落锤式弯沉仪(falling weight deflectometer,FWD)法和激光动态弯沉测量法等四种路面弯沉测量方法,其中,激光动态弯沉测量法为本次修订新增方法。

贝克曼梁法基于杠杆原理,通过对路面施加一定的载荷力,路面充分变形后慢慢移除载荷再测量路面回弹量计算弯沉,该方法属标准方法,测量的是静态弯沉,是国内道路交竣工验收的唯一依据,贝克曼梁只能测量单点静态最大弯沉,而且测量结果受环境影响大,在国外已经逐步被 FWD 所替代;自动弯沉仪法也是利用贝克曼梁原理,通过车载方式移动测量位置从而提高测量效率;FWD 法利用重锤自由落下产生的瞬间冲击载荷测量弯沉,FWD 一般由 7～10 个测量传感器组成测量单元,每次测量都进行多次采样后计算各点弯沉,能测量单点最大弯沉和完整弯沉盆,测量时采用动态行驶、静态测量的工作方式,工作时需要设备在测量点上停留 2～4min,按间隔 20～50m 测量一个测点计算,测量速度只能达到 3～5km/h,测量精度高,操作方便,测量的是路面的动态响应,适合路面弯沉测量。

显然,上述传统测量设备往往只能以较大采样间隔测量离散点,工作量繁重,测量作业时需要对车道进行交通管制,同时,静态测量结果也无法反映实际行车的动力特征。我国公路通车里程长,2019 年时公路通车里程已达到 501.25 万 km,四级及以上等级公路里程 469.87 万 km,公路养护里程 495.31 万 km,占公路总里程 98.8%。低效率测量方法难以满足路网道路养护检测需求,也无法适应国内繁忙交通下的道路弯沉测量。

6.1.1 传统弯沉测量应用现状

国际上,传统的贝克曼梁法已逐步被 FWD 所取代,FWD 与实用化的路面结构分析软件相结合,使路面弯沉测量与承载力评价的科学化水平提高到一个新的阶段。联邦德国建立了 170 个长期观测路段,进行了 18 年的跟踪观测,对半刚性路面结构有了深入而系统的认识。英国建立了 400 个长期观测路段,根据跟踪观测和分析研究结果,于 1986 年修订了路面设计方法。美国联邦公路局选取 FWD 作为实施美国公路战略研究计划(strategic highway research program,SHRP)中路面强度评定的指定设备,主要研究内容之一是路面跟踪测量与路面长期使用性能研究,对 FWD 的精度及标定方法制定了具体要求,建立了 FWD 测量试验规程,从而使 FWD 测量技术走上了标准化、规范化阶段。

在国内,为了提高效率,降低工作强度,20 世纪 70 年代,引进了部分自动弯沉仪,部分单位和企业,如云南省公路研究院,研制了自主知识产权的自动弯沉仪,在一定程度上提高了测量水平。随着对高等级公路路基、路面结构和材料的研究的突破,发现静态弯沉在性能评价和结构设计上存在一定的局限性,为得到更符合实际结构和材料特性的动态弯沉,国内引进了美国、丹麦、瑞典等国与 70 年代开发出的 FWD。

6.1.2　动态弯沉测量研究现状

欧美国家在 20 世纪 70 年代就开始动态弯沉测量理论和技术的研究,90 年代美国、瑞典、英国、丹麦等国相继研发了动态弯沉测量原型系统。国内的动态弯沉测量研究工作远远落后于国外,直到 2012 年国内才研制出我国首台激光动态弯沉测量装备。但是,相关行业标准规范[3] 2017 年才逐步推出,在一定程度上制约了新技术在行业的普及推广。

1.“力-位移”直接测量法

“力-位移”法是基于弯沉定义测量力作用下路面的变形进行直接弯沉测量的方法。包括由美国 ARA 公司在 SBIR/FHWA 赞助研制的滚轮式弯沉仪(rolling wheel deflectometer,ARA RWD),系统由 4 个距离测量点激光器组成,其中 3 个用于测量没有载荷影响的路面数据,放在 40kN 载荷轮下的第 4 个激光器用于测量弯沉盆数据。弯沉计算理论依据空间一致算法,最高工作速度可以达到 90km/h,但是,该系统存在设备超长(15.56m)、测量结果速度影响因素大,以及只能测量最大弯沉等明显的使用限制。

另外一种滚轮式弯沉仪 ARWD(the quest airfield rolling weight deflectometer,Quest/Dynatest RWD)由 4 个非接触式的光学传感器来测量 40kN 载荷产生的弯沉,其中一个传感器安装在载荷轮下,其余三个传感器以共线的方式安装在第一个前面(弯沉盆外)。该设备测量精度受道路曲面和拖车长度的影响较大。

瑞典国家公路管理局、瑞典国家道路和运输研究所研究的 RDT(road deflection tester)由两组激光测距传感器组成测量单元,每组 20 个测距仪以垂直于行车方向排列,一组距前轮 2.5m 测量没有载荷作用的路面,另一组在后轮后 0.5m 测量产生的弯沉盆,能在 40～70kN 范围内动态调整载荷,测量最高速度达到 100km/h。RDT 最大优势在于能提供横向的弯沉断面情况,该特性理论上支持计算道路各层属性和层厚度。

2.“力-速度-位移”间接测量法

通过测量移动力作用下路面变形速度反演变形值计算弯沉是弯沉快速测量的新方法,丹麦 Greewood 研制了由 4 个多普勒测速仪组成的可用于实际路网普查检测的动态弯沉测量设备(traffic speed deflectometer,TSD),经过验证具有非常高的数据重复性,与 FWD 有非常高的数据相关性,已经在多个国家和地区得到试验性的应用。

国内武汉武大卓越科技有限责任公司研制了自主知识产权的激光动态弯沉测

量装备(laser dynamic deflectometer,LDD),能在 90km/h 条件下实现弯沉连续测量,最小采样间距 20mm,弯沉测量精度 0.01mm,已经在全国范围的等级公路成功应用。

6.1.3　道路弯沉动态测量的特点与优势

动态弯沉以正常行车速度(20~90km/h)连续路面弯沉测量,100kN 载荷产生的弯沉与实际行车产生的弯沉等同,根据实际要求不同,允许动态调整测量传感器的数目从而测量完整弯沉盆,每 20mm 即可输出一个弯沉值,工作时不需要进行交通管制,一般 2 个工作人员即可进行工作,图 6.2 所示为传统弯沉测量现场。

(a) 贝克曼梁测量　　　　　　　　　　　(b) Dynatest FWD

图 6.2　传统弯沉测量现场

动态弯沉测量方法与传统弯沉测量方法比较如表 6.1 所示。

表 6.1　动态弯沉测量方法与传统弯沉测量方法比较

项目	贝克曼梁、FWD	动态弯沉测量	备注
速度	1~3km/h	20~90km/h	提高 30 倍以上
采样间隔	采样间隔 20~50m	采样间隔 0.2m	
弯沉性质	总弯沉、回弹弯沉	动态弯沉	可建立传统弯沉关系
测量方式	静态测量	动态测量	
安全性	走停模式,风险高	正常速度行驶	

路网级的道路弯沉测量是未来道路养护的必然需求,传统贝克曼梁或 FWD 测量方法的测量速度(3~5km/h)、10~50m 的采样间隔无法满足路网级弯沉测量,无法反映正常交通情况下的移动载荷产生的弯沉。动态弯沉测量高速度、高采样率、高精度的特点能很好地解决上述问题,动态弯沉测量是未来公路交通领域弯沉测量技术的发展趋势[4]。

6.2 道路弯沉动态测量理论基础

6.2.1 计算模型

假设路面满足弹性梁条件,可得到如图 6.3 的力学受力图,表示弹性地基梁受载荷作用力时,梁底反力为 $p(x)$,梁和地基的竖向位移为 $y(x)$,在分布载荷段取 $\mathrm{d}x$,作用在该单元的力如图 6.4 所示[5]。

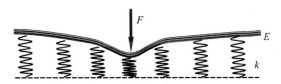

图 6.3 路面受力简化模型

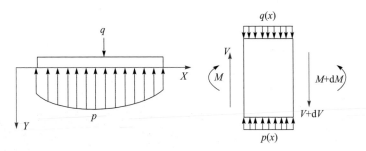

图 6.4 弹性地基梁的挠曲线模型[5]

考虑段单元的平衡得

$$\begin{cases} V-(V-\mathrm{d}V)+p(x)\mathrm{d}x-q(x)\mathrm{d}x=0 \\ \dfrac{\mathrm{d}v}{\mathrm{d}x}=p(x)-q(x) \end{cases} \tag{6.1}$$

由 $V=\mathrm{d}M/\mathrm{d}x$,式(6.1)可以写成

$$\frac{\mathrm{d}^2 M}{\mathrm{d}x^2}=p(x)-q(x) \tag{6.2}$$

$$EI\frac{\mathrm{d}^2 y}{\mathrm{d}x^2}=-M \tag{6.3}$$

将式(6.3)取两次导数,代入式(6.3),可得

$$EI\frac{\mathrm{d}^4 y}{\mathrm{d}x^4}=-p(x)+q(x) \tag{6.4}$$

推导出路面变形曲线的挠曲线微分方程[6]:

$$EI \frac{\mathrm{d}^4 w(x)}{\mathrm{d}x^4} + kw(x) = -F\delta(x) \tag{6.5}$$

式中，F 为载荷；k 为路基基床系数（反应模量）；E 为路面刚性模量；x 为弯沉盆水平位置；I 为路面转动惯量；w 为挠度（弯沉）。

由挠曲线微分方程可推导出路面弯沉盆曲线的常规方程。挠曲线方程 $w(x)$ 是一个四阶常系数非线性微分方程，为求解，先考虑无载荷部分，即

$$EI \frac{\mathrm{d}^4 w(x)}{\mathrm{d}x^4} = -kw(x) \tag{6.6}$$

令 $\beta = \left(\dfrac{k}{4EI}\right)^{1/4}$，应用 Winkler 公式，则式(6.6)的通解可以表示为

$$w(x) = \mathrm{e}^{\beta x}\left[C_1 \cos(\beta x) + C_2 \sin(\beta x)\right] + \mathrm{e}^{-\beta x}\left[C_3 \cos(\beta x) + C_4 \sin(\beta x)\right] \tag{6.7}$$

式(6.7)表示一个无限长梁在弹性地基上受集中的横向载荷的通解，其中，C_1、C_2、C_3、C_4 为积分常数，由载荷情况和边界条件确定。对于在弹性地基上的无限长梁，在远离 x 的位置处挠度将趋近于 $0^{[7]}$。因此，式(6.7)中 C_1、C_2 等于 0，则有

$$w(x) = \mathrm{e}^{-\beta x}\left[C_3 \cos(\beta x) + C_4 \sin(\beta x)\right] \tag{6.8}$$

考虑在弹性地基上的无限长梁，如果某一点施加载荷 F，由于变形的对称性，在载荷点其变形斜率为 0，则

$$\begin{cases} \dfrac{\mathrm{d}y}{\mathrm{d}x} = 0, & x = 0 \\[2mm] \displaystyle\int_0^\infty kw(x)\,\mathrm{d}x = \dfrac{F}{2}, & x \neq 0 \end{cases} \tag{6.9}$$

因此，$C_3 = C_4 = \dfrac{F\beta}{2k}$。

挠曲线的常规方程为

$$w(x) = \frac{F\beta}{2k} \mathrm{e}^{-\beta x}\left[\cos(\beta x) + \sin(\beta x)\right] \tag{6.10}$$

式中，$\beta = \left(\dfrac{k}{4EI}\right)^{1/4}$。

令

$$A = \frac{F}{\sqrt{4EIk}}, \quad B = \left(\frac{k}{4EI}\right)^{1/4}$$

可得弯沉盆曲线两参数的解 $w(x)$。同时可求出曲线的一阶导数，即曲线在某点的斜率 $d'(x)$ 和最大弯沉 $d(0)$ 的表达式。斜率即路面变形速度 V_{di} 与行驶速度 V_{ds} 的比，通过两个测速仪的数据可以求出一组 A、B 的值，根据 A、B 的值就可以计算最大弯沉，通过多组测速仪的数据，可以求得不同位置的弯沉，利用求得的多点弯沉

值,可以绘制弯沉盆曲线。

$$
\begin{cases}
w(x) = -\dfrac{A}{2B}\,\mathrm{e}^{-Bx}\big[\cos(Bx) + \sin(Bx)\big] \\[2mm]
d'(x) = A\sin(Bx)\,\mathrm{e}^{-Bx} \\[2mm]
d(0) = -\dfrac{A}{2B}
\end{cases}
\tag{6.11}
$$

完整弯沉相关结论如表 6.2 所示。

表 6.2　动态弯沉测量相关公式

项目	表达式
弯沉盆曲线	$w(x) = -\dfrac{A}{2B}\mathrm{e}^{-Bx}\big[\cos(Bx) + \sin(Bx)\big]$
弯沉斜率	$d'(x) = A[\sin(Bx)]\mathrm{e}^{-Bx}$
最大弯沉	$d(0) = -\dfrac{A}{2B}$
曲率	$d'(x) = AB[\cos(Bx) - \sin(Bx)]\mathrm{e}^{-Bx}$
弹性系数	$k = 4B^2EI = \dfrac{FB^2}{A}$
刚性	$E = \dfrac{F^2}{4A^2kI} = \dfrac{F}{4IAB^2}$
最大弯沉斜率	$d\,\dfrac{\pi}{4B} = \dfrac{\mathrm{e}^{-\pi/4}}{\sqrt{2}}A$

表 6.2 中,$x>0$、$A>0$、$B>0$,这个模型是全部弯沉盆的变形情况。此处研究的激光动态弯沉测量原型由安装在载荷中心前 100mm、300mm 和 750mm 位置上的传感器来测量,因此,测量结果只在距离负载一定范围内可靠,测量 3.6m 范围内完整的弯沉盆,必须在距离负载中心更远的位置上安装更多的传感器。根据该模型获取的三组实际测量数据计算的弯沉盆显示,路面变形速度和弯沉之间具有一定的对应关系[5]。

由表 6.2 可知,建立弯沉盆曲线导数方程组就可以求解参数 A、B,进而求解弯沉盆曲线。

$$
\begin{cases}
d'(x_1) = \dfrac{V_{di}(x_1)}{V_{ds}(x_1)} = A[\sin(Bx_1)]\mathrm{e}^{-Bx_1} \\[3mm]
d'(x_2) = \dfrac{V_{di}(x_2)}{V_{ds}(x_2)} = A[\sin(Bx_2)]\mathrm{e}^{-Bx_2} \\[3mm]
\qquad\cdots \\[3mm]
d'(x_n) = \dfrac{V_{di}(x_n)}{V_{ds}(x_n)} = A[\sin(Bx_n)]\mathrm{e}^{-Bx_n}
\end{cases}
\tag{6.12}
$$

路面在正压力作用下将发生变形,变形曲线任一点切线如图 6.5 所示。
路面弯沉斜率的物理表达:

$$k = \frac{\Delta y}{x\, y} \tag{6.13}$$

式中, k 为斜率; Δy 为路面沉降的变化量。

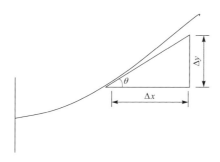

图 6.5　弯沉斜率定义

由式(6.13)可推得

$$k = \frac{\Delta y / \Delta t}{\Delta x / \Delta t} \tag{6.14}$$

设水平速度 V_{ds} 和路面变形速度 $V_{deflection}$, 表示如下:

$$\begin{cases} V_{deflection} = \dfrac{\Delta y}{\Delta t} \\[2mm] V_{ds} = \dfrac{\Delta x}{\Delta t} \end{cases} \tag{6.15}$$

设倾角为 θ, 则

$$\mathrm{an}(\theta) = k = \frac{\Delta y}{\Delta x} = \frac{V_{deflection}}{V_{ds}} \tag{6.16}$$

由式(6.16)可得

$$\mathrm{Slope} = \frac{\Delta y}{\Delta x} = \frac{V_{deflection}}{V_{ds}} \tag{6.17}$$

由式(6.17)可知, 通过测量行驶方向的速度和力作用下路面的变形速度可以计算弯沉斜率。斜率方程中, 检测行进速度 V_{ds} 可以用高精度测量, 如果能测量路面的变形速度 $V_{deflection}$, 则可以建立方程求解弯沉斜率, 进而计算弯沉盆方程和弯沉。

6.2.2　变形速度测量

1. 测量方程和方法

力作用下路面变形速度测量可以采用多普勒测速传感器, 传感器发出的激光线由传感器投射到被测地面, 测量在该激光线方向上的合速度。测量装备行驶时载荷轮将使路面产生变形, 传感器测量由此产生的变形速度。多普勒传感器测量的速度是沿着激光线方向的速度,速度包括被测物(路面)变形速度、传感器自身运动速度等,即多普勒传感器本质上是测量传感器本身和路面之间的速度矢量和[8],如图 6.6 所示。

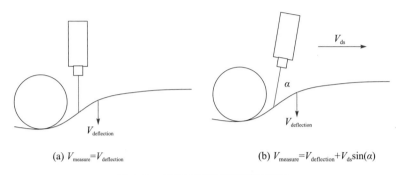

(a) $V_{measure}=V_{deflection}$　　　　　　　　　　(b) $V_{measure}=V_{deflection}+V_{ds}\sin(\alpha)$

图 6.6　变形速度测量原理示意图

在测速仪绝对垂直于理想路平面时,测量速度就是路面变形的速度,但实际测量值不可能维持测速仪绝对垂直于理想路平面,测速仪与路面总存在一定的夹角,如图 6.6(b)所示。因此,会引入其他速度分量,如果采用两个传感器测量,将传感器安装在一根刚性横梁上,精确测量传感器在横梁方向和垂直于横梁方向的位置关系,能维持在测量过程中传感器之间没有相对位移,此时,一个测点有变形速度,另一个测点没有变形速度,则可以利用两者关系消除引入的其他分量。因此,可以直接利用两个测速仪做差得到路面变形速度,测量方法如图 6.7 所示。

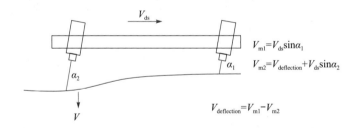

$$V_{m1}=V_{ds}\sin\alpha_1$$
$$V_{m2}=V_{deflection}+V_{ds}\sin\alpha_2$$
$$V_{deflection}=V_{m1}-V_{m2}$$

图 6.7　路面变形速度测量方法示意图

《公路工程技术标准》(JTG B01—2014)[9]规定,弯沉测量载荷力要求至少为 100kN,弯沉盆半径不大于 4m,即 4m 范围外认为没有变形速度。行驶过程中,载荷轮中心(O 点)路面变形速度为 0,因此,通过测量 4m 范围内多个点的变形速度可以建立速度测量模型。考虑到弯沉盆外没有变形速度,在一根刚性横梁行安装多个多普勒测速传感器,通过测量弯沉盆内多点与弯沉盆外某点的变形速度可计算弯沉盆内测量点的变形速度,测量模型如图 6.8 所示。

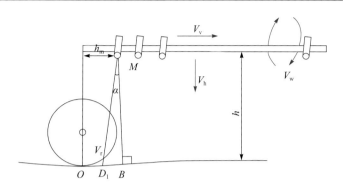

图 6.8　路面变形速度测量模型

图 6.8 中,M 为传感器,O 为弯沉盆中心,D_i 为传感器路面测量点,B 为传感器在路面的垂直投影点,h 为横梁距路面高度。其中,弯沉盆内三个测量传感器,弯沉盆外一个传感,四个传感器安装的位置可根据需要调整,分别选择离 O 点 100mm、300mm、750mm 和 3600mm 处安装。

可知,多普勒激光线不能测量载荷轮中心后半部分,故根据图 6.8,测速仪的安装倾角在 MO 与 MB 的夹角的范围内,最大倾角为 MO 与 MB 的夹角。

$$\theta_{\max} = \arctan \frac{h_{\mathrm{m}}}{h} \tag{6.18}$$

实际安装时,h_{m} 取值 100mm,h 取值 1.52m,即安装角度满足 $0° < \theta < 3.7°$ 即可,一般采用 2° 的安装角度。

每个传感器与横梁都保持一定的夹角 α_i,传感器测量的是传感器和路面之间的速度差,速度方向沿传感器激光线方向,由横梁振动、横梁旋转 V_{w}、横梁水平速度 V_{h} 和路面变形速度 V_{r} 等组成的合速度,其中横梁旋转速度通过陀螺仪测量横梁旋转角速度进行换算。为了准确得到路面变形速度,便于消除传感器自身运动产生的噪声,要求各传感器与横梁的安装夹角 α_i 尽量一致(α_i 约为 2°,角度差 < 0.15°)。假设横梁为一个理想刚体,则所有传感器之间不产生相对位移,此时,横梁具有水平、上下颠簸、横滚、俯仰以及航向速度等。横梁上下颠簸速度在理想刚体的情况下可以在计算中消除,同时,横梁横滚和航向速度对计算结果影响可忽略不计。因此,任意一个传感器测得的速度为由振动、水平运动、旋转线速度、路面变形速度分别在传感器激光束方向上分量的矢量和。

2. 测量方法验证

设计如下的试验初步验证上述测量方法的可行性,首先验证多普勒传感器测量值为传感器和被测物体之间的速度差在激光线方向上的分速度,以传感器与挡板的相对运动进行验证,同时验证传感器测量值与传感器安装角度、传感器安装角度差、传感器与被测物体角度的关系,如图6.9所示。

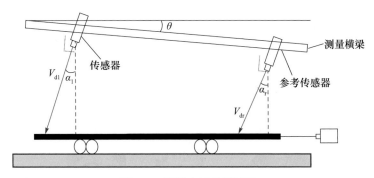

图 6.9　测量方法验证试验

多普勒传感器与横梁呈 a 夹角安装在测量横梁上,测量横梁与挡板呈 θ 夹角静止放置,传感器测量激光投射到挡板上,挡板可在滑轨上自由滑动,在挡板侧面沿挡板滑动方向放置高精度激光测距传感器,实时监测挡板与激光测距传感器的距离 s,测量挡板的滑动速度 V_h,多普勒传感器测量挡板相对传感器沿激光线方向的分速度分别为 V_{dl}、V_{dr}。试验过程中,除挡板沿滑轨滑动外,其他设备均处于静止状态,结合式(6.20)可知,传感器测量值存在如下关系:

$$V_{dl} = V_{dr}\sin\alpha_l + \theta \tag{6.19}$$
$$V_{dr} = V_h\sin\alpha_r + \theta \tag{6.20}$$

试验过程步骤如下:
(1) 按照图6.9安装所有设备。
(2) 测量测速仪的安装夹角、横梁与挡板的夹角。
(3) 开启所有设备,检查各个传感器是否工作正常。
(4) 沿滑轨方向滑动挡板。
(5) 开始采集传感器数据,采集 2~3min 后即可停止。
(6) 重复步骤(4)和(5),多次重复采集传感器数据。
(7) 分析采集的传感器数据。

测速传感器测值与挡板运动速度的关系如图6.10所示(图中测距传感器的测量值 S 向下平移455mm)。选取两组试验数据,每组连续5次试验,试验结果如表6.3所示,表中 $\alpha_l + \theta$ 和 $\alpha_r + \theta$ 分别表示多普勒传感器1和多普勒传感器 r 与铅锤方向夹角,表中 $\varepsilon_{\alpha_l+\theta}$、$\varepsilon_{\alpha_r+\theta}$ 分别表示多普勒传感器1和多普勒传感器 r 与铅锤方向夹角测量夹角误差,$\alpha_l - \alpha_r$ 表示测量的多普勒传感器1与多普勒传感器 r 安装角度差。

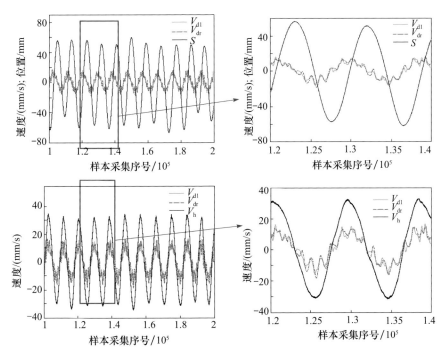

图 6.10　多普勒传感器测量值与挡板运动速度关系

表 6.3　验证试验测量结果

序号	第 1 组($\theta=-0.31$)/(°)					第 2 组($\theta=0.23$)/(°)				
	$\alpha_1+\theta$	$\alpha_2+\theta$	$\varepsilon_{\alpha_1+\theta}$	$\varepsilon_{\alpha_r+\theta}$	$\alpha_1-\alpha_r$	$\alpha_1+\theta$	$\alpha_2+\theta$	$\varepsilon_{\alpha_1+\theta}$	$\varepsilon_{\alpha_r+\theta}$	$\alpha_1-\alpha_r$
1	2.103	2.178	0.003	0.008	-0.075	2.352	2.430	-0.008	0.010	-0.079
2	2.106	2.166	0.006	-0.004	-0.061	2.378	2.417	0.018	-0.003	-0.039
3	2.090	2.171	-0.010	0.001	-0.081	2.369	2.426	0.009	0.006	-0.056
4	2.091	2.175	-0.009	0.005	-0.083	2.364	2.428	0.004	0.008	-0.065
5	2.095	2.168	-0.005	-0.002	-0.074	2.352	2.423	-0.008	0.003	-0.071
真值	2.10	2.17	0.00	0.00	0.07	2.360	2.420	0.000	0.000	0.060
平均值	2.097	2.172	-0.003	0.002	-0.075	2.363	2.425	0.003	0.005	-0.062
重复性	0.997	0.998	—	—	—	0.995	0.998	—	—	—

　　试验显示,传感器与挡板夹角与理论值误差小于 $0.02°$,测量角度重复性大于 99%,验证了传感器间测量值满足式(6.19)、式(6.20),即多普勒传感器测量值为传感器和被测物体之间的速度差在激光线方向上的分速度。

6.2.3　变形速度计算

　　如上所述,多普勒传感器测量的速度主要由横梁水平速度、横梁旋转线速度和路面变形速度等沿激光束方向的速度分量组成。值得注意的是,参考多普勒传感器位于弯沉盆外,路面在弯沉盆外认为没有变形。因此,可以采用两种可行的方法来测量和计算弯沉盆中路面变形速度。其一,基于动态计算策略,首先对多普勒传感器的速度进行分解,然后计算与姿态相关的速度分量,这种方法计算精度取决于关于横梁姿态测量精度。其二,考虑到影响计算的主要包括水平速度和横梁旋转速度以及可能的噪声,可以猜想如果标定水平速度影响系数和横梁旋转影响系数以及每个传感器测量噪声,就可以计算不同传感器对应的变形速度,基于以上假设,选择没有弯沉的路面,如机场跑道对上述系数和参数标定,应该可以达到计算目的。因此,下面讨论两种变形速度计算方法。

1. 基于姿态测量计算

多普勒传感器静态参数可以通过试验方法标定,包括传感器与横梁夹角、传感器之间角度差等。在动态测量过程中,任意时刻横梁都会与地面形成一定的夹角,横梁的运动也会产生角速度和线速度,相关参数定义如表 6.4 所示。

表 6.4　路面变形速度计算相关参数

参数名称	含义
G_x	传感器旋转角速度
l_i	传感器 i 到转轴中心距离,$i=1,2,\cdots,n$
l_r	3600mm 传感器到轴中心距离
n	传感器数目
V_{di}	传感器 i 测量速度,$i=1,2,\cdots,n$
V_{dr}	3600mm 处传感器测量速度
V_h	水平运动速度
V_{ri}	传感器 i 路面下沉速度,$i=1,2,\cdots,n$
V_v	垂直运动速度
V_{wi}	传感器 i 旋转线速度,$i=1,2,\cdots,n$
V_{wr}	3600mm 传感器旋转线速度
α_i	传感器 i 安装角度,$i=1,2,\cdots,n$
α_r	3600mm 传感器安装角度
θ	横梁与地面夹角

根据测量方法可知,任意一个传感器测得的速度是横梁水平运动速度、横梁旋转的线速度、路面下沉速度分别在激光束方向上分量的和,其中参考传感器处于弯沉盆外,参考传感器处无路面变形速度。

$$V_{dr}=V_h\sin(\alpha_r+\theta)+V_v\cos(\alpha_r+\theta)+V_{wr}\cos\alpha_r \tag{6.21}$$

$$V_{di}=V_h\sin(\alpha_i+\theta)+V_v\cos(\alpha_i+\theta)+V_{wi}\cos\alpha_i+V_{ri}\cos(\alpha_i+\theta) \tag{6.22}$$

$$
\begin{cases}
V_{wr} = \dfrac{l_r G_x \pi}{180} \\[3mm]
V_{wi} = \dfrac{l_i G_x \pi}{180}
\end{cases}
\tag{6.23}
$$

大量路段试验表明,测量过程中横梁旋转角度较小,α_i、α_r、$\alpha_i + \theta$、$\alpha_r + \theta$ 均小于 $5°$,故其对应的余弦值近似为 1,故式(6.21)和式(6.22)可简化为

$$
V_{dr} = V_h \sin(\alpha_r + \theta) + V_v + V_{wr}
\tag{6.24}
$$

$$
V_{di} = V_h \sin(\alpha_i + \theta) + V_v + V_{wi} + V_{ri}
\tag{6.25}
$$

将式(6.23)代入式(6.24),整理可得横梁与地面实时角度为

$$
\theta = \arcsin \frac{V_{dr} - V_v - V_{wr}}{V_h} - \alpha_r
\tag{6.26}
$$

将式(6.26)代入式(6.25),可得路面变形速度公式为

$$
V_{ri} = V_{di} - V_v - V_h \sin\left(\alpha_i - \alpha_r + \arcsin \frac{V_{dr} - V_v - V_{wr}}{V_h}\right) - V_{wi}
\tag{6.27}
$$

由式(6.27)可知,该方法依赖测量的横梁上下振动速度,但横梁相对路面的角度实时发生变化,无法直接采用传感器高精度测量其上下振动速度,故需要讨论在未测量横梁上下振动速度情况下对该方法的影响。

利用三角函数公式,对式(6.27)中的部分作如下变换:

$$
\sin\left[(\alpha_i - \alpha_r) + \arcsin \frac{V_{dr} - V_v - V_{wr}}{V_h}\right]
$$

$$
= \sin(\alpha_i - \alpha_r)\cos\left(\arcsin \frac{V_{dr} - V_v - V_{wr}}{V_h}\right) + \cos(\alpha_i - \alpha_r)\frac{V_{dr} - V_v - V_{wr}}{V_h}
\tag{6.28}
$$

将式(6.28)代入式(6.27),可得

$$
V_{ri} = V_{di} - V_v[1 - \cos(a_i - a_r)] - (V_{dr} - V_{wr})\cos(a_i - a_r) - V_{wi}
$$
$$
- V_h \sin(a_i - a_r)\cos\left(\arcsin \frac{V_{dr} - V_v - V_{wr}}{V_h}\right)
\tag{6.29}
$$

即

$$
V_{ri} = V_{di} - (V_{dr} - V_{wr})\cos(a_i - a_r) - V_{wi}
$$
$$
- V_h \sin(a_i - a_r)\cos\left(\arcsin \frac{V_{dr} - V_{wr}}{V_h}\right) + \varepsilon_1
\tag{6.30}
$$

$$
\varepsilon_1 = -V_v[1 - \cos(a_i - a_r)] + V_h \sin(a_i - a_r)\left[\cos\left(\arcsin \frac{V_{dr} - V_{wr}}{V_h}\right)\right.
$$
$$
\left. - \cos\left(\arcsin \frac{V_{dr} - V_v - V_{wr}}{V_h}\right)\right]
\tag{6.31}
$$

式中，ε_1 为计算误差。

通常，$a_i - a_r \leqslant 0.15°$，在水平运动速度 $v_h = 72\text{km/h}$ 的条件下，V_{dr} 约为 700mm/s，V_{wr} 一般取值为 $-100 \sim 100\text{mm/s}$，V_v 取值为 $-450 \sim 450\text{mm/s}$，计算可知，ε_1 最大绝对值为 0.06mm/s，故可认为 ε_1 对路面变形速度计算影响可忽略，即式(6.30)可简化为式(6.32)；同理计算 ε_2 最大绝对值为 0.04mm/s，故可认为横梁旋转中心对路面变形速度计算影响也可忽略（其中 $l_i - l_r$ 与传感器安装相对位置有关，与横梁旋转中心无关）。

$$V_{ri} = V_{di} - (V_{dr} - V_{wr})\cos(a_i - a_r) - V_{wi}$$
$$- V_h\sin(a_i - a_r)\cos\left(\arcsin\frac{V_{dr} - V_{wr}}{V_h}\right) \tag{6.32}$$

将式(6.23)代入式(6.32)，可得

$$V_{ri} = V_{di} - V_{dr}\cos(a_i - a_r) - \frac{G_x\pi}{180}(l_i - l_r) - V_h\sin(a_i - a_r) + \varepsilon_2 \tag{6.33}$$

$$\varepsilon_2 = V_{wr}[\cos(a_i - a_r) - 1] + V_h\sin(a_i - a_r)\left[1 - \cos\left(\arcsin\frac{V_{dr} - V_{wr}}{V_h}\right)\right] \tag{6.34}$$

2. 基于参数标定计算

在动态测量过程中，假设各多普勒传感器对应测量点的路面变形速度分别为 V_{r1}、V_{r2}、V_{r3}，假设传感器的测量速度为 V_{d1}、V_{d2}、V_{d3}、V_{dr}，测量横梁水平车速为 V_h，陀螺仪测量旋转角速度为 G_x，各个计算量如图 6.11 所示。

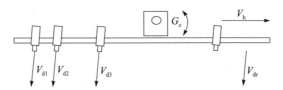

图 6.11　标定参数计算变形速度

测量时横梁本身有运动，这种运动可以分解为转动和平移。那么各测量结果有如下关系：

$$\begin{cases} V_{r1} = V_{d1} - V_{dr} + k_{11}G_x + k_{12}V_h + b_1 \\ V_{r2} = V_{d2} - V_{dr} + k_{21}G_x + k_{22}V_h + b_2 \\ V_{r3} = V_{d3} - V_{dr} + k_{31}G_x + k_{32}V_h + b_3 \end{cases} \tag{6.35}$$

式中，参数 k_{11}、k_{21}、k_{31} 由陀螺仪补偿试验标定而得，k_{12}、k_{22}、k_{32} 由测速仪角度差试

验标定所得，b_1、b_2、b_3 由综合试验标定所得。

该方法不用考虑测量时横梁的姿态，假定横梁姿态对计算的影响可以利用标定的参数进行消除，所有参数都在机场跑道或类似零弯沉的道路上进行标定，大量数据显示，在弯沉较小的路面上，其测量结果满足需求[5]。但是，不同路面的路基刚度、路面层厚、土基强度、温度、湿度状况不同，导致不同道路的速度影响因子拟合参数并不完全一样，如何使零弯沉环境标定的拟合参数有广泛的适应性还需要进一步研究。

6.2.4　弯沉计算

利用传感器测量得到的路面变形速度 V_{ri} 和测量系统的测量速度 V_h，结合式(6.12)得到弯沉盆斜率方程组如下，式中 x_1、x_2、x_3 分别为 100mm、300mm、750mm 处测速仪对应测点距离载荷中心的水平距离；v_{r1}、v_{r2}、v_{r2} 分别为 x_1、x_2、x_3 测点对应的路面变形速度。

$$\begin{cases} e^{-Bx_1}A\sin(Bx_1)-\dfrac{V_{r1}}{V_{h1}}=0 \\ e^{-Bx_2}A\sin(Bx_2)-\dfrac{V_{r2}}{V_{h2}}=0 \\ \cdots \\ e^{-Bx_n}A\sin(Bx_n)-\dfrac{V_{rn}}{V_{hn}}=0 \end{cases} \tag{6.36}$$

在式(6.36)中，路面变形速度 v_{ri} 可通过式(6.33)计算，横梁水平速度 v_h（即测量载体行驶速度）可通过编码器测量，测点的位置 x_i 受横梁俯仰运动影响动态变化，可通过获取横梁与路面夹角 θ 动态计算测点的准确位置，在获取测点的位置 x_i 情况下，上述方程组中仅 A、B 两个未知参数，即通过两个测点的测量速度便可对参数 A、B 求解，进而得到载荷中心的最大弯沉 $d(0)=-A/(2B)$。横梁与路面的动态夹角 θ 可通过陀螺仪积分得到，假设第 i 个传感器与载荷中心的水平安装距离为 x_{i0}，传感器的安装高度为 h，则传感器对应测点与载荷中心的水平距离 $x_i=x_{i0}-h\tan(\alpha_i+\theta)$，其中$\alpha_i$ 可以通过标定方法得到。

计算时，方程只有两个未知数，选择两个测点的路面变形速度参与弯沉计算，此时弯沉盆斜率方程组变为

$$\begin{cases} e^{-Bx_i}A\sin(Bx_i)-\dfrac{V_{ri}}{V_h}=0 \\ e^{-Bx_j}A\sin(Bx_j)-\dfrac{V_{rj}}{V_h}=0 \end{cases}, \quad i\neq j \tag{6.37}$$

根据牛顿迭代法，假设(A',B')为式(6.37)的解(A^*,B^*)附近的点，将上述方

程式在(A',B')附近作参数A、B的二元 Taylor 展开,得到

$$\begin{cases} A'\sin(B'x_i)\mathrm{e}^{-B'x_i} - \dfrac{V_{ri}}{V_h} + \Delta A\sin(B'x_i)\mathrm{e}^{-B'x_i} + \\ \qquad \Delta BA'x_i\mathrm{e}^{-B'x_i}\left[\cos(B'x_i) - \sin(B'x_i)\right] = 0 \\ A'\sin(B'x_j)\mathrm{e}^{-B'x_j} - \dfrac{V_{rj}}{V_h} + \Delta A\sin(B'x_j)\mathrm{e}^{-B'x_j} + \\ \qquad \Delta BA'x_j\mathrm{e}^{-B'x_j}\left[\cos(B'x_j) - \sin(B'x_j)\right] = 0 \end{cases} \tag{6.38}$$

式中,$\Delta A = A - A'$,$\Delta B = B - B'$。在给定(A',B')的情况下,式(6.38)是参数ΔA、ΔB 的二元一次方程组,可直接计算 ΔA、ΔB,即可得到当前参数(A,B)的解,若当前迭代次数超过阈值,或 ΔA、ΔB 的值均小于阈值则终止迭代,将当前计算得到的A、B 作为式(6.37)的近似解;否则令(A,B)为新的(A',B'),开始新的迭代计算,直到满足终止条件为止。求解参数 A 和 B 后,即可直接计算最大弯沉或弯沉盆曲线。

弯沉测量受路面技术状况、材质、结构、年限以及温度等很多环境因素影响,反演弯沉需要进行环境因素修正。

6.3　道路弯沉动态测量数据处理

道路弯沉动态测量的数据量大,数据处理较为复杂,包括多传感器测量数据预处理、路面变形速度计算与结果评估、变形量反演、路面弯沉计算以及弯沉修正。具体计算方法如图 6.12 所示。

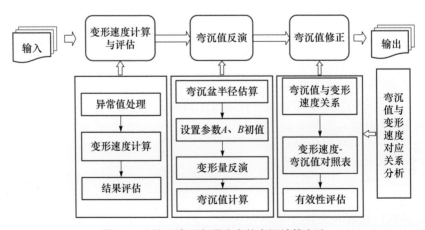

图 6.12　基于路面变形速度的弯沉计算方法

6.3.1 多传感器数据预处理

测速仪和陀螺仪是弯沉计算的核心数据,数据预处理包括原始数据的异常值处理和数据滤波处理两部分。因路面材料或水渍影响测量速度会产生异常值,如图 6.13 所示。其中,D_{100}、D_{300}、D_{750} 和 D_{3600} 分别表示距载荷中心 100mm、300mm、750mm 和 3600mm 处测量值。当测点位于路面异常反光区域时,传感器测量速度将出现零值异常现象,需剔除零值异常对应测点的数据。然后,对经过零值异常处理的传感器测量速度进行滤波,剔除原始测量速度与滤波后速度差值大于阈值 T(如 $T=20$mm/s)的测点,如图 6.13 所示。

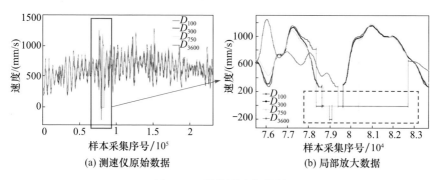

图 6.13 异常测速仪数据

由图 6.13(a)可知,多普勒测速仪数据质量较高,图 6.13(b)展示了在不同位置出现的测量异常现象。图 6.14 展示了不同测点位置的多个测速仪数据预处理后的效果。

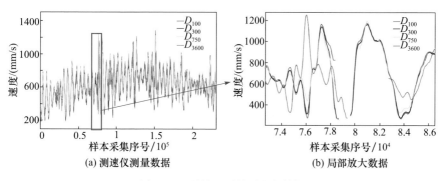

图 6.14 预处理后的测速仪数据

陀螺仪数据反映测量横梁姿态的变化,横梁姿态变化产生的速度会成为测速仪测量速度的分量,如图 6.15(c)所示,异常值处理方法如下。

（1）获取相邻时序数据的绝对差值集合 S。计算相邻时序数据的绝对差值，并形成集合 S。

（2）集合 S 的均值和标准差获取。计算集合 S 中所有数据的均值 SA 和标准差 SS。

（3）获取异常分割阈值 T_2。计算割阈值 $T_2 = SA + kSS$，推荐 $k = 3$。

（4）若集合 S 中存在大于阈值 T_2 的值，则将对应原始数据标记为异常数据并剔除。

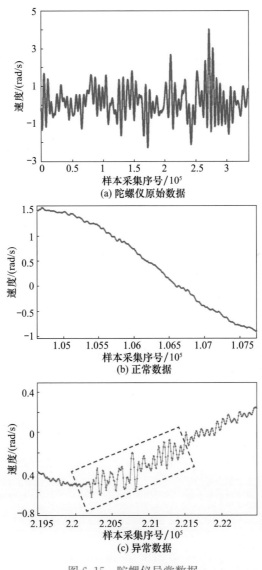

图 6.15　陀螺仪异常数据

对经异常值处理后的陀螺仪数据进行平滑滤波处理,推荐的滤波方法包括均值滤波、高斯滤波,预处理后的数据如图 6.16 所示。

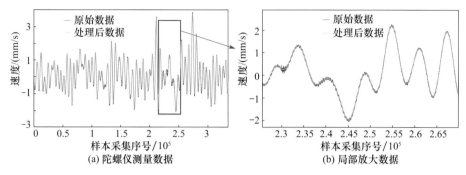

图 6.16　预处理后陀螺仪数据

6.3.2　路面变形速度计算

弯沉计算需获取路面变形速度 V_{ri}、车速 V_h、测点与载荷中心的水平距离 x_i 信息,式(6.37)中仅 A、B 两个未知参数,再结合两个测点的测量数据和理论的弯沉计算模型便可对参数 A、B 求解,进而得到载荷中心的最大弯沉 $d(0)=-A/(2B)$。

测量水平速度通过 DMI 编码器进行测量,假设检测装备在短时间内匀速行驶,利用时间段 ΔT 内里程位置的变化 ΔS,计算车速 $V_h=\Delta S/\Delta T$(推荐的 ΔT 范围为 0.1~1s)。数据采样频率高于 DMI 编码器脉冲信号变化频率,DMI 编码器采集值呈阶梯状,车速局部存在频繁波动现象,如图 6.17(a)所示。可利用平滑滤波处理提高车速计算精度,如图 6.17(b)所示。

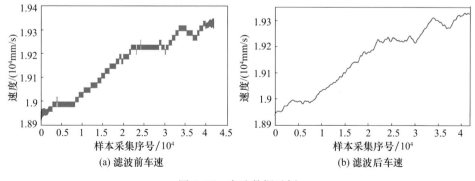

图 6.17　车速数据示例

得到测速仪、陀螺仪数据和车速数据后结合式(6.26),计算横梁与地面实时角度 θ,通过夹角 θ 动态计算测点的准确位置 x_i。假设第 i 个传感器与载荷中心水平

安装距离 x_{i0}，传感器安装高度 h，则传感器对应测点与载荷中心水平距离 $x_i = x_{i0} - h\tan(\alpha_i + \theta)$，$\alpha_i$ 通过标定得到。利用标定参数、计算车速，以及预处理后的测速仪和陀螺仪数据，结合式(6.33)或式(6.35)，计算各测点路面变形速度 V_{ri}，结果如图 6.18 和图 6.19 所示。EqVr1、EqVr2 为标定方程法 100mm、300mm 处变形速度，AnVr1、AnVr2 为实时姿态法 100mm、300mm 处变形速度，m_1、m_2 和 m_3 为第 1 次、第 2 次和第 3 次测量。

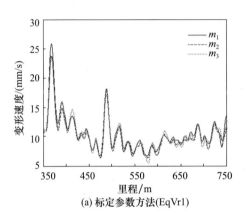

(a) 标定参数方法(EqVr1)

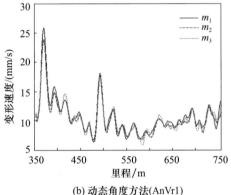

(b) 动态角度方法(AnVr1)

图 6.18　100mm 处多次测量重复性

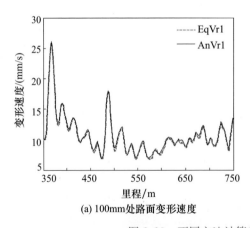

(a) 100mm 处路面变形速度

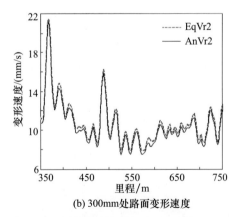

(b) 300mm 处路面变形速度

图 6.19　不同方法计算的路面变形速度相关性

不同方法计算的相关性如图 6.19 所示。

为保障弯沉计算结果的准确性，在弯沉计算中仅对有效测点进行弯沉计算，即需要评估当前变形速度测量的有效性。若当前测量(一组测量值)中出现下列情况中的任何一种情况，则认为当前测点为无效测量，反之为有效测量：

(1) 当次测量中存在 $n-2(n=4)$ 个及以上的测速仪测量值异常。

（2）当次测量中参考测速仪对应的测值（V_{dr}，变形区域外参考测速仪测值）异常。

（3）当次测量中对应的陀螺仪测量值异常。

利用变形速度 V_{ri}、车速 V_h、测点与载荷中心的水平距离 x_i，根据式（6.37），可求解 A、B 两个参数，通过 $d(0) = -A/(2B)$ 计算载荷中心最大弯沉。

6.3.3　路面弯沉计算

Newton 迭代法是非线性方程组常用的求解方法，收敛速度快，可快速、有效求解非线性方程，弯沉计算采用牛顿迭代法依据式（6.37）求解，流程如下：

（1）依据变形区域内不同测点路面变形速度大小，估算弯沉盆半径。

（2）依据弯沉盆半径越大 B 的取值越小的原则，结合弯沉盆半径估算的大小，设置参数 B 的初值。

（3）设置参数 B 的初值。结合路面的弯沉 $d(0)$ 的大小与参数 B 的初值，依据 $d(0) = -A/(2B)$ 可计算出参数 B 的初值。

（4）利用牛顿迭代算法求解方程组中的未知参数 A 和 B，进而依据 $d(0) = -A/(2B)$ 计算弯沉。

弯沉数值求解中存在少量陷入局部最优解的情况，需要对弯沉计算的有效性进行评估，方法如下：

（1）依据当前测点的路面变形速度和直接计算弯沉，计算当前测点的单位弯沉对应变形速度 SR_i。

$$SR_i = \frac{V_{ri}}{DEF} \tag{6.39}$$

式中，DEF 为当前测点的直接计算弯沉。

（2）依据全国公路弯沉测量建立路面变形速度与弯沉的相关关系，计算参考的单位弯沉对应变形速度 SR_{ref}。

（3）根据单位弯沉对应的变形速度 SR_{ref}、当前测点的单位弯沉对应的变形速度 SR_i，评估当前计算的弯沉 DEF 的有效性。

22 个省的动态弯沉实测路段测量数据表明，等级公路路面变形速度范围为 $0\sim40\text{mm/s}$，单位弯沉对应的变形速度大约为 0.4mm/s。测量精度为测量值的千分之一，即路面变形速度误差为 $0\sim0.04\text{mm/s}$，能保证测量计算精度的需要。

6.3.4　弯沉修正

沥青路面材料性质、温度环境、结构类型、气候条件、交通组成、检测时的环境等均将对弯沉测量产生影响[10]，但动态弯沉修正研究较少[11]。此处将分析潜在影响因素对动态弯沉测量的影响，进而研究动态弯沉修正方法[12]。

1. 影响因素分析

动态弯沉测量的是载荷力作用下的路面垂向变形量,动态载荷的大小将直接影响动态弯沉测量值结果,如图 6.20(a)所示,动态载荷越大,测量系统获取的路面变形速度也越大,计算的弯沉也越大。装备后轴标准配重 100kN,实际测量过程中,路面为非光滑平面,路面纹理及路面高程起伏将导致测量设备无法匀速运动,特别是对于平整度较差的测量路段,较大路面起伏将严重影响载荷轮施加给路面的瞬时载荷,如图 6.20(b)所示,测量装备存在低频振动和高频振动,动态载荷一直处于变化状态,增减幅度可达静态轴重的±20%。

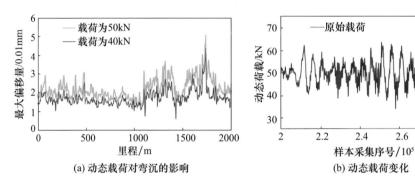

(a) 动态载荷对弯沉的影响　　　　　(b) 动态载荷变化

图 6.20　动态载荷影响示例

路面变形速度为多普勒测速仪测量速度的分量,通常情况下多普勒测速仪的合速度为 300~1300mm/s,车速分量为 200~1100mm/s,路面变形速度小于 40mm/s,车速对变形速度的影响不容忽视。

路面温度是影响路面承载力的主要因素,尤其是沥青路面,路面温度在一天内可能变化很大,在夏季可能接近 70℃,从材料特性来看,路面湿度会影响路基的黏聚力,高温下的测量值通常大于低温下的测量值。路面温度修正被广泛认为是一个难题,温度修正模型还未达成统一认知。通常,路面温度影响通过温度修正系数进行修正。

$$D_{T_{\text{ref}}} = D_T K_T \tag{6.40}$$

路基湿度、路面厚度和路面结构类型也会对弯沉波的传播产生影响,受目前测量技术限制,快速准确获取这些参数还存在一定的技术难题。综上所述,在测量条件范围内,动态弯沉的修正过程中应考虑动态轮载、测量速度和路面温度的影响。

2. 修正模型建立

假设弯沉修正模型如下:

$$Y_d = Y_m F \tag{6.41}$$

式中，Y_m 为路面变形速度计算的弯沉；Y_d 为修正后的弯沉；F 为多因素综合修正系数。

采用回归分析方法建立综合修正系数 F 与影响因素路面温度、测量速度及动态载荷之间的关系，建立三元二次回归模型如下：

$$F = b_0 + \sum_{k=1}^{3} b_k X_k + \sum_{k=1}^{3} \sum_{p=k}^{3} b_{kp} X_k X_p + \varepsilon \tag{6.42}$$

$$\min\varepsilon^2 = \min \sum_{i=1}^{3} \left[F - \left(b_0 + \sum_{k=1}^{3} b_k x_{ki} + \sum_{k=1}^{3} \sum_{p=k}^{3} b_{kp} x_{ki} x_{pi} \right) \right]^2 \tag{6.43}$$

式中，b_k，b_{kp} 为回归系数；X_1 为测量速度影响因子；X_2 为动态载荷影响因子；X_3 为路面温度影响因子；ε 为服从标准正态分布误差项；i 为观察样本序号；n 为观测样本总个数；x_{1i} 为路面温度影响因子第 i 个样本值；x_{2i} 为测量速度影响因子第 i 个样本值；x_{3i} 为动态载荷影响因子第 i 个样本值。

由式(6.41)可知，可将对应测点的贝克曼梁或 FWD 测量值 Y_r 作为回归分析目标值，利用 $F = \dfrac{Y_r}{Y_m}$ 得到回归目标值。将影响因素 X_1、X_2、X_3 扩展为 9 个新影响因素，如表 6.5 所示。

表 6.5　回归模型细分影响因素

序号	1	2	3	4	5	6	7	8	9
影响因素	X_1	X_2	X_3	$X_1 X_2$	$X_1 X_3$	$X_2 X_3$	$X_1 X_1$	$X_2 X_2$	$X_3 X_3$

按模型中真实使用的新影响因素个数，统计使用不同新影响因素个数情况下的最佳回归模型(相关系数最大)及其参数，统计结果如表 6.6 所示。

表 6.6　最佳回归模型统计参数

因素个数	相关系数	F 统计	估计误差方差	平均误差	标准误差
1	0.62285	568.10	0.00264940	0.041120	0.051323
2	0.91416	1826.40	0.00060476	0.018735	0.024485
3	0.94541	1974.10	0.00038575	0.015015	0.019527
4	0.94678	1516.70	0.00037712	0.014672	0.019279
5	0.94744	1225.70	0.00037357	0.014550	0.019160
6	0.94781	1026.10	0.00037203	0.014471	0.019092
7	0.94820	883.80	0.00037037	0.014392	0.019021
8	0.94824	771.69	0.00037117	0.014358	0.019014
9	0.94835	685.54	0.00037144	0.014369	0.018992

当模型中使用 3 个影响因素时，回归结果与最佳的回归相关系数、均方根误差、平均绝对误差差异均较小，且具备最佳的 F 统计值，模型参数为

$$F = 2.1813 + 0.00597 X_1 - 0.02431 X_2 - 0.0032 X_3 \tag{6.44}$$

由模型可知,测量速度与修正系数正相关,测量速度越大修正系数越大,动态载荷与修正系数负相关,动态载荷越大修正系数越小;路面温度与修正系数负相关,测量速度越大修正系数越小。

修正结果如图 6.21 所示,横轴为回归分析目标值 z,纵轴为回归分析的期望值 y。修正后弯沉测量值与参考值的差值(平均绝对误差为 0.52;最大绝对误差为 2.89)明显小于修正前弯沉测量值与参考值的差值(平均绝对误差为 2.87;最大绝对误差为 20.20)。

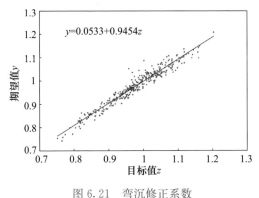

图 6.21　弯沉修正系数

弯沉测量影响因素多,修正方法仅仅根据已经测量数据给出,方法的适应性需要在不断的使用中验证和完善。随着深度学习技术的方法及测量数据不断增多,未来有可能建立更加通用的动态弯沉修正方法。

6.3.5　动态测量的验证与分析

弯沉测量受路面技术状况、环境因素如温度等影响,快速测量方法需要进行适应性验证。同时,测量结果需要与 FWD、贝克曼梁等传统测量方法进行可靠性验证。通常采用重复性和相关性指标验证,如图 6.22 所示。

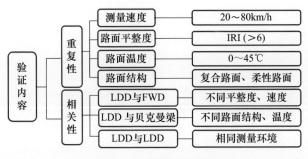

图 6.22　验证需求分析

1. 重复性分析

对同一条试验路段在不同测量速度下分别进行多次测量,分别验证速度对测量的影响,测量结果如图 6.23 和表 6.7 所示,其中 m_1、m_2、m_3、m_4 分别表示第 1 次、第 2 次、第 3 次、第 4 次测量结果(在后续内容中,m_1、m_2、m_3、m_4 的含义与此处相同)。

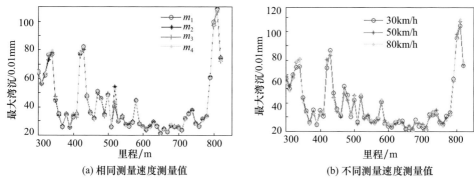

(a) 相同测量速度测量值　　　　　　　　　　(b) 不同测量速度测量值

图 6.23　测量速度对测量结果影响

表 6.7　测量速度对检测结果的重复性影响

里程/m	速度 50km/h 时的重复性试验弯沉测量值/0.01mm				自重复性/%	车速对测量结果的影响试验弯沉测量值/0.01mm			偏差系数/%
	m_1	m_2	m_3	m_4		30km/h	50km/h	80km/h	
300	64.8	63.5	64.3	64.2	99.1	62.2	64.2	59.2	4.0
320	62.0	63.5	62.8	63.8	98.8	65.5	63.0	62.4	2.6
340	76.8	78.0	77.4	79.7	98.4	72.3	78.0	78.9	4.7
360	35.3	34.2	33.8	35.7	97.4	36.3	34.8	34.5	2.8
380	35.0	34.1	35.2	33.7	98.0	37.1	34.5	34.7	4.2
400	32.7	33.8	34.9	32.7	96.9	36.7	33.5	34.5	4.7
420	77.4	77.1	78.3	78.3	99.2	71.2	77.8	75.4	4.5
440	47.7	47.0	46.4	47.4	98.8	50.7	47.1	46.9	4.4
460	32.1	32.2	31.3	31.6	98.8	32.3	31.8	34.3	4.1
480	45.9	45.4	45.5	44.8	99.0	49.4	45.4	47.4	4.2
500	48.5	48.9	49.5	48.4	99.0	45.2	48.8	48.6	4.3

在相同测量速度下的弯沉测量值重复性约为 98%,不同测量速度情况下测量结果的偏差系数小于 5%,故测量速度对弯沉测量结果的影响较小。

路面起伏将影响载荷轮施加给路面的瞬时载荷,并引起测量横梁较大俯仰姿态变化,产生旋转线速度,尤其对 IRI>3 的路面。陀螺仪测量横梁姿态,消除测量姿态变化产生的速度分量引起的计算误差。选择平整度较差的测试路段验证路面平整度对测量重复性的影响,测量结果如图 6.24 和图 6.25 所示。可以看出,两个路段的平均重复性分别为 95.5%、95.7%,即路面平整度对连续快速弯沉测量的影响小。

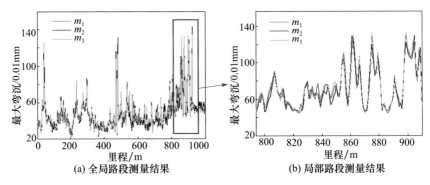

(a) 全局路段测量结果　　　　　　　　　(b) 局部路段测量结果

图 6.24　平整度对测量重复性影响(IRI=8.3)

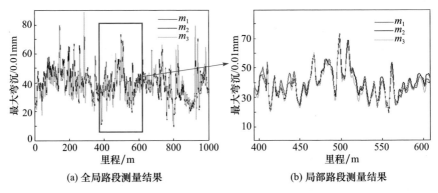

(a) 全局路段测量结果　　　　　　　　　(b) 局部路段测量结果

图 6.25　平整度对测量重复性影响(IRI=6.5)

　　温度对弯沉测量影响较大,选择试验路段,在秋季的 24h 内分别选择 15:00、20:00、次日 3:00 三个时间段进行测量,每组测量 3 次,测量结果如图 6.26 和表 6.8 所示。

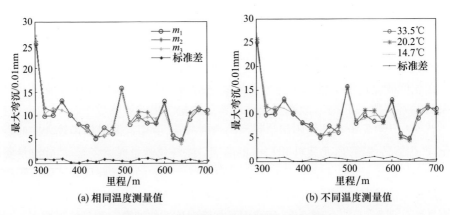

(a) 相同温度测量值　　　　　　　　　(b) 不同温度测量值

图 6.26　不同路面温度对测量结果的影响

表 6.8 黄黄高速公路试验路段不同温度测量部分数据

里程/m	地面温度 33.5℃ 时的弯沉/0.01mm				地面温度 20.2℃ 时的弯沉/0.01mm				地面温度 14.7℃ 时的弯沉/0.01mm			
	m_1	m_2	m_3	P	m_1	m_2	m_3	P	m_1	m_2	m_3	P
300	25.2	25.8	27	0.96	24.3	26.1	27.3	0.94	25.4	25.1	27.4	0.95
320	9.9	11.7	10.5	0.91	10.2	11.4	11.3	0.94	9.7	11.3	10	0.92
340	10.1	10.9	11.7	0.93	9.7	10.7	11.8	0.90	10.3	10.2	11.6	0.93
360	13.2	12.9	11.3	0.92	12.5	13.4	10.7	0.89	12.5	13.6	11.2	0.90
380	10.1	10.3	10.3	0.99	10.3	10.3	10.3	0.99	9.7	10.7	10.3	0.95
400	8.3	8.2	8.4	0.99	8.5	7.7	8.3	0.95	8	7.9	8	0.99
420	7.8	6.8	7	0.93	7.7	6.4	7.4	0.91	8.1	6.6	7.5	0.90
440	5.1	5.6	5.1	0.95	6.2	5.8	4.9	0.88	5.4	5.5	5.4	0.96
460	7.5	5.8	6	0.86	7.8	5.7	6.2	0.83	7.7	6.5	7.3	0.91
480	6.2	7.5	6.4	0.90	5.4	5.4	5.5	0.99	5.8	5.5	5.6	0.97

不同温度的弯沉为当前温度下测量的平均值,部分数据如表 6.8 所示。

2. 相关性分析

FWD 和贝克曼梁是传统的弯沉测量方法,在交通领域得到广泛应用,新的测量方法需要和这些传统测量方法测量的结果建立相关关系。选择两条不同路况(IRI 分别为 2.3、7.2)的路段,以 50km/h 的速度进行动态弯沉测量 3 次,分别将测量结果平均值与 FWD 进行比较验证,测量结果如图 6.27 所示。其中,AvgDef 为 3 次动态弯沉测量结果的平均值,RefDef 为 FWD 的测量值,图 6.27(a)的相关性为 0.95,图 6.27(b)的相关性为 0.91。

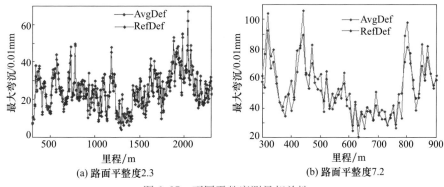

图 6.27 不同平整度测量相关性

同一试验路段分别以 20km/h、45km/h、70km/h 的速度进行测量,测量结果如表 6.9 所示,在不同测量速度下,与 FWD 测量相关性约为 0.95。

表 6.9 不同速度情况下的相关性测量结果

里程/m	FWD/0.01mm	不同速度下的弯沉/0.01mm		
		20km/h	45km/h	70km/h
300	41.5	43.9	42.5	42.3
310	50.1	44.8	44.4	45.8
320	90.8	76.6	79.0	76.3
330	55.8	47.5	49.4	50.2
340	57.4	51.0	51.1	50.8
350	64.6	51.7	50.5	49.6
360	42.7	45.6	45.8	45.3
370	51.6	45.7	44.0	43.7
380	38.4	35.9	36.4	37.1
390	30.4	37.4	37.2	36.7
400	35.9	39.8	38.2	36.3
410	28.2	31.3	32.9	36.0
420	29.5	39.7	39.2	33.7
430	32.7	33.2	36.9	38.8
440	75.2	62.5	60.4	57.3
450	35.0	43.1	39.3	37.9
相关系数	—	0.96	0.96	0.96

选择一条路表温度约为 42℃和 13℃的沥青路面作为试验路段,以 50km/h 的速度进行动态弯沉测量 3 次,将三次测量的平均值与贝克曼梁进行比较验证,测量结果如图 6.28 所示,其中,路表温度约为 42℃路段的相关性为 0.91,路表温度约为 13℃路段的相关性为 0.95。

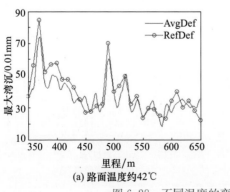
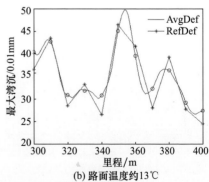

(a) 路面温度约42℃   (b) 路面温度约13℃

图 6.28 不同温度的弯沉测量结果相关性

在同一路段用两台动态弯沉装备进行 3 次测量,测量结果如图 6.29 所示,其中 $m_{i,j}$ 表示第 i 台车第 j 次测量,计算相关性 >0.98。

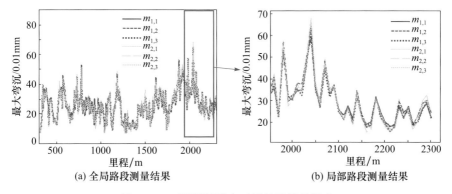

(a) 全局路段测量结果　　　　　　　　　(b) 局部路段测量结果

图 6.29　不同测量设备对测量结果的影响

温度、铺装材料、使用年限等环境因素对道路弯沉测量影响大,随着动态弯沉测量装备的广泛应用,将能收集全国范围各种环境因素下的弯沉测试数据,并能建立弯沉测量大数据模型,有利于弯沉的修正,是未来需要研究的内容。

6.4　激光动态弯沉测量装备及应用

6.4.1　装备组成

1. 装备总体结构

投入应用的动态弯沉测量装备有交通速度弯沉测量仪(traffic speed deflectometer,TSD)和激光动态弯沉测量装备(laser dynamic deflectometer,LDD)。LDD由测量平台、供电与环境、控制、测量等组成,如图 6.30 所示。

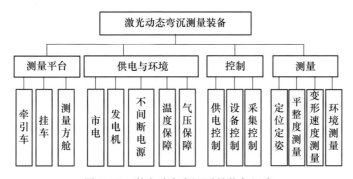

图 6.30　激光动态弯沉测量装备组成

激光动态弯沉测量装备由牵引卡车和拖车组成,拖车后轴允许通过配重施加10～13t 的载荷,其中 5t 为可以拆卸的配重,牵引卡车选用瑞典沃尔沃公司的重型牵引车,在拖车上集成测量方舱,方舱内保证 25±2℃ 的恒定温度,方舱内安装所有测量仪器和设备,满足 4000mm 弯沉盆测量要求。为保证测量数据的一致性,所有测量传感器都安装在一个特殊设计的 4m 长刚性横梁上,四个多普勒测速仪安装要求尽量平行,安装位置以载荷轮中心向前起算 2m 以内,分别测量距载荷轮中心前 100mm、300mm、750mm 和 3600mm 处路面的变形速度,装备构造如图 6.31 所示。

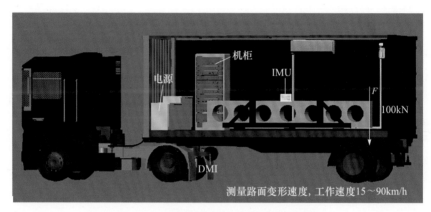

图 6.31　激光动态弯沉测量装备构造图

由四个激光多普勒测速仪测量路面变形速度,IMU 及 GNSS 测量进行定位定姿,温度传感器测量路面温度和环境温度,装备如图 6.32 所示。

(a) LDD装备作业现场　　　　　　　　　　　　(b) LDD测量横梁

图 6.32　LDD 装备实物图

2. 核心传感器

装备使用的传感器包括:激光多普勒测速仪、光纤陀螺仪、加速度计、激光测距传感器、红外测温仪,以及光电编码器等。激光多普勒测速仪测量路面变形速度,光纤陀螺仪测量横梁运行中三自由度的姿态,激光测距传感器监测横梁与地面关系,红外测温仪测量地面温度,光电编码器测量载车行进速度。

3. 装备组成

1) 载车平台

载车平台主要包括牵引车、挂车和测量方舱部分。牵引车提供动力,所有控制部分都在牵引车驾驶室内。挂车主要承载测量方舱及定位测量,通过配重使后轴达到 100kN 的配重要求,允许 +30kN 的调整,由于需要测量载荷轮中心前 100mm 的路面变形速度,后轴工作轮的轮毂需要进行特殊改装,测量轮的轮毂对间距拉开不小于 20mm,以便激光线可以通过。测量方舱内部安装测量传感器,包括测量横梁、传感器、控制设备和采集设备等,路面变形类测量传感器安装在测量横梁上,包括多普勒测速仪和陀螺仪,其中三个陀螺仪法向量相互正交,一个陀螺仪所处平面与地面垂直,安装在横梁的中心位置,加速度计和激光测距传感器分别安装在拖车地板两侧,其余设备安装在机柜中。

2) 供电

采用综合电源为整个测量装备提供可靠稳定的电能来源,综合电源能接受市电、发电机和不间断电源三个供电方式。综合电源的输出分为直流部分和交流部分,分别输出到对应的分线盒给不同设备供电。综合电源监测整个电力系统的运行状况,将相关参数发送给控制器,在电力系统出现异常时切断电力系统并报警,并且完成电能的选择、转化和分配。综合电源完成电压的转换和电源保护,它的输入是市电或者发电机,输出是直流 12V、24V 和交流 220V。直流分线盒将直流 12V 和 24V 分接成多路直流电压输出,供车上的直流设备使用。交流分线盒将交流 220V 分接成多路交流电压输出,供车上的交流设备使用。

3) 控制

主要包括设备控制、供电控制和采集控制三部分。设备控制和供电控制为硬件级控制,由同步控制器进行统一控制,采集控制为软件控制,设备启动后,所有设备都处于采集状态,只是需要控制命令控制采集的数据是否保存。所有控制设备都安装在牵引车驾驶室内,硬件级的控制采用按钮方式实现,直接操作方舱内的同步控制器,软件级的控制使用驾驶室的计算机安装的主控软件,给方舱内的采集计算机采集或取消采集指令。

4) 测量采集

完成测量数据的采集工作,原始测量数据采用二进制的数据格式,以文件形式存储在方舱内的采集服务器中。需要采集的数据包括由 DMI 和 GNSS 采集的定位数据,由加速度计和激光测距传感器采集的平整度(路面起伏)数据,由多普勒测速仪采集的路面变形速度和各种环境数据,如方舱内外温度等。

5）环境维持

装备工作需要一个稳定的环境,多普勒测速仪测量数据受温度、风速、环境光、灰尘等的影响较大,为满足测量需要,采用空调维持舱内 25 ± 2℃的恒定温度,利用增压保持 1.05 个气压的压力,利用导光通道的设计方法尽量减小风速和环境光的干扰。

6.4.2 装备标定

激光动态弯沉测量装备通过测量移动载荷作用下路面变形速度反演变形量计算弯沉,是一种间接的测量方法,此时,同等力作用在不同路面材料和结构的路面上引起的变形大小不一样,反之,不同路面材料和结构的路面上发生同等大小的变形所需要的力也不一样大,因此,变形速度与变形量的反演需要进行一定的标定与修正。同时测速仪及陀螺仪测量值是影响测量的主要因素,测量要求多个传感器在横梁方向上保持共线,在垂直横梁方向上保持平行,而实际安装过程中难以保证绝对平行和共线,因此,多个多普勒测速仪关系的标定非常重要,而且,测量横梁旋转产生的测量误差需要陀螺仪补偿,需对陀螺仪的影响因子进行标定[13]。

1. 多普勒测速仪几何参数标定

几何标定的目的是保证四台激光测速仪在行车方向上共线,在垂直行车方向上相互平行。传感器通过结构件依次竖直安装于测量横梁内的设计位置,通过微调结构件,可实现四台激光测速仪发射激光线在同一个平面内并相互平行。

测量激光光束平行性主要是通过干涉方法来实现,被测光束分成两束光,然后在一适当位置产生干涉,如果入射光束为平行光,则产生的干涉条纹为直条纹或无条纹,这种方法测量准确度较高,干涉仪价格昂贵,干涉体积较大,使用不方便,振动对测量影响较大,可以测量的角度范围较小。此处提出一种简洁、快速的方法来验证多条光束的平行性[5]。

标定依据 1:假如 L_1、L_2 是两条平行线,那么当且仅当平面 A 垂直于它们时,L_1、L_2 在 A 上的交点距离最短。

标定依据 2:假如 A、B、C 是三个互相平行的平面,L_1、L_2 在它们上的交点的距离相等,那么 L_1、L_2 必然互相平行。

假如 L_1、L_2 是两条测速仪的激光线,A 是其激光线前的挡板,A 的角度可以调节,当调节到 L_1、L_2 在其上光斑距离最短的时候,A 和 L_1、L_2 的垂直性能最好。假如 A_1、A_2、A_3 是距离测速仪镜头分别为 1m、5m、10m 的挡板,调节 A_1、A_2、A_3 的角度使得 L_1、L_2 在其上光斑的距离都达到最短,那么可以确定 A_1、A_2、A_3 互相平行,如果此时 L_1、L_2 在它们上光斑的距离都相等那么可以确定 L_1、L_2 平行。

选择在离传感器前不同距离处进行传感器相互间距离的测定,在选定距离内,传感器相互间距离满足设定条件,则可以认为互相之间已经平行,标定方法如图 6.33 所示。几何标定数据如表 6.10 所示。

(a) 多普勒传感器几何标定

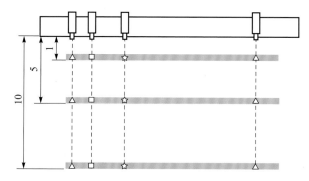

(b) 多普勒传感器几何标定原理(单位: m)

△.第1次调节; □.第2次调节; ☆.第3次调节

图 6.33　多普勒传感器几何标定图

表 6.10　几何标定数据

标定距离/m	L_{14}/mm	L_{24}/mm	L_{34}/mm
1	3500.1	3200.6	2900.4
5	3499.8	3199.7	2899.7
10	3499.2	3199.4	2899.1

从表 6.10 中可以看出,L_{14} 在 1m、5m、10m 处位置距离几乎相近,误差控制在 1mm 之间,L_{24}、L_{34} 的数据结果也是如此,可认为四个激光测速传感器的激光束已经满足平行条件。

2. 多普勒测速仪角度差标定

几何标定无法确保测速仪之间绝对平行,角度差标定用于计算测速仪之间实际存在的角度差,该值将直接作为路面速度标定计算方法中的水平速度影响系数,也是角度计算法中路面变形速度计算的基础,将直接影响测量结果。

在横梁完全静止的状态下,四个激光束打到 4m 长的准直型材上,然后使型材做变速的水平运动,利用一个测量范围在 $\pm 200\text{mm}$ 的激光测距传感器测量横梁的水平运动速度 V,然后利用采集卡采集四个测速仪的速度 D_1、D_2、D_3、D_4。这里假设四个测速仪和水平方向的夹角分别为 α_1、α_2、α_3、α_4,在横梁静止不同的情况下有

$$D_i = V\sin\alpha_i, \quad i = 1,2,3,4 \tag{6.45}$$

则有

$$\begin{cases} \sin\alpha_1 - \sin\alpha_4 = \dfrac{D_{14}}{V} = \dfrac{D_1 - D_4}{V} \\[2mm] \sin\alpha_2 - \sin\alpha_4 = \dfrac{D_{24}}{V} = \dfrac{D_2 - D_4}{V} \\[2mm] \sin\alpha_3 - \sin\alpha_4 = \dfrac{D_{34}}{V} = \dfrac{D_3 - D_4}{V} \end{cases} \tag{6.46}$$

式中,D_{ij} 为第 i 个测速仪与第 j 个测速仪的读数差。

数据如表 6.11 所示,3 组数据无论是否进行滤波,值都没有很大的变化,标定方法能满足要求。

表 6.11　角度差标定数据

角度差	测量值 1	测量值 2	测量值 3	平均值	方差
$\sin\alpha_1 - \sin\alpha_4$	0.0013160	0.0012720	0.0013890	0.0013260	0.000059
$\sin\alpha_2 - \sin\alpha_4$	-0.0000654	-0.0001214	-0.0000378	-0.0000749	0.000043
$\sin\alpha_3 - \sin\alpha_4$	0.0010110	0.0010000	0.0010400	0.0010170	0.000021

3. 陀螺仪参数影响因子标定

横梁完全静止状态下,测速仪的四个激光束打到 4m 长型材上,然后使横梁模拟做无规则的俯仰运动。横梁在实际的运动中满足以下条件:

$$D_i = D_{ri} + D_{gxi} + V_v\sin\alpha_i + V_b, \quad i = 1,2,3,4 \tag{6.47}$$

式中,D_{ri} 分别为三点的路面下沉速度,实际应用中 D_{r1} 为 0;V_b 为横梁自身整体运动速度;α_i 为四个测速仪和水平方向的夹角;D_{gxi} 为横梁转动在四个激光点引起的速度。

$$\begin{cases} D_{gx1} - D_{gx4} = S_g L_{14}(w_x + W_0) \\ D_{gx2} - D_{gx4} = S_g L_{24}(w_x + W_0) \\ D_{gx3} - D_{gx4} = S_g L_{34}(w_x + W_0) \end{cases} \tag{6.48}$$

式中，S_g 为陀螺仪测量值对速度补偿系数；L_{14}、L_{24}、L_{34} 分别为测速仪 1、测速仪 2、测速仪 3 到测速仪 4 的距离；W_0 为陀螺仪的零偏；w_x 为消缺延时后的陀螺仪的测量值。

式 (6.48) 为横梁转动速度的理论模型。试验中设计为横梁没有运动，因此 D_{ri}、V_v 均为零，试验在横梁运动的情况下有下式成立：

$$\begin{cases} D_{14} = D_1 - D_4 = S_{g1}L_{14}(w_x + W_0) + b_1 + \varepsilon_1 \\ D_{24} = D_2 - D_4 = S_{g2}L_{24}(w_x + W_0) + b_2 + \varepsilon_2 \\ D_{34} = D_3 - D_4 = S_{g3}L_{34}(w_x + W_0) + b_3 + \varepsilon_3 \end{cases} \quad (6.49)$$

式中，S_{gi} 为第 i 个测速仪对应的陀螺仪补偿系数；b_i 为第 i 个测速仪对应的常数补偿系数；ε_i 为速度误差。

对第 j 组测量数据而言，满足以下等式：

$$\begin{cases} (D_{14})_n = (D_1)_n - (D_4)_n = S_{g1}L_{14}\big[(w_x)_n + W_0\big] + b_1 + (\varepsilon_1)_n \\ (D_{24})_n = (D_2)_n - (D_4)_n = S_{g2}L_{24}\big[(w_x)_n + W_0\big] + b_2 + (\varepsilon_2)_n \\ (D_{34})_n = (D_3)_n - (D_4)_n = S_{g3}L_{34}\big[(w_x)_n + W_0\big] + b_3 + (\varepsilon_3)_n \end{cases} \quad (6.50)$$

式中，$(w_x)_n$ 为第 n 时刻消缺延时后的陀螺仪 X 的值；$(\varepsilon_i)_n$ 为第 n 时刻标定模型中的速度误差。

式 (6.50) 中需要通过标定获取的参数包括 S_{gi}、b_i($i = 1, 2, 3$)，由于横梁为往复俯仰运动，陀螺仪零偏 W_0 可通过多组测量值均值替代。激光标定平行结果可知 $L_{14} = 3500.1\text{mm}$，$L_{24} = 3299.6\text{mm}$，$L_{34} = 2849.4\text{mm}$，利用最小二乘回归法计算，标定结果如表 6.12 所示。标定结果分布如图 6.34 所示。

表 6.12　陀螺仪补偿系数标定结果

测速仪序号 i	参数 S_{gi}	参数 b_i	abs(ε_i) 平均值	abs(ε_i) 最大值	延时时间/ms
1	0.017453	0.0143	0.0013	0.064	7
2	0.017457	0.0237	0.0035	0.086	7
3	0.017455	0.0186	0.0042	0.097	7

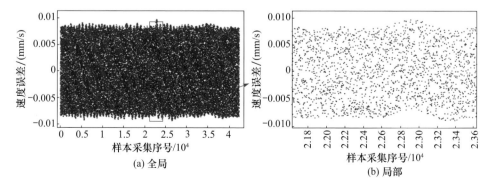

图 6.34　标定模型中的速度误差示例

图 6.34 为表 6.12 中第 3 个测速仪标定对应的速度误差。由图 6.34 和表 6.12 可以看出,3 个测速仪的补偿系数差异在 0.005% 以内,与理论模型相符。标定模型中的最大绝对速度误差小于 0.01mm/s,平均绝对速度误差小于 0.005mm/s,即横梁自身几乎没有发生形变,满足试验和测量要求。

6.4.3　数据采集和管理软件

1. 数据类型

系统软件主要通过两张 8 通道的数字采集卡分别对四个测速仪、三个陀螺仪、一个距离脉冲和两个激光测距传感器、三个加速度计、一个红外测温仪、一个距离脉冲;另外 GNSS 与同步数据通过串口的方式接入数据采集程序中。由于测速仪与陀螺仪的响应频率小于 1k,激光测距传感器的响应频率为 16k,两张采集卡按不同的采集频率进行采集。

多普勒测速仪通过多普勒控制器输出电压信号供 NI 采集卡采集;陀螺仪、红外测温仪与加速度传感器输出电压信号,经过其他信号控制器的滤波降噪处理后供 NI 采集卡采集;测距传感器输出电流信号,经过其他信号控制器的滤波降噪,电流转电压后供 NI 采集卡采集;距离编码器输出 TTL 信号、GNSS 通过串口输出数字信号、温度传感器输出电压信号,经过同步控制器的同步处理,通过网络以同步信号协议包格式传输给服务器采集;同时同步控制器还输出标准的 TTL 距离信号供 NI 采集卡采集,以解决多普勒测速仪、陀螺仪、红外测温仪、加速度传感器与测距传感器的同步问题。

2. 系统软件

系统软件分为主控软件和采集服务。主控软件负责采集控制与数据显示;采集服务负责数据采集与存储。主控软件与采集服务通过网络通信。

1) 主控软件

主控软件包括网络通信、地图显示、采集控制以及数据存储模块。主控软件与采集服务通过网络连接,主控软件会实时向采集服务请求各种各样的数据,如 GNSS 数据、里程桩号、方舱内外温度、当前车速等相关信息,然后将请求到的信息显示在界面上呈现给用户。除了以上请求外,用户可以通过操作主控软件来实时的进行动态弯沉数据的采集,主要操作功能为新建工程、启动工程、停止工程等,同时用户还可通过地图操作功能来实时的操作地图,查看相关的地图信息。软件界面如图 6.35 所示。

2) 采集服务

采集服务以 Windows 服务方式运行,分为串口通信、采集卡操作、原始数据采集与保存、平整度计算以及通信等模块。采集服务启动以后就开始实时的通过 NI 采集卡操作模块、串口通信模块读取数据,但只有主控系统启动开始采集时,才启用原始数据保存模块区实时保存相应的原始数据。

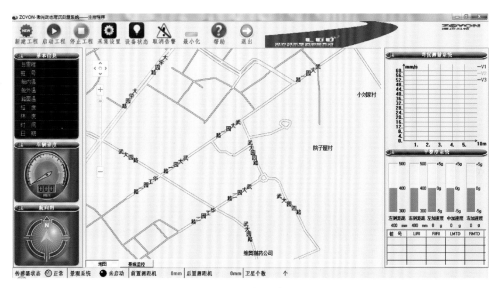

图 6.35　主控软件界面

3. 数据示例

　　测量数据在统一时空基准下采集,数据类型包括:多普勒测速仪数据、陀螺仪数据、DMI 数据、加速度计数据以及温度传感器数据。

　　弯沉测量采用四个多普勒测速仪测量移动载荷力作用下的路面变形速度,分别距离载荷轮中心向前 100mm、300mm、750mm 和 3600mm,3600mm 已经在弯沉盆外,这个测点测量的速度中没有路面变形速度,如图 6.36 所示。

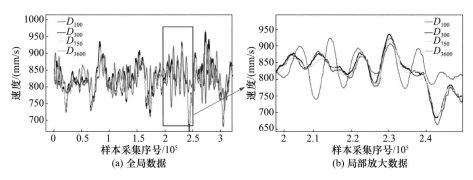

图 6.36　多普勒测速仪数据示例

D_{100}、D_{300}、D_{750}、D_{3600} 分别为行车方向距离载荷中心向前 100mm、300mm、750mm、3600mm 处多普勒测速仪测量值。观察图 6.36 可知，D_{3600} 与 D_{100}、D_{300}、D_{750} 的值差异较大，3600mm 处姿态变化产生的旋转线速度较大，成为测量和速度的组成分量。

图 6.37 为陀螺仪数据（G_x）示例，测量值单位为度每秒，测量值表现为零值附近的往复波动，与横梁绕旋转中心往复俯仰运动规律相符。

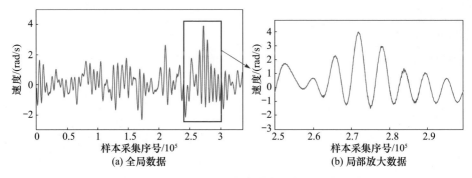

图 6.37　陀螺仪数据示例

图 6.38 为 DMI 编码器采集的数据示例，检测装备在测量过程中一直向前方行驶，其测量值一直呈增长趋势，由于系统的采样频率高于 DMI 编码器的脉冲信号变化频率，DMI 编码器采集的数据呈阶梯状，如图 6.38(b) 所示。

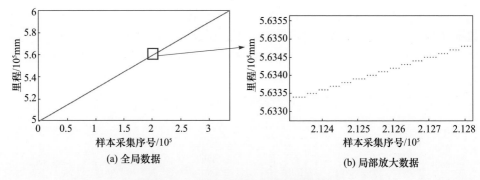

图 6.38　DMI 编码器采集的数据示例

图 6.39 为加速度计数据示例，测量值表现为单位重力加速度附近的往复波动，与车辆往复上下振动运动规律相符。

图 6.40 为温度传感器获取的路面温度数据示例，路面温度值呈阶梯状，由温度传感器的分辨率（约 0.01℃）导致。

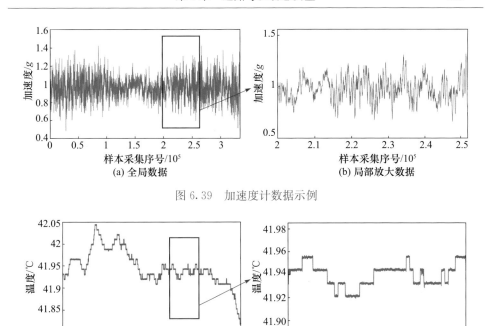

图 6.39　加速度计数据示例

图 6.40　温度传感器数据示例

表 6.13 为传感采集的多组示例数据,每组数据为同一时刻不同传感器采集的数据。

表 6.13　传感器采集数据

序号	多普勒测速仪数据/(mm/s)				陀螺仪数据/(rad/s)	DMI 数据/mm	加速度计数据/g	路面温度/℃
	D_{100}	D_{300}	D_{750}	D_{3600}				
1	834.832	838.145	839.943	867.745	−1.064	500240	0.997	41.933
2	834.809	837.983	839.501	867.716	−1.061	500250	1.027	41.933
3	834.806	837.684	839.334	867.839	−1.048	500250	1.054	41.933
4	834.754	837.721	839.401	867.627	−1.046	500250	1.060	41.933
5	834.809	837.686	839.358	867.973	−1.056	500250	1.042	41.932
6	834.747	837.709	839.382	867.362	−1.068	500260	1.006	41.932
7	834.818	837.704	839.359	869.603	−1.083	500260	0.960	41.933
8	834.718	837.706	839.387	872.362	−1.091	500260	0.917	41.933
9	834.866	837.691	839.355	871.919	−1.096	500260	0.890	41.933

6.4.4　装备检定及应用

1. 装备检定

高速弯沉测量装备是一种全新的动态弯沉测量装备,装备应用需要满足《激光式高速弯沉测定仪》(JT/T 1170—2017)[3]要求,需要通过交通运输部国家道路与桥梁工程检测设备计量站的计量检定,内容包括装备重复性和相关性检定。依据《激光式高速弯沉测定仪》(JT/T 1170—2017)[3]要求,高速弯沉仪检定性能要求如表 6.14 所示。

表 6.14 高速弯沉仪检定性能要求

序号	检测项	要求
1	温度测量误差/℃	≤1
2	距离测量相对误差/%	±0.1
3	弯沉测量重复性/mm	≤0.03
4	弯沉测试速度变异性/%	≤5
5	抗振动性	能正常使用
6	抗冲击性	能正常使用
7	弯沉最小测试速度变异性/%	≤5
8	弯沉最大测试速度变异性/%	≤5
9	弯沉测值相关系数 R	≥0.95

1) 弯沉最小测试速度变异性检验

在满足条件的试验路段,分别以 20km/h、50km/h 的速度沿着标记测点间隔 30min 测量同一路段,分别测试 3 次。计算两个速度测试路段的代表弯沉平均值,通过两个代表弯沉平均值计算弯沉速度变异系数,检测是否满足弯沉最小测试速度变异性的相关要求。

2) 弯沉最大测试速度变异性检验

在满足条件的试验路段,分别以 50km/h、80km/h 的速度沿着标记测点间隔 30min 测量同一路段,分别测试 3 次。计算两个速度测试路段代表弯沉的平均值,通过两个代表弯沉平均值计算弯沉速度变异系数,检查是否满足弯沉最大测试速度变异性的相关要求。

3) 弯沉测量相关性检验

选择 4 段弯沉范围不同路面结构相似的沥青路段,做好测点标记。在试验环境下,分别用快速弯沉仪和贝克曼梁测试各标记点的弯沉仪测量值及回弹弯沉,计算每个试验路段两种不同方法测得数据的路段代表弯沉,建立起两者的线性回归方程,要求最终计算的相关系数满足《激光式高速弯沉测定仪》(JT/T 1170—2017)[3]的要求。

激光动态弯沉测量装备在国家道路与桥梁工程检测设备计量站进行激光式调整弯沉测定仪综合性试验,试验现场如图 6.41 所示。试验结论重复性 0.0102,相关性 98%,速度变异系数 4.7%,符合《激光式高速弯沉测定仪》(JT/T 1170—2017)[3]的要求。

(a) 对比实验现场

(b) FWD对比试验

图 6.41　激光动态弯沉测量装备综合性试验现场

2. 装备工程应用

激光动态弯沉测量装备于 2012 年正式开始投入使用,已经在全国 20 多个省(市)的国省干线、城市道路、军(民)用机场检测中广泛应用,如图 6.42 所示。道路弯沉测量以车道为单位检测,如果一条道路有多个车道,则需要多次测量。

(a) 公路弯沉检测

(b) 机场跑道检测

图 6.42　装备工程应用

弯沉检测结果根据不同要求,以 10m、100m、1000m 间隔为单位提交报表,表 6.15 为 10m 间隔弯沉检测记录表。表 6.16 为 100m 间隔弯沉检测记录表,给出了在 100m 采样点间隔下的激光完成动态测量值和人工测量值。1000m 间隔弯沉检测记录表与表 6.16 类似。

表 6.15　10m 间隔弯沉检测记录表

序号	桩号	弯沉 /0.01mm	路表温度 /℃	前 5 天 平均温度/℃	修正后弯沉 /0.01mm
1	K849+000	12.59	24.30	22.30	13.00
2	K849+010	8.01	24.18	22.30	8.28
3	K849+020	9.74	24.07	22.30	10.09

续表

序号	桩号	弯沉/0.01mm	路表温度/℃	前5天平均温度/℃	修正后弯沉/0.01mm
4	K849+030	4.83	23.85	22.30	5.00
5	K849+040	8.66	23.85	22.30	8.97
6	K849+050	2.98	23.49	22.30	3.10
7	K849+060	15.33	23.28	22.30	15.95
8	K849+070	5.71	21.69	22.30	6.01
9	K849+080	6.44	21.35	22.30	6.80
10	K849+090	12.16	23.05	22.30	12.67
11	K849+100	6.70	23.28	22.30	6.97
12	K849+110	10.60	23.39	22.30	11.02

表 6.16 100m 间隔弯沉检测记录表

起点桩号	实测弯沉/0.01mm			平均值	标准差	人工测量值	SSI	PSSI	评价
	测点00	测点…	测点90						
K0852+000	10.76	…	12.03	11.67	0.79	12.96	1.75	99.82	优
K0852+100	9.73	…	10.08	10.32	0.74	11.55	1.97	99.94	优
K0852+200	12.57	…	15.34	13.09	2.04	16.44	1.38	98.80	优
K0852+300	10.30	…	9.15	8.87	1.59	11.49	1.98	99.94	优
K0852+400	8.86	…	9.66	8.79	0.91	10.28	2.21	99.98	优
K0852+500	8.52	…	8.00	8.72	0.84	10.11	2.25	99.99	优
K0852+600	8.69	…	9.11	9.31	0.74	10.52	2.16	99.98	优
K0852+700	11.10	…	9.53	10.09	0.88	11.53	1.97	99.94	优
K0852+800	8.45	…	12.52	10.74	2.08	14.16	1.60	99.62	优
K0852+900	10.96	…	12.30	11.58	0.67	12.69	1.79	99.85	优

6.5 本章小结

传统贝克曼梁和FWD的弯沉测量方法由于效率、安全性等原因已经无法满足未来公路养护的需求,激光动态弯沉测量装备能在正常行车速度下连续弯沉测量。激光动态弯沉测量利用测量移动力作用下路面变形速度反演变形量计算弯沉,将传统"力-变形量"的测量方法转换为"力-速度-位移"的测量方法,实现了90km/h条件下的弯沉动态测量。动态弯沉测量是一种全新的快速弯沉测量技术,新技术的出现需要时间和大范围的应用去验证和完善,全国范围几十万千米弯沉测量数据分析发现,动态弯沉测量装备的测量结果具有非常高的重复性和自相关性,说明新方法非常适合于路网级的弯沉普查检测,基于普测结果对道路结构强度进行定性分析,在此基础上,结合贝克曼梁、FWD 等传统装备实现路结构强度定量分析,将解决我国道路弯沉普查检测难题。

参 考 文 献

[1]　唐伯明,姚祖康,夏瑞莲,等.水泥混凝土路面长期结构性能监测评价.中国公路学报,1996,(2):20-27.

[2]　中华人民共和国行业标准.公路路基路面现场测试规程(JTG 3450—2019).北京:人民交通出版社,2019.

[3]　中华人民共和国交通运输行业标准.激光式高速弯沉测定仪(JT/T 1170—2017).北京:人民交通出版社,2017.

[4]　Chi S,Murphy M,Zhang Z. Sustainable road management in Texas:Network level flexible pavement structural condition analysis using data-mining techniques. Journal of Computing in Civil Engineering,2012,28(1):156-165.

[5]　张德津.基于路面变形速度的弯沉测量方法[博士学位论文].武汉:武汉大学,2012.

[6]　Boresi A P,Schmidt R J,Sidebottom O M. Advanced Mechanics of Materials. New York:Wiley,1985.

[7]　Hunt G A. Review of the effect of track stiffness on track performance. Rail Safety and Standards Board,2005.

[8]　He L,Lin H,Zou Q,et al. Accurate measurement of pavement deflection velocity under dynamic loads. Automation in Construction,2017,83:149-162.

[9]　中华人民共和国行业标准.公路工程技术标准(JTG B01—2014).北京:人民交通出版社,2014.

[10]　郑健龙.基于状态设计法的沥青路面弯沉设计标准,中国公路学报,2012,25(4):1-9.

[11]　Nasimifar M,Thyagarajan S,Sivaneswaran N. Computation of pavement vertical surface deflections from traffic speed deflectometer data:Evaluation of current methods. Journal of Transportation Engineering,2018,144(1):1-19.

[12]　Liao J,Lin H,Li Q,et al. A correction model for the continuous deflection measurement of pavements under dynamic loads. IEEE Access,2019,7:154770-154785.

[13]　Li Q,Zou Q,Mao Q,et al. Efficient calibration of a laser dynamic deflectometer. IEEE Transactions on Instrumentation and Measurement,2013,62(4):806-813.

第 7 章　隧道表观高效测量

　　隧道安全对公路和轨道交通日常运行意义重大,衬砌开裂、渗漏水和管片变形等是隧道常见病害,在不影响隧道正常运营的情况下,高效率和高精度的实施隧道病害检测是隧道测量的最基本要求。本章主要介绍公路隧道和地铁隧道测量技术的研究现状,隧道快速测量的原理和方法,以及国内具有自主知识产权公路隧道快速测量系统和地铁隧道三维测量系统的集成、标定、数据处理以及工程应用等,并对该技术在其他领域的拓展应用进行介绍。

7.1　概　　述

　　隧道是一种地下线形建筑,净空断面较大,可供人行或车辆通行。隧道可分为交通隧道、水工隧洞、矿山巷道和军事隧道。其中交通隧道又包括公路隧道、铁路隧道和地铁隧道等。

7.1.1　隧道的基本概念

　　我国地形崎岖,山地、高原和丘陵约占陆地面积的 67%,山脉河流众多,复杂多样的地形给交通基础设施建设造成巨大阻碍。与发达国家相比,我国隧道建设起步较晚,但建设速度非常快。进入 21 世纪以来,我国的隧道建设与营运技术得到了快速发展,公路隧道、铁路隧道以及地铁隧道的建设速度稳步增长。截至 2020 年年底,全国投入运营的各种隧道达到 4 万座,总长超过 4 万 km,其中铁路隧道共 16798 座,总长约 19630km[1]。我国已经成为世界上隧道和地下工程最多、发展最快、水文地质及结构形式最复杂的国家[2]。

　　隧道运营过程中会出现不同类型和程度的病害,影响隧道健康和安全。隧道病害是指由物理或化学等原因引起隧道衬砌、内部结构、洞门以及附属结构破坏,导致隧道美观、结构承载、使用功能受到衰减或损坏的现象。隧道病害涵盖范围十分广泛,既包括隧道衬砌裂损、掉块及隧道围岩与衬砌结构变形等,也包括如隧道通风、排水、照明等辅助设施功能降低与破坏。

　　隧道衬砌裂损、水害、冻害以及结构变形等是威胁隧道安全的主要病害,如图 7.1 所示。衬砌裂缝是直观反映隧道衬砌结构受力状态的现象之一,可分为纵向裂缝、斜向裂缝和环向裂缝。裂缝的发展会导致衬砌结构变形,造成隧道净空变小,特别是铁路隧道,过大的变形会引起侵限,造成重大安全事故。另外,裂缝还会降低衬砌结构对围岩的承载能力,造成衬砌脱落甚至坍塌。在地下水丰富的区域,裂缝还会导致渗漏水病害,造成洞内设施锈蚀和积水,降低轮胎和路面的附着力,危及行车安全。在严寒地区,渗漏水处经过反复的冻融循环,在衬砌和围岩之间造成冻胀,引起拱墙变形破坏等各种病害。

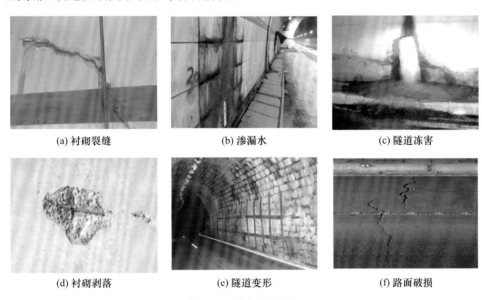

(a) 衬砌裂缝　　　　　　　　(b) 渗漏水　　　　　　　　(c) 隧道冻害

(d) 衬砌剥落　　　　　　　　(e) 隧道变形　　　　　　　　(f) 路面破损

图 7.1　隧道常见病害

　　隧道传统检测方法主要以肉眼检视和人工敲击检测方法为主,这种检测方法对检测人员的技能要求较高,检测时需要进行交通管制,检测过程中存在一定的人为主观性,效率低,安全风险高,难以保证检测结果的准确性,如图 7.2 所示。

(a) 隧道肉眼检视　　　　　　　　　　　　(b) 人工敲击检测

图 7.2　隧道人工检测

　　隧道病害如果不加以控制和维护,会影响隧道的结构安全和正常运营,甚至危及隧道内行车人员的生命安全,图 7.3 为 2012 年 12 月日本山梨县听雨高速公路笹子隧道发生坍塌和 2019 年 7 月我国沪蓉高速公路马家坡隧道发生顶部坍塌事故,均造成了人员伤亡和重大经济财产损失。

(a) 日本山梨县听雨高速公路某隧道坍塌　　　　　　(b) 沪蓉高速公路某隧道坍塌

图 7.3　隧道病害导致的安全事故

因此,隧道病害检测成为隧道运营管理的重要工作,国内制订了隧道养护技术规范,如《公路隧道养护技术规范》(JTG H12—2015)[3] 和《城市轨道交通隧道结构养护技术标准》(CJJ/T 289—2018)[4] 等,明确提出隧道必须在运营周期内进行不同等级的定期检查和专项检查,根据检测结果进行技术状况评定和养护决策。

相比于公路隧道,地铁隧道多采用盾构技术建造,主要病害除了衬砌裂缝、剥落掉块、渗漏水、冰冻害和衬砌背后的空洞等,还包括盾构管环变形和管片错台病害。图 7.4 为管片错台病害的案例。

图 7.4　管片错台

地铁隧道结构变形量值小,变形不易被察觉,一旦变形引起隧道内壁破裂,将引起连锁反应,对地铁内部、地面及周边建筑物都会产生巨大的影响。城市地铁运行空间狭小,客流量大,影响因素较多,一旦出现安全事故,将会造成严重损失。

7.1.2　公路隧道测量

公路隧道表观常见病害有衬砌裂损、水害和冻害等。传统隧道病害测量完全依赖人工在交通封闭条件下进行,测量 1km 隧道需要一个班组花费 2～3 天时间,存在安全风险高、效率低以及交通影响大等问题。目前隧道自动化测量技术可以分为激光三维扫描和可视化图像两种技术。如图 7.5 所示,武汉武大卓越科技有限责任公司的隧道快速测量系统(tunnel fast measurement system,TFS)和日本计测测量株式会社的隧道测量系统采用了隧道可视化图像技术,该技术采用 CCD 相机阵列和 LED 照明阵列以及红外相机等获取隧道衬砌高精度灰度图像和红外图像,同时载车上集成高精度 LiDAR 获取隧道三维断面数据,测量速度达到 80km/h,物方分辨率达到 0.3mm,满足正常行车速度下的公路隧道测量,不影响正常交通,保障了测量安全性。

(a) TFS　　　　　　　　　　　　　　(b) 隧道测量系统

图 7.5　隧道测量装备

7.1.3　地铁隧道测量

在城市地铁交通方面,截至 2019 年底,我国(未统计港澳台数据)共有 40 个城市开通地铁交通运营线路总长 6736.2km,其中地铁隧道运营线路长度达到 5180.6km,已经成为世界上运营和在建地铁规模最大的国家[5]。地铁隧道表观常见病害主要包括隧道结构变形、管片错台、裂缝掉块以及渗漏水等。随着地铁隧道规模的增加和运营服役时间的增长,隧道病害检测的任务越来越繁重。传统地铁隧道结构及病害监测技术主要有定点传感器监测技术和单点激光跟踪测量技术。定点传感器监测将测缝计、位移计、变位计、收敛计、倾斜仪及测斜仪等传感器,预置安放在固定的监测点来实时测量隧道结构相对的几何变形。例如,将收敛仪放置在隧道围岩表面,可获取埋设点之间的变形量,从而分析围岩的稳定性;将倾斜仪安装在隧道内壁,可以测量隧道内壁的表面倾角,进一步根据倾角变化和距离计算测点的水平位移量。定点传感器监测技术仅能监测隧道部分点位变形,无法获得整体变化信息,实施时需要大量的监测设备。单点激光跟踪测量技术以全站仪和测量机器人为主，可以实现高精度测量隧道的收敛、断面变形、水平位移和垂直位移等，是目前常用的监测技术。但该监测技术费时费力、成本高、只能获取有限的监测点变化，依旧无法获得整体变化信息，并且获取数据的精度容易受到环境影响。

三维激光扫描技术通过非接触式激光测量对被测物体进行快速扫描，并获取激光脚点所覆盖的探测物体表面的三维坐标和反射强度信息等数据，并据此快速重现被测物体的三维信息。通过对地铁隧道进行三维激光扫描得到隧道的点云数据，将点云进行滤波和计算获得隧道水平收敛值等参数，与传统监测数据互补，综合评估隧道结构的变形情况。

在国外，技术比较成熟的主要有瑞士安伯格公司的 GRP5000 系统，以及 Leica 公司的 SiTrack 轨道移动测量系统，如图 7.6 所示，集成了三维激光扫描仪、DMI、IMU、GNSS 等设备，可以生成相对精度较高的隧道点云数据，轨检效率超过 3.6km/h。该系统能够进行高速铁路和地铁的轨道与隧道激光扫描测量，获取轨道变形信息，完成隧道断面检测、限界检测。

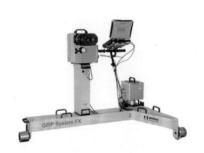

(a) Amberg GRP5000

(b) Leica SiTrack

(c) 同济大学盾构隧道移动激光扫描测量系统

(d) 汉宁轨道rMMS

图 7.6　地铁隧道移动扫描测量系统

在国内,同济大学研发了盾构隧道移动激光扫描测量系统,武汉汉宁轨道交通技术有限公司推出了地铁隧道移动激光扫描系统(rail mobile mapping system, rMMS)。rMMS 将激光扫描仪搭载在运轨车或轨检小车上,随着轨道车的移动(0.72~5.4km/h),车上搭载的激光扫描仪获得隧道内壁信息,可提取隧道的直径收敛、错台变形、渗漏水、掉块面积以及内壁影像等数据。

7.2　公路隧道表观测量

7.2.1　测量方法

公路隧道内轮廓(断面)一般采用多心圆形式,图 7.7 所示为龙头山隧道四车道断面图,包括三个 3.75m 车道和一个 3.5m 车道,外加路缘带以及检修道等,隧道净宽 17.50m,净高 8.1m。隧道检测装备工作时必须在车道内行驶,采用一个隧道分两次测量作业方法,每次测量半个隧道,即行驶方向不变,一次测量左边,一次测量右边。因此,要求测量传感器平台可以整体旋转以适应测量需求。

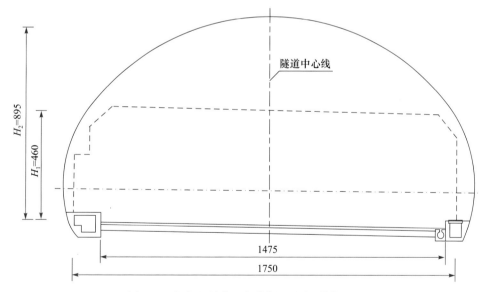

图 7.7　龙头山隧道四车道断面示意(单位:cm)

以检测装备在第二行车道检测建模,隧道净高 H,传感器平台到顶面高 H_0,传感器到衬砌水平最大距离 L,相机焦距 f,在该焦距下相机视场角 α,LiDAR 与相机物方中心点连线夹角 θ,相机到 LiDAR 距离 b,如图 7.8 所示。

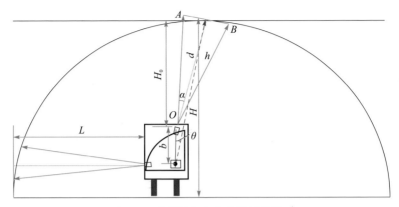

图 7.8　隧道衬砌多传感器测量模型

图 7.8 给出了 1 号相机(相机固定角度最小)和 n 号相机(相机固定角度最大)两种情况下的视场示意图。对于每一台相机而言,h 通过 LiDAR 测量,b 预先标定,则可以计算相机对应的物方物距 d 为

$$d = \sqrt{b^2 + h^2 - 2bh\cos\theta} \tag{7.1}$$

利用相机成像 $\triangle AOB$,可以求出相机在物方上覆盖的实际视场范围 AB 为

$$AB = \frac{2d}{\tan\alpha} \tag{7.2}$$

设相机分辨率为 $r \times r$,则物方物理精度 R 为

$$R = \frac{AB}{r} \tag{7.3}$$

例如,对于 2048×2048 分辨率的相机,物方分辨率为 0.25mm 时,获取物方视场 AB 的实际面积为 0.5m×0.5m。

工程应用中,物方分辨率 R 由《公路隧道养护技术规范》(JTG H12—2015)[3] 确定,结合隧道断面大小可计算需要的相机数目、相机合适的安装角度以及相机在行车方向上的采样间隔。例如,对于测量弧长 8m 的隧道而言,每台相机视场覆盖 0.5m×0.5m 的面积,则至少需要 16 台相机,实际上,测量需要保持相邻相机图像有一定的重叠,需要更多的相机进行测量。当相机以 0.5m 为采样间隔测量时,需要以 0.5m 为间隔产生触发信号驱动相机采集数据,那么,每次测量获得的 0.5m×0.5m 范围的图像是同一个断面上不同位置的数据。然而,在 60km/h 测量速度下,传感器间会产生相对位移,测量数据难以保证上述结果,每次测量的有效数据通常小于理论值(0.5m×0.5m),从而产生漏测现象。因此,需要将所有传感器安装在一个刚性传感器平台以减少传感器间相对位移,通过调整触发距离大小保障相邻测量断面间有一定重叠。

每次测量获得多张序列图像,通过图像拼接得到完整断面数据,沿行车方向上连续断面拼接得到隧道衬砌的整体影像数据。断面尺度上,每张图像对应的物方范围不一致,相邻图像存在一定程度重叠。相机参数已知的情况下,利用 LiDAR 测量的相机到物方的距离即物距,可计算每张图像对应的实际范围和图像中心点 (x_i, y_i) 在衬砌上的实际位置。LiDAR 和相机都集成在刚性平台上,安装时标定 LiDAR 与各相机的相对关系。

如图 7.9 所示,对于测量弧长为 8m 的隧道,每台相机视场覆盖 $0.5\text{m} \times 0.5\text{m}$ 的面积,则至少需要 16 台相机,相机 i 被固定与水平面成 β_i 角度,成像光轴与隧道曲面交点 (x_i, y_i) 满足方程如下:

$$\begin{cases} x_i = d_i \cos\beta_i \\ y_i = d_i \sin\beta_i + H \end{cases} \tag{7.4}$$

式中,d_i 为此相机的工作距离;H 为相机中轴交点的离地高度。

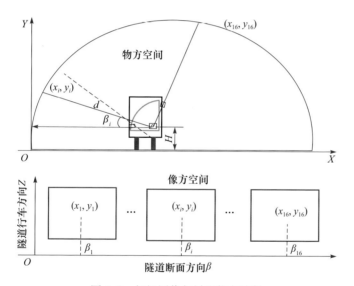

图 7.9　相机图像与衬砌物方映射

式(7.4)表示 16 台相机的断面空间坐标,以及每一台相机在物方上光轴与隧道曲面交点坐标 (x_i, y_i) 以及固定的角度 β_i 和工作距离 d_i 间的关系。如果将断面视为一个曲面展开的平面,平面的横坐标为隧道断面曲面方向 β,平面的纵坐标为行车方向 Z。则 16 台相机拍摄的图像在该坐标系内为序列排列的 16 张图像。这 16 张图像的中心点为 (β_i, z_0),β 取决于相机 i 与水平的夹角 β,z_0 取决于行车的当前行驶坐标。

为保证相机阵列在动态条件测量时的姿态一致性,设计了刚性隧道测量传感器平台,如图 7.10 所示,平台上可集成多个 CCD 相机、多组 LED 辅助光照明、LiDAR、多个红外相机以及惯性单元,所有传感器相对于平台近似于没有相对位移。CCD 相机采集隧道断面图像数据以供裂缝识别;红外相机采集隧道衬砌温度数据以供水冻害识别;LiDAR 测量隧道三维点云并进行隧道三维建模,同时为相机物距计算提供数据;惯性单元为隧道内定位以及检测姿态修正提供数据。

图 7.10　隧道测量多传感器集成平台

7.2.2　序列图像处理

隧道快速检测装备获取的隧道衬砌图像是由多台相机多次独立采集的序列图像。为了保障图像的连续性与完整性,相邻的图像间有冗余的重叠区域。由于多台相机存在安装误差以及相机间可能的相对位移等原因,衬砌序列图像存在相对位移情形,表现为裂缝病害错位、构造物错位、标志物错位等,如图 7.11 所示。

对于存在相对位移的错位序列图像,图像中的对象可能出现重复或不完整等异常。特别是对隧道病害检测,评定结论受裂缝病害大小和多少的影响。一条长裂缝独立评定和分割后的多段短裂缝评定,会产生不一样的评定结论。因此,当衬砌序列图像间存在相对位移时,需要图像拼接处理,以消除对隧道安全评定的不利影响。另外,装备在测量行驶过程中,无法保证在车道中线轨迹行驶为绝对直线。每个相机到衬砌的距离是动态变化的,导致衬砌图像数据的物方分辨率也会动态变化。因此,需要根据相机参数与相机的有效成像距离计算图像的质量参数进行裁剪,保留质量最好的数据作为最终数据。

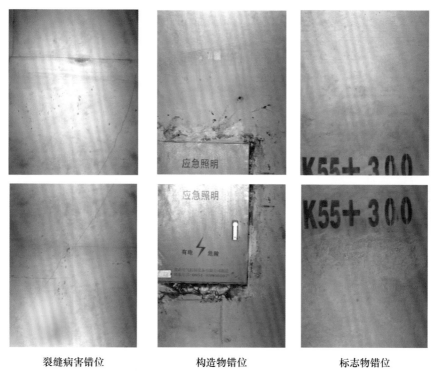

裂缝病害错位　　　　　　　构造物错位　　　　　　　标志物错位

图 7.11　衬砌序列图像错位示意

1. 序列图像的几何定位

隧道快速检测装备使用多相机获取隧道衬砌序列图像,通常情况下,序列图像的拍摄位置不同、拍摄角度不同、成像距离不同、镜头参数不同。如图 7.12 所示,当检测车在某一隧道断面($x_0 = 0$)进行图像采集,多台相机独立获取隧道衬砌所在曲面上的灰度特征。隧道断面为多圆组成的弧面,使得每台相机到隧道衬砌的成像距离存在差异,如相机到隧道拱腰的距离较近,到隧道拱顶的距离较远,即使通过使用相同参数的 CCD 传感器和镜头,获取的数据也是一系列覆盖隧道表面不同大小区域的序列图像数据。

图 7.12 展示了两台相邻的相机 A 和相机 B 所拍摄的实际物理范围,分别用红色方框和蓝色方框表示。式(7.1)~式(7.4)给出了基于相机工作距离与相机参数,计算成像范围的解算过程。当相机 A 和相机 B 参数完全一致的时候,相机 A 离隧道顶部较远,相机的视场范围更大,实际分辨率会更低;相机 B 离水平方向上的隧道衬砌较近,相机的视场范围更小,实际分辨率会更高。重叠区域内,成像质量较高的数据能够更为准确地翻译隧道表面特征,在处理重叠区域时,应当保留成像质量更高的数据。

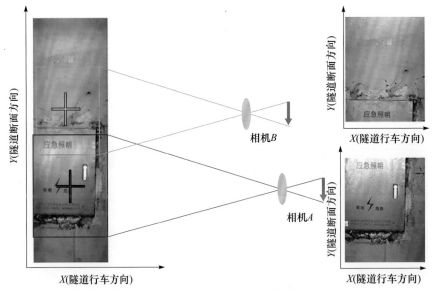

图 7.12　多台相机系统序列图像采集原理

图 7.12 十字标记分别代表了相机 A 和相机 B 在像方上的成像中心,分别位于 (x_A, y_A) 和 (x_B, y_B)。因为 16 台相机被固定在一个共同的刚性支架上,只要隧道断面不发生变化,传感器没有相对位移,在断面上每台相机的视场范围是固定的。理想情况下,对于任意时刻获取的图像数据,通过检测系统中的定位装置获取当前的起始位置 x_0,使用相机的定标参数与 LiDAR 测量结果,可定位断面坐标 (x_A, y_A) 和 (x_B, y_B),如图 7.13 所示。

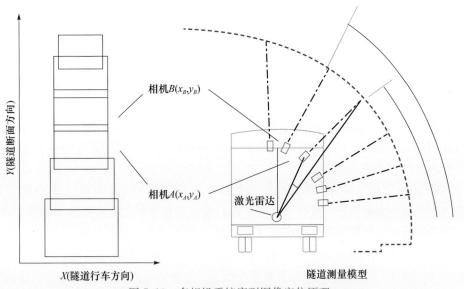

图 7.13　多相机系统序列图像定位原理

图 7.13 中 16 台相机和 LiDAR 被固定在刚性传感器平台上，相机 A 的位置与角度固定，成像光轴与隧道曲面相交，该交点至 LiDAR 的距离 h 光轴与测距夹角 a，相机和 LiDAR 之间的距离为 b。由式(7.4)可以计算成像光轴与隧道曲面交点的坐标。

LiDAR 连续测量获取隧道完整三维点云，利用三维点云可以生成隧道断面，如图 7.13 中红色虚线所示，将该曲面展开，作为参考坐标空间用于定位该断面上的序列图像。以相机 A 为例，x_A 为行车方向上相机光轴距系统坐标系原点($x_0=0$)的物理距离，y_A 为成像光轴与隧道曲面交点至隧道断面原点($y_0=0$)间的物理距离。使用同样的方法，可以依次完成对 16 台相机在标准成像参考系中的中心点定位。

相机光轴与隧道曲面交点和相机成像物距相关，在不考虑相机间相对位移的情况下，所有相机在安装时进行共线共面标定，相机中心点在一条直线上，即中心点共线，满足方程：

$$x_1=x_2=x_3=\cdots=x_{16} \tag{7.5}$$

图像中心的成像质量会高于图像边缘的成像质量，通常需要避免取图像边缘的数据，通过使多相机共线共面，能够提高断面数据拼接时的利用效率，序列图像如图 7.14 所示。

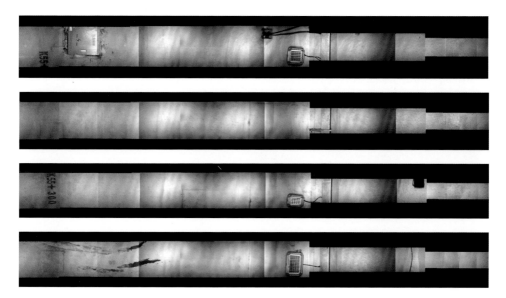

图 7.14　序列图像的几何定位结果

几何定位结果能为隧道序列图像拼接提供快速、可靠的序列图像信息。然而，动态测量中传感器间相对位移存在标定误差，使用这种方法定位结果与实际位置存在误差,将导致贯穿多张图像的裂缝被分成几处断裂的小裂缝,从而对隧道安全评定结果造成负面影响。因此,需要通过重叠区域特征匹配的方法进行图像配准。

2. 重叠区域的特征匹配

隧道的图像拼接需要将数张有重叠部分的图像拼成一幅高分辨率图像。考虑到动态测量环境下多传感器标定结果的鲁棒性、传感器平台的刚性和 MEMS 惯性组件组合导航定位定姿精度等因素,基于几何参数解算通常会产生 1~10mm 的配准误差,形成带接缝的拼接结果。如图 7.15(a)所示,基于几何参数定位在接缝处通常存在图像结构错位,在图像重叠区域形成重影,在图像边缘形成接缝。

图 7.15(a)所示的图像结构错位,使一条贯穿多张图像的长裂缝被分割成多处断裂的短裂缝。图 7.15(b)所示的配准正确的图像中,裂缝是一个整体,重叠区域灰度特征一致,在视觉上消除了因图像重叠产生的接缝。依据《公路隧道养护技术规范》(JTG H12—2015)[3],图 7.15(a)所示的多处短裂缝和图 7.15(b)所示的长裂缝会产生不同的评定结论。

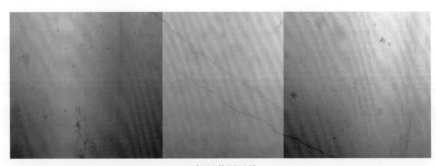

(a) 视场范围误差

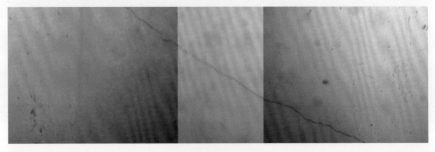

(b) 视场范围误差修正

图 7.15　几何参数解算产生的图像结构错位

　　图像结构错位的主要表现是重叠区域裂缝、构造物等典型目标的定位偏差,导致目标在图像 A 中定位坐标 $p(x,y)$ 和在图像 B 中定位坐标 $p'(x',y')$ 不等价。该偏差源自几何参数解算过程中的一系列误差 δ。相机的视场范围误差是其中之一。

　　如图 7.16(a)所示,视场角为 $2\theta_A$ 与视场中心为 O_A 的相机 A 和视场角为 $2\theta_B$ 与视场中心为 O_B 的相机 B 分别在工作距离 H_A、H_B 上对隧道衬砌平面进行成像。

　　相机 A 在像方上的视场范围 L_A、R_A 和相机 B 在像方上的视场范围 L_B、R_B 分别满足三角函数关系:

$$
\begin{cases}
\tan\theta_A = \dfrac{\mid L_A - R_A \mid}{2H_A} \\[3mm]
\tan\theta_B = \dfrac{\mid L_B - R_B \mid}{2H_B}
\end{cases}
\tag{7.6}
$$

　　假设相机的工作距离 H 为 5m,测量误差 $\delta H = \pm 10\mathrm{mm}$,视场范围 0.5m,视场角 θ 的误差可忽略,由此导致的视场范围误差 $\delta|L-R| = \pm 1\mathrm{mm}$。

　　视场中心 O 的定位偏差是另一种误差源。如图 7.16(a)所示,以相机 A 作为参照,相机 B 位置的实际值 O'_B 与计算的理论值 O_B 存在误差 δO_B:

$$
\delta O_B = \mid O_B - O'_B \mid
\tag{7.7}
$$

导致图中红色虚线所示的图像平移错位,图像重叠区域边界的求解和图像中目标坐标的求解都需要考虑此误差。重叠区域边界可以通过 L_B 在图像 A 中的位置 $L_{B|A}$ 和 R_A 在图像 B 中的位置 $R_{A|B}$ 得到,两者满足方程:

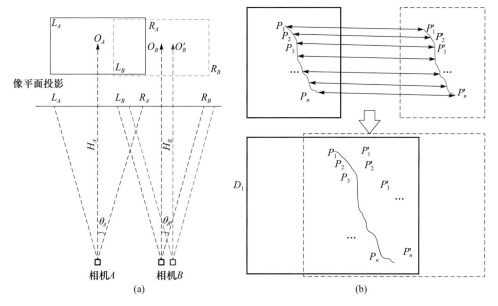

图 7.16　衬砌图像配准原理

$$\begin{cases} L_{B|A} = O_A + \left(\mid O_A - O_B \mid - \mid \dfrac{R_B - L_B}{2} \right) \\ R_{A|B} = O_B + \left(\mid O_B - O_A \mid - \mid \dfrac{R_A - L_A}{2} \right) \end{cases} \tag{7.8}$$

为了防止区域数据出现遗漏,重叠边界取值额外保留 δO_B 的最大值作为缓冲。由此求出的有效重叠区域如图 7.16(b)所示。

同一目标在图像 A 中的定位坐标 $p(x,y)$ 和在图像 B 中的定位坐标 $p'(x',y')$ 理应等价:

$$p(x,y) = p'(x',y') \tag{7.9}$$

即 p_1 和 p_1',p_2 和 p_2',$\cdots$,p_n 和 p_n' 为同一个目标在不同图像中的副本。基于上述结论,若在图像 A 中找到目标 p_1,p_2,$\cdots$,p_n,在图像 B 中找到目标对应的副本 p_1',p_2',$\cdots$,p_n',就能基于目标在图像中的等价坐标 $p(x,y)$ 和 $p'(x',y')$ 求解图像间的变换模型,这一过程称为基于特征匹配的图像配准方法,基于加速稳健特征(speeded up robust features,SURF)进行图像配准是其中的典型。SURF 是一种尺度不变、旋转不变且鲁棒性良好的特征,基于该特征实现图像配准通常包括以下四个步骤。

1) 构建 Hessian 矩阵,生成特征点

对每一个像素点都可以求出一个 Hessian 矩阵:

$$\boldsymbol{H}\big[f(x,y)\big] = \begin{bmatrix} \dfrac{\partial^2 f}{\partial x^2} & \dfrac{\partial^2 f}{\partial x \partial y} \\ \dfrac{\partial^2 f}{\partial x \partial y} & \dfrac{\partial^2 f}{\partial y^2} \end{bmatrix} \tag{7.10}$$

式中,函数值 $f(x,y)$ 为图像上 (x,y) 所对应的灰度值。

Hessian 矩阵的判别式为

$$\Delta \boldsymbol{H} = \frac{\partial^2 f}{\partial x^2} \frac{\partial^2 f}{\partial y^2} - \left(\frac{\partial^2 f}{\partial x \partial y} \right)^2 \tag{7.11}$$

如图 7.17(a)所示,衬砌图像中裂缝附近,Hessian 矩阵判别式的取值较大。当 Hessian 矩阵的判别式取得局部极大值时(图中红色箭头附近),判定当前点是比周围邻域内其他点更亮或更暗的点,由此来定位关键点的位置。

2) 构建尺度空间,生成特征描述子

使用多层滤波器对图像分层,每一层用于反映该尺度下图像的特征。每层图像中,如图 7.17(b)所示,提取特征点周围 4×4 的矩形区域块。使用特征点圆形邻域内的 Haar 小波特征,计算该区域块的主方向,统计每个子区域相对主方向的 Haar 小波特征 $(\mathrm{d}x,\mathrm{d}y)$。将 $\displaystyle\sum_{x=0}^{x=N-1} \mathrm{d}x$、$\displaystyle\sum_{y=0}^{y=M-1} \mathrm{d}y$、$\displaystyle\sum_{x=0}^{x=N-1} \mathrm{d}|x|$、$\displaystyle\sum_{y=0}^{y=M-1} \mathrm{d}|y|$ 作为对于大小为 $M\times N$ 像素区域块的特征向量,共 $4\times4\times4=64$ 维向量,作为 SURF 的描述子。

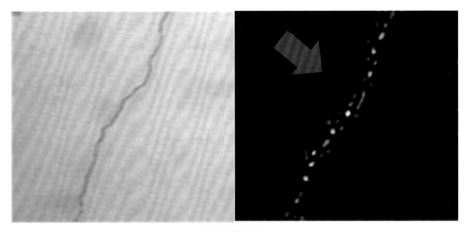

(a) 局部极大值

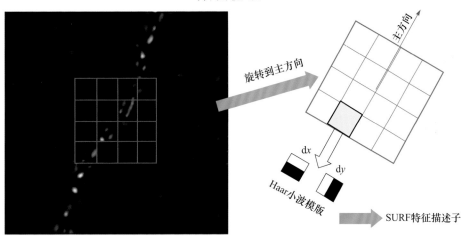

(b) 关键点判别

图 7.17　衬砌图像配准原理

3) 通过随机采样，匹配特征点

每张图像提取 m 个特征点，任意两个来自不同图像的特征点间，用描述子的欧式距离来表示特征匹配度的高低。特征点间共 $m \times m$ 组配对关系，使用随机采样一致性算法从中求解最优匹配模型。随机采样一致性算法通过反复从中选择 n 个配对关系的随机子集来达到目标。单次抽样属于该子集的概率为 $w = n/m^2$，k 次抽样均属于该子集的概率为

$$p = 1 - (1 - w^n)^k \tag{7.12}$$

式中，p 为迭代过程中从数据集内随机选取出的数据，均为该子集的概率。

使用该模型测试所有的其他数据，通过其标准偏差估计该模型的合理性：

$$\mathrm{SD}(k) = \frac{\sqrt{1 - w^n}}{w^n} \tag{7.13}$$

这个过程被重复执行固定的次数。当新的模型标准偏差更小,配对关系中特征描述子的欧式距离更接近的时候,新的模型比现有的模型更合理,保留新的模型。完成固定次数的迭代后输出模型作为匹配结果。

4) 基于匹配结果,配准图像

两张相邻图像之间的变换关系可以使用一个具有 8 个或 9 个自由度参数的变换模型来描述:

$$\begin{bmatrix} x' \\ y' \\ 1 \end{bmatrix} = \begin{bmatrix} m_0 & m_1 & m_2 \\ m_3 & m_4 & m_5 \\ m_6 & m_7 & m_8 \end{bmatrix} \begin{bmatrix} x \\ y \\ 1 \end{bmatrix} \tag{7.14}$$

式中,(x, y) 和 (x', y') 分别为两幅图像的对应匹配点的坐标。

将多个匹配特征点的坐标代入式(7.14),求解变换矩阵中的参数 $m_0 \sim m_8$,以此描述图像间的配准关系。

如图 7.18 所示,使用上述方法生成的特征点(图中绿圈)集中在裂缝、附属物附近,光滑的衬砌表面特征点较少。说明 Hessian 矩阵的判别式取得局部极大值对图像中的局部极值、角点、边缘等特征敏感,而具备这些特征的数据多出现在裂

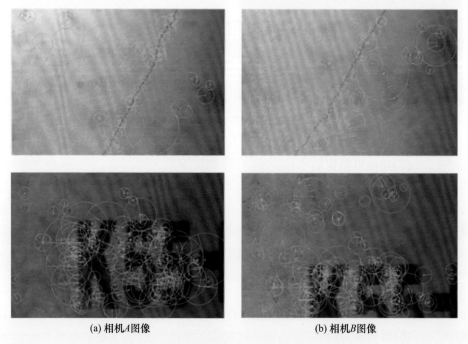

(a) 相机A图像　　　　　　　　　　　　(b) 相机B图像

图 7.18　裂缝区域和附属物区域的特征点及其描述

缝、附属物附近,特别是裂缝和附属物边缘等方向性强的区域,用于描述特征的 Haar 小波鲁棒性更强,求出的区域主方向和 SURF 描述子更可靠。

基于上述特征点进行随机采样一致性求解,计算匹配模型。如图 7.19 所示,特征匹配后(图中直线连接),来自图 7.19(a)的特征点(图中红圈)和来自图 7.19(b)的特征点(图中绿色十字)指向不同图像中的同一目标,有效保证了配准结果的正确性。

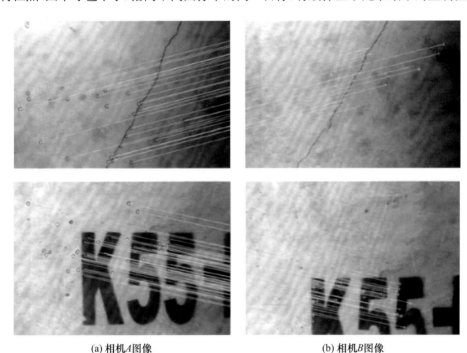

(a) 相机A图像　　　　　　　　　　　(b) 相机B图像

图 7.19　裂缝区域和附属物区域的特征点匹配

隧道定位误差主要源自视场范围误差 $\delta|L-R|$ 和视场中心的成像误差 δO,由此产生的结构错位以图像的平移为主,伴随少量缩放。如图 7.19 所示,重叠区域的图像特征点配准结果近似于相互平行,数据的实际特征符合理论预期。但在实际配准结果中,视场中轴线与视场中心连线不共面会导致行车方向上的图像结构错位。

3. 有效数据的剪裁提取

行车方向上图像结构错位的主要原因是相机安装存在误差,序列图像的中轴线未严格共线。如图 7.20 所示,红色虚线为图像的中轴线,设计上应当和红色实线所代表的隧道的检测断面重叠。由于安装精度问题,两者间通常存在数毫米至数十毫米的误差,分别表示为 $\delta O_1,\delta O_2,\cdots,\delta O_n$。

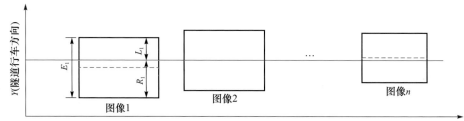

图 7.20　行车方向上的图像结构错位

以图像 i 为例,行车方向上的视场宽度为 E_i,图像的中轴线与检测断面存在定位误差 δO_i,两侧边缘距检测断面的实际距离分别为 L_i、R_i,满足方程:

$$\begin{cases} L_i = \left| \delta O_i + \dfrac{E_i}{2} \right| \\ R_i = \left| \delta O_i + \dfrac{E_i}{2} \right| \end{cases} \qquad (7.15)$$

式中,视场宽度 E_i 由测量原理求解,定位误差 δO_i 由配准后的图像求解。

图像在行车方向上的两侧边界不共线,需要进行剪裁。剪裁范围取图像边缘距离检测断面的最小值:

$$\begin{cases} L_{\mathrm{cut}} = \min(L_1, L_2, \cdots, L_n) \\ R_{\mathrm{cut}} = \min(R_1, R_2, \cdots, R_n) \end{cases} \qquad (7.16)$$

图 7.21 为在检测断面上基于配准后的序列图像获取的有效断面图像。

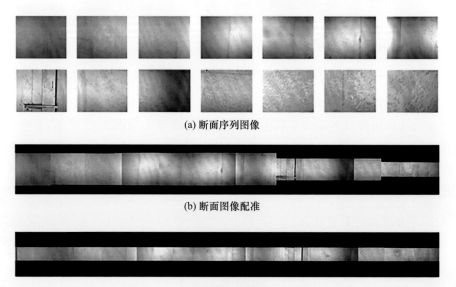

(a) 断面序列图像

(b) 断面图像配准

(c) 有效断面图像

图 7.21　检测断面上基于配准后的有效断面图像

剪裁是处理图像间重叠区域的有效手段之一。由于相机参数和拍摄环境不同,重叠区域不同的图像的成像质量上存在差异。原则上,质量较高的图像更适合作为重叠区域的数据来源。通常图像质量 Q_i 被用于量化图像在重叠区域的清晰度,Q_i 取决于两方面因素,即相机成像质量的理论值和实际图像的清晰程度。

理论上,相机的成像质量主要与像素点、灰度值、信噪比、成像距离等有关。像素点构成相机感光层的基本单元,像素点直径的数量级为微米,单位面积上像素点越多,构成的图像越细致,分辨率越高。灰度值越高,则相机可以分辨的灰度等级越多,图像细节更丰富。信噪比是正常光信号与异常信号的比值,信噪比越高,图像更真实、更清晰。成像距离指相机至衬砌的工作距离,通常距离越近图像分辨率越高。

实际检测条件下,受环境光、照明光、材料反光特性、空气杂质等因素的影响,图像的清晰度与其理论值存在差异,需要修正。在无参考图像的质量评价中,图像的清晰度是衡量图像质量优劣的主要指标,它能够较好地与人的主观感受相对应。目前几种较为常用的、具有代表性的清晰度算法包括以下五种。

1) Laplacian 梯度函数

Laplacian 梯度函数采用 Laplacian 算子提取水平和垂直方向的梯度,该算子定义如下:

$$L = \frac{1}{6} \begin{bmatrix} 1 & 4 & 1 \\ 4 & -20 & 4 \\ 1 & 4 & 1 \end{bmatrix} \tag{7.17}$$

基于 Laplacian 梯度函数的图像清晰度为

$$\begin{cases} D(f) = \sum_{y=0}^{y=M-1} \sum_{x=0}^{x=N-1} |G(x,y)| \\ G(x,y) > T \end{cases} \tag{7.18}$$

式中,$D(f)$ 为图像 f 的清晰度计算结果;$G(x,y)$ 为像素点 (x,y) 处 Laplacian 算子的卷积。

2) 灰度方差函数

清晰图像中的高频分量较多,故可将灰度变化作为评价的依据,灰度方差法的计算公式为

$$D(f) = \sum_{y=0}^{y=M-1} \sum_{x=0}^{x=N-1} (|f(x,y) - f(x,y-1)| + |f(x,y) - f(x+1,y)|) \tag{7.19}$$

3) 能量梯度函数

能量梯度函数更适合实时评价图像清晰度,该函数定义为

$$D(f) = \sum_{y=0}^{y=M-1} \sum_{x=0}^{x=N-1} (\mid f(x+1,y) - f(x,y) \mid^2 + \mid f(x,y+1) - f(x,y) \mid^2)$$

$$(7.20)$$

4）熵函数

清晰的图像中信息更丰富,统计特征的熵函数是衡量图像信息丰富程度的一个重要指标,图像 f 的信息量由该信息熵定义,即

$$D(f) = \sum_{i=0}^{L-1} p_i \ln p_i \tag{7.21}$$

式中,L 为灰度级总数;p_i 为图像中灰度值为 i 的像素出现的概率。

5）结构相似度函数

图像的清晰度可以使用目标图像与参考图像间的结构相似度来表示,而图像间的结构相似度包含亮度比较 $l(x,y)$、对比度比较 $c(x,y)$ 和结构信息比较 $s(x,y)$ 三个部分:

$$\begin{cases} l(x,y) = \dfrac{2\mu_x\mu_y + c_1}{\mu_x^2 + \mu_y^2 + c_1} \\[2mm] c(x,y) = \dfrac{2\sigma_x\sigma_y + c_2}{\sigma_x^2 + \sigma_y^2 + c_2} \\[2mm] s(x,y) = \dfrac{2\sigma_{xy}\sigma_y + c_3}{\sigma_x\sigma_y + c_3} \end{cases} \tag{7.22}$$

式中,μ 为图像 f 中代表亮度的低频成分;σ 为图像 f 中代表局部反差的高频成分;c_1、c_2、c_3 是为了避免分母为 0 而设的常数。

图像的结构相似度定义如下:

$$D(f) = [l(x,y)]^\alpha [c(x,y)]^\beta [s(x,y)]^\gamma \tag{7.23}$$

式中,α、β、γ 为三种对比信息的权重,为了简化可以取 $\alpha = \beta = \gamma = 1$。

序列图像经过剪裁拼接后,得到宽度为 $|L_{cut} - R_{cut}|$ 的有效隧道断面数据。检测设备行驶速度为 v,为了防止出现行车方向上的数据遗漏,断面测量间隔 t 应当满足方程:

$$vt \geqslant \mid L_{cut} - R_{cut} \mid \tag{7.24}$$

此时,断面按照采集时间标签顺序,以步长 vt 为单位进行拼接,得到完整的隧道图像数据,结果如图 7.22 所示。需要注意的是,在断面方向(行车方向)也可能存在裂缝跨断面的情形。

隧道序列图像经过配准、拼接后,形成完整的隧道图像,称为隧道全景图像。隧道全景图像在隧道衬砌表面病害检测上有广泛的应用,可以通过人机交互检测或病害自动识别算法对隧道工程的质量、状态进行评价和验收。

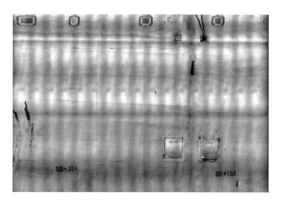

图 7.22　隧道测量结果局部数据

7.2.3　衬砌裂缝识别验证

　　裂缝识别是隧道检测的核心工作,获取的隧道序列图像可以利用第 5 章介绍的方法进行裂缝识别。下面将用传统的数字图像处理方法简要介绍多相机获取的衬砌数据的处理过程,以验证测量方法和数据的有效性。如图 7.23 所示,裂缝病害具有典型的线形特征,灰度与背景存在反差。在序列图像中,裂缝被分割成若干具备重叠区域的线段,在配准拼接后的图像中,裂缝为一条完整的线段。裂缝与衬砌背景的反差体现在局部区域内裂缝的灰度范围与背景的灰度范围存在较大差异。

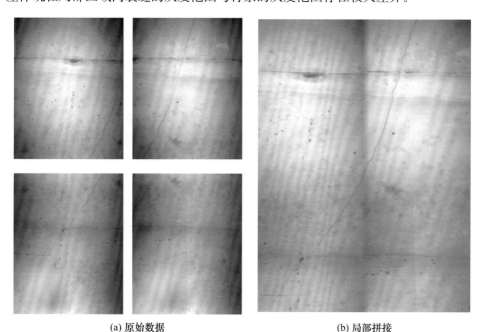

(a) 原始数据　　　　　　　　　　　　　(b) 局部拼接

图 7.23　典型的裂缝病害

实现裂缝病害自动识别需要满足两个必要条件：首先，测量系统获取的图像数据中，裂缝需要与衬砌背景存在反差；其次，自动识别算法能够根据裂缝的特征，从图像数据中找出符合裂缝特征的像素点。考虑到图像的配准拼接过程中伴随的信息损失、信息失真和处理噪声等因素，病害识别通常基于原始序列图像，通过图像坐标间的空间转换关系实现全景图上的定位。裂缝识别通常分为以下步骤。

1. 分割局部灰度异常的像素点

局部范围内，裂缝占图像像素总数的比值较小，灰度与背景形成对比[6]。可采用 P-tile 算法提取局部图像中灰度值偏小的目标。依据图像灰度直方图选择灰度阈值 T，使得灰度值小于等于 T 的图像面积不大于图像总面积的 $1/p$，灰度值小于等于 $T+1$ 的图像面积大于图像总面积的 $1/p$。

对于灰度值偏小的裂缝，每个子块图像通过式(7.25)计算分割阈值 T：

$$\begin{cases} \sum_{n=0}^{T} \text{hist}(n) \leqslant \dfrac{1}{p}HW \\ \sum_{n=0}^{T+1} \text{hist}(n) > \dfrac{1}{p}HW \end{cases} \tag{7.25}$$

对于灰度值偏大的裂缝，每个子块图像通过式(7.26)计算分割阈值：

$$\begin{cases} \sum_{n=0}^{255} \text{hist}(n) \leqslant \dfrac{1}{p}HW \\ \sum_{n=0}^{255} \text{hist}(n) > \dfrac{1}{p}HW \end{cases} \tag{7.26}$$

式中，H 为所选局部区域的高度；n 为该区域内像素点的灰度值；W 为所选局部区域的宽度。

通过裂缝分布规律和灰度值区间，选择合理图像子块大小 (H, W) 和分割阈值 T。图 7.24(b) 为 P-tile 算法的分割结果，白色像素和灰色像素存在局部灰度异常，图像子块大小为 100×100，分割阈值 3%。

2. 确定符合形态特征的候选目标

裂缝是一系列具有几何线性特征的线段集合，如长度约 10mm，宽度范围 0.2～5.0mm。图像中构成裂缝的像素点集合按照空间分布，聚集成连通区域，应该满足裂缝片段长度和宽度的统计规律。图 7.24(b) 中，白色像素为符合所述形态特征的候选目标集合。符合该特征的区域不等价于完整的裂缝片段，但能辅助定位裂缝区域。完整裂缝片段在横断面上为两端灰度较亮，中间灰度较暗的"凹坑"，裂缝边缘斜率高于正常衬砌。因此，可以对子块图像进行归类，重新计算连通区域的分割阈值。

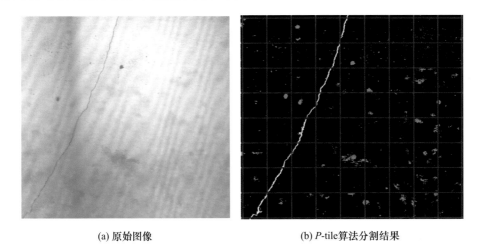

(a) 原始图像　　　　　　　　　　　(b) *P*-tile算法分割结果

图 7.24　基于裂缝的形态特征确定候选目标

3. 候选目标的生长还原

裂缝具有连续性,而候选区域为离散的连通区域,需要以连通区域作为种子区域生长还原。通常使用基于候选区域的空间分布或基于裂缝发展趋势估算的区域生长方法。以最小代价生成树为例,利用候选区域构造无向图 $G=(V,E)$。生成树 $\omega(t)$ 的权重满足方程:

$$\omega(t) = \sum_{(u,v)=(u_0,v_0)}^{(u_M,v_N)} \omega(u,v) \tag{7.27}$$

式中,(u,v) 为连接候选连通域 u 与连接连通域的边 v;而 $\omega(u,v)$ 为此边的权重,通常取决于种子区域的长度与种子区域间的距离。构成裂缝的种子区域间的距离通常小于种子区域长度的一半,只有少数边符合这一条件,参与构建生成树。

常用的最小代价生成树的方法是从图开始,逐条选择 $n-1$ 安全边,并加入集合 T 中。当一条边 (u,v) 加入 T 时,必须保证 $T\cup\{(u,v)\}$ 仍是该树的子集。使用该方法生成的最小代价树连线如图 7.25 所示。图中白色区域为候选连通域 u,红色线段为最小代价树的安全边 v。

4. 候选目标的配准拼接

原始序列图像数据通过几何计算配准和特征匹配配准之后,会求出一系列转换矩阵,用以描述图像在断面中的位置。同时,通过图像实际物方范围与相机分辨率计算每张图像的实际分辨率,相邻图像取较大分辨率为最后需要保留的数据,而多余的重叠区域会被剪裁。因此，在断面上针对每一张图像，获得了位置信息和边缘剪裁信息，这些参数同样适用于裂缝识别结果的拼接，只要使用相同的参数对裂缝数据进行剪裁，即可得到一张完整且连续的裂缝图。同理，得到隧道断面数据后，根据设计的测量触发距离和实际计算的每个断面的高度，可以对每个断面按照采集时间标签顺序拼接得到整个隧道的完整测量数据。使用该方法实现的衬砌图像衬砌裂缝自动识别结果如图 7.26 所示。

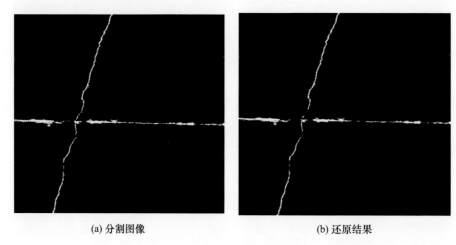

(a) 分割图像   (b) 还原结果

图 7.25　候选目标的生长还原

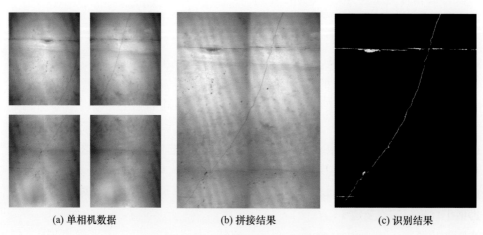

(a) 单相机数据   (b) 拼接结果   (c) 识别结果

图 7.26　衬砌裂缝自动识别结果

隧道衬砌病害的检测长期依赖人工识别、标尺测量等人工方式，不仅耗时多、开支大，而且由于人工检测具有主观性，难以保障检测的准确性与一致性。相比之下，基于数字图像处理的裂缝检测具有高效性与稳定性，本章介绍的公路隧道表观检测方法,实现了隧道全断面衬砌图像的高效、高质量获取,对于获取的图像进行了简单的裂缝识别。但是,在实际工程应用中,由于检测环境不同、衬砌质量差别等原因,获取的图像质量可能存在曝光不均匀、衬砌异物等问题,影响裂缝识别,具备较好自适应的裂缝识别方法需要进一步研究,以真正提高隧道检测效率,为隧道安全评估提供支撑。

7.2.4　公路隧道表观测量装备及应用

1. 装备总体结构

武汉武大卓越科技有限责任公司研制了国内首台隧道快速测量系统(TFS),该系统以中型卡车为平台,在平台上集成刚性多传感器平台、供电、控制以及环境维持等设备,如图 7.27 所示,其中刚性平台上集成了包括可见光相机阵列、红外相机阵列、LiDAR、惯性单元以及 LED 辅助照明灯等传感器和设备。本节将以 TFS 为例介绍隧道快速测量装备的功能与应用。

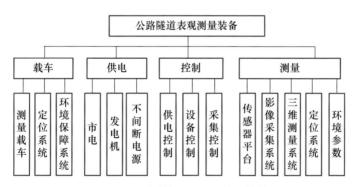

图 7.27　隧道快速测量系统的结构

隧道表观测量装备以中型卡车为测量载车平台,载车根据测量需求进行特别改装,测量部分包括传感器仓和工作仓。其中,供电、控制以及存储系统安装在工作仓内,测量传感器平台位于传感器仓内,传感器安装在刚性平台上,平台可以绕中心旋转。隧道衬砌裂缝病害测量采用 16 台高分辨率 CCD 相机和多组 LED 辅助照明设备,每次测量半幅隧道,通过旋转传感器支架实现隧道全断面测量;隧道水害和冻害采用红外温度仪测量,通过获取隧道衬砌温度,基于温度模型进行病害检测;隧道三维断面采用高精度 LiDAR360°扫描测量隧道,一方面测量隧道三维点云,另一方面为 CCD 相机提供物距以计算获取图像的参数。隧道快速测量系统如图 7.28 所示。

装备利用同步控制器同步所有传感器协同工作,同步控制器根据输入的

GNSS 和 DMI 计算里程换算成线性坐标,结合 GNSS 和里程桩建立空间基准,通过高精度时钟电路建立时间基准。多台服务器采集阵列相机数据,所有传感器数据独立采集,利用统一的时间和空间基准使得所有数据关联,采集的数据按照特定格式存储在车载服务器中。

图 7.28　隧道快速测量系统外观展示

2. 装备标定

隧道衬砌表观数据采用多相机协同获取,多台相机固定在一个刚性平台上,理论上一次采集获取的是一个断面的完整数据,这要求多台相机能够完全共面,而且中心线共线。同时,相机只能获取衬砌表观的灰度图像,因为没有物距而无法换算对应物方的实际大小,LiDAR 通过连续测量隧道断面三维点云,建立隧道三维模型,可以为相机提供物距信息,这要求对相机与 LiDAR 关系进行标定。

在刚性平台上安装阵列相机,相邻相机间成像空间上有重叠部分,设计由不同形状图案组成的靶标,放置在相机工作距离范围内,通过获取重叠部分的图像数据同名点进行匹配与配准以达到标定的目的,传感器标定环境如图 7.29 所示。

相邻相机夹角对于图像有效区域计算非常关键,设计并利用可伸缩的标定支架,固定在旋转平台上,其可绕旋转平台中心在相机拍摄断面内旋转,支架尾端固定一个 Z 形标定板,如图 7.30 所示。固定在相机间隙的线激光器发射出激光,照射在 Z 形标定板上,在两平板上形成两条线段。调节相机 1 的位置与姿态,使 Z 形板上的两条线段在图像上成为一条连接线段,即可确定相机的主光轴在线激光器发射的光平面内。依次调节相机 2~16,使所有相机的主光轴都位于线激光器发射的光平面内,以保证所有相机的主光轴共面。

 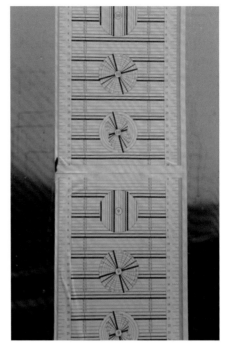

图 7.29　传感器标定环境示意图

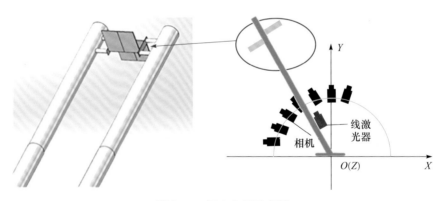

图 7.30　标定支架示意图

3. 装备应用

　　我国公路隧道快速检测装备已实现了自主研发及进口替代。国内首台隧道快速测量系统(TFS)已经在国内得到广泛应用。2015~2019 年,TFS 在全国十多个省份检测了近 5000 座隧道,共计检测里程约 5500km,其工作场景如图 7.31 所示。

图 7.31　公路隧道检测现场

公路隧道快速测量系统测量隧道衬砌病害数据,依据《公路隧道养护技术规范》(JTG H12—2015)[3],对获取的病害状况信息进行标度,并根据病害的标度进行计算评定,评定结果以分类结果 1 类、2 类、3 类、4 类、5 类表示。检测输出成果包含报表、报告、CAD 图。

(1) 衬砌检测情况汇总表如表 7.1 所示。

表 7.1　衬砌检测情况汇总表

里程	缺损位置	检查内容	状况描述 (性质、范围、程度等)	标度(0～4)
K26+883	左边墙 1.00～4.12m	施工缝渗漏水	浸渗	1
K26+884	右边墙 0.42～1.12m	纵缝	$L=0.8m, D=0.5mm$	1
K26+886	左边墙 0.04～1.95m	环缝	$L=2.2m, D=0.3mm$	1
K26+886	右边墙 2.91～3.10m	纵缝	$L=1.0m, D=0.3mm$	1
K26+887	右边墙 0.11～1.67m	环缝	$L=1.6m, D=0.2mm$	1
K26+887	右边墙 1.87～2.01m	纵缝	$L=0.6m, D=0.2mm$	1
K26+891	左边墙 0.10～2.27m	环缝	$L=2.2m, D=0.3mm$	1
K26+896	左边墙 0.87～1.06m	纵缝	$L=1.8m, D=0.2mm$	1
K26+903	右边墙 0.04～2.25m	环缝	$L=2.3m, D=0.4mm$	1
K26+905	左边墙 0.43～1.43m	环缝	$L=1.1m, D=0.2mm$	1
K26+908	右边墙 2.78～3.86m	环缝	$L=1.2m, D=0.4mm$	1
K26+913	右边墙 1.91～2.27m	纵缝	$L=1.2m, D=0.5mm$	1
K26+917	左边墙 0.86～1.08m	纵缝	$L=1.4m, D=0.1mm$	1

注:L 为裂缝的长度;D 为裂缝的宽度。

（2）隧道土建结构技术状况评定结果如表 7.2 所示。

表 7.2　隧道土建结构技术状况评定表（右线）

隧道情况	隧道名称	大仙岭隧道（右线）	线路名称	乐广高速公路	隧道长度	1000.00 m	建成日期	—
评定情况	管养单位	—	上次评定等级	—	上次评定日期	—	本次评定	—
	分项名称	位置	状况值	权重 ω_i	项目	位置	状况值	权重 ω_i
洞门、洞口技术状况评定	洞口	进口	—	15	洞门	进口	—	5
		出口	—	15		出口	—	5

编号	里程	状况值							
		衬砌破损	渗漏水	路面	检修道	排水设施	吊顶	内装饰	标志标线
1	K27+000—K27+100	2	2	—				1	
2	K27+100—K27+200	1	1						
3	K27+200—K27+300	1	1						
4	K27+300—K27+400	1	1					1	
5	K27+400—K27+500	1	1						
6	K27+500—K27+600	1	1						
7	K27+600—K27+700	1	1						
8	K27+700—K27+800	1	1		1				
9	K27+800—K27+900	1	1		1			1	
10	K27+900—K28+000	2	1		1				
max(JGCI_{ij})		2	2	—	1				
权重 ω_i		40		15	2	6	10	2	5
JGCI		79.00	土建结构评定等级			2类			

（3）隧道衬砌检测病害分布图如图 7.32 所示。

公路隧道表观病害还包括渗漏水、结构变形等，本节主要介绍了多台相机集成的衬砌裂缝检测方法，以该方法为基础，利用多红外相机集成可以感知隧道衬砌温度变化，基于温度场模型进行渗漏水及冻害检测。随着 LiDAR 测量精度、频率及三维测量技术的发展，高精度、高频率、高密度隧道点云测量与隧道建模可以支持隧道结构变形病害测量。

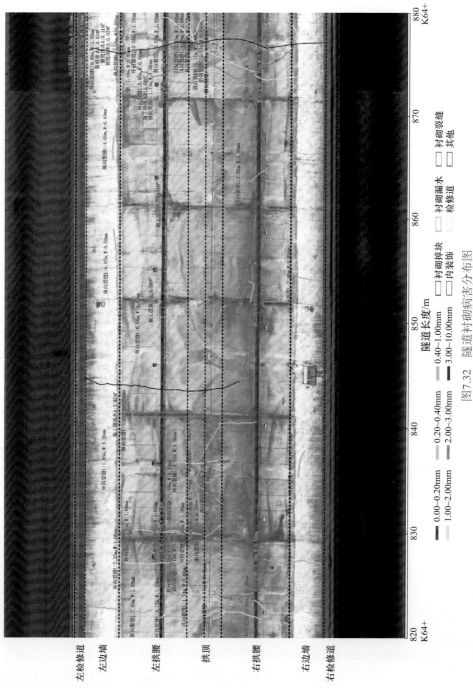

图7.32　隧道衬砌病害分布图

7.3　地铁隧道表观测量

地铁隧道测量和检测的内容主要包括隧道收敛测量、错台测量、限界测量以及渗漏水检测等。

7.3.1　测量方法

地铁隧道测量的目的是确保隧道的运营安全,通过测量隧道的横断面变化量、纵向中心线变形量、限界检测结果以及隧道壁裂缝渗水等指标来评价隧道结构安全状态[7]。传统的测量技术如接触式测量、传感器定点监测和摄影测量等方法需要消耗大量人力物力,并且受隧道现场的光照不足等环境影响较大。站式三维激光扫描仪虽然能够提高测量的效率,但在隧道内连续大范围测量还需要进行搬站和点云拼接处理,在有限的天窗时间内实际测量距离有限,不适用于运营期的隧道测量[8~12]。

移动三维激光测量系统集成 GNSS/IMU/DMI 组合 POS、二维激光扫描仪、CCD 相机以及多传感器同步控制单元等设备,在同步控制电路的协调下使各个传感器之间实现时空同步,快速采集地铁隧道的全断面空间数据[13]。其采集速度快、测量精度高、数据质量好、获取信息全面,已成为地铁隧道检测的主要设备。

移动三维激光测量系统采用二维激光扫描仪在小车前进中进行断面扫描,在前进方向上螺旋式采集周边空间三维数据,其测量坐标系以激光发射中心为原点,以前进的方向为 Y 轴,以向右方向为 X 轴,按照右手坐标系构成。根据激光发射与接收的时间差 t 和激光传播的速度 C,可以得到每个断面测量坐标系下隧道管片上的每个激光点到坐标中心的距离,如图 7.33 所示。

隧道环境下,移动三维激光测量系统高精度组合定位定姿技术原理如图 7.34 所示,利用扩展卡尔曼滤波器将载体的始终点位置、IMU 输出的载体加速度和角速度、距离测量单元输出的里程和速度信息进行融合,结合隧道测量控制点的坐标信息,利用移动最小二乘配置算法计算高精度的位置与姿态信息,满足隧道无GNSS 信号条件下高精度三维测量的要求。

将移动三维激光测量系统获取的隧道扫描测量数据从激光扫描测量坐标系转换到 POS 坐标系,可以得到隧道的点云数据,其转换表达式为

$$\begin{bmatrix} x_{\text{pos}} \\ y_{\text{pos}} \\ z_{\text{pos}} \end{bmatrix} = \begin{bmatrix} x_1^{\text{pos}} \\ y_1^{\text{pos}} \\ z_1^{\text{pos}} \end{bmatrix} + \boldsymbol{R}_1^{\text{pos}} \begin{bmatrix} d_1 & \sin & \theta_1 \\ d_1 & \cos & \theta_1 \\ & 0 & \end{bmatrix} \qquad (7.28)$$

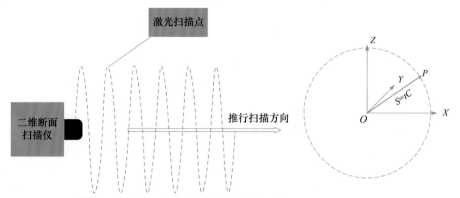

图 7.33　移动三维激光测量系统扫描采集原理和测量坐标系

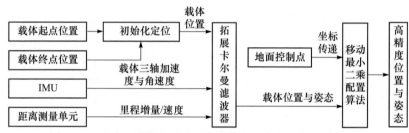

图 7.34　移动三维激光测量系统高精度组合定位定姿技术原理

式中，

$$\boldsymbol{R}_1^{\mathrm{pos}} = \begin{bmatrix} a_1 & a_2 & a_3 \\ b_1 & b_2 & b_3 \\ c_1 & c_2 & c_3 \end{bmatrix}$$

$$\begin{cases} a_1 = \cos\phi\cos\kappa - \sin\phi\sin\omega\sin\kappa \\ a_2 = -\cos\phi\sin\kappa - \sin\phi\sin\omega\cos\kappa \\ a_3 = -\sin\phi\cos\omega \\ b_1 = \cos\omega\sin\kappa \\ b_2 = \cos\omega\cos\kappa \\ b_3 = -\sin\omega \\ c_1 = \sin\phi\cos\kappa + \cos\phi\sin\omega\sin\kappa \\ c_2 = -\sin\phi\sin\kappa + \cos\phi\sin\omega\cos\kappa \\ c_3 = \cos\phi\cos\omega \end{cases}$$

式中，$[x_1^{\mathrm{pos}} \quad y_1^{\mathrm{pos}} \quad z_1^{\mathrm{pos}}]^{\mathrm{T}}$ 为激光扫描测量坐标系的原点在定位定姿系统坐标系中的平移向量；$\boldsymbol{R}_1^{\mathrm{pos}}$ 为激光扫描测量坐标系与定位定姿系统坐标系的旋转变换矩阵。

7.3.2　测量技术

地铁隧道主要包括盾构隧道、马蹄形隧道、矩形隧道、类矩形隧道等多种类型,其中盾构隧道在城市地铁轨道交通应用上最为广泛[14]。盾构隧道主要由隧道壁和隧道底部构成。隧道底部主要用于承重,列车轨道安装于隧道底部;隧道壁主要由管片拼接而成,隧道壁内含有内凹螺丝孔、疏散平台、管线、接触网、支架和消防管道,隧道直径通常有 5.4m 和 5.5m 两种,管片宽度通常为 1.2m 或 1.5m,多个管片之间通过拼装,使用螺栓进行紧固连接。1.2m 或 1.5m 的管片中心部分的范围为管片中心左右间隔 300mm 的区域,两侧的范围为拼接缝左右之间的间隔 150mm 的区域,其余为内凹螺栓孔部分。对管片中心部分进行分析,可以得到单个管片的具体尺寸信息,也方便人工现场测量和验证;内凹螺丝孔部分存在着螺丝孔或螺丝孔灌浆水泥,因此其形态特征多变,难以进行精确处理和分析;管片的两侧部分因为拼装和受力不均等情况会存在略微凸起,可以对其进行分析,得到管片的错位情况。考虑到长期监测和趋势分析的需要,地铁隧道通常选定管片中心位置处进行拟合分析,选定管片两侧边缘部分进行错台分析。

1. 隧道收敛测量

隧道的收敛变形指的是在隧道使用的过程中,受周边土体的扰动、隧道上面的建筑物的载荷、隧道工程的施工质量问题,以及列车运行过程中产生的振动等因素的影响所导致的隧道的变形[15]。此外,地面压载、侧向卸载和施工质量不良是引起隧道横向收敛变形过大的主要原因。收敛变形一部分是指隧道管片在拼接初始产生的变形;另一部分是指隧道管片在日后长期的使用过程中受到各种外力之后发生的弹塑性变形,如管片的变形和螺栓的变形等[16]。

管片中心位置为管片中心左右间距 300mm 的部分,对于 1.2m 或 1.5m 的管片都可以剔除管片的内凹螺栓孔,整个范围内的管片较为平整和光滑,其隧道内壁的变化量小于 3mm,可以进行管片拟合分析,如图 7.35(a)所示。

盾构隧道的实际管片存在着多种变形情况,隧道受力较大的变形主要是顶部受力挤压变形和左右两侧受力挤压变形。如图 7.35(b)所示,顶部挤压变形使管片上下受力较大,造成管片的左右两侧距离变大,管片的上下距离变小,当顶部变形较大时,会导致局部塌陷,造成顶部区域存在局部变形或管片脱落情况;左右两侧受力挤压变形造成管片拱起,管片的两侧距离变小、上下距离变大,也易造成管片脱落。

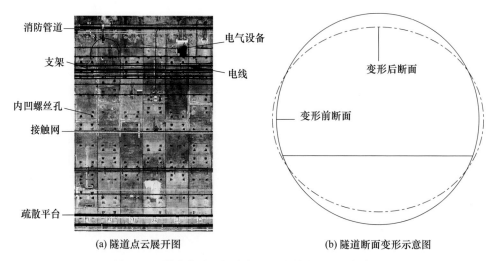

消防管道

电气设备

支架

电线

内凹螺丝孔

接触网

变形后断面

变形前断面

疏散平台

(a) 隧道点云展开图　　　　　　　　(b) 隧道断面变形示意图

图 7.35　隧道内壁局部放大图和隧道受压变形示意图

　　径向收敛变形是隧道结构状态检测过程中一项重要的内容,所以在获取了隧道管片的点云数据后,要对单个断面的收敛直径进行计算。利用最小二乘法结合式(7.29)所示的椭圆模型对每个横断面进行断面线的拟合得到椭圆方程的 5 个系数;利用式(7.30)~式(7.33)计算各断面对应的椭圆方程各项参数,包括圆心坐标以及椭圆的长、短半轴等。

$$Ax^2 + Bxy + Cy^2 + Dx + Ey + 1 = 0 \tag{7.29}$$

$$x_0 = \frac{BE - 2CD}{4AC - B^2} \tag{7.30}$$

$$y_0 = \frac{BD - 2AE}{4AC - B^2} \tag{7.31}$$

$$a^2 = \frac{2(Ax_0^2 + Cy_0^2 + Bx_0 y_0 - 1)}{A + C + \sqrt{(A-C)^2 + B^2}} \tag{7.32}$$

$$b^2 = \frac{2(Ax_0^2 + Cy_0^2 + Bx_0 y_0 - 1)}{A + C - \sqrt{(A-C)^2 + B^2}} \tag{7.33}$$

　　在获取了椭圆模型后,以椭圆中心为原点,水平向右为 0°,向左为 180°,即在两个方向上搜索断面点,然后将两个断面点的距离之和作为该断面的收敛直径。需要注意的是,在实际计算过程中,因为隧道内壁存在各种障碍物,包括管道和线路等,在数据获取过程中会遮挡部分隧道壁,这导致隧道断面经过噪声剔除之后在 0°或 180°方向上恰好存在较多的点云缺失而搜索不到断面点。因此可以以缺失角度为基准,在±5°范围内寻找所有的断面点进行局部二次曲线拟合,然后计算该角度的方向线与拟合后的曲线的交点作为断面点并据此来计算收敛直径,如图 7.36 所示,弧 AB 是对 180°方向上的点进行二次曲线拟合后得到的局部曲线,与方向线的交点即为断面点。

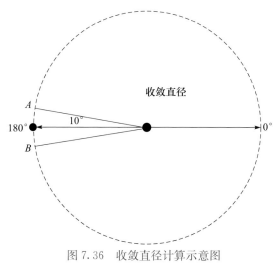

图 7.36　收敛直径计算示意图

断面变形分析可以在整体上发现隧道的变形状况,主要通过水平轴和隧道椭圆度进行分析。水平轴是人工现场验证结果的重要标志,水平轴附近扫描得到的点云较为密集,可以选择拟合直线的形式,来估算水平轴的大小。但是水平轴存在有点云和无点云的情况,所以选择合适范围的点云进行拟合直线能够更好地表达水平轴的情况。图 7.37 为管片拟合结果。

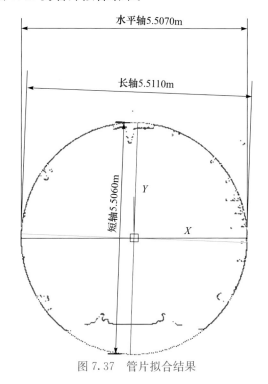

图 7.37　管片拟合结果

椭圆度表示隧道断面经过变形之后与椭圆的接近程度,椭圆度越大表示隧道的整体变形越大。在计算隧道的椭圆度时,主要选择环缝附近的断面进行整体分析。隧道的椭圆度的计算公式为

$$T = \frac{a-b}{D} \tag{7.34}$$

式中,T 为隧道的椭圆度;a 为椭圆长轴;b 为椭圆短轴;D 为隧道设计直径。

为了精确拟合隧道的横截面,本节给出了一种迭代椭圆拟合方法。该方法首先在小波滤波之后利用椭圆拟合方法将截面点拟合为椭圆,该椭圆的半长轴和半短轴可以通过式(7.29)~式(7.33)计算。然后,计算出截面点与拟合椭圆之间的距离,排除距离大于 0.01m 的截面点。剩下的横截面点将经过多次椭圆拟合和距离排除的迭代过程直到没有任何一点被排除,最终留下的截面点拟合出的椭圆即为隧道横截面。逐步椭圆拟合方法如图 7.38(a)所示。图中红线表示与拟合椭圆

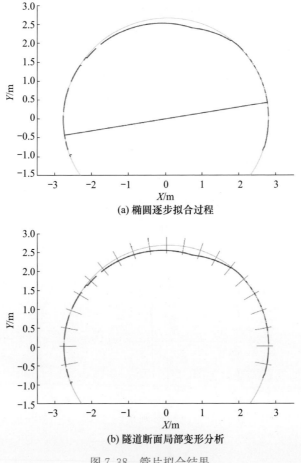

(a) 椭圆逐步拟合过程

(b) 隧道断面局部变形分析

图 7.38　管片拟合结果

的距离大于 0.01m 的被排除点,蓝线是椭圆的拟合点,绿环是拟合椭圆的一部分,紫色部分是椭圆的主轴。此隧道原始设计为半径 2.7m 的圆形,拟合椭圆的长轴为 5.5704m,短轴为 5.3356m。该横截主轴比原始设计长 0.1704m。

经过椭圆拟合后,就可以算出隧道的局部变形。为了获得精确的局部变形,根据椭圆长短轴可绘制出标准椭圆辅助线,隧道局部变形值等于断面点云中距辅助线最近的点与辅助线之间的距离。隧道在不同角度的局部变形如图 7.38(b)所示。变形是从 $-10°\sim190°$ 每 $10°$ 顺时针计算的。红色线段是辅助线,辅助线的变形值和角度标记在附近。从图 7.38(b)中可以看出,在此部分中,隧道的顶面遭受的变形高达 0.17m。

2. 隧道错台测量

隧道错台指的是拼装好的管片同一环的各管片之间或不同管片与管片之间的内弧面不平整,主要变现为纵缝的张开或闭合,环与环之间的不均匀沉降等,分为跨纵缝发生的径向错台和跨环缝发生的环面错台两种[17]。导致隧道管片错台的因素有很多种,包括管片制造工艺和建筑工艺等因素,但最主要的原因是管片完成拼接后受到隧道上方的作用力,导致整个隧道管片收敛不均匀,最终使得隧道管片间存在差异的纵向位移,产生了错台[18]。在隧道运营过程中往往会有一些小的错台发生但并不明显,这时隧道状态已经不安全,一旦不能及时发现隧道错台并任其继续发展,那么隧道结构将会存在失稳的可能。

隧道错台测量分为环间错台测量和环内错台测量。环间错台为管片与管片拼装的错位情况,可以在一定程度上表示隧道在纵向结构上的安全状态。管片缝在拼装过程中不是精准的直线,为避免单圈点云切入管片缝,选取距离管片缝 100mm 左右的点云,既可以避免切入管片缝,也可以避免进入内凹螺丝孔区域,还能真实地反映管片的拼装状况。

错台分析的做法是将每一圈的点云数据平均分成 72 份,每 5° 作为一个分割点,标记该区域内的错台量。虽然各横断面上的断面点为离散的,但点密度较大(能够达到厘米甚至毫米级)。因此,重采样的过程中选择距离每个角度上的方向线最近的断面点即设为该角度上的点。但是单圈点云存在支架和管线影响,造成误判,因此选取连续 3 个区间大于 20mm 的错台作为输出结果,可以避免上述情况的发生,准确地表达隧道管片的错位量。图 7.39 为隧道错台测量结果的示例。

隧道错台测量的另一部分内容是对隧道环内的错台进行检测,主要检测内容为隧道内或管片环内的错开。为了能精确地检测到环内不同位置各管片的错台量,需要首先将管片进行分割,确定每一环的封顶块、邻接块和标准块。利用隧道点云数据的强度值生成管片的灰度图像,以此为基础对各管片进行分割。在这个过程中用到 Canny 算子对目标图像进行计算,然后利用膨胀算法处理目标图像管片的边界,最终利用 Hough 变换检测算法识别出不同管片之间的纵向接缝。在对管片进行分割之后同样需要对该管片的数据进行滤波处理,同时进行全圆拟合,得到的圆心记为该管片的环内错台计算基准点,然后根据点云数据确定任意相邻两个管片的拼接分界点,这样就可以求得不同管片分界点之间的径向错台量,如图 7.40 所示。

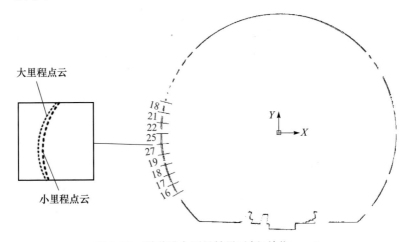

图 7.39　隧道错台测量结果示例(单位:mm)

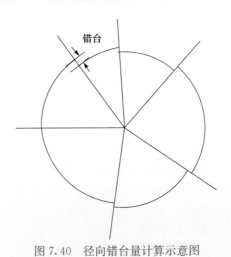

图 7.40　径向错台量计算示意图

3. 隧道限界测量

隧道限界是保障车辆安全运行、限制车辆断面尺寸、限制沿线设备安装尺寸及确定建筑结构有效净空尺寸的界限。在城市地铁运营阶段的检测中,主要针对车辆限界进行测量,其主要测量内容是判断在隧道的断面上是否存在侵限点,即判断已经获取的隧道点云数据中有无扫描点位于限界的标准轮廓内[19]。《地铁限界标准》(CJJ/T 96—2018)[20]给出了各种型号车辆的轮廓特征点。图 7.41 为 A$_1$ 型车区间车辆限界和区间直线地段设备限界,其中各点坐标值均是以轨顶面坐标系为基准进行设计的,相关限界点的坐标值也可直接查到。

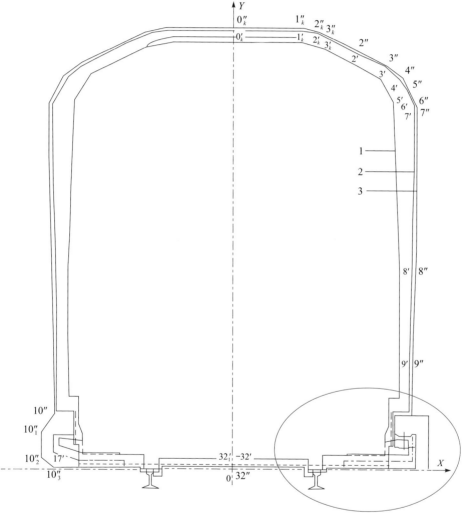

图 7.41　A$_1$ 型车区间车辆限界和区间直线地段设备限界

1. 计算车辆轮廓线; 2. 区间车辆限界; 3. 直线设备限界

因此隧道限界测量问题可以概括成判断限界的轮廓内是否存在隧道断面的扫描点,可以利用水平射线的检测方法。图 7.42 为限界测量原理示意图。通过求解隧道断面点的水平射线与限界轮廓构成的多边形存在交点的个数进行判断：如果交点个数为单个，则可以判断该断面点位于多边形内；如果交点的个数为偶数，则可以判断该断面点位于限界轮廓外。即断面点 A 与多边形交点的个数为奇数，则可以判断其位于多边形内，隧道存在侵界；相反，断面点 B 位于多边形外，不存在侵界。

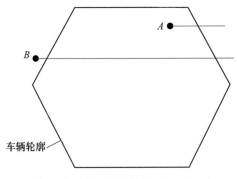

图 7.42　隧道限界测量原理示意图

7.3.3　地铁隧道表观测量装备及应用

1. 装备组成

本节以武汉汉宁轨道交通技术有限公司研制的 rMMS 为例，介绍地铁隧道表观测量装备的系统集成、参数标定和工程应用等情况。如图 7.43 所示，rMMS 以轨道移动小车为载体，集成了组合 POS、激光扫描仪、同步控制模块、光结构模块、车轮编码器和电源控制模块等，在同步控制单元的控制下使各个传感器之间实现时间同步和协同工作，快速采集隧道的全断面空间数据。

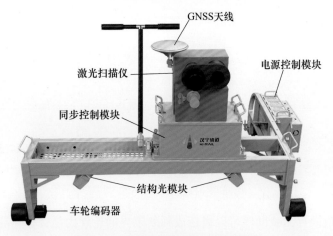

图 7.43　地铁隧道测量系统(rMMS)

组合 POS 主要用来获取 rMMS 的位置和姿态,其传感器主要包括 GNSS 接收机、IMU 与 DMI 等。GNSS 接收机主要提供系统精密授时,实现多传感器时间基准建立和同步;由于地铁隧道特殊的封闭环境,GNSS 信号缺失,rMMS 空间位置和姿态主要依靠 IMU 数据和 DMI 数据进行组合航位推算得到;隧道全断面几何形状与强度信息通过激光扫描仪采集获得。

rMMS 工作原理如图 7.44 所示。

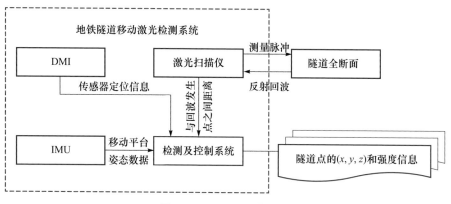

图 7.44　rMMS 工作原理

2. 装备校检

rMMS 的各传感器在集成与组装过程中会引入各种误差,导致激光扫描仪与 POS 存在三个偏移值和三个旋转角度的系统误差,需要进行严格的系统校检标定,以获得上述系统误差参数。

针对地铁隧道场景,rMMS 主要标定激光扫描仪与 POS 所确定的载体坐标系之间的位置与姿态参数。常见的标定算法主要包括基于控制点的点位标定方法、基于面特征的面标定方法、无控制点的往返点位标定方法以及多回扫描分步自标定方法等。由于 rMMS 同时支持无 GNSS 隧道测量模式和有 GNSS 露天环境模式,鉴于标定场搭建的便捷性和标定方案的可实施性,选用室外标定场进行系统参数标定。

针对激光扫描仪高重复测量频率和毫米级点位相对精度的特点,结合激光 IMU 与 GNSS 高精度定位定姿的特性,采用基于地面控制点的点位标定方法进行粗略标定,再采用无控制点的往返点位标定方法以及多回扫描分步自标定方法相结合来精确标定高精度激光扫描仪坐标系与载体坐标系(POS)之间的位置与姿态关系,如图 7.45 所示。

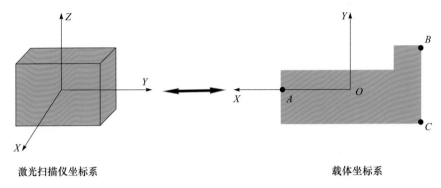

图 7.45 激光扫描仪坐标系和载体坐标系定义

采用基于控制点的点位标定方法,对于测量控制场布设要求较高,应满足地形开阔、GNSS 观测条件良好、200m 以内不应存在通信基站等强信号发射源及高压线等信号干扰源的条件。控制点布设选择为四层楼高的稳固墙体,采用多台 GNSS 基站与已知控制点联测,进行同步观测后做基线解算平差等,再采用 0.5s 级全站仪免棱镜多测回重复观测,确定控制点精度并转换至标准投影坐标系。

将 rMMS 采集的激光 IMU、GNSS 和 DMI 数据进行差分解算和卡尔曼滤波融合后,获得采集时间段的系统定位定姿数据,并将经纬度坐标转换为 WGS-84 投影坐标(或其他投影坐标系),可获得采集工程任意时刻载体的位置及姿态值。

rMMS 多传感器在严格的时间同步的情况下,激光扫描仪获取的任何时刻的原始测量点坐标(包括角度、距离和强度值)均可以通过线性时间插值的方式获得,并解出该时刻载体位置及姿态值。rMMS 参数标定原理如图 7.46 所示。通过两次矩阵运算可获得该时刻该原始激光扫描点的 WGS-84 投影坐标(该坐标系定义与控制点坐标系相同)。其计算式为

$$\boldsymbol{P}_{\mathrm{w}} = \boldsymbol{R}_{\mathrm{p}}(\boldsymbol{R}_{\mathrm{d}}\boldsymbol{P}_1 + \boldsymbol{T}_{\mathrm{d}}) + \boldsymbol{T}_{\mathrm{p}} \tag{7.35}$$

式中,$\boldsymbol{P}_{\mathrm{w}}$ 为融合解算后的点云绝对坐标;$\boldsymbol{P}_1$ 为对应 T 时刻激光扫描点在激光扫描仪坐标系下的三维坐标,$\boldsymbol{P}_1 = [x_1 \quad y_1 \quad z_1]^{\mathrm{T}}$;$\boldsymbol{T}_{\mathrm{d}}$ 为激光扫描仪坐标系相对于载体坐标系的三个偏移量,$\boldsymbol{T}_{\mathrm{d}} = [x_{\mathrm{d}} \quad y_{\mathrm{d}} \quad z_{\mathrm{d}}]^{\mathrm{T}}$;$\boldsymbol{T}_{\mathrm{p}}$ 为对应扫描时刻 GNSS 的位置坐标,表示载体坐标系相对于 WGS-84 坐标系的偏移量,$\boldsymbol{T}_{\mathrm{p}} = [x_{\mathrm{p}} \quad y_{\mathrm{p}} \quad z_{\mathrm{p}}]^{\mathrm{T}}$;$\boldsymbol{R}_{\mathrm{p}}$ 为载体坐标系相对于 WGS-84 坐标系构成的变换矩阵;

$$\boldsymbol{R}_{\mathrm{p}} = \begin{bmatrix} a_1 & a_2 & a_3 \\ b_1 & b_2 & b_3 \\ c_1 & c_2 & c_3 \end{bmatrix}$$

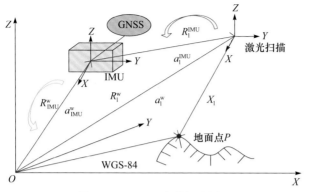

图 7.46　rMMS 参数标定原理

$$
\begin{cases}
a_1 = \cos R_{\mathrm{pos}}^{\mathrm{w}} \cos H_{\mathrm{pos}}^{\mathrm{w}} + \sin R_{\mathrm{pos}}^{\mathrm{w}} \sin H_{\mathrm{pos}}^{\mathrm{w}} \sin P_{\mathrm{pos}}^{\mathrm{w}} \\
a_2 = \sin H_{\mathrm{pos}}^{\mathrm{w}} \cos P_{\mathrm{pos}}^{\mathrm{w}} \\
a_3 = \sin R_{\mathrm{pos}}^{\mathrm{w}} \cos H_{\mathrm{pos}}^{\mathrm{w}} - \cos R_{\mathrm{pos}}^{\mathrm{w}} \sin H_{\mathrm{pos}}^{\mathrm{w}} \sin P_{\mathrm{pos}}^{\mathrm{w}} \\
b_1 = -\cos R_{\mathrm{pos}}^{\mathrm{w}} \sin H_{\mathrm{pos}}^{\mathrm{w}} + \sin R_{\mathrm{pos}}^{\mathrm{w}} \cos H_{\mathrm{pos}}^{\mathrm{w}} \sin P_{\mathrm{pos}}^{\mathrm{w}} \\
b_2 = \cos H_{\mathrm{pos}}^{\mathrm{w}} \cos P_{\mathrm{pos}}^{\mathrm{w}} \\
b_3 = -\sin R_{\mathrm{pos}}^{\mathrm{w}} \sin H_{\mathrm{pos}}^{\mathrm{w}} - \cos R_{\mathrm{pos}}^{\mathrm{w}} \cos H_{\mathrm{pos}}^{\mathrm{w}} \sin P_{\mathrm{pos}}^{\mathrm{w}} \\
c_1 = -\sin R_{\mathrm{pos}}^{\mathrm{w}} \cos P_{\mathrm{pos}}^{\mathrm{w}} \\
c_2 = \sin P_{\mathrm{pos}}^{\mathrm{w}} \\
c_3 = \cos R_{\mathrm{pos}}^{\mathrm{w}} \cos P_{\mathrm{pos}}^{\mathrm{w}}
\end{cases}
\tag{7.36}
$$

$\boldsymbol{R}_{\mathrm{d}}$ 为激光扫描仪坐标系相对于载体坐标系的旋转矩阵。

$$
\boldsymbol{R}_{\mathrm{d}} =
\begin{bmatrix}
a_1 & a_2 & a_3 \\
b_1 & b_2 & b_3 \\
c_1 & c_2 & c_3
\end{bmatrix}
$$

$$
\begin{cases}
a_1 = \cos R_1^{\mathrm{pos}} \cos H_1^{\mathrm{pos}} + \sin R_1^{\mathrm{pos}} \sin H_1^{\mathrm{pos}} \sin P_1^{\mathrm{pos}} \\
a_2 = \sin H_1^{\mathrm{pos}} \cos P_1^{\mathrm{pos}} \\
a_3 = \sin R_1^{\mathrm{pos}} \cos H_1^{\mathrm{pos}} - \cos R_1^{\mathrm{pos}} \sin H_1^{\mathrm{pos}} \sin P_1^{\mathrm{pos}} \\
b_1 = -\cos R_1^{\mathrm{pos}} \sin H_1^{\mathrm{pos}} + \sin R_1^{\mathrm{pos}} \cos H_1^{\mathrm{pos}} \sin P_1^{\mathrm{pos}} \\
b_2 = \cos H_1^{\mathrm{pos}} \cos P_1^{\mathrm{pos}} \\
b_3 = -\sin R_1^{\mathrm{pos}} \sin H_1^{\mathrm{pos}} - \cos R_1^{\mathrm{pos}} \cos H_1^{\mathrm{pos}} \sin P_1^{\mathrm{pos}} \\
c_1 = -\sin R_1^{\mathrm{pos}} \cos P_1^{\mathrm{pos}} \\
c_2 = \sin P_1^{\mathrm{pos}} \\
c_3 = \cos R_1^{\mathrm{pos}} \cos P_1^{\mathrm{pos}}
\end{cases}
\tag{7.37}
$$

　　式(7.35)描述了 rMMS 通过同步时间信息融合定位定姿数据和激光扫描数据生成点云数据的过程。由 T 时刻激光扫描测量点的原始测量值 P_1,通过时间线性插值获得该时刻的位置 (x_p,y_p,z_p) 及姿态角 $(H_{pos}^w,P_{pos}^w,R_{pos}^w)$ 构建第一坐标旋转矩阵 $\boldsymbol{R}_p$。系统标定所求的激光扫描仪坐标系相对于载体坐标系的偏移量 (x_d,y_d,z_d) 及旋转量 $(H_1^{pos},P_1^{pos},R_1^{pos})$ 构建的第二坐标旋转矩阵 $\boldsymbol{R}_d$,该矩阵所代表的三个偏移量及三个旋转量即为待求的标定参数值。通过式(7.35)计算可得 T 时刻激光测量点在 WGS-84 坐标系下的坐标。上述初始坐标旋转矩阵可以通过第一坐标旋转矩阵 $\boldsymbol{R}_p$ 和第二坐标旋转矩阵 $\boldsymbol{R}_d$ 中的其他参数计算得到。

　　已知对应的同名控制点坐标为 $p_1c(x_c,y_c,z_c)$,则任意同名点构建误差方程为

$$f_i(x)=P_c-P_w \tag{7.38}$$

式中,x 为 6 个相互独立的未知数,如式(7.39)所示。

$$\boldsymbol{T}_d=\begin{bmatrix} x_d & y_d & z_d & H_1^{pos} & P_1^{pos} & R_1^{pos} \end{bmatrix} \tag{7.39}$$

　　当存在 m 个控制点对时,根据最小二乘理论,应满足其非线性方程组的平方和最小,其数学模型为

$$F(x)=\frac{1}{2}\sum_{i=1}^{m}\left[f_i(x)\right]^2 \tag{7.40}$$

　　在实际实现过程中,可参考最小二乘理论,通过对上述非线性方程求取偏导,计算协方差阵等进行线性化展开,亦可通过 LM 算法迭代求取最优解,此处不再详细描述。

　　基于控制点标定方法在实际应用中误差影响因素较多,包括控制点点位精度及其布设条件、参与解算的控制点个数、基于点云的取点精度,以及各传感器器件误差等。其中,基于点云的取点精度受车行速度、扫描频率、控制点靶标材质及与载体的距离影响,根据激光扫描测量原理,距离扫描头越远,材质反射强度越小,扫描点距精度越差。此外,GNSS 差分解算在信号良好的情况下,平面定位精度可达到 2cm 以内,高程定位精度在 5cm 以内,此误差量对标定结果影响较大。

　　基于上述标定误差的分析,在激光扫描仪与 POS 的测量精度较高的前提条件下,进一步基于短时间内往返选取多个近距离的同名靶标点进行迭代计算,可降低选点误差和定位定姿误差等影响。

　　每一组点对应存在同名点 $P_{w1}(x_{w1},y_{w1},z_{w1})$、$P_{w2}(x_{w2},y_{w2},z_{w2})$,根据扫描记录的该点时间获取各自对应时刻的位置和姿态信息,参考式(7.40),得到每对同名点的误差方程应满足

$$f_i(x)=P_{w1}-P_{w2} \tag{7.41}$$

式中,x 为 6 个相互独立的未知量,与式(7.39)所述相同。

　　对式(7.41)进行线性化展开以求得最优解,实现激光扫描仪坐标系与载体坐

标系之间位置关系的标定。

经过多传感器的时间同步和空间标定,即将激光扫描仪、激光 IMU 和 DMI 等多个传感器采集的数据按照时间整合后,再进行空间坐标变换,可以获取到目标表面高密度、高精度的点云数据,从而实现对隧道三维空间数据的采集。

3. 工程应用

rMMS 已经在国内十多个城市的地铁隧道测量中投入使用,合计实施里程 2500km。选取其中某地铁区间作为盾构隧道测量的试验场地,地铁测量施工工艺流程主要分为以下几个步骤:天窗作业清点登记、人员设备交底、控制点布设、施工区进场、设备组装调试、初始静态对齐、测量作业、结束静态对齐、关机和拆解、人员设备清点出场以及天窗作业销点登记等。图 7.47 为地铁隧道及控制点靶标。

(a) 地铁隧道图   (b) 控制点靶标示意图

图 7.47   地铁隧道及控制点靶标示意图

通过对盾构隧道同一环号多期检测叠加对比分析,以及采用智能全站仪对试验区间部分隧道断面管片的水平直径进行现场测量,对 rMMS 测量结果进行精度验证。

在选取的试验区间,于 2019 年 6 月和 2019 年 8 月分别利用 rMMS 对同一地铁隧道断面进行检测,利用椭圆拟合模型对两次检测数据的椭圆长轴、椭圆短轴、偏转角、过椭圆中心的水平直径、椭圆度,与设计差值、标准差进行计算,最终得出两次检测对比结果。

rMMS 以 2km/h 的速度对地铁隧道相邻两站区段进行扫描测量,获得逐环管片断面上点云数据。首先对管片断面点云坐标进行平面拟合,并通过坐标转换将三维坐标转换为平面坐标。在平面坐标系下进行管片断面椭圆拟合,获得较为准确的椭圆参数,然后利用拟合所得模型参数进行拟合标准差计算并进行管片断面分析,拟合标准差计算见式(7.42),用于评价管片变形不规则程度。

$$D = \sqrt{\frac{\sum_{i=1}^{n}(V_i - \overline{V}_i)^2}{n}} \qquad (7.42)$$

式中,V_i 为参与椭圆拟合的管片断面上的点云坐标(x_i, h_i)到拟合椭圆圆心(x, h)的距离;$\overline{V}_i$ 为参与椭圆拟合的管片断面上的点云坐标到拟合椭圆圆心的连线与拟合椭圆的交点的坐标$(\overline{x}_i, \overline{h}_i)$;$n$ 为参与椭圆拟合的管片断面上点云坐标的点数。

隧道测量结果分别记录里程、环号、椭圆长轴、椭圆短轴、偏转角(x 轴正方向与长轴的夹角,范围为$-90°\sim90°$)、水平直径、椭圆度、差值(隧道水平直径与隧道设计直径的差值)和标准差。在试验区段拟合椭圆共计 530 个,最大标准差 5mm,最小 2mm,平均 2.5mm,水平直径与设计直径(5.5m)差值在 50~70mm 共有 59 环,最大差值为 66mm。表 7.3 选择其中部分数据进行对比,并给出了两个不同时期水平收敛检测结果的对比。

表 7.3　6 月和 8 月逐环收敛测量结果

里程	环号	6 月实测值			8 月实测值			水平收敛差值/mm
		椭圆长轴/m	椭圆短轴/m	水平收敛值/m	椭圆长轴/m	椭圆短轴/m	水平收敛值/m	
K26+906.084	268	5.436	5.400	5.4347	5.433	5.401	5.4341	0.6
K26+904.587	269	5.430	5.399	5.4273	5.427	5.397	5.4282	−0.9
K26+903.091	270	5.431	5.413	5.4282	5.428	5.411	5.4278	0.4
K26+901.581	271	5.429	5.414	5.4164	5.428	5.411	5.4156	0.8
K26+900.066	272	5.422	5.418	5.4180	5.418	5.416	5.4187	−0.7
K26+898.568	273	5.424	5.416	5.4237	5.419	5.416	5.4223	1.4
K26+897.069	274	5.430	5.409	5.4297	5.427	5.406	5.4292	0.5
K26+895.562	275	5.435	5.409	5.4256	5.433	5.408	5.4265	−0.9
K26+894.043	276	5.425	5.410	5.4250	5.423	5.410	5.4253	−0.3
K26+892.538	277	5.432	5.416	5.4260	5.430	5.414	5.4254	0.6

为了验证 rMMS 的实际测量精度,采用智能全站仪进行对比核验。智能全站仪采用 Leica TM50 型全站仪,该全站仪免棱镜观测标称精度为(2 ± 10^{-6})mm,在实际测量中视距不超过 6m,考虑到全站仪的测角误差,理论管片断面点测量精度优于 3mm。选取相同的试验区间进行管环断面测量,其中全站仪每断面均匀观测

管片上 20 个测点。表 7.4 给出了试验区间隧道断面的对比测量结果以及水平收敛差值。

表 7.4　地铁隧道管环移动三维激光扫描与全站仪测量数据结果对比表

里程	环号	移动三维激光扫描测量				智能全站仪测量				水平收敛差值/m
		椭圆长轴/m	椭圆短轴/m	水平收敛值/m	标准差/m	椭圆长轴/m	椭圆短轴/m	水平收敛值/m	标准差/m	
K9+677.579	501	5.520	5.503	5.502	0.003	5.516	5.495	5.500	0.002	−0.002
K9+679.086	502	5.520	5.504	5.505	0.003	5.510	5.496	5.499	0.001	−0.006
K9+680.598	503	5.517	5.508	5.509	0.003	5.509	5.502	5.503	0.001	−0.006
K9+682.106	504	5.514	5.508	5.512	0.003	5.508	5.501	5.507	0.001	−0.005
K9+683.607	505	5.520	5.504	5.520	0.003	5.515	5.492	5.515	0.001	−0.005
K9+692.622	511	5.531	5.493	5.531	0.003	5.524	5.480	5.524	0.001	−0.007
K9+694.122	512	5.525	5.498	5.523	0.002	5.520	5.484	5.517	0.001	−0.006
K9+695.631	513	5.525	5.506	5.518	0.002	5.521	5.496	5.513	0.001	−0.005
K9+698.656	515	5.526	5.498	5.518	0.002	5.528	5.476	5.510	0.010	−0.008

　　地铁隧道移动三维激光扫描测量过程中的水平收敛定义为通过三维激光断面拟合的椭圆的水平直径延伸到隧道壁上的实际长度与隧道标准管环直径的差值。智能全站仪进行隧道管环测量通常采取离散测点的方式进行管片断面检测,每个管环采集 20~50 个点进行分析。智能全站仪采集的离散测量数据不能实现管片断面结构的全覆盖,该模式下无法得到拟合的椭圆水平直径延伸到隧道壁的实际长度,因此利用智能全站仪进行管片检测的水平收敛定义为通过离散的断面点拟合的椭圆的水平直径与隧道标准直径的差值。

　　两种测量方法原理上的差异必然导致测量结果存在一定的系统误差。对两组测量数据的水平收敛差值进行分析可以看出,rMMS 测量的隧道管环水平收敛与智能全站仪测量的水平收敛存在 6mm 的系统误差,而两种方式测量数据间的标准差(均方差)为 2mm,验证了两种测量结果的一致性。从大量实际工程检测结果数据的对比中发现,地铁隧道管环移动三维激光扫描测量和智能全站仪测量的结果非常一致,标准差均优于 3mm,满足地铁隧道测量实际环境和精度要求。

7.4　水工隧洞表观测量

7.4.1　测量现状

　　水工隧洞是指在山体中或地下开凿的过水洞,用于灌溉、发电、供水、泄水、输水、施工导流和通航。按照隧道水压特征,将洞内水体能够自由流动的称为无压隧道;洞壁承受一定水压力的称为有压隧道。隧道在建设和使用的过程中,由于岩层性质、温度应力、水流冲刷等原因不可避免地会产生病害和老化缺陷,隧道裂缝是影响隧道内部安全的重要因素之一,随着时间的推移可能发生进一步形变,初期较小的裂缝会逐渐发展扩大,如果不能及时检测发现并加以修补,会造成水工隧洞断裂垮塌、管路沉降、有压管道爆管等安全事故。因此,在水工隧洞的建设和使用过程中,都需要对隧洞内部表观结构进行定期检测,以便掌握其健康状态。

长距离输水隧洞是最典型的无压隧洞。长距离输水隧洞通常都是呈现水平走向埋于地下,在垂直于隧洞向上设置露于地面的检修口,不过检修口之间距离相距较远,一般为2~4km,有的甚至达到10km。为了保障供水能力,输水隧洞建成以后基本不会中断供水。部分供水隧洞会有比较短的检修间隙期,长时间处于输水状态。根据隧洞内水位高低,输水隧洞分为满水隧洞和半满水隧洞。一般管径较大的主输水隧洞都是保持在半满水状态,管径较小的分支输水隧洞都是保持着满水状态。因此,针对长距离输水隧洞,传统人工检查已无法适用。

水电站引水隧洞是最典型的有压隧洞,是水电站发电系统的重要组成部分。在水力发电站运行过程中,水库中的水经过一条高差较大的引水隧洞竖井或者斜井来获得较大流速,推动引水隧洞底端的发电机组工作。引水隧洞经年累月在高压、高速的水流冲击下服役,不可避免地会产生多种病害,如磨损、剥落、裂缝、钢筋外露、渗浆等,轻则造成非正常停机检修,重则造成机组水轮机及流道损毁,影响整个水电站引水发电系统运行。根据引水隧洞的坡度,分为竖井段、斜井段和水平段,其中水平段可以通过人工目视或拍照,搭建脚手架等传统方式检测,而对于高差较大的竖井段、斜井段则无能为力,如图7.48所示,大型水电站的引水隧洞落差往往达到了百米级,竖井段和斜井段人员无法直接到达、内部密闭潮湿、无GNSS信号、特征稀疏等恶劣环境导致隧洞内部无卫星定位、无视觉匹配特征、无法布设定位点、无法布设控制点,给设备定位和检测带来了巨大的困难。

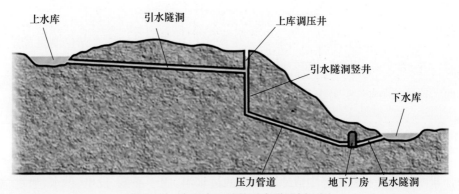

图7.48 大型水电站的引水隧洞剖面图

综上两种情况，无论是有压隧道还是无压隧道，其隧道内环境都比较复杂。对于水工隧洞出现渗漏、衬砌裂损、衬砌变形、冲刷腐蚀、侵蚀、冻害、碳化、溶蚀等病害问题，采用传统的检测方法变得越来越困难。

7.4.2　表观测量方法

水工隧洞表观测量方法主要包括载体平台位置获取和病害状态检测。载体平台位置获取是利用传感器获取位置坐标来作为空间参考，定位方法有组合导航定位和基于超短基线的水下定位。在载体平台位置获取完成后，通过搭载在载体平台上的相机传感器或激光传感器来实现表观病害数据采集，根据图像包含的病害纹理信息或者激光点云包含的病害三维特征信息来实现病害状态检测。

相较于交通隧道，水工隧洞内存在无卫星定位、无法布设定位点等难点，这给水工隧洞内载体平台的定位带来了巨大困难。水工隧洞的测量与维修通常只能通过隧道建设期间预留的检修口进入，综合考虑检修口的大小、方位，搭载传感器的尺寸、工作方式，水工隧洞的特征等因素来因地制宜地设计载体平台。对于有水隧洞，设计无人船和水下机器人作为载体平台；对于无水隧洞，如输水隧洞或者引水隧洞水平段等平缓的水工隧洞，设计模块化、易组装的检测小车作为载体平台。而对于坡度陡、落差大的水工隧洞，一种方案是利用检测小车配合动力设备来实现检测系统在斜井中的移动，另一种方案是利用无人飞艇、氢气球等作为运动载体来实现检测系统在竖井中的移动。适用于水工隧洞的几种常用的定位方法有以下四种。

1. 引水隧洞斜井内定位方法

引水隧洞斜井检测依靠爬绳测量车完成，国内大型水电站的斜井长度往往达到几百米，最长的接近 1000m，单纯依靠 INS 和 DMI 推算出的位置误差较大，因此，爬绳测量车在斜井内的定位采用 IMU、DMI、LiDAR 组合导航算法。在作业的过程中，爬绳测量车通过升降绳悬挂在斜井底部，贴着斜井内壁沿着升降绳向上爬行，IMU 信息由搭载的高精度 INS 获取，里程信息由安装在车轮上的 DMI 获取，同时，将检测车搭载的高精度激光扫描仪扫描到的斜井管片接缝作为控制点信息，从而实现组合导航，精确定位爬绳测量车在斜井内部的位置。

2. 引水隧洞竖井内定位方法

引水隧洞竖井检测依靠无人飞艇完成，竖井高度在百米级，依靠 INS 和 DMI 融合即可获得较理想的定位精度，因此，无人飞艇在竖井内的定位采用 IMU、DMI 组合导航算法。在作业的过程中，无人飞艇通过系留绳连接在竖井底部的平台上，释放系留绳控制无人飞艇从竖井底部向上飞升,由搭载的高精度 INS 获取 IMU 信息,由于无人飞艇无法安装 DMI 来计算里程信息,检测采用激光扫描仪获取装置在引水隧洞竖井中的水平位置,气压高度计测算出当前装置的高度,计米器量测出装置在飞艇上升的高度,里程信息由搭载的激光扫描仪、气压高度计、计米器综合测量获取,从而实现组合导航,精确定位无人飞艇在竖井内的位置[21]。

3. 满水状态下输水隧洞定位方法

满水状态下的输水隧洞主要依靠水下机器人来完成检测任务,其示意图如图 7.49 所示。水下机器人通过检修口进入满水输水隧洞,根据标准管节长度、走向以及缆绳输出长度推算水下机器人所在管节,粗略推算出水下机器人的绝对位置范围。然后,再利用水下机器人传回的图像信息,推算水下机器人本体与所处管节的相对位置关系,从而进一步推算机器人本体所处位置。

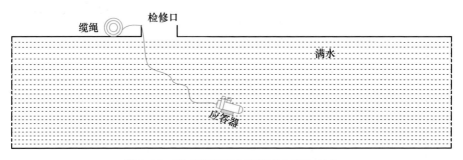

图 7.49　满水状态下水下机器人定位方式

4. 半满水状态下输水隧洞定位方法

在输水隧洞半满水状态下,可以将无人船与水下机器人进行组合。如图 7.50 所示,无人船上搭载激光扫描仪、全景相机测量传感器,用于检测输水隧洞水面以上病害问题。同时,可以根据激光或图像检测出的管节,来精确获取无人船的绝对位置。无人船与水下机器人之间采用超短基线定位方式。

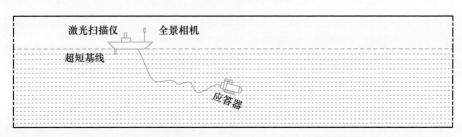

图 7.50　半满水状态下无人船和水下机器人组合定位方式

7.4.3　测量装备及应用

随着检测新技术的发展，一些先进的方法和设备已经逐渐应用到水工隧洞病害检测中。根据水工隧洞检测方式中水位条件不同，分为有水检测和排空检测。针对有水检测主要采用水下机器人系留下潜至管道贴壁行走、拍摄，直径较大隧洞还可搭载图像声呐获取管壁声学纹理信息。针对排空检测主要采用无水隧洞检测车进行高精度移动测量，主要采用高精度激光点云和图像信息进行病害识别。下面介绍几种常见的水工隧洞测量系统。

1. 水下机器人系留检测系统

水下机器人系留检测系统根据隧洞水位高低分为两种作业方式。一种是在满水情况下，在检修口布放水下机器人进行系留测量。利用水下机器人对隧洞的管壁、洞壁、伸缩缝、隧洞断层等部位进行拍照和扫描。图 7.51 为满水条件下水下机器人系留测量装备。针对发现的隧洞病害点，根据隧道走向和缆绳布放长度来推算病害点粗略位置，然后结合标准管段的管节数，进行位置精化。该作业方式需要对隧道进行全局拍摄，图像拼接工作量较大。图 7.52 为水下机器人所拍摄的南水北调中线两个管节接缝处。

图 7.51　满水条件下水下机器人系留测量装备

另一种是当隧洞水位处于半满水状态时，可将水下机器人缆绳系留于小型无人船。其作业示意图如图 7.53 所示，无人船搭载轻量级三维扫描仪、全景相机用于检测水面以上部分管壁的病害点，同时识别出管节接缝作为相对控制点，用于绝对位置估算。同时在无人船与水下机器人之间搭载超短基线和应答器，可实时关联水下机器人与无人船之间的位置关系。该作业方式将水上高精度位置传递至水下图像，减少了水下机器人的工作强度。

2. 无水隧洞爬绳测量车

隧道爬绳测量车由载体平台、中控单元、检测单元、辅助单元和后处理单元等组成。如图 7.54 所示，其中载体平台由载体小车、基座和支架、推拉杆和爬绳升降

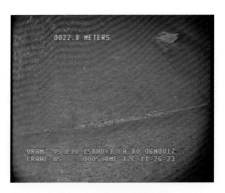

图 7.52　南水北调中线　　　　图 7.53　半满水长距离条件下水下机
两个管节接缝处　　　　器人缆绳系留于小型无人船的检测作业方式

机组成,用于给各传感器和设备提供安装平台和运动动力;中控单元由嵌入式计算机、同步控制机和电源管理器组成,用于管理系统的电源和控制系统各传感器;测量单元由激光扫描仪、IMU、光电编码器和全景相机组成,用于测量隧道沿线的姿态、里程、点云、图像等数据;辅助单元由照明灯、高清摄像头、无线图传和吸水滤水模块组成,用于实时监测测量平台运行路线的情况和阻止残留水流流入测量平台中;后处理单元用于数据的采集、处理和管理。

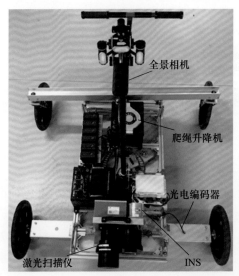

图 7.54　隧道爬绳测量车

隧道爬绳测量车系统根据隧道坡度大小分为两种工作方式。一种是在坡度平缓地段,如引水隧洞和输水隧洞的水平段,爬绳测量车采用推行、拖行或者沿绳爬行的方式,对隧道的管壁衬砌、伸缩缝等部位进行拍照和扫描。另一种是在坡度陡峭地段,如引水隧洞的斜井段,爬绳测量车采用沿着从上游检修口垂下的升降绳爬行的方式,对隧洞的管壁衬砌、伸缩缝等部位进行拍照和扫描。其作业示意图如图 7.55 所示,其工作现场如图 7.56 所示,爬绳测量车搭载激光扫描仪与全景相机检测管壁的病害点,同时识别出接缝作为相对控制点,配合 INS 和光电编码器数据用于绝对位置解算。

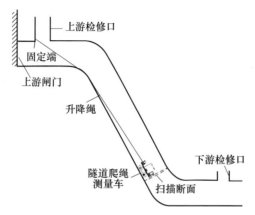

图 7.55　无水条件下隧道爬绳测量车系统作业方式

图 7.56　输水隧洞检测工作现场

在隧道爬绳测量车前进的过程中,获取隧道全断面点云和影像数据,能有效检测裂缝、掉块、渗漏水、泌钙、接缝破损等常见的输水隧洞典型病害。输水隧洞点云效果图和点云展开图如图 7.57 和图 7.58 所示。

3. 无水隧洞无人飞艇测量系统

隧洞无人飞艇测量系统以无人系留飞艇为浮空装载平台。如图 7.59 所示,系统由数据采集、定位定姿、集成控制、电源管理、传输通信及飞艇动力等 6 个模块组

图 7.57　输水隧洞三维点云效果图(彩色和灰度)

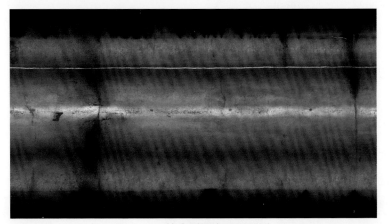

图 7.58　输水隧洞点云展开图

图 7.59　无人飞艇测量系统实物图

成。其中数据采集模块由四台高分辨率的 CCD 相机和一台三维激光扫描仪构成,分别获取引水隧洞竖井的影像和三维点云数据;定位定姿模块主要由 INS、气压高度计、激光扫描仪与计米器等设备构成,通过这几种传感器测量的位置与姿态信息进行松/紧组合来解算系统定位信息;集成控制模块是指集成处理与控制各个硬件采集传感器的工控机和多传感器集成控制部分;电源管理模块是指整个竖井检测装置的电源系统;传输通信模块由各个硬件装置之间相互通信的线缆以及以太网交换机等构成;飞艇动力模块由地面控制平台的多档位电动卷扬机,以及连接飞艇和卷扬机的轻质高强度线缆等构成。

　　隧洞无人飞艇测量系统主要应用于无水引水隧洞竖井段,搭载全景 CCD 相机、三维激光扫描仪、INS、气压高度计等多传感器,其工作方式如图 7.60 所示,其施工现场如图 7.61 所示,在无人飞艇从地面上升的过程中,对引水隧洞内壁进行拍照和扫描,获取引水隧洞竖井内壁的影像和三维点云数据。其点云拼接和图像拼接成果图如图 7.62 和如图 7.63 所示。通过激光扫描仪获取装置在引水隧洞竖井中的水平位置,气压高度计测算出当前装置的高度,计米器量测出装置在飞艇浮力作用下上升的高度,从而将水平位置和高度作为里程信息约束 INS 推算系统的准确位置。

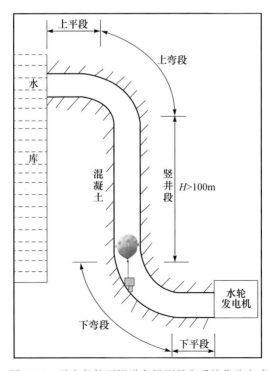

图 7.60　无水条件下隧道爬绳测量车系统作业方式

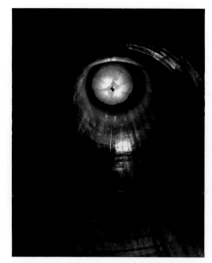

图 7.61 云南糯扎渡水电站百米级引水隧洞竖井检测现场

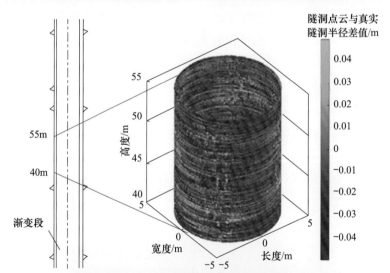

图 7.62 引水隧洞点云拼接成果图

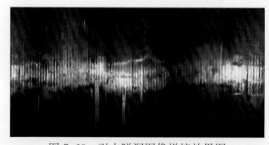

图 7.63 引水隧洞图像拼接效果图

7.5　本 章 小 结

隧道表观测量装备已经广泛应用于公路隧道、铁路隧道和水工隧洞的安全状况检测,极大地提高了我国隧道快速检测的综合水平,能够在事故发生前及时检测到存在的病害,有力地保障了我国各型隧道的安全运行。目前,国内隧道表观测量装备研发进入了高速发展阶段,综合技术水平不断提高。检测精度的提高和检测速度的加快,极大地节省了人力物力,对检测天窗越来越短的轨道交通尤其重要。未来,隧道表观测量装备将继续朝着设备高集成度和功能模块化方向发展,自动化、智能化、易操作和广适应是未来隧道表观测量装备发展的趋势。

参 考 文 献

[1] 田四明,王伟,巩江峰. 中国铁路隧道发展与展望(含截至 2020 年底中国铁路隧道统计数据). 隧道建设,2021,41(2):308-325.

[2] 王梦恕. 我国隧道技术现状和未来发展趋势. 安徽建筑,2015,22(4):9-13.

[3] 中华人民共和国行业标准. 公路隧道养护技术规范(JTG H12—2015). 北京:人民交通出版社,2015.

[4] 中华人民共和国行业标准. 城市轨道交通隧道结构养护技术标准(CJJ/T 289—2018). 北京:中国建筑工业出版社,2018.

[5] 陈湘生,徐志豪,包小华,等. 中国隧道建设面临的若干挑战与技术突破. 中国公路学报,2020,33(12):1-14.

[6] 李清泉,邹勤,毛庆洲. 基于最小代价路径搜索的路面裂缝检测. 中国公路学报,2010,23(6):28-33.

[7] 马海志,李清泉,毛庆洲. 移动三维激光测量技术及其在轨道交通隧道结构监测上的应用. 北京:地质出版社,2020.

[8] 罗寒,宋丹妮,程明跃. 三维激光扫描点云拼接技术研究. 工程勘察,2018,46(8):57-60.

[9] 胡玉祥,范珊珊,王智,等. 站式三维激光扫描仪在地铁隧道断面检测中的应用研究. 城市勘测,2020,(1):130-134.

[10] 李豪,邹进贵,安祥生,等. 徕卡 MS50 全站扫描仪在地铁隧道断面中的应用. 测绘地理信息,2018,43(5):68-71,75.

[11] 许子扬,邹进贵. 基于 MS60 全站扫描仪的隧道断面自动化检测. 测绘通报,2018,(S1):144-148.

[12] 黄志威. 三维激光扫描仪在隧道断面检测中的应用. 科技创新与应用,2019,(21):183-184.

［13］ Meng X L,Wang H,Liu B B. A robust vehicle localization approach based on GNSS/IMU/DMI/LiDAR sensor fusion for autonomous vehicles. Sensors,2017,17(9)：2140.

［14］ 高浩政.地铁隧道结构安全性评价体系分析.江西建材,2017,(1):140-141.

［15］ 邵华,黄宏伟,王如路.上海运营地铁盾构隧道收敛变形规律研究.地下空间与工程学报,2020,16(4):1183-1191.

［16］ 柳献,张雨蒙,王如路.地铁盾构隧道衬砌结构变形及破坏探讨.土木工程学报,2020,53(5):118-128.

［17］ 赵亚波,王智.基于移动三维扫描技术的隧道管片错台分析及应用.测绘通报,2020,(8):160-163.

［18］ 李芳,田涌,霍守峰.硬岩隧道土压平衡盾构机管片错台问题分析及对策.中国设备工程,2020,(15):68-70.

［19］ 胡玉祥,张洪德,尹相宝,等.基于三维激光点云的地铁限界测量分析与应用研究.城市勘测,2020,(4):147-152.

［20］ 中华人民共和国行业标准.地铁限界标准(CJJ/T 96—2018). 北京:中国建筑工业出版社,2018.

［21］ 唐炉亮,字陈波,李清泉,等.大型水电工程百米级引水竖井的病害检测技术.测绘学报,2018,47(2):260-268.

第8章 铁路轨道精密测量

随着我国大规模铁路的建成与运营,轨道安全检测成为铁路运营维护工作的重中之重,传统以人工为主的测量手段已经无法满足当前庞杂的线形测量、扣件检测和钢轨损伤检测等测量任务,必须发展铁路轨道高效测量新技术和新装备。本章主要介绍基于动态精密工程测量技术的铁路轨道线形测量、扣件检测和钢轨伤损检测的原理、方法及应用。

8.1 概　　述

铁路轨道建成投入运营后,除了列车正常运行造成的磨耗,还会受到风雨及冰雪等环境因素的影响,轨道基础结构会逐渐出现各种病害,如轨道变形、扣件失效和钢轨伤损等,这些轨道病害不仅影响了列车运行的平稳和舒适性,而且会给列车运行带来巨大的安全隐患。因此,及时发现轨道基础设施的病害并采取有效的修复措施是当前铁路管理最重要的工作之一。铁路轨道高效测量通过观测轨道基础设施的表观状态,及时发现轨道病害,指导轨道的维护保养,确保轨道设施保持良好的服役状态,提高轨道使用寿命。轨道高效测量技术包括轨道线形测量、扣件检测与钢轨伤损精密检测等内容[1~3]。

8.1.1 铁路轨道线形测量

轨道线形测量主要是观测轨道平顺性。轨道平顺性直接影响列车运行的舒适性和安全性:首先,轨道不平顺会造成轮轨作用力变大,产生噪声和振动,影响行车舒适性;其次,轨道不平顺加快车轮及铁路的损坏,严重的轨道不平顺将导致列车脱轨倾覆等恶性事故发生。目前,轨道精测精调是我国铁路工务管理最重要和费时费力的工作。据不完全统计,武广高速铁路湖北段(约 150km)在 2009~2012 年轨道精测精调超过 130 次。

轨道平顺性项目众多,包括轨距、水平、超高、高低、方向以及三角坑等轨道几何参数。然而,高速铁路空间分布广泛、观测天窗时间受限和观测环境恶劣的特点使检测在有限观测时间内存在"测全难"和"测快难"的问题;另外,高速铁路平顺性测量的精度要求极高,高低/轨向平顺性的相对测量精度达到十万分之一,绝对测量精度 3mm,因此存在"测准难"的问题[4]。

鉴于轨道平顺性对高铁安全运营至关重要,研究者开展了轨道不平顺测量技术研究和装备研制的工作,主要包括高速动态综合测量技术、绝对式测量技术和相对式测量技术。

高速动态综合测量技术将定位定姿、视觉测量以及激光测量等技术相结合,检测平台模拟列车的实际运行状态,通常在车体、轴向、转向架、车轮上安装测量传感器,综合各种传感器的数据计算分析轨道线形相关几何参数,可对线路轨道不平顺及列车舒适性指标等进行高速动态同步测量。日本 E926 型"East-i"轨道动态综合检测列车由 6 辆检测车组成(图 8.1(a)),其最高检测速度可达 275km/h,检测内容包括轨道几何参数、接触网、通信信号、车体加速度、轮轨作用力以及环境噪声等。德国 RAILAB 轨道动态综合检测车(图 8.1(b))都采用无接触式激光检测技术,集成三轴陀螺稳定平台、光电传感器、位移计等传感器,检测轨道的高低、水平、轨向等轨道几何参数,最高检测速度可达 300km/h。

(a) E926型"East-i"轨道动态综合检测列车　　　　　　　(b) RAILAB轨道动态综合检测车

图 8.1　轨道动态综合检测车

2011 年,中国铁道科学研究院成功研制了 CRH380B-002 高速综合检测列车,如图 8.2 所示,检测内容包括轨道几何参数、接触网、通信信号、车体加速度、轮轨作用力、转向架载荷测试以及 ATP 监测,可输出轨道质量指数(track quality index,TQI),动态定位精度可达 1m,最高检测速度可达 400km/h。

图 8.2　国产 CRH380B-002 高速综合检测列车

除了高速综合巡检列车外，便携式轨道检测技术也是轨道线形测量的最常用技术，分为绝对式和相对式两种。国内在高速铁路建设之初，引进了 Amberg GRP1000 和 Trimble GEDO CE 两种型号的便携式轨道检测仪，如图 8.3 所示。Amberg GRP1000 轨检仪以高精度自动跟踪全站仪为核心测量设备，并在移动小车上安装了轨距传感器、倾斜传感器和 DMI 等设备。

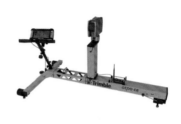

(a) Amberg GRP1000轨道检测仪   (b) Trimble GEDO CE轨道检测仪

图 8.3 便携式轨道检测仪

相对式轨道线形测量技术利用 IMU 和光电编码器等设备进行测量获取轨道短距离相对几何参数，相对测量精度达到万分之一，甚至十万分之一。如图 8.4 所示，基于数字陀螺仪测角原理研发的 GJY-T-EBJ-3 型轨道检测仪和基于 GNSS/INS 为核心技术研发的 A-INS 轨道检测仪，能够连续测量高铁轨道几何参数。

(a) GJY-T-EBJ-3型轨道检测仪   (b) A-INS轨道检测仪

图 8.4 相对式轨道检测仪

高精度轨道检测仪是轨道线形测量技术的重要发展方向，在高速铁路轨道建设施工和运维检查中得到广泛的应用。由于绝对式轨道不平顺测量技术运用效率十分低下，相对式轨道不平顺测量技术存在误差累计现象，高速动态轨道测量技术只能从宏观上评价轨道不平顺状态，单一技术无法满足我国大规模高铁日常运营维护的轨道精密测量要求。为保证高铁运营绝对安全和降低轨道维护费用,迫切需要发展既能满足绝对式测量精度又能达到相对式测量效率的轨道线形测量方法[5]。

8.1.2　铁路轨道扣件检测

　　轨道扣件是铁路线路中极其重要的基础部件之一,一方面其将钢轨紧密固定在轨枕或轨道板上,另一方面通过调节轨道扣件某些部件(轨距挡块或绝缘块)的尺寸,起到调整轨道线路线形和轨道平顺性的作用。因此,轨道扣件安装状态对铁路线路正常运行非常重要。我国高速铁路系统常用的轨道扣件有 Vossloh-300、WJ-8、WJ-7、WJ-5 和 WJ-2 五种型号,如图 8.5 所示。上述五种扣件具有共同特点:采用 ω 形弹条。而 ω 形弹条的扣压力由中心螺栓提供,中心螺栓和弹条是保证轨道扣件正常服役状态的最关键部件,一方面中心螺栓为弹条提供扣压力,起到固定钢轨的作用,另一方面弹条在压紧钢轨的同时,保持对钢轨的扣压力在正常范围内,缓冲列车驶过的冲击力。因此弹条和中心螺栓是轨道扣件系统应力最集中的部位,出现损坏的概率显著高于其他部件。

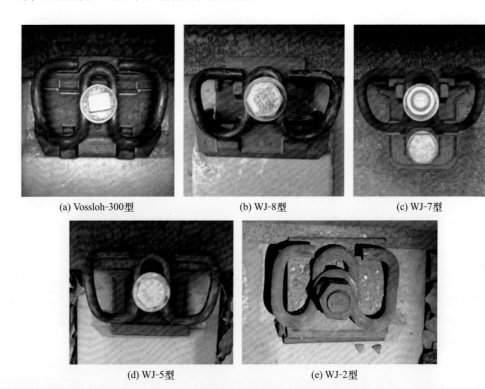

(a) Vossloh-300型　　(b) WJ-8型　　(c) WJ-7型

(d) WJ-5型　　(e) WJ-2型

图 8.5　我国高速铁路系统常用的五种扣件

目前铁路运营维护部门在轨道扣件服役状态检测方面的需求主要可以分为三个方面。

(1) 轨道扣件缺陷检测。扣件缺陷包括扣件零件缺失、损坏、非正常安装等，缺失或损坏的扣件零件对高速行驶的列车造成威胁，同时扣件缺陷会使局部扣件失效，加重周围扣件的负担进而导致更多扣件损坏。高效、自动化的识别扣件缺陷类别并准确定位是扣件缺陷检测的要求。

(2) 轨道扣件安装几何尺寸测量。随着运营年限的增加，轨道线形也会产生不平顺，可以通过调整轨道扣件某些部件的几何尺寸来使钢轨左右、上下移动，从而调整轨道的轨距和平顺性。测量这些部件的关键几何尺寸是对轨道平顺性进行调整的基础。铁路运营维护部门在铁路建设初期并没有逐个统计可调整部件的几何尺寸，而且其几何尺寸会随着使用年限的增加发生变化，因此目前在轨道平顺性调整之前需要进行逐个测量。

(3) 轨道扣件扣压状态测量。由于列车行驶带来的振动，轨道扣件会逐渐发生松动，而松动的扣件会加剧列车驶过带来的振动，恶性循环最终导致扣件失效。因此铁路运营维护部门要定期测量扣件扣压状态并对过松的扣件进行紧固。

轨道扣件系统是铁路线路上数量最多的部件，每根轨枕上有 4 套轨道扣件，每公里铁路线路约有 6000 余套扣件系统。长期以来，铁路运营维护部门对轨道扣件的检测主要以人工目视巡检为主，每天只能在深夜列车停运间隙的天窗时间进行，存在工作效率低、人工劳动强度大，且漏检错检比例高等缺点。

近年来涌现出多种基于数字图像的扣件检测方法，但这些方法只能检测扣件是否损坏，难以量测扣件的紧固度和钢轨与承轨台相对几何尺寸，无法完全满足轨道扣件检测的需求。通过线结构激光传感器可以获取轨道扣件系统精细三维点云，利用点云处理算法自动提取扣件缺陷、安装状态和几何参数等，从根本上避免图像扣件检测只能获取扣件二维信息的缺陷，成为轨道扣件检测的重要发展方向。

8.1.3　铁路钢轨伤损检测

钢轨伤损主要包括表面的剥离掉块、擦伤、磨耗、肥边，以及内部的裂纹、核伤等。钢轨内部伤损检测技术主要有磁感应探伤和超声波探伤。磁感应探伤采用电测线圈和霍尔传感器获取电信号进行状态监测故障诊断。超声波探伤根据反射波脉冲波形判断钢轨内部伤损的位置和大小，主要应用于大型探伤车和人工探伤。

钢轨表面伤损检测主要有视觉图像检测技术和激光精密测量技术。视觉图像检测技术利用线阵相机，通过光谱图像差分的方法获取轨道图像，对轨道表面损伤进行自动检测，提取铁轨表面缺陷的面积、矩形度、周长等特征，识别缺陷和疤痕。激光精密测量技术快速采集目标表面高精度精细点云数据，根据钢轨表面深度变化及二维图像处理信息实现钢轨表面缺陷的自动检测,但是需要解决三维点云配准和基于三维点云的钢轨表面缺陷自动提取等问题。

8.2　地铁轨道不平顺精密测量

随着我国城市化进程不断推进,城市轨道交通轨道里程增长迅猛。截至2020年底,我国(未统计港澳台数据)城市轨道交通运营里程超过7500km。准确、及时地检测并掌握轨道系统的状态是地铁安全运营的重要保障。日常检测维修工作日益繁重,目前地铁轨道不平顺度仍采用轨距尺、弦线测量等静态测量手段进行定期检测,检测效率低。此外,由于既有线轨道日常维修的天窗时间有限,这使得地铁部门对高效、高精度的地铁检测技术手段有着迫切的需求。采用移动式轨道检测方法成为提高地铁轨道不平顺测量效率的发展方向。

铁路几何参数测量要求毫米级的局部相对精度和厘米级的全局绝对精度。地铁轨道移动检测的关键问题是如何在无GNSS环境中对移动平台进行高精度连续定位定姿。地铁运行环境是一种全封闭环境,现有设备基于GNSS、CPⅢ控制点实现定位定姿,无法适应地铁隧道场景,不能满足地铁轨道测量高效、高精度的需求。

针对地铁检测特殊的作业环境和高精度的需求,通常采用基于移动小车的地铁轨道几何参数测量方法。利用激光观测控制点辅助INS/DMI的方法,为地铁环境下移动检测平台提供高精度连续的位置姿态基准。该方法通过轨道移动测量车上的激光扫描仪对轨道沿线的控制点进行观测,将已有的控制网坐标信息传递到移动平台上,为INS/DMI POS提供位置更新信息,以限制INS/DMI航位推算的误差漂移。然后采用卡尔曼滤波算法对三种数据进行融合,得到高精度三维位置和姿态轨迹。轨道小车与钢轨通过里程轮紧密关联,利用轨道小车的三维轨迹和结构参数可以计算得到轨道的三维曲线。在此基础上,通过建立的轨道几何参数测量模型计算轨道水平、垂直、超高和三角坑等轨道不平顺度参数[6]。

8.2.1　轨道不平顺

平顺性是对轨道的几何形状、尺寸和空间位置等轨道参数进行的描述,主要通过轨道三维坐标来计算。铁路建设施工放样误差和外部因素的作用等使得实际轨道的线形参数往往偏离其设计值,造成直线轨道不平直、曲线轨道不圆顺等,也称之为轨道不平顺或轨道变形。轨道不平顺类型众多,主要包括轨向不平顺、高低不平顺、轨距、水平(超高)和扭曲不平顺等。

1. 轨向不平顺

轨向不平顺是指钢轨内侧沿着长度方向的横向的凹凸不平顺。轨向不平顺的存在会导致车轮受到的横向力增大,产生横向振动和左右摇摆、加速钢轨磨耗及扣件等的损坏。横向不平顺有左轨、右轨之分,并且通常不一致,可以分别按不同弦长的正矢和不同波长范围的空间曲线表示,左右轨向不平顺的平均值作为轨道中心线的方向偏差值,直接提取轨距点处的水平坐标,即可计算轨向不平顺。图 8.6 中 B 处的轨向不平顺计算式为

$$a = \frac{2S_{ABC}}{L_{AC}} = \frac{2\sqrt{M(M-L_{AB})(M-L_{BC})(M-L_{AC})}}{L_{AC}} \tag{8.1}$$

式中,S_{ABC} 为 △ABC 的面积;$M = \dfrac{L_{AB}+L_{BC}+L_{AC}}{2}$。

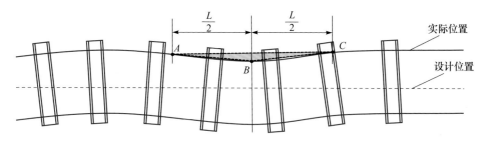

图 8.6　轨向不平顺测量示意图

2. 高低不平顺

高低不平顺是指钢轨顶面沿着钢轨中心线在垂直方向上的凹凸不平顺,分左右轨高低不平顺,可以分别按不同弦长的正矢和不同波长范围的空间曲线表示,高低不平顺会导致轮轨间过大的垂向作用力,引起列车剧烈的浮沉和点头。轨道里程 x 处轨道高低不平顺 y 的计算式为

$$y(x) = h(x) - \frac{1}{2}\left[h\left(x-\frac{L}{2}\right) + h\left(x+\frac{L}{2}\right)\right] \tag{8.2}$$

式中,$h(x)$ 为 x 处高程;L 为弦长。

高低不平顺测量示意图如图 8.7 所示。

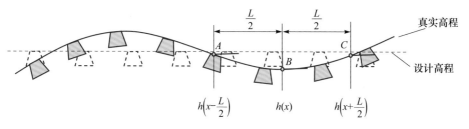

图 8.7　高低不平顺测量示意图

3. 轨距

轨距是指钢轨内侧距离钢轨顶面向下 16mm 处两根钢轨之间的最短距离(欧洲一些铁路以轨面内侧向下 14mm 处为测量标准),如图 8.8 所示。我国铁路在直线段的标准轨距是 1435mm,实际的轨距值与标准值之间的偏差为轨距偏差。轨距偏差的存在会导致车轮卡轨或脱轨。

图 8.8　轨距示意图

4. 水平(超高)

轨道水平,也称为超高,是指轨道同一横截面上左右两根钢轨的轨顶处相对于水平面的高程差,不含圆曲线上设置的超高和缓和曲线上超高顺坡量。轨道超高示意图如图 8.9 所示。

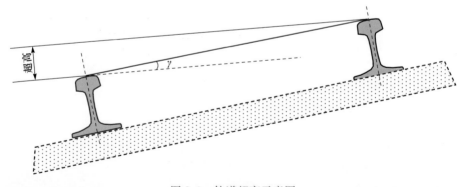

图 8.9　轨道超高示意图

5. 扭曲不平顺

扭曲不平顺也称为三角坑,是指一定间距的两组横向水平之差。如图 8.10 所示,设轨顶面 a、b、c、d 四个点不在一个平面上,c 点到 a、b、d 三个点组成的平面的垂直距离 t 为扭曲,是反映钢轨顶面平面性的重要参数,扭曲会使车辆产生三点支撑一点悬空,极易造成脱轨掉道。扭曲不平顺的计算式为

$$t = (H_c - H_d) - (H_a - H_b) = c_2 - c_1 \tag{8.3}$$

式中，H_a、H_b、H_c、H_d 为轨面高程；c_1、c_2 为超高。

由此可知，扭曲即为基距为 L 的两处轨道横断面的超高差 t，如图 8.10 所示。

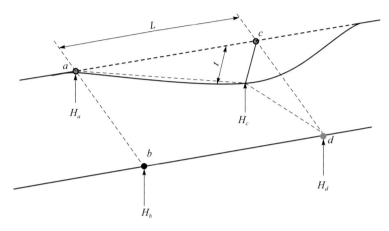

图 8.10　扭曲不平顺测量示意图

轨道不平顺可以按照不同波长进行划分，其相应特性如表 8.1 所示。

表 8.1　不同波长的不平顺特性及其影响

波长类型	波长范围	幅值范围	常见不平顺	主要影响
短波	几毫米到几十毫米	1mm 以内	轨面擦伤、剥离掉落、波纹磨耗、焊缝等	轨动作用力、高速列车振动、噪声、运营成本费(高速时影响大增)
	几百毫米	2mm 以内	波浪形磨耗、轨枕间距	
中波	1~3.5m 周期性	0.1~1mm	新轨的轨身不平顺	快速、舒适性、轮轨作用力、噪声、安全、平稳、舒适性、运营成本费(高速时影响大增)
	3~30m 非周期性	1~35mm (低等级更大)	高低、轨向、扭曲、水平、轨距	
长波	30~150m	1~60mm	高低、轨向、路基道床不平顺、桥梁挠曲变形	快速、高速列车振动舒适性

8.2.2　地铁轨道不平顺测量方法

1. 地铁检测平台定位定姿方法

轨道不平顺的测量可以转换为对轨道三维曲线的测量，进一步转换为对小车的三维移动轨迹的测量。INS 能在短时间内以极高的相对精度提供导航状态测量（位置、速度、姿态）。然而，INS 受初始化、惯性传感器系统误差、噪声误差等因素的影响,其定位误差会随着时间急剧增加。因此,需要在导航系统中引入不随时间发散的外部导航辅助信息,辅助 INS,纠正漂移误差[6]。

对于没有 GNSS 信号的地下空间,DMI 是一种较好的选择。这是因为,DMI 的速度测量误差不随时间而变化,除非车轮在轨道上打滑,但这种情况在平稳的轨道上很少发生。因此,DMI 可以提供高精度的载体坐标系速度测量更新,有效地限制 INS 误差发散。另外,与其他辅助手段相比,DMI 更加经济可靠。

虽然 DMI 有助于减缓误差发散,但是 INS/DMI 组合导航系统依然是航位递推式的定位系统,其误差仍然会随时间不断积累,导致最终轨迹的绝对测量精度不能满足要求。为了提高导航系统的绝对精度,利用检测平台上的激光扫描仪观测隧道壁上已有的控制点标志,将隧道沿线的高精度控制网传递到 INS/DMI 组合导航系统中,使高精度的控制点可以作为位置更新的依据,将三维轨迹的整体误差控制在要求范围内。

通过 LiDAR 观测值将控制点坐标与测量中心联系起来,用于约束 INS 和 DMI 导航解算误差,INS、DMI、LiDAR 和控制点数据融合原理如图 8.11 所示。首先将 INS 数据按照标准的惯性编排进行积分推算,然后将 DMI 数据与 INS 数据进行固定频率更新。对于新观察到的控制点,将其原始观测值(激光扫描仪坐标系中的控制点坐标 x,y,z)作为观测值进行更新,以消除 INS/DMI 组合导航系统带来的定位误差积累。最后,对卡尔曼滤波值和中间结果进行 RTS 平滑算法得到后处理的结果。具体的卡尔曼滤波状态方程、测量模型可参考第 2 章的相关内容。

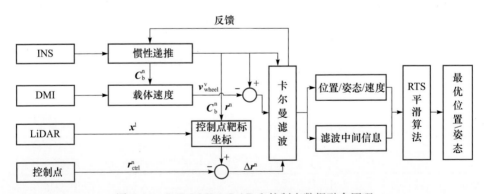

图 8.11　INS、DMI、LiDAR 和控制点数据融合原理

2. DMI 标定方法

在对 DMI 测量的位移增量与 INS 的测量值进行紧组合之前,需要将 DMI 的原始测量值转换为 DMI 坐标系中的位移增量,即

$$\boldsymbol{S}_j^{\mathrm{v}} = \begin{bmatrix} 0 & (1+\delta k)\Delta S_j & 0 \end{bmatrix}^{\mathrm{T}} \tag{8.4}$$

式中，ΔS_j 为里程轮在采样时间间隔内走过的距离；δk 为里程轮比例系数误差。

通过 DMI 坐标系与 INS 载体坐标系之间的关系，可以将 $\boldsymbol{S}_j^{\mathrm{v}}$ 转换到导航坐标系中，即

$$\boldsymbol{S}_j^{\mathrm{n}} = \boldsymbol{C}_{\mathrm{b},j-1}^{\mathrm{n}} \boldsymbol{C}_{\mathrm{v}}^{\mathrm{b}} \boldsymbol{S}_j^{\mathrm{v}} = \boldsymbol{C}_{\mathrm{b},j-1}^{\mathrm{n}} \begin{bmatrix} \sin\alpha_\psi \cos\alpha_\theta \\ \cos\alpha_\psi \cos\alpha_\theta \\ \sin\alpha_\theta \end{bmatrix} (1+\delta k)\Delta S_j \tag{8.5}$$

式中，$\boldsymbol{C}_{\mathrm{v}}^{\mathrm{b}}$ 为 INS 载体坐标系与 DMI 坐标系之间的偏置角 $\begin{bmatrix} \alpha_\theta & \alpha_\gamma & \alpha_\psi \end{bmatrix}$ 构成的方向余弦矩阵；$\boldsymbol{C}_{\mathrm{b},j-1}^{\mathrm{n}}$ 为 t_{j-1} 时刻载体坐标系到导航坐标系的旋转矩阵。

在这个转换的过程中，里程轮周长的标定误差以及 DMI 坐标系与载体坐标系之间的安装误差角会引起导航坐标系中的位移误差。对于采用激光陀螺的检测系统，通过静止对准后，水平角（俯仰和横滚）误差很小，为角秒级，方位角为角分级。短时间内，可以认为姿态误差角 ϕ 为不变常量，且 DMI 的误差参数也为常量。通过对误差增量进行累加，可以得到小车推行一段时间后的轨迹误差方程：

$$\delta\boldsymbol{S}^{\mathrm{n}} = \boldsymbol{S}^{\mathrm{n}} \times \boldsymbol{\phi} + \boldsymbol{S}^{\mathrm{n}} \times \begin{bmatrix} 0 & 0 & \delta\alpha_\psi \end{bmatrix}^{\mathrm{T}} + \delta k \boldsymbol{S}^{\mathrm{n}} + \Delta S \begin{bmatrix} 0 & 0 & \delta\alpha_\theta \end{bmatrix}^{\mathrm{T}} \tag{8.6}$$

式中，$\boldsymbol{S}^{\mathrm{n}}$ 为航位递推总位移；$\delta\boldsymbol{S}^{\mathrm{n}}$ 为总位移误差，ΔS 为总距离。

因此，通过在一段已知起始点坐标的路段上进行测量，可以利用控制点坐标对 INS 与 DMI 之间的安装参数和相关误差进行校正，其具体原理如图 8.12 所示。根据航位递推的轨迹终点与真实终点位置的偏差，可以对 INS 与 DMI 之间的偏置角进行估计，计算式为

$$\phi_z + \delta\alpha_\psi \approx \sin^{-1}(\phi_z + \delta\alpha_\psi) = \frac{\Delta\hat{\boldsymbol{S}}_{\mathrm{h}}^{\mathrm{n}} \times \Delta\boldsymbol{S}_{\mathrm{h}}^{\mathrm{n}}}{|\Delta\hat{\boldsymbol{S}}_{\mathrm{h}}^{\mathrm{n}}| \, |\Delta\boldsymbol{S}_{\mathrm{h}}^{\mathrm{n}}|} \tag{8.7}$$

$$\delta k = \frac{|\Delta\hat{\boldsymbol{S}}_{\mathrm{h}}^{\mathrm{n}}|}{|\Delta\boldsymbol{S}_{\mathrm{h}}^{\mathrm{n}}|} - 1 \tag{8.8}$$

$$\delta\alpha_\theta = \frac{\delta\Delta\boldsymbol{S}_z^{\mathrm{n}}}{\Delta S} \tag{8.9}$$

式中，ϕ_z 为航向偏差角；$\delta\alpha_\psi$ 为航向安装误差角；$\Delta\hat{\boldsymbol{S}}_{\mathrm{h}}^{\mathrm{n}}$ 为平面上行驶距距离；$\Delta\boldsymbol{S}_{\mathrm{h}}^{\mathrm{n}}$ 为平面上的真实距离；δk 为 DMI 比例因子误差；$\delta\alpha_\theta$ 为垂直方向上安装误差角；$\delta\Delta\boldsymbol{S}_z^{\mathrm{n}}$ 为竖直方向上距离误差。

8.2.3　试验分析

针对城市地铁轨道/隧道病害快速检测问题，作者团队研制了移动式轨道激光测量系统，如图 8.13 所示，系统集成了 GNSS、IMU、DMI、结构光测量传感器、三维激光扫描仪、同步控制电路以及数据采集存储装置等。工作时，测量车轮始终与

钢轨紧密接触,因此,可以利用 POS 获取的车体的位置姿态等信息反算钢轨的几何形态。三维激光扫描仪在小车的行走过程中扫描获取控制点的坐标信息,可以用于辅助修正定位定姿误差,提高轨道平顺性测量精度。

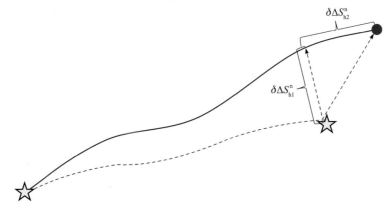

图 8.12　INS 与 DMI 安装参数和相关误差校正原理图

☆. 真实起点/终点；●. 行位推算终点

图 8.13　深圳大学移动式轨道激光测量系统

1. 激光扫描控制点辅助定位精度分析

　　为验证 8.2.2 节中提出的轨道不平顺测量方法,在深圳市地铁一号线进行了现场试验。轨道两旁有均匀分布的控制点,试验中选取一部分控制点进行 INS/DMI 导航定位解算结果的误差改正,选取另一部分控制点进行改正后误差的验证,如图 8.14 所示。试验进行了两次,分为测试 1 和测试 2。表 8.2 反映了选用不同数量控制点进行误差改正时,INS/DMI 组合定位结果的均方根误差的变化。

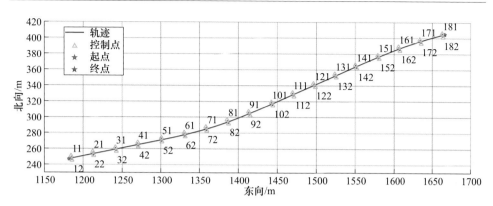

图 8.14 控制点与运动轨迹

用于修正的控制点之间的距离为 $30\sim250\mathrm{m}$，从表 8.2 中可以看出，控制点间隔为 250m 时，轨迹修正的定位精度为 7.5cm，用于修改的控制点数量越多，最终轨迹的定位精度越高。控制点间隔为 30m 时，轨迹定位精度能达到 1.9cm。

表 8.2 控制点验证的轨迹位置的均方根误差

距离 /m	N_{cpt}	N_{chk}	测试 1				测试 2			
			东向 /cm	北向 /cm	天向 /cm	三维位置 误差/cm	东向 /cm	北向 /cm	天向 /cm	三维位置 误差/cm
250	1	35	5.1	2.7	4.8	7.5	3.6	2.2	5.1	6.6
160	2	34	4.7	2.6	3.3	6.3	3.7	3.0	2.1	5.2
120	3	33	4.5	2.8	3.0	6.1	2.5	2.3	2.5	4.2
100	4	32	3.9	2.4	2.2	5.1	2.8	2.7	1.3	4.1
80	5	31	4.8	3.1	2.0	6.1	2.9	2.3	1.7	4.1
50	9	27	3.5	2.8	1.5	4.8	2.6	2.7	1.6	4.1
30	18	18	0.8	1.4	1.1	1.9	1.3	1.4	1.2	2.2

注：N_{cpt} 为用于修正误差的控制点数量；N_{chk} 为用于检核的控制点数量。

2. 轨道不平顺测量重复性精度验证

在完成路线上的定位定姿之后就可以进行轨道不平顺参数的计算。将相同路程上两次试验中获得的高低、方向、超高、扭曲等不平顺参数进行对比，可以确定测量结果的重复性（内符合）状况。根据轨道的不平顺指标定义和计算方法，比较了两种不同控制点配置下的水平、垂直、超高、三角坑参数值估计的差异。同时将两次测试结果中计算所得的超高值与轨检尺超高测量值进行对比。试验结果表明，采用不同控制点进行辅助得到的同一测点位置的超高估计值差异很小，这主要是因为横滚角精度较高。不同测试之间的不平顺参数计算值之差验证了该方法的重复性。表 8.3 的结果表明,超高测量精度为 0.63mm,三角坑测量重复性小于 0.1mm。水平和垂直不平顺度的重复性约为 1mm。

表 8.3　轨道不平顺重复性估计

配置 1	配置 2	超高/mm			扭曲/mm		
		均值	标准差	极差	均值	标准差	极差
T1_1	T1_18	0.01	0.00	0.02	0.00	0.00	0.00
T2_1	T2_18	0.01	0.00	0.02	0.00	0.00	0.01
T1_1	T2_1	−0.06	0.06	0.65	0.01	0.10	0.29
T1_18	T2_18	−0.07	0.06	0.65	0.01	0.10	0.29
T1_1	超高测量尺	0.06	0.63	4.07	—	—	—
T2_1	超高测量尺	0.13	0.63	4.46	—	—	—
T1_1	T1_18	−0.04	0.56	1.77	0.00	0.21	0.69
T2_1	T2_18	−0.02	0.39	1.47	−0.01	0.16	0.70
T1_1	T2_1	0.02	1.04	4.15	0.08	0.98	3.93
T1_18	T2_18	0.04	1.04	4.97	0.07	0.07	3.50

注:"T1_1"代表试验 1,且有一个控制点进行误差修正;"T2_18"代表试验 2,且有 18 个控制点进行误差修正。

8.3　钢轨表面伤损精密检测

钢轨表面伤损是指钢轨表面剥离掉块、擦伤、裂纹、鱼鳞纹及波浪磨耗等影响和限制钢轨使用性能的各种状态。钢轨表面伤损检测主要有视频图像检测、激光扫描检测以及结构光扫描检测等检测方法。视频图像检测方法严重依赖图像质量,直接受伤损形状、方向、表面材料、纹理等的影响,近似纹理特征的伤损,如氧化皮、擦伤锈蚀和压痕等,难以自动识别,直接影响检测的效率和准确性。激光扫描检测方法利用激光扫描仪快速采集钢轨表面的高精度三维点云,根据损伤在钢轨点云上破坏了高程连续性的特性来检测伤损,为钢轨表面缺陷检测提供了一个新途径,但是难以在三维点云中准确定义各种类型的钢轨伤损,给最终的检测带来了极大的困难。结构光扫描检测同样能够实现快速采集钢轨表面的高精度三维点云,其中线结构激光扫描因其能够快速、准确获取钢轨连续断面,通过与标准钢轨断面进行对比定位钢轨受损的位置,使得从点云中检测钢轨表面伤损成为可能,是钢轨表面伤损精密检测的最新手段。利用线结构激光扫描检测钢轨表面伤损的整体流程如图 8.15 所示。

检测流程主要包含三个步骤:首先是数据采集与预处理,此步骤利用激光轮廓仪采集钢轨断面轮廓,结合激光轮廓仪之间的标定数据以及检测平台运动引起的误差修正模型,解算双边钢轨横断面轮廓;其次是点云配准,考虑在伤损影响钢轨断面轮廓的条件下,解算与标准钢轨横断面模型的最优匹配参数;最后是伤损检测,通过计算钢轨测量断面与标准断面的差值来定位断面内伤损点的位置、宽度、深度等参数,通过点云聚类算法将连续断面中的伤损点聚类,并计算伤损的长度、包围圆等参数,最终结合提取的钢轨伤损的多种几何参数来确定伤损类型。

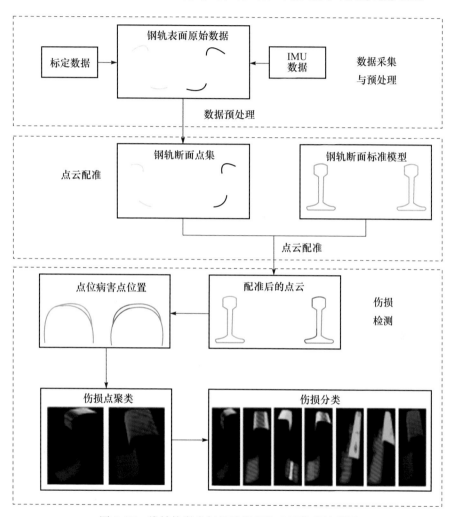

图 8.15　线结构激光扫描检测钢轨表面伤损流程图

8.3.1　钢轨三维断面测量

线结构激光扫描因具有高精度、大视场、信息容易获取等优点得到了广泛的应用。如图 8.16 所示,采用深圳大学地铁检测小车测量钢轨表面伤损,在检测小车底部靠近钢轨内侧的位置,安装有两台线扫描激光轮廓仪,调整激光轮廓仪的测量角度和测量距离,用于获取准确的钢轨断面轮廓。

　　线结构激光扫描获取物体表面轮廓的原理本质上是激光三角法。激光三角法是光电检测技术的一种,该方法具有结构简单、测量速度快、实时处理能力强、使用方便灵活等优点,被广泛应用于工业中的长度、距离及三维形貌检测中,其基本原理如图 8.17(a)所示。

(a) 深圳大学地铁检测小车　　　　　　　(b) 钢轨轮廓测量示意图

图 8.16　利用线结构激光测量钢轨三维断面

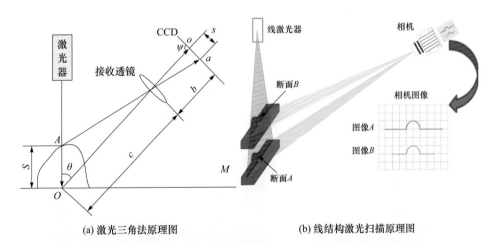

(a) 激光三角法原理图　　　　　　　(b) 线结构激光扫描原理图

图 8.17　激光扫描测量钢轨三维表面原理图

　　由激光器发射出一束激光入射到待测物体表面,反射光经由透镜聚焦在 CCD相机成像面上形成光斑,由计算机处理得到光斑中心位置。激光入射到平面 M 上的光点为 O,反射光斑聚焦在 CCD 的中心位置 o,平面 M 定义为系统的基准面,物体表面与基准面 M 的距离 S 称为物点移动距离。激光照射在物体表面 A 点时,其反射光斑在 CCD 上所成的像点为 a,距离基准面的像点移动的位移为 s,该距离称为像点移动距离,简称像移。θ 为激光器入射光光轴 AO 与 Oo 之间的夹角,φ 为CCD 平面与 Oo 之间的夹角,b 为接收透镜到 CCD 平面的距离,c 为基准面到接收透镜之间的距离,当接收透镜正对基准面反射光线,即接收透镜主平面与基准面反射光线垂直,且 CCD 平面平行于接收透镜主平面时,像移与物移之间的关系式为

$$s = \frac{Sc\sin\theta}{b} \tag{8.10}$$

在激光器与 CCD 相机刚性连接且位置固定的时候,b、c、θ 取值不变,因此,像移与物移呈正比关系。

在激光三角法的基础上,利用线结构激光轮廓仪获取物体表面轮廓的原理示意图如图 8.17(b) 所示,线激光器发射出一条激光线与物体表面形成光带,相机以一定角度与线激光器固定在一起并拍摄被测物体表面,根据激光三角法原理,将光带轮廓上的起伏看作是物移,光带在相机中的位置即是光带的像移,因此,在线结构激光扫描中,通过相机提取光带坐标,以及相机与激光器之间的距离、角度、焦距等标定参数,即可计算对应物体断面轮廓上各个点的坐标。在钢轨表面伤损检测中,钢轨不动,检测平台向前移动,就可以用线激光将钢轨表面切割成多个间隔密集的断面,从而测量钢轨表面的坐标。

检测平台在运行过程中晃动导致线结构激光传感器测量断面与钢轨中心线不能始终保持垂直状态,导致测量的钢轨断面与钢轨实际断面产生差异,需要进一步修正线结构激光传感器的测量数据。如图 8.18 所示,A_1 表示钢轨的标准断面,A_2 表示线结构激光传感器的测量断面,A_3 表示修正后的钢轨测量断面,XYZ 表示线结构激光传感器坐标系,xyz 表示修正后的测量坐标系。在实际轨道检测中,检测平台的俯仰角偏差很小,航向角偏差是影响测量结果的主要因素,该航向角偏差可以从检测平台的运动轨迹线和 INS 测量姿态分析获得。

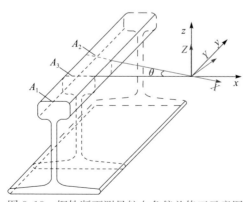

图 8.18　钢轨断面测量航向角偏差修正示意图

8.3.2　点云 AICP 算法配准

钢轨表面点云与标准钢轨模型配准是钢轨表面伤损检测的重要预处理内容。

传统的 ICP 算法在三维点集配准上效果很好,然而在钢轨断面点集配准中,钢轨表面伤损将直接影响钢轨测量断面形状,导致与标准钢轨断面之间差异较大,配准精度差,甚至出现错误配准。因此需要对传统 ICP 算法进行改进,以适应钢轨断面数据的配准。

本算法从两个方面对 ICP 算法进行改进,一方面改进初值,在钢轨断面 ICP 算法配准中的初始参数选择的最简单方法是使用标定参数,但是在长距离高密度测量中,不同距离处的断面与初始断面之间的位姿变化较大,如图 8.19(a)所示,黑色点集为钢轨标准断面,红色点集为初始断面,青色点集为距离初始断面第 1200 个断面,可以看到,青色点集与红色点集断面轮廓变化很小,但是位姿发生了明显变化。本算法将前一个断面的配准结果作为当前断面的初值,极大地减少迭代次数。另一方面修正预测值,如图 8.19(b)所示,黑色点集为钢轨标准断面,蓝色点集为初始断面,红色点集为距离初始断面第 900 个断面,其配准结果是利用前相邻断面递推累积得到,可以发现,配准结果开始出现误差,并随着累积次数的变化,误差越来越大,本算法采用卡尔曼滤波模型,将测量断面的 ICP 算法配准结果作为测量值,修正相邻断面递推得到的预测值,从而让配准结果快速收敛。

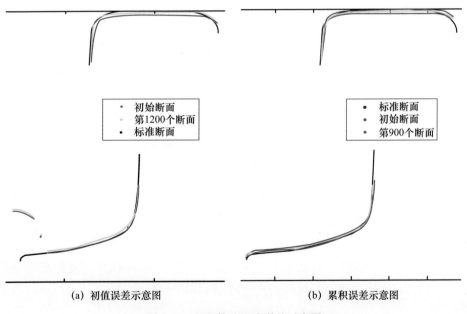

(a) 初值误差示意图　　　　　　　(b) 累积误差示意图

图 8.19　ICP 算法配准误差示意图

改进后的 ICP 算法,即自适应迭代最近点(adaptive iterative closest point,AICP)算法,其原理是利用前序断面递推当前断面配准预测值,利用分段配准自适应算法计算当前断面配准测量值,结合卡尔曼滤波模型解算当前断面的最优化配

准结果,具体步骤为:

(1) 设定卡尔曼参数,假设系统过程噪声协方差为 $\boldsymbol{P}$,测量噪声协方差为 $\boldsymbol{Q}$,测量系统参数为 $\boldsymbol{H}$。

(2) 假设第 $N-1$ 个断面点集 $\boldsymbol{P}_{N-1}$ 与标准模型 $\boldsymbol{Q}_{\mathrm{m}}$ 间的转换参数为旋转量 $\boldsymbol{R}_{N-1}$ 和平移量 $\boldsymbol{T}_{N-1}$,利用 ICP 算法计算第 $N-1$ 个断面点集 $\boldsymbol{P}_{N-1}$ 与第 N 个断面点集 $\boldsymbol{P}_N$ 间的转换参数为旋转量 $\Delta\boldsymbol{R}$ 和平移量 $\Delta\boldsymbol{T}$。

(3) 计算测量值,将钢轨表面断面分成两部分:头部与底部,头部点集 $\boldsymbol{P}_N^{\mathrm{H}}$ 为钢轨断面点云上半部分,底部点集 $\boldsymbol{P}_N^{\mathrm{B}}$ 为钢轨断面点云下半部分。利用 ICP 算法分别计算 $\boldsymbol{P}_N$、$\boldsymbol{P}_N^{\mathrm{H}}$、$\boldsymbol{P}_N^{\mathrm{B}}$ 与标准模型 $\boldsymbol{Q}_{\mathrm{m}}$ 间的转换参数,并记录下每一部分与标准模型间的平均距离,记为 d、d_N^{H}、d_N^{B},计算 d、d_N^{H}、d_N^{B} 中的最小值,并将最小值对应的转换参数作为 $\boldsymbol{P}_N$ 与 $\boldsymbol{Q}_{\mathrm{m}}$ 的转换参数的测量值,记为旋转量 $\mathbf{CR}_N$ 和平移量 $\mathbf{CT}_N$。

(4) 计算预测值,预测 $\boldsymbol{P}_N$ 与标准模型 $\boldsymbol{Q}_{\mathrm{m}}$ 间的转换参数为旋转量 $\mathbf{PP}_N$ 和平移量 $\mathbf{PT}_N$,计算公式为

$$\begin{cases} \mathbf{PR}_N = \Delta\boldsymbol{R}\boldsymbol{R}_{N-1} \\ \mathbf{PT}_N = \Delta\boldsymbol{R}\boldsymbol{T}_{N-1} + \Delta\boldsymbol{T} \end{cases} \tag{8.11}$$

预测第 N 个断面时的系统误差:

$$\mathbf{PP}_N = \Delta\boldsymbol{R}\boldsymbol{P}_{N-1} + \boldsymbol{P} \tag{8.12}$$

(5) 计算卡尔曼增益。

$$\boldsymbol{K}_N = \mathbf{PP}_N\boldsymbol{H}'\mathrm{inv}(\boldsymbol{H}\mathbf{PP}_N\boldsymbol{H}' + \boldsymbol{Q}) \tag{8.13}$$

(6) 更新系统状态,计算 $\boldsymbol{R}_N$、$\boldsymbol{T}_N$ 和 $\boldsymbol{P}_N$。

$$\boldsymbol{R}_N = \mathbf{PR}_N + \boldsymbol{K}_N(\mathbf{CR}_N - \boldsymbol{H}\mathbf{PR}_N) \tag{8.14}$$

$$\boldsymbol{T}_N = \mathbf{PT}_N + \boldsymbol{K}_N(\mathbf{CT}_N - \boldsymbol{H}\mathbf{PT}_N) \tag{8.15}$$

$$\boldsymbol{P}_N = (\boldsymbol{I} - \boldsymbol{K}_N\boldsymbol{H})\mathbf{PP}^N \tag{8.16}$$

8.3.3　伤损检测算法

1. 伤损提取算法

钢轨测量断面点集经过 AICP 算法配准处理之后,点集匹配精度提高到亚毫米级。通过将配准后的钢轨断面与钢轨标准断面的差值和设定阈值进行比较,可以准确定位断面内的可疑伤损点的位置,并提取可疑伤损的宽度、深度等几何特征。多个连续断面内的可疑伤损点构成可疑伤损区域,采用 K-Means 聚类算法将较小的可疑伤损区域连接成更大的可疑伤损区域,并提取可疑伤损区域的长度、梯度、最小包围圆等几何特征。具体步骤为:

(1) 假设配准后当前断面为点集 $\boldsymbol{P} = \{P_i \mid i = 1, 2, \cdots, n\}$,$n$ 代表当前断面点的

个数,标准模型点集为 $\boldsymbol{Q}_m = \{Q_i \mid i=1,2,\cdots,m\}$,对每一个点 P_i,以其时间轴为参考,在 $\boldsymbol{Q}_m$ 中选择一个与 P_i 具有最相近时刻的点作为 P_i 的对应点,从而在 $\boldsymbol{Q}_m$ 中选出点集 $\boldsymbol{P}$ 的对应点集 $\boldsymbol{Q}=\{Q_i \mid i=1,2,\cdots,n\}$。

(2)计算 $\boldsymbol{Q}$ 与 $\boldsymbol{P}$ 的差集,即 $D=\{D_i=Q_i-P_i \mid i=1,2,\cdots,n\}$。

(3)τ_D 表示钢轨表面伤损深度阈值,从 P 中选出差值大于 τ_D 的点作为病害点,形成当前断面的病害点集 $\boldsymbol{C}=\{D_k \mid D_k > \tau_D, 1 < k < n\}$,其中,$k$ 表示当前断面病害点的个数。

(4)取连续断面形成点集 $\boldsymbol{P}_D=\{PD_{s,t} \mid s=1,2,\cdots,N; t=1,2,\cdots,s_k\}$,其中 s_k 示第 s 个断面的病害点个数。

(5)根据连续断面点集中连续病害区域的个数初始化 K-Means 聚类算法的初值,将病害点分成 M 个包围盒 $DB=\{DB_m \mid m=1,2,\cdots,M\}$,并计算每个包围盒的半径 R_m 和中心 C_m。

(6)根据相邻包围盒的距离差与给定病害距离差阈值的对比,将距离相近的病害区域合并,一直到包围盒的个数保持不变为止。

步骤(3)定义了深度阈值 τ_D 是一个经验值。对于正在服役的钢轨,它们的轨头部或多或少都会有磨耗,设置 τ_D 可以用来突出病害严重的区域,通常是由钢轨服役时间和磨耗的程度来决定,一般情况下 τ_D 的值为轨头部 1mm、底部 0.5mm。如图 8.20 左边所示,选取连续 700 个断面,每个断面中已经事先区分出伤损点(红色点)和正常点(蓝色点),根据连续点区域个数(对连续区域长度有要求,以去掉散点)初始化 K-Means 聚类的初始为 3,经过分类之后的结果如图 8.20 右边所示,伤损区域第一次被分为 3 个,圆心和半径如图 8.20 中右边红色星号和红色圆圈所示,在设定的距离差阈值 30mm 的条件下,下面两个聚类结果被合并到一起,结果如图 8.20 中绿色圆圈所示。

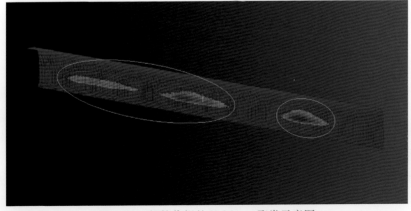

图 8.20　钢轨伤损的 K-Means 聚类示意图

2. 伤损分类算法

伤损分类算法提取得到钢轨表面伤损的多种几何特征，如位置、长度、宽度、深度、面积和形状等。钢轨表面不同类型的伤损具有不同的特征。列车车轮踏面与钢轨轨顶面直接接触且相互摩擦较为严重，将引起轨顶面磨耗、波浪磨耗、擦伤和剥落等。此外，钢轨下部的锈蚀可以通过位置进行区分，但是轨顶面上的锈蚀依然混在其他病害之中。摩擦会导致钢轨顶面部分低于标准钢轨，而锈蚀则会导致轨顶部分接近或高于标准钢轨，通过计算有病害区域的钢轨断面和标准模型的高度差可以将轨顶面上的锈蚀区域进行分类。而在磨耗、波浪磨耗、擦伤和剥落这四种伤损中，磨耗和波浪磨耗的钢轨断面比较平滑，而擦伤和剥落的钢轨断面则会有比较尖锐的边缘，这种区别反映在梯度变化上。磨耗和波浪磨耗可以通过波峰和波谷来区分；擦伤通常是长宽比较大，而剥落的长宽比较小，根据病害的长宽比可以将擦伤和剥落进行区分。依据这些判据，采用决策树将这几种常见的钢轨表面伤损进行分类，其分类流程如图 8.21 所示。

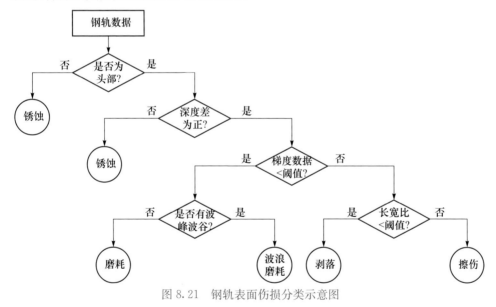

图 8.21　钢轨表面伤损分类示意图

8.3.4　试验分析

1. 钢轨表面伤损提取试验验证

在室内放置的一段 1.5m 的铁轨，人工制造了 10 处伤损。用游标卡尺测量并记录每个伤损的长度、宽度和最大深度，重复扫描每个伤损 10 次，提取伤损区域并计算伤损长度（沿钢轨延伸方向）、宽度和最大深度，将其与人工测量的真实长度、真实宽度和真实最大深度对比,以此来验证提取伤损的正确性和准确性。人工制造的轨道伤损纹理和点云特征如图 8.22 所示。

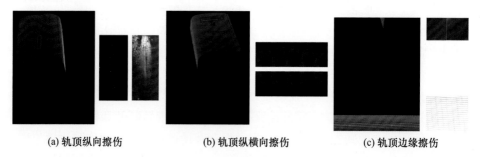

(a) 轨顶纵向擦伤　　　　　　(b) 轨顶纵横向擦伤　　　　　　(c) 轨顶边缘擦伤

图 8.22　轨道伤损纹理和点云特征

本算法提取的钢轨表面几何参数如表 8.4 所示。可以看出,本算法对深度变化明显的伤损非常敏感,可以精确定位伤损到长度毫米级精度、深度亚毫米精度。该算法对长度变化不太敏感,检测到的伤损面积大于真实值。这主要是因为人眼视觉观测得到的伤损深度的边缘区域太小(亚毫米级)。

表 8.4　钢轨表面几何参数

编号	长度 /mm	真实长度 /mm	提取宽度 /mm	真实宽度 /mm	提取深度 /mm	真实深度 /mm
1	22	22.76	1.5	1.56	1.7745	1.80
2	15	15.54	1.2	1.24	0.8174	0.84
3	18	18.18	1.8	1.78	1.3548	1.36
4	4	4.08	32.7	32.64	0.6854	0.66
5	4	4.12	26.4	26.22	0.8123	0.80
6	5	4.96	15.3	15.12	1.0254	1.08
7	5	4.92	7.8	7.76	1.1214	1.12
8	5	4.94	10.2	10.24	1.0146	0.98
9	6	6.08	9.3	9.38	0.8564	0.86
10	6	6.12	10.5	10.68	0.9631	0.96

2. 钢轨表面伤损分类试验验证

为了验证决策树对伤损分类准确性,在武汉某铁路、深圳地铁和室内轨道段,人工采集了 450 个伤损(150 个磨耗,80 个波浪磨耗,50 个擦伤,120 个锈蚀,50 个剥落)作为伤损数据集来验证分类模型的准确性。从钢轨表面点云中提取轨道伤损并分成五类:磨耗、波浪磨耗、擦伤、锈蚀、剥落。伤损区域的真实类型由人工在点云可视化软件中判定,钢轨表面病害提取结果如表 8.5 所示。

表 8.5　钢轨表面病害分类结果

伤损类型	预测值/个					
	磨耗	波浪磨耗	擦伤	锈蚀	剥落	总数
磨耗	141	6	2	0	1	150
波浪磨耗	6	74	0	0	0	80
擦伤	3	2	43	0	2	50
锈蚀	0	0	0	120	0	120
剥落	2	1	3	0	44	50

从表 8.5 可以看出,422 个伤损分类正确,分类准确率达到 93.78%,其中锈蚀的分类准确率高达 100%,这是因为病害的位置(头部或底部)和深度差值(正或负)都是准确且唯一的。磨耗和波浪磨耗的分类正确率偏低,原因可能是阈值的选择不够稳健。擦伤和剥落是比较容易混淆的两种伤损,主要是因为梯度阈值很难设置准确。误分类的另一个重要原因是有些伤损是多种类型伤损的混合,如磨耗和波浪磨耗中会存在擦伤和剥落(11 个擦伤和 9 个剥落与磨耗和波浪磨耗共存,其中 5 个擦伤、3 个剥落和 3 个磨耗都分类错误,在共存类伤损中误分类比高达 55%)。

8.4　轨道扣件精密检测

扣件是轨道结构中的主要组成部分,是轨道与道床之间的必要连接部件,是维系铁路运输安全的重要元件。扣件失效会降低轨道的刚性、舒适性和安全性,对其进行周期性的状态检测和维护是铁路工务管理部门的一项重要工作。近年来涌现出多种基于图像的快速扣件检测方法,但是这些方法只能检测扣件是否损坏,不能获取扣件的松紧程度和关键部件几何尺寸等扣件服役状态关键指标,无法完全满足轨道扣件检测的需求[7]。本节针对上述问题利用一种集成线结构激光传感器等多种传感器的扣件测量系统采集的高精度点云,经过点云后处理分别对扣件安装状态、几何参数和紧固度进行分析与检测,实现整个扣件服役状态的精密检测。

8.4.1　扣件数据获取方法

武汉汉宁轨道交通技术有限公司以线结构激光传感器为基础设计了轨道扣件智能快速检测系统(intelligent rail-fasterner checker,iRC),该系统采用线结构激光传感器搭建扣件检测设备,获取轨道扣件高分辨率点云,以获取的点云为基础,实现对轨道扣件服役状态检测中的扣件缺陷检测、扣件可变部件尺寸测量和扣件松紧度测量。iRC 系统总体结构如图 8.23 所示,系统采用工字形结构,两侧设计了适用于轨道行驶的走行轮,中间长方形箱体用于安装电源、控制电路及嵌入式计算机等设备。在箱体中部可以安装推杆,方便直接在轨道上推行。

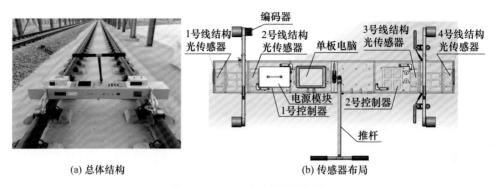

(a) 总体结构　　　　　　　　　　　　　(b) 传感器布局

图 8.23　iRC 系统总体结构图

　　iRC 箱体内部从左到右依次安装有 4 个线结构激光传感器,该传感器每帧数据最多可包含 600～800 个点,此时触发频率为 1000～8000Hz,能够同时获取目标的距离(Z 轴)和位置信息(Y 轴)。选用线结构激光传感器的最小扫描距离为155mm,此时获取的最小扫描范围为 110mm;最大扫描距离为 445mm,此时获取的最大扫描范围为 240mm,如图 8.24 所示。其在垂直方向和水平方向上的重复性精度分别为 0.005mm 和 0.06mm。实际使用过程中设置的每相邻两帧点间距为 0.3mm。iRC 扫描得到的 WJ-7 型扣件三维点云如图 8.25 所示。可以看出 iRC可以同步获取左右两根钢轨的内外侧目标的精细三维点云数据,利用数据处理软件可以实时分析和检测扣件的状态,当发现扣件发生缺陷及螺栓松动时,实时声光报警提醒作业人员进行维修作业。

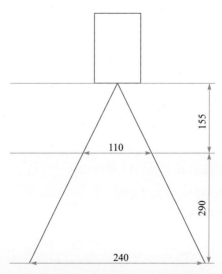

图 8.24　线结构激光传感器扫描范围示意图(单位:mm)

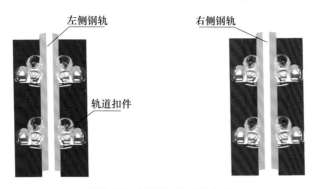

图 8.25　轨道扣件三维点云

8.4.2　扣件安装状态检测

扣件的安装状态检测主要针对扣件安装过程中的弹条丢失、螺栓丢失、弹条装反、弹条歪斜和弹条断裂等异常状态进行检测。扣件安装状态可直观反映扣件的实际问题,是扣件检测的基础检测项目。图 8.26 是几种最常见的轨道扣件异常安装状态。

(a) 螺栓及弹条丢失的WJ-7型扣件　(b) 弹条丢失的Vossloh-300型扣件　(c) 弹条装反的WJ-7型扣件

(d) 弹条歪斜的WJ-8型扣件　　(e) 弹条部分断裂的Vossloh-300型扣件

图 8.26　常见轨道扣件的异常安装状态

通过将扣件系统的点云坐标投影到水平面上,在不损失扣件点云任何信息的情况下得到扣件的深度图,这种数据组织结构可以对点云进行快速定位寻址,图 8.27 展示的是 WJ-7 型扣件点云检测平面坐标模型。

通过检测预定区域内的点云可检测弹条完整性,WJ-7 型扣件的弹条完整性检测区域如图 8.27 中矩形虚线框 A、B、C 所示,对于其他类型扣件,弹条完整性检测区域的具体位置根据相应类型扣件的设计参数确定。根据检测区域内点云的具体状况判断病害的状况。

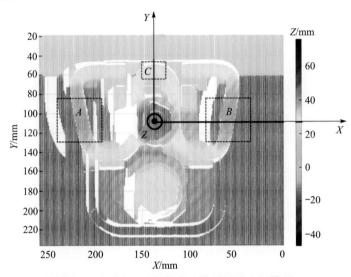

图 8.27　WJ-7 型扣件点云检测平面坐标模型

为了排除弹条歪斜导致检测区域有干扰点云的情况,需要对 A 和 B 虚线框内部的弹条点云进行直线性检测。取 A 和 B 虚线框内的弹条点云,求弹条点云中有相同 y 值的点的中心,即可得到弹条点云水平中心点,使用最小二乘直线拟合式(8.17)对弹条点云水平中心点进行拟合。

$$\begin{cases} y = ax + b \\ a = \dfrac{\left(\sum\limits_{i=1}^{n} x^2\right)\left(\sum\limits_{i=1}^{n} y_i\right) - \left(\sum\limits_{i=1}^{n} x_i\right)\left(\sum\limits_{i=1}^{n} x_i y_i\right)}{n \sum\limits_{i=1}^{n} x_i^2 - \left(\sum\limits_{i=1}^{n} x_i\right)^2} \\ b = \dfrac{n \sum\limits_{i=1}^{n} x_i y_i - \left(\sum\limits_{i=1}^{n} x_i\right)\left(\sum\limits_{i=1}^{n} y_i\right)}{n \sum\limits_{i=1}^{n} x_i^2 - \left(\sum\limits_{i=1}^{n} x_i\right)^2} \end{cases} \quad (8.17)$$

歪斜的弹条在 A 和 B 区域内的点云不是直线,为了评价直线拟合的准确度,引入直线拟合相关系数 r,式(8.18)即为 r 的计算公式,其中 n 是弹条水平面上中心点的个数。如果扣件弹条没有歪斜,直线拟合相关系数 r 和 AB 区域内弹条拟合直线的斜率之和将保持在特定的阈值之内。正常的 Vossloh-300 型扣件和 WJ-2 型扣件的弹条在 AB 区域内近乎垂直于 X 轴,造成拟合直线的斜率过大,因此在判断扣件弹条是否歪斜时采用拟合直线斜率的倒数之和作为指标。

$$
\begin{cases}
r = \dfrac{\displaystyle\sum_{i=1}^{n}(x_i - \overline{x}) - \sum_{i=1}^{n}(y_i - \overline{y})}{\sqrt{\displaystyle\sum_{i=1}^{n}(x_i - \overline{x})^2}\sqrt{\displaystyle\sum_{i=1}^{n}(y_i - \overline{y})^2}} \\[4mm]
\overline{x} = \dfrac{\displaystyle\sum_{i=1}^{n} x_i}{n} \\[4mm]
b\overline{y} = \dfrac{\displaystyle\sum_{i=1}^{n} y_i}{n}
\end{cases}
\tag{8.18}
$$

　　在弹条装反的情况下,A 和 B 虚线框内部的弹条点云能够通过直线性测试,为了检测弹条是否装反,同时在扣件点云检测坐标系中选出矩形虚线框 C。矩形虚线框 C 的位置特意选在弹条中部的弹舌上,如果扣件正常安装,C 处点云的平均高度将比钢轨轨底上表面高出特定的阈值。

　　本节构建了一种自上而下的决策树分类器,对扣件中心螺栓和弹条的状态进行检测,实现对轨道扣件系统异常安装状态进行实时和详细的分类。图 8.28 为轨道扣件缺陷检测流程。扣件的点云将通过多次检查分类判断出扣件是否正常,如果扣件没有通过某个检测,接下来的检测步骤将不再进行,检测结果将直接输出作为这个扣件的分类结果。

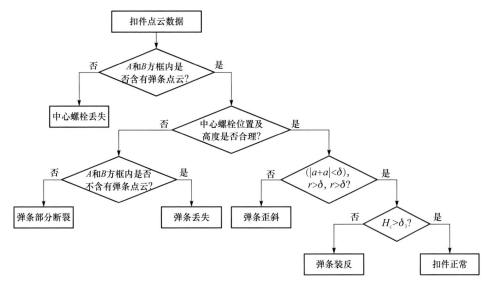

图 8.28　扣件缺陷检测流程

8.4.3 扣件几何参数计算

扣件几何参数反映扣件系统在生产及安装过程中可能出现的误差,可以为扣件系统本身的质量做出评估[7]。本节首先对轨道扣件点云进行建模,随后对扣件关键特征进行提取,计算轨道扣件的关键几何参数。

对扣件点云进行分割。扣件的关键部件,如铁垫板、锚固螺栓、弹条等都是复杂曲面,难以应用基于模型匹配的方法对扣件点云进行分割,另外,基于特征聚类的分割方法需要的计算量较大,为后续实时运算带来困难。因此,区域生长法是对扣件点云进行分割较为合适的方法。针对轨道扣件点云的区域生长点云分割算法的具体步骤如表 8.6 所示。

表 8.6　针对轨道扣件点云的区域生长分割算法

输入:种子点(SD)
输出:点集(P_n)
1. 定位种子点 SD
2. 检查种子点八邻域内的点,如果该点与种子点 SD 的高差小于设定阈值 δ,就把该点加入输出点集 P_n 和边界点集 B_p 中
3. 从边界点集 B_p 中选取一个点 B_i,将该点八邻域的点设置为 T_i
4. 检查 T_i 内所有的点,如果某点不属于输出点集 P_n,而且该点与选取点 B_i 的高度差小于设定阈值 δ,就将该点加入边界点集 B_p 和输出点集 P_n 中
5. 将 B_i 从边界点集 B_p 中擦除
6. 循环步骤 3、4、5 直到边界点集 B_p 为空集
7. 输出 P_n

通过选择对应扣件关键部件生长点,对扣件关键区域点云进行分割,图 8.29 红色区域所示的是 WJ-7 型扣件采用表 8.6 所示方法提取的关键区域特征。

根据 8.4.2 节提取的轨道扣件关键部件特征和扣件的结构关系,采用间接测量法反算关键几何参数。此处将以 WJ-7 型扣件为例讲解关键几何参数的测量方法。WJ-7 型扣件关键结构部件的几何参数测量方法如图 8.29 所示。

以铁垫板下调高垫板的厚度计算方法作为样例,其余类似,可以由式(8.19)计算。

$$T_p = h_3 - h_5 - T_{pillar} - T_{Buffer} \tag{8.19}$$

式中,T_p 为铁垫板下调高垫板的厚度;h_3 为铁垫板限位挡肩上表面高度,在图 8.29 中标注为③;h_5 为轨道板的高度,在图 8.29 中标注为⑤;T_{pillar} 为铁垫板限位挡肩上表面与铁垫板底面的高度差(对于 WJ-7 型扣件,该值为 35.1mm);T_{Buffer} 为绝缘缓冲垫板的厚度(对于 WJ-7 型扣件,该值为 6mm)。

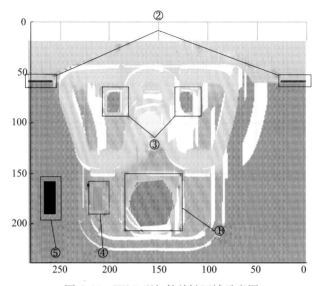

图 8.29　WJ-7 型扣件关键区域示意图

①. 锚固螺栓上表面点云；②. 钢轨轨底边缘点云；③. 铁垫板限位挡肩上表面点云；
④. 铁垫板检测区域；⑤. 轨道板检测区域

8.4.4　扣件紧固度测量

　　扣件紧固度测量指扣件弹条离缝的测量，即扣件弹条中部与钢轨轨底上表面之间的缝隙，它是检测弹条是否松动的关键指标，离缝过大会导致扣件扣压力不足，造成钢轨缺乏足够的固定力进而引发钢轨位移、歪斜、水平不平顺等病害，导致晃车甚至危及行车安全。本节提出了一种弹条点云骨架提取方法，对轨道扣件弹条的中心线进行提取，根据弹条中心线提出了扣件弹条紧固度测量方法。点云骨架提取的本质就是将单个物体的三维离散点云转化为该物体的一维连续表达。图 8.30 为 WJ-7型扣件弹条，其他四种型号轨道扣件弹条的外形与之类似。

图 8.30　WJ-7 型扣件弹条

轨道扣件弹条由一整根圆柱形钢棒弯折而成,因此扣件弹条在不同位置的直径基本一致,在这种情况下圆形切面的圆心就是扣件弹条中心线上的点。扣件弹条的点云可以设置合适的生长点通过区域生长法提取,与轨道扣件点云分割数据集标注过程相同;也可以通过完成训练的深度学习点云语义分割网络直接分割。

如果扣件弹条在任意点的切面局部垂直于扣件弹条,该切面就被称为弹条在该点的最佳切平面。扣件弹条点云每个点的最佳切平面的法向量可以通过该点在其邻域内点的法向量进行计算:

$$\boldsymbol{X} = \underset{|\boldsymbol{X}|=1}{\mathrm{argmin}} \mid \sum_{j=1}^{m} \boldsymbol{n}(p_j) \mid, \quad p_j \in N_i \tag{8.20}$$

式中,$\boldsymbol{X}$ 为扣件弹条在任意点 i 处的最佳切平面法向量;m 为 N_i 的总点数;N_i 为扣件弹条点云在点 i 的邻域内的点;p_j 为 N_i 中任意点;$\boldsymbol{n}(p_j)$ 为点 p_j 的单位法向量。$\boldsymbol{X}$ 可以通过计算矩阵 $\boldsymbol{AA}^{\mathrm{T}}$ 最小特征值对应的特征向量得到,$\boldsymbol{A} = [x_1 \quad x_2 \quad \cdots \quad x_i \quad y_1 \quad y_2 \quad \cdots \quad y_i \quad z_1 \quad z_2 \quad \cdots \quad z_i]$,$x_i$、$y_i$、$z_i$ 为法向量分别在 X 轴、Y 轴和 Z 轴方向的分量。

扣件弹条点云的最佳切平面法向量的俯视图如图 8.31 所示,红色点是扣件弹条点云,蓝色箭头是对应点的最佳切平面法向量。扣件弹条点云中心线提取结果如图 8.32 所示。

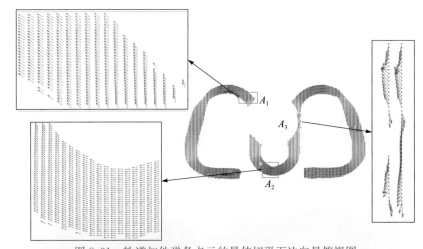

图 8.31 轨道扣件弹条点云的最佳切平面法向量俯视图

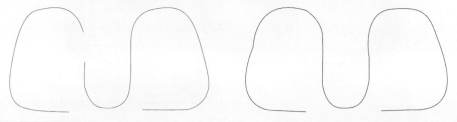

(a) 提取出的中心点(俯视图)　　　　(b) 样条插值后的中心线(俯视图)

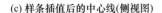

(c) 样条插值后的中心线(侧视图)　　　　　　(d) 重采样的中心线(侧视图)

图 8.32　扣件弹条点云中心线提取结果

观察扣件弹条的结构可以发现弹条有四个支撑区域,其中弹条末端的两个支撑区域扣压在钢轨轨底,另外两个支撑区域与轨道扣件的其他部分接触。通过这四个支撑区域可以构造一个平面,弹条离缝等于弹条弹舌与该表面的距离。扣件弹条离缝可以通过扣件弹条中心线按照以下步骤计算:

(1) 如图 8.33 所示,A、B 区域附近的弹条中心点被加入点集 $\boldsymbol{P}$,$\boldsymbol{P}$ 分别被投影到 xy 和 xz 平面,投影后的点可以通过最小二乘直线拟合公式计算拟合直线方程,两个面的直线可以构成点集 $\boldsymbol{P}$ 的空间拟合直线 AB。

(2) 获取另外两个支撑区域的最低点,如图 8.33 中的 C、D 点所示。图中点 E 是 C、D 两点的中点,E 点与空间直线 AB 即可构成一个空间平面,该平面就是弹条离缝计算的基准平面。

(3) 计算扣件弹条中部弹舌位置中心线上与空间直线 AB 最近的点,如图 8.33 中的 F 所示。F 点与基准平面的距离减去弹条半径即为扣件弹条的离缝值。

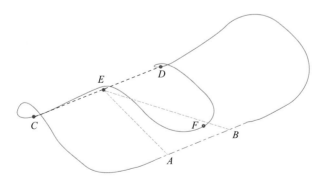

图 8.33　基于扣件弹条中心线的弹条离缝计算

8.4.5　试验分析

在国内某高速铁路公务段开展试验,测试轨道扣件关键几何参数测量方法的具体效果。测试轨道扣件均为 WJ-7 型,在测试路段随机挑选了 50 对扣件(共 100

个扣件)进行人工量测,测量了这些被挑选扣件的轨下调高垫板厚度、铁垫板下调高垫板厚度和锚固螺栓松动值。

WJ-7 型扣件主要几何参数人工测量值与 iRC 测量值误差对比如表 8.7 所示。将 iRC 正向测量和反向测量结果分别与人工测量结果进行对比,几何尺寸测量的最大误差为 0.7mm,最大均方根误差为 0.3mm。试验结果表明,iRC 在扣件关键几何参数测量方面准确度很高。另外,100 个 WJ-7 型扣件关键几何参数人工测量由两个人耗时 30min 完成,而 iRC 测量折算到 100 个扣件仅需 15s,iRC 在扣件关键几何参数的测量效率是人工测量的 240 倍。

表 8.7　WJ-7 型扣件主要几何参数人工测量值与 iRC 测量值误差对比

几何参数	最大误差:正向/反向/(mm/mm)	最小误差:正向/反向/(mm/mm)	平均误差:正向/反向/(mm/mm)	均方根误差:正向/反向/(mm/mm)
轨下调高垫板厚度	0.6/0.5	−0.7/−0.6	0.1/0.1	0.2/0.2
铁垫板下调高垫板厚度	0.6/0.6	−0.6/−0.7	0/0.1	0.3/0.3
锚固螺栓松动值	0.4/0.4	−0.5/−0.6	0.1/0.1	0.1/0.1

为了评估扣件弹条离缝检测对不同大小离缝的精度,提取不同压力下的单个扣件弹条的中心线并对离缝进行测量。试验时选取一个正常的 WJ-7 型扣件,将该扣件的中心螺栓用扳手完全拧松,分别用 iRC 轨道扣件测量系统和人工测量方法对该扣件进行测量。然后逐渐拧紧扣件中心螺栓,每拧紧 1mm 分别用 iRC 测量系统和人工测量方法测量该扣件,直到扣件被完全拧紧。图 8.34 展示的是一个处在不同压力下的 WJ-7 型扣件的图片和提取的中心线。为了凸显扣件弹条在不同压力下的形状变化,离缝所在位置被图 8.34(a)、(c)、(e)中的红圈标出,图 8.34(b)、(d)、(f)中弹条中心线的两端由绿色线段连接,弹条中心线弹舌部分的中点通过红色线段与绿色线段中与其最近的点相连。

(a) 弹条完全压紧的扣件

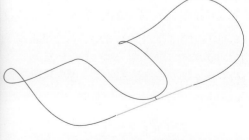

(b) 图(a)对应的弹条中心线

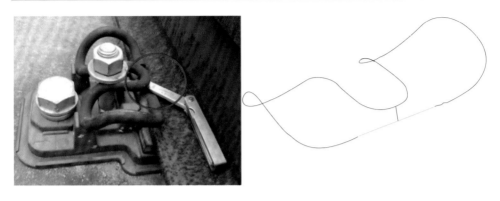

(c) 弹条部分压紧的扣件　　　　　　　　　　(d) 图(c)对应的弹条中心线

(e) 完全放松状态下的扣件　　　　　　　　　(f) 图(e)对应的弹条中心线

图 8.34　不同压力下扣件的图片和提取的弹条中心线

　　扣件弹条离缝的人工测量是由塞尺完成的,塞尺由一组具有不同厚度级差的薄钢片组成,将合适厚度的薄钢片组合塞入间隙中以测量间隙的宽度,如图 8.34(c)所示。塞入弹条离缝的薄钢片的厚度由游标卡尺测量,游标卡尺和塞尺的最小测量分辨率是 0.01mm。

　　不同压力下同一个扣件弹条离缝人工测量与基于中心线测量结果如图 8.35(a)所示,而基于弹条中心线离缝测量相对于人工测量的误差如图 8.35(b)所示。基于弹条中心线离缝测量的最大误差为 0.15mm,而均方根误差为 0.084mm。试验结果表明,基于弹条中心线的离缝测量方法在不同离缝大小的扣件上的表现都非常精确。

　　为了评估基于中心线的弹条离缝测量方法在不同型号扣件上的测量精度,在正常运行铁路线路上选取不同型号的扣件,每种型号 50 个扣件。先采用人工测量方法对这些扣件的离缝进行测量,再用 iRC 轨道扣件测量系统进行测量,进行扣件弹条中心线提取和离缝计算。基于中心线的弹条离缝测量方法与人工测量方法的效率和精度对比如表 8.8 所示。可以发现,基于弹条中心线的离缝测量方法在WJ-7、WJ-8、Vossloh-300、WJ-5、WJ-2 型扣件上的测量精度较高,且测量效率远高于人工测量。

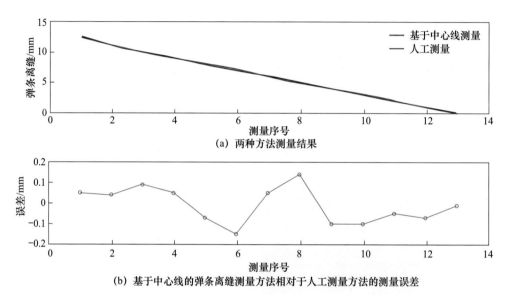

图 8.35　不同压力下同一个扣件弹条离缝人工测量与基于中心线测量结果对比

表 8.8　基于中心线的弹条离缝测量方法与人工测量方法的效率和精度对比

扣件型号	扣件数目	人工测量时间 /min	程序执行时间 /s	最大误差 /mm	均方根误差 /mm
WJ-7	50	30	14.2	0.24	0.145
WJ-8	50	28	13.6	0.25	0.127
Vossloh-300	50	33	15.7	0.27	0.131
WJ-5	50	31	14.5	0.28	0.148
WJ-2	50	29	13.7	0.25	0.128

8.5　本章小结

我国铁路特别是高速铁路的快速发展,运营速度的不断提高,对高速铁路轨道的高效测量提出了更加严格的要求。传统方法无法满足当前轨道高效测量的要求,因此必须采用更加创新的方法和先进的设备来完成高速铁路轨道的检测。本章介绍了基于动态精密工程测量核心技术的铁路轨道线形测量、扣件检测和钢轨伤损检测原理及方法。未来的轨道精密测量装备将继续朝着高精度、高效率和多

传感器集成的方向继续发展,以实现复杂环境下的轨道结构和部件的高效精密
测量。

参 考 文 献

［1］　何华武. 高速铁路运行安全检测监测与监控技术. 中国铁路,2013,(3):1-7.

［2］　翟婉明,赵春发. 现代轨道交通工程科技前沿与挑战. 西南交通大学学报,2016,51(2):209-
226.

［3］　李清泉,毛庆洲. 道路/轨道动态精密测量进展. 测绘学报,2017,46(10):1734-1741.

［4］　沈志云. 论我国高速铁路技术创新发展的优势. 科学通报,2012,57(8):594-599.

［5］　Li Q,Chen Z,Hu Q,et al. Laser-aided INS and odometer navigation system for subway
track irregularity measurement. Journal of Surveying Engineering,2017,143(4):04017014.

［6］　熊智敏. 城市轨道服役状态检测系统关键技术研究[博士学位论文]. 武汉:武汉大学,
2017.

［7］　崔昊. 基于结构光点云的轨道扣件服役状态检测关键技术研究[博士学位论文]. 武汉:武
汉大学,2019.

第9章　堆石坝内部变形监测

堆石坝是一种以土石料填筑的挡水建筑物,坝体由堆石体、防渗体和过渡层组成,主要包括面板堆石坝、心墙堆石坝、重力墙堆石坝等类型。堆石坝因其剖面小、造价低、工期短、抗震性能好的特点,已成为我国水利水电开发优选坝型[1~4]。堆石坝在建设、运营期间由于自身重力、蓄水压力等因素会发生一定程度的内部形变。内部变形监测对大坝健康状态评估至关重要,如内部变形量超限将导致防渗面板挠度过大,致使面板破裂、脱空等事故。内部变形监测是掌握堆石坝安全性态的基础,也是评估工程质量、研究大坝变形机理的重要依据[5]。

本章首先介绍堆石坝内部变形监测技术现状,分析现有测量方法的局限性,然后提出一种基于预埋柔性管道精密惯性测量的堆石坝内部变形监测方法,并详细地介绍了监测管道和测量机器人系统,精密里程辅助惯性的管道三维曲线解算方法和变形指标计算方法,最后介绍测量系统测试方法和相关工程应用。

9.1　概　　述

9.1.1　传统堆石坝内部变形监测方法

根据《土石坝安全监测技术规范》(SL 551—2012)[5]要求,需要对大坝外部和内部变形同时进行监测。其中,大坝内部变形监测主要有监测水平位移、垂直沉降和面板挠度三类变形指标。

大坝的水平位移是指监测点发生垂直于大坝轴向的水平变形,一般采用水平分层布设的引张线式水平位移计(图9.1)或垂直布设的测斜仪进行测量。200m级高土石坝主要采用引张线式水平位移计监测,其测量原理为在坝体内部固定点锚固住铟钢丝,铟钢丝牵引至观测房内部,通过砝码将铟钢丝绷紧,读取游标卡尺的读数从而换算出位移量。钢丝的保护成为该方法的重点,钢丝如果折断或者回弹则该方法失效。当线路太长时,需要选取粗直径钢丝,进而导致钢丝自重装置增加、位移传递阻力增大,最终导致测量误差增大。引张线式水平位移计通常在一条管路中安装多条钢丝,机械结构复杂,现场安装难度大。堆石坝沉降呈中部沉降大、上下游侧沉降小的分布特征,引张线沿基床带呈凹状分布,导致引张线回缩,产生测量误差,目前引张线测量系统均无法消除这一误差,且大坝沉降变形越大,测量误差越大。

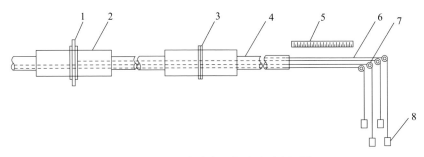

图 9.1　引张线式水平位移计示意图[6]

1.锚固板；2.伸缩节；3.法兰盘；4.保护管；5.标尺；6.引张线；7.滑轮；8.砝码

　　大坝的垂直沉降是指坝体监测点在施工、运行期间发生的垂直下降位移。通常采用水平分层布设的水管式沉降仪或垂直布设的电磁沉降仪、横梁管式沉降仪进行测量。水管式沉降仪是目前最常用的沉降监测方式(图 9.2[6])。在大坝填筑到设计规定的监测高程时,预先在大坝内部从上游到下游设置一条垂直于坝轴线的水平监测管道,在这条管路中安装埋设水管式沉降仪。它利用液体在连通管两端

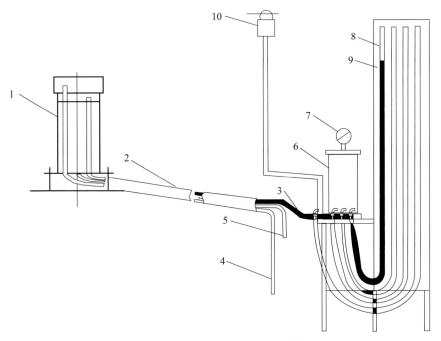

图 9.2　水管式沉降仪示意图[6]

1.沉降测头；2.保护管；3.连通水管；4.通气管；5.排气管；6.压力室；7.压力表；

8.测量玻璃管；9.观测台；10.水箱

口保持同一水平面的原理(连通管原理),当观测人员在观测房内测出连通管一个端口的液面高程时,便可知另一端(测点)的液面高程,两次观测高程读数之差即为该测点的沉降量。当坝高大于 200m 时,水管式沉降仪管路最大长度将超过300m,由于管线过长,水管管壁阻力加大,水管中液体容易夹有气体,使得液体流动滞后。加水后水位平衡困难,测量等待时间长,误差增大,且水管沉降仪维护成本较高。

大坝的面板挠度是指由大坝蓄水导致面板受压产生弯曲的程度。当面板挠度过大时,会出现面板破裂、脱空等事故。混凝土面板挠度监测技术主要包括固定测斜仪(电平器)和活动测斜仪。固定测斜仪通过测单点的倾斜角变化,然后根据多个测点之间的距离拟合面板挠曲曲线。该方法整体测量精度在很大程度上取决于仪器布置的疏密。活动测斜仪通过滑动的测头获取测斜管在不同位置的角度变化来估计大坝的位移,对于变形较大的面板堆石坝挠度监测任务,移动测斜仪导管因扭曲、电缆拖曳效应易引起测量误差,甚至不能工作。

现有堆石坝内部变形监测方法在测量精度和可靠性上存在着不足:①点式测量传感器只能对单一指标进行监测,导致监测传感器种类繁多、监测点稀疏、信息维度分离;②水管式沉降仪、引张线式水平位移计结构复杂,传感器抗冲击能力弱、死亡率较高,导致后期监测数据缺失;③当坝高大于 200m 时,水管式沉降仪水准管路和引张线式水平位移计的钢丝长度几乎达到性能极限,传感器的测量精度和量程受到严重挑战,实际应用中出现了诸多技术问题。

9.1.2 基于管道测量的堆石坝内部变形监测

针对常规堆石坝内部变形监测方法存在的问题,研究者对新的观测技术进行了一系列的研究[7~15],其中何宁[10~12]、蔡德所[13~15]等提出了一种基于管道测量技术的堆石坝每步变形监测方法,其测量原理是在坝体内部埋设变形监测管道,然后利用 INS 测量机器人对管道线形进行观测,最后推算出坝体内部变形。何宁等[10,11]采用的是钢管,假设单节管道管道为刚性不发生形变,利用倾角计测量单节管道的的水平角,利用相机拍照测量相邻管道的接缝夹角,再乘以单节管道长度分别递推水平位移和垂直沉降量。蔡德所[13~15]采用不锈钢波纹管和钢管,利用图 9.3(a)所示的管道测量机器人集成的 INS 和磁力计推算俯仰角和方位角,计算相邻测量点直接的坐标增量,并递推整个变形曲线。上述方法均采用四轮机器人在管道底部行走,通过测量管道底部线形来推算管道线形。

在管道内检测机器人定位应用领域,多采用绝对控制点坐标辅助 INS/DMI 定位,测量精度约为定位里程的 0.1%。在精度要求更高的市政地下管线测量应用中,一般只用管道两端控制点对 INS 进行辅助。现有的地下管线仪系统测量精度

为测量管道长度的 $0.2\%\sim0.03\%$[18~23]。对于百米长度的测量目标,这些系统最高只能达到厘米级精度。图 9.4 为地下管线仪。

(a) 南京水科院研制的
大坝变形监测的管道测量机器人

(b) 三峡大学研制的
大坝变形监测的管道测量机器人

图 9.3　管道测量机器人

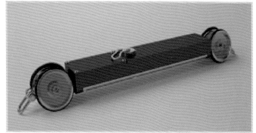

图 9.4　地下管线仪

综上所述,现有的管道测量技术不能满足《土石坝安全监测技术规范》(SL 551—2012)[5]中对精度高达毫米级的要求,在观测管道选型制造、测量单元结构设计、传感器选型和数据解算方法等多方面还存在改进空间。因此,在数百米范围内实现亚毫米级的管道三维曲线测量是基于管道测量的变形监测技术从实验室走向工程应用的关键。

9.2　堆石坝内部变形动态监测新方法

9.2.1　基于预埋管道的测量机器人动态监测方法

针对传统方法点式监测、传感器损毁率高、内部变形需要多套监测系统的问题,提出了一种新的基于预埋柔性管道精密惯性测量的堆石坝内部变形监测方法,技术原理如图 9.5 所示。在大坝建设期间,根据大坝变形规律和特点,在关键位置埋设抗压柔性大坝变形监测管道。柔性抗压管道如同神经纤维一样反映大坝变形,并提供测量机器人的观测通道。在后期运维监测时,利用集成高精度 INS/

DMI 的测量机器人对变形监测管道曲线进行精密测量。利用多源数据最优融合定位算法估计测量机器人的行走轨迹,得到管道的高精度三维曲线,然后利用不同时期的三维曲线关联配准后进行比对,计算大坝的水平位移、垂直沉降、面板挠度变形指标。与传统使用引张线式水平位移计、水管式沉降仪测量的方法相比,提出的内部变形测量方法通过一套观测系统可以解决水平位移、垂直沉降和挠度的动态监测。本方法将测量管道和测量机器人分离,一方面,在保护好的情况下,测量管道可以永久使用;另一方面,随着传感器技术的不断进步,可以改进测量机器人从而不断提高监测效率。

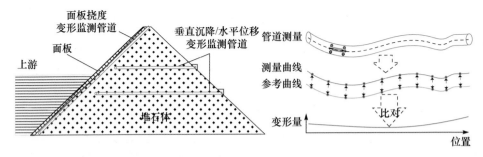

图 9.5　基于预埋柔性管道精密惯性测量的堆石坝内部变形监测原理

9.2.2　堆石坝内部变形监测管道

变形监测管道如同大坝内部的神经纤维,可以反映大坝内部的相对变形,同时还为管道测量机器人提供平顺的观测通道,进而通过精确测量管道的多期三维曲线,监测大坝内部变形。针对大坝变形监测需求,设计了一整套内部变形监测管道系统以及相应的布设方法。

1. 监测管道设计

为了使变形监测管道充分反映大坝内部不规则变形,管道需要能够随着大坝内部变形一起发生变化。同时,管道作为测量机器人的运行通道,必须具有一定的抗压特性,保证横截面为圆形或近似圆形。因此,变形监测管道需要具有轴向柔性、径向刚性的特点。选取柔性抗压 PE 管作为变形监测管道,兼顾了这两种特性。在管道埋设的时候采用电热熔焊的方式对管段进行熔接,最终形成柔性、抗压的光顺变形监测管道。构建的模拟管道如图 9.6 所示,该系统由 T 形支架支撑多段熔接的长监测管道组合而成。弯曲试验表明,该管道在轴向方向上具有良好的柔性变形特性,可以跟随坝体一起发生变形。

图 9.6　柔性抗压管道

　　将多次观测的管道三维曲线归算到统一的坐标系中,需要测量大坝变形监测管道的绝对位置,为此在变形监测管道两端布设定制的管卡装置,如图 9.7 所示。管卡装置主要由高精度加工的圆柱形管桶、可旋转可拆卸的管盖、棱镜水准泡支撑架以及锚固配件组成。管桶长度与管道测量机器人长度匹配,棱镜支撑架上安装棱镜和水准气泡。管卡的功能主要有两点:①布设绝对控制点观测棱镜,通过在监测管道两端设置高精度控制点测量标志,得到绝对控制点,进而将测量的大坝三维曲线换算到大地坐标系中;②保证测量机器人每次出发和停止的位置在同一位置,通过控制点坐标和管道测量机器人的姿态可以对该位置进行推算。同时,管卡应具有一定的减震缓冲功能,防止测量机器人猛烈撞击管卡,使得 DMI 产生异常。

(a) 管卡设计图　　　　　　　　　　　　　　　(b) 管卡

图 9.7　管卡设计图及实物图

　　在实际大坝建设安装时,将管卡与观测房锚固在一起,通过对管道上的控制点棱镜进行精密观测,获取测量的起始位置。同时保证管卡上水准气泡居中,便于将棱镜中心坐标归算至管口中心。为了精确测量变形监测管道两端的控制点位置坐标,需要根据大坝已有控制网制订高精度的控制点观测方案,采用与外观变形监测点多点联测的方式进行观测。

2. 管道布设方法

针对现有引张线式水平位移计、水管式沉降仪及其保护管所存在的技术不足,同时结合管道测量机器人的测量原理,提出新的管路埋设方法(图9.8),具体有U形管路埋设法和弧形管路埋设法,如图9.9(b)所示。U形管路和弧形管路能同时测量堆石体水平位移和垂直位移。当坝体发生较大沉降或者变形时,管路随之受压变形,由于所选PE管材具有良好的抗压性和可塑性,可从整体上提升技术的可靠程度。管路可埋设在引张线式水平位移计和水管式沉降仪保护管路的旁边,可以与这两种系统测量的结果进行对比。同时,有限元分析结果得出最大水平位移发生在离堆石坝下游观测房(靠近上游)约2/3的位置。为了准确测量最大水平位移,可以埋设双U形或双弧形管道。

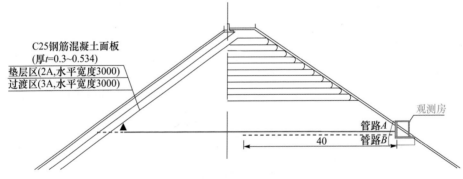

图9.8 管路在坝体中埋设的剖面图(单位:m)

▲. 管道测量机器人

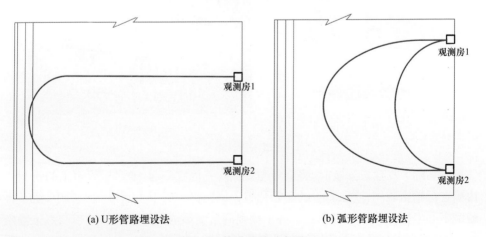

(a)U形管路埋设法　　　　　　　(b)弧形管路埋设法

图9.9 管道埋设示意图

9.2.3　管道测量机器人及标定

我们设计了一种全新的管道测量机器人系统[16]，进行毫米级的管道三维曲线的精密测量。管道测量机器人主要包括车架、测量单元和动力装置三部分。其中车架采用强制对中设计，保证测量机器人的中轴线与管道中轴线一致。管道测量机器人的核心模块为高精度时间同步的多传感器集成测量单元，主要传感器包括高精度 INS 和多路 DMI。此外，还设计了一种便捷的测量机器人标定装置，利用该装置可以对车体和 INS 之间的安装角误差进行精确标定[17]。

1. 管道测量机器人机械结构

为使测量机器人能够在管道中顺滑运动，同时使机器人的结构中心与管道中轴线一致，我们设计了一种管道测量机器人，如图 9.10 所示。管道测量机器人机械结构主要包括三个组成模块，即同步张紧的行走轮模块、独立张紧的里程轮模块和电子仓模块。

图 9.10　管道测量机器人

（1）同步张紧的行走轮模块安装在测量机器人的两端。每一端的行走轮模块有三个均匀分布的车轮，车轮选择硬度合适的耐磨树脂材料，车轮支架通过直线轴承与滑杆连接，滑杆上直线轴承两端安装有弹簧，可以使三个行走轮同步收缩，进而保证车架在管道中张紧，使车架中轴线与管道中轴线一致。滑杆上的弹簧松紧可调，保证测量机器人行走轮可以严格贴合管壁。在滑杆的两端安装设计万向拉环，有效消除机器人在管道中旋转运动带来的拉绳扭力。

（2）独立张紧的里程轮模块包括安装高精度光电编码器的测量轮。为了保证里程轮周长不受车体重量的影响产生形变，采用独立张紧的轮架结构，这样使得车架不论如何旋转，里程轮的受力状况大约相等，里程轮旋转一周的周长不会因为测量机器人的旋转受力变化而发生细微的改变，从而保障里程测量精度。此外独立张紧的里程轮还可以通过悬臂测量管道内径,进一步修正管道三维轨迹,补偿管道自身的变形。

(3)电子仓模块包括传感器、集成采集控制板、电池和其他一些辅助配件安装的结构部分。集成采集控制板是多个传感器采集控制的核心,保证多传感器的数据可以精确地进行时间同步采集。电子仓中,IMU的几何中心与电子仓的中心一致,进而保证与管道的中轴线一致。

管道测量机器人不同部分实现模块化设计和组装。机器人的三个模块通过凹凸法兰盘和螺丝进行精密连接,电子仓的一端连接行走轮和里程轮模块,另外一端连接行走轮模块。在运输和使用时可以方便对其进行组装、拆卸和装箱。

2. 多传感器集成测量单元

测量机器人的核心模块是多传感器集成的测量单元。在电子仓中,多传感器集成测量单元由FPGA控制核心,晶振提供高精度时间基准源,INS作为IMU,编码器作为多路里程测量单元、ARM嵌入式处理器作为上位机,以及电源等模块构成,其采集控制板逻辑如图9.11(a)所示。为对IMU和多路里程编码器进行高精度时间同步,以频率温度稳定度为1×10^{-6}的高稳压控温补石英晶体作为系统时间基准源,利用FPGA以时间触发数据同步,控制IMU及光电编码器数据的同步采集及上传。上位机先向FPGA发送采集控制指令,FPGA接收到触发指令后,将管道测量数据按传输协议上传至上位机进行解析和存储。数据采集控制板模块结构如图9.11(b)所示,实现了对多传感器数据的同步采集传输,抗干扰能力较强。利用FPGA并行控制的特点,多传感器时间同步误差可达微秒级,为后续多源数据的最优融合奠定关键基础[24]。

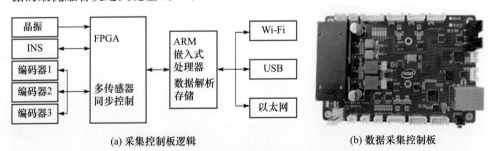

(a) 采集控制板逻辑 (b) 数据采集控制板

图 9.11 多传感器同步采集

3. 动力牵引装置

管道测量机器人采用小型自动化电机和强力细纤维拉线组成的绞盘作为牵引动力系统。在进行数据采集时,通过控制电机的运动来控制测量机器人的运动。

在管道两端安置电动绞盘,可以使管道测量机器人在管道中往复运动,进行多次测量。采用可编程驱动的伺服电机对牵引装置进行改造,实现管道测量机器人自动化移动测量。

　　大坝实地测量包括启动阶段、测量阶段和结束阶段。管道测量机器人牵引装置工作模式如图 9.12 所示。在启动阶段,在待测管道两端安置电动绞盘,将拉线与管道测量机器人两端的万向拉环连接。在测量阶段,打开管道测量机器人电源开关,在管口静止 5min,进行初始化。初始化完毕后,保证一个绞盘工作,另一个绞盘处于放松的状态,使得管道测量机器人可以在管道中往返移动多次,实现对同一个变形监测管段的多次测量。测量结束时,保证管道测量机器人在管道中静止 5min。在结束阶段,取出管道测量机器人,解开电动绞盘拉线,完成一次观测任务。

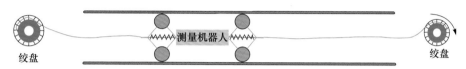

图 9.12　管道测量机器人牵引装置工作模式

4. 管道测量机器人标定

　　为了对多 DMI 与 INS 数据进行紧密融合,需要将多个传感器的数据归算到统一的空间坐标系中。根据 DMI 辅助 INS 的测量方程可知,INS 载体坐标系(记为 b 系)与 DMI 测量坐标系(记为 d 系,与载体坐标系 v 系相同)之间的偏置角误差会影响测量值,且速度越大,影响越大。在管道机器人设计时,惯性导航装置的测量轴系(b 系)与车体参考轴系(v 系)之间的空间关系具有规则的设计值。但是在实际制造、安装甚至在使用过程中,惯性导航装置的测量轴系会与车体参考轴系发生偏移,使得 INS 速度和 DMI 速度不能精确地相互校正,导致最终测量的三维曲线误差较大。两个三维轴系的偏差包括三维位置偏差和三维姿态偏差。微小三维位置偏差可使用游标卡尺等精密测量工具进行直接测量。而微小的三维姿态偏差(下文称为偏置角)则难以直接观测,需要设计特殊的标定方法进行标定。

　　根据 DMI 辅助 INS 测量模型(详见第 2 章)可知,DMI 坐标系与 INS 坐标系之间的偏置角中的航向角和俯仰角对测量值有影响,而横滚角没有影响,因此标定的目标是估计出 DMI 坐标系与 INS 载体坐标系之间的偏置角。针对管道测量机器人轴对中的特点,设计了一种定轴旋转的标定方法以及标定装置,可以精确标定管道机器人中 IMU 与车体的三维姿态偏置角。

　　为使管道测量机器人可以进行高精度定轴旋转运动,设计了一种简易、便携标定装置。两个支架固定在底座上,并且可以调节支架之间的距离。单个支架的示意如图 9.13 所示;支架上端为 V 形支架,底座保证支架在车体旋转的时候不发生晃动。在重力的作用下,V 形支架可以保证小车车轴与其接触为点接触,减小摩擦力,从而使得管道机器人进行高精度定轴旋转。此外,V 形支架设计可以使得标定装置适应不同直径的车轴。

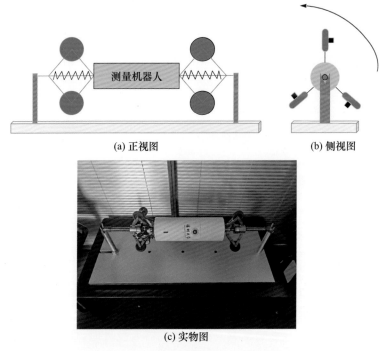

(a) 正视图　　　　　　　　　　　　　　　(b) 侧视图

(c) 实物图

图 9.13　管道测量机器人标定装置

9.2.4　测量数据处理方法

管道测量机器人的测量数据处理算法包括三个部分,即系统标定、管道三维曲线推算和大坝变形指标计算。其中系统标定算法利用设计的标定装置对管道测量机器人进行标定数据采集,通过标定算法对标定数据进行处理得到管道测量机器人的系统参数,即管道测量机器人 INS 与车架之间的姿态偏移角。变形监测管道三维曲线推算通过提出的多源数据融合算法融合测量机器人在管道中运动时的测量数据和运动约束,得到最优的管道三维曲线。为了利用不同时期的管道三维轨迹计算大坝的垂直、水平和挠度变形,建立大坝变形指标模型,并设计计算算法。数据处理软件界面如图 9.14 所示。

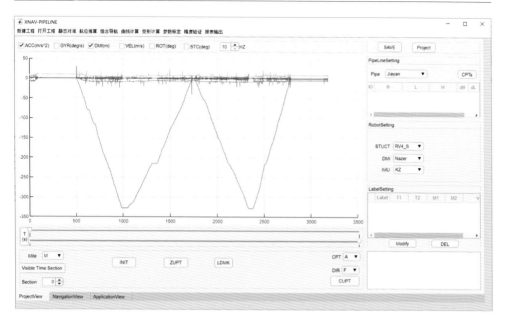

图 9.14　堆石坝内部变形监测管道测量系统数据处理软件界面

1. 管道测量机器人标定

在标定数据采集时，将管道测量机器人架在标定架上，操作者用手拨动机器人，使其进行定轴旋转，并保证管道测量机器人在轴向方向上不发生平移运动。如图 9.15 所示，在标定旋转过程中，由于机器人做定轴旋转，车体轴线（即 v 坐标系 Y 指向，记为 Y_v；Y_v' 为 Y_v 在 X_nY_n 面上的投影点）保持不变，INS 敏感轴 Y_b 绕车体轴线 Y_v 做圆周运动，圆的半径即是车体中轴线与 INS 载体坐标系前向坐标轴之间的夹角。

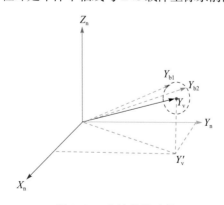

图 9.15　定轴旋转示意

在数据采集前，为了对 INS 进行初始化，先进行一段时间长度为 $T(1\min < T <$

10min)的静态数据采集,然后将测量机器人顺时针旋转 N 圈($N>3$),接着逆时针旋转 M 圈($M>3$),最后再静止采集一段时间 T。整个标定数据采集的过程,可以根据 INS 性能和标定精度,控制在一定时间之内。

采集完成后,首先进行纯惯性数据解算,然后精确计算旋转轴在导航坐标系中的方向,最后估计载体坐标系与载体坐标系之间的安装偏置角。如图 9.15 所示,在标定旋转过程中,由于车体做定轴旋转,车体轴线 Y_v 保持不变,INS 敏感轴 Y_b 绕车体轴线 Y_v 旋转形成一个圆锥面,圆锥的半径即是车体中轴线与 INS 载体坐标系前向坐标轴之间的夹角。通过惯性编排解算,可以得到 INS 敏感轴 Y_b 在导航坐标系中的运动轨迹。进一步根据运动轨迹,可以精确估计小车旋转轴在导航坐标系中的方向。最后,通过最小二乘法,可以估算 INS 载体坐标系(b 系)到小车载体坐标系(v 系)的偏置角。

(1) 惯性数据解算。利用前向卡尔曼滤波和后向 RTS 平滑算法对 INS 数据进行处理。在处理过程中加入旋转前和旋转后的位置作为测量约束。对定轴旋转采集的 INS 数据进行处理,可以得到 INS 敏感轴 Y_b 在导航坐标系中的位置轨迹和 IMU 载体坐标系在导航坐标系中的三维姿态角序列。

(2) 轴系偏置角估计:通过惯性解算得到的三维姿态角序列可计算每个时刻 INS 载体坐标系到导航坐标系的转换关系 $\boldsymbol{C}_b^n$,进而可以将 INS 载体坐标系中与定轴旋转轴系相近的轴系单位矢量(记为 $\boldsymbol{y}_b^b$,且 $\boldsymbol{y}_b^b = \begin{bmatrix} 0 & 1 & 0 \end{bmatrix}^T$),投影到导航坐标系,计算公式为

$$\boldsymbol{y}_b^n = \boldsymbol{C}_b^n \boldsymbol{y}_b^b \tag{9.1}$$

由于轴系偏置角的存在,Y_b 轴在导航坐标系绕车体旋转轴 Y_v 轨迹画出一个圆锥面。单位矢量终点运动轨迹($\boldsymbol{y}_b^n$ 即终点的运动轨迹),为一个规则的圆,如图 9.15 所示。载体坐标系 Y_b 轴单位矢量 $\boldsymbol{y}_b$ 在导航坐标系中的运动轨迹的圆心与导航坐标系原点的连线即车体旋转轴在导航坐标系的投影,也即是 $\boldsymbol{y}_v^n$。通过最小二乘拟合,可以精确估计圆心在导航坐标系的位置,从而得到车体旋转轴 Y_v 在导航坐标系中的方向向量 $\boldsymbol{y}_v^n$。轴系偏置角解算方法:车体旋转轴可表示为 $\boldsymbol{y}_v^v$,且有 $\boldsymbol{y}_v^v = \begin{bmatrix} 0 & 1 & 0 \end{bmatrix}^T$,$\boldsymbol{y}_v^n$ 与 $\boldsymbol{y}_v^v$ 关系可以表示为

$$\boldsymbol{y}_v^n = \boldsymbol{C}_b^n \boldsymbol{C}_v^b \boldsymbol{y}_v^v \tag{9.2}$$

将 b 系与 v 系之间的偏置角记为 $\boldsymbol{\alpha}$,$\boldsymbol{\alpha} = \begin{bmatrix} \alpha_x & \alpha_y & \alpha_z \end{bmatrix}^T$,其中,$\alpha_y = 0$;偏置角较小($<5°$),可对偏置角进行近似,即

$$\boldsymbol{C}_v^b = \boldsymbol{I} - (\boldsymbol{\alpha} \times) \tag{9.3}$$

对式(9.2)两边乘以 $\boldsymbol{C}_n^b$,得

$$\boldsymbol{C}_n^b \boldsymbol{y}_v^n = (\boldsymbol{I} - (\boldsymbol{\alpha} \times)) \boldsymbol{y}_v^v \tag{9.4}$$

$\alpha_y = 0$,通过对线性方程进行最小二乘求解,可以得到 α_x、α_z 的最优解。

$$e = \mathbf{y}_v^v \boldsymbol{\alpha} + \mathbf{y}_v^v - \mathbf{C}_n^b \mathbf{y}_v^n \tag{9.5}$$

因此,α_x、α_z 即为需要标定的 INS 载体坐标系 b 系到载体坐标系 v 系的转换关系。

2. 管道三维曲线计算

通过动力牵引装置让管道测量机器人在变形监测管道内进行多次往复运动,可以获取管道原始测量数据。管道测量机器人的数据处理的关键是对采集的多源数据和测量过程中的多种约束条件进行全局优化。

多传感器数据最优融合方法能够最优估计测量机器人的三维运动轨迹,这种多源信息融合的高精度轨迹解算的原理如图 9.16 所示。首先构建多类约束,包括惯性测量值约束、里程测量值约束、控制点测量约束、零速修正测量约束、非完整性测量约束以及路标点距离约束;然后通过优化估计算法最小化多类约束的误差。最终得到的管道测量机器人的最优轨迹即变形监测管道的三维曲线。

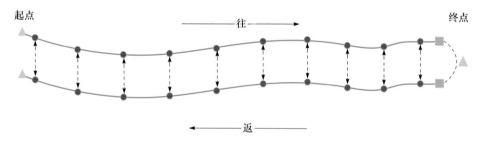

图 9.16　多源信息融合高精度轨迹解算

▲. 控制点; ▆. 零速修正点; ●. 路标点; —— . IMU/OD 轨迹; ◀----▶. 路标点约束

在进行全局优化时,先通过卡尔曼滤波和 RTS 平滑算法对多 DMI 和 INS 数据进行组合处理,所得结果作为迭代优化初值输入全局优化方法。具体而言,构造多种约束条件,通过最小化约束条件残差求解最优导航状态轨迹。

$$\begin{bmatrix} \mathbf{x}_{NAV} & \mathbf{x}_{IMU} & \mathbf{x}_{DMI} \end{bmatrix}^T = \arg\min(\underbrace{|\ \mathbf{p}_{IMU}\mathbf{r}_{IMU}\ | + |\ \mathbf{p}_{DMI}\mathbf{r}_{DMI}\ | + |\ \mathbf{p}_{CPT}\mathbf{r}_{CPT}\ |}_{\text{measurement}}$$
$$+ \underbrace{|\ \mathbf{p}_{NHC}\mathbf{r}_{NHC}\ | + |\ \mathbf{p}_{LDM}\mathbf{r}_{LDM}\ |}_{\text{shape}} + \underbrace{|\ \mathbf{p}_{STB}\mathbf{r}_{STB}\ |}_{\text{sensor}}) \tag{9.6}$$

式中,$\mathbf{x}_{NAV}$ 为 INS 的误差参数序列;$\mathbf{x}_{IMU}$ 为 INS 的标定参数;$\mathbf{x}_{DMI}$ 为 DMI 的标定参数。

同时优化六种约束,包括 INS 测量值(IMU)、DMI 测量值(DMI)、运动约束(NHC)、控制点约束(CPT)、路标点约束(LDM)和零偏稳定性约束(STB)。每种约束的方程和权重如式(9.7)~式(9.12)所示:

$$\begin{cases} r_{\text{IMU}} = r_{\text{IMU}} \begin{bmatrix} x_{\text{NAV}}(i_{\text{IMU}}) & x_{\text{IMU}}(j_{\text{IMU}}) & z_{\text{IMU}} \end{bmatrix}, & p_{\text{IMU}} \sim N(0, n_{\text{IMU}}) \\ r_{\text{DMI}} = r_{\text{DMI}} \begin{bmatrix} x_{\text{NAV}}(i_{\text{DMI}}) & z_{\text{DMI}} \end{bmatrix}, & p_{\text{DMI}} \sim N(0, n_{\text{DMI}}) \\ r_{\text{NHC}} = r_{\text{NHC}} \begin{bmatrix} x_{\text{NAV}}(i_{\text{NHC}}) & z_{\text{NHC}} \end{bmatrix}, & p_{\text{NHC}} \sim N(0, n_{\text{NHC}}) \\ r_{\text{CPT}} = r_{\text{CPT}} \begin{bmatrix} x_{\text{CPT}}(i_{\text{CPT}}) & z_{\text{CPT}} \end{bmatrix}, & p_{\text{CPT}} \sim N(0, n_{\text{CPT}}) \\ r_{\text{LDM}} = r_{\text{LDM}} \begin{bmatrix} x_{\text{NAV}}(i_{\text{NHC}}) & x_{\text{NAV}}(j_{\text{NHC}}) \end{bmatrix}, & p_{\text{LDM}} \sim N(0, n_{\text{IDM}}) \\ r_{\text{STB}} = r_{\text{STB}} \begin{bmatrix} x_{\text{IMU}}(i_{\text{STB}}) & x_{\text{IMU}}(i_{\text{STB}}) \end{bmatrix} & p_{\text{STB}} \sim N(0, n_{\text{STB}}) \end{cases} \quad (9.7)$$

式中，r_{IMU} 为 IMU 原始测量值约束；r_{DMI} 为高精度编码器测量值约束；r_{NHC} 为非完整性运动约束；r_{CPT} 为高精度控制点约束；r_{LDM} 为往返轨迹距离约束；r_{STB} 为 IMU 零偏稳定性约束；p 为各种约束的权重，p_{IMU}、p_{DMI}、p_{CPT} 由原始测量值噪声大小决定，p_{NHC}、p_{LDM} 由轨迹形状决定，p_{STB} 由 INS 零偏稳定性决定；j 为多种约束的关联索引；N 为正态分布。

通过构建优化因子图，对式(9.6)构建的全局优化问题进行迭代求解，最终可以得到全局最优的管道三维轨迹。

3. 大坝内部变形计算

获取不同时期的监测管道三维曲线后，将监测期曲线与基准曲线进行比对，可以计算内部变形。根据《土石坝安全监测技术规范》(SL 551—2012)[5]，结合本书方法获取的三维位姿曲线，对相应的内部变形指标进行明确，并提出了自动比对的方法。

结合《土石坝安全监测技术规范》(SL 551—2012)[5]，针对本书中变形测量方法和系统，明确了大坝变形监测中三种变形指标，即水平变形、垂直沉降变形和面板挠度变形。水平变形位移分为平行于大坝轴线的水平变形，如图 9.17(a)中 H_X 方向所示，指向左岸的位移量为正，以及垂直于大坝中轴线的变化，如图 9.17(a)中 H_Y 方向所示，指向下游的位移量为正。垂直沉降描述了管道垂直沉降的变化量，垂直向下为正方向，如图 9.17(b)所示。面板挠度是指面板受压之后垂直于面板方向的变形，如图 9.17(c)中 D 方向所示。所有变形指标均以起点为原点的里程位置为参考。

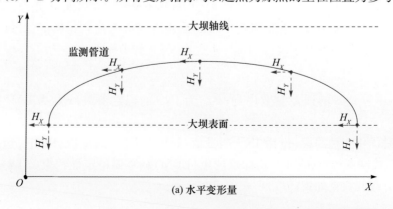

(a) 水平变形量

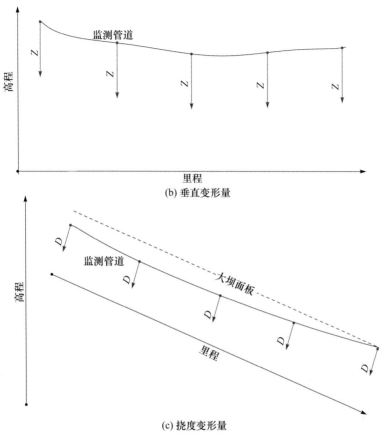

(b) 垂直变形量

(c) 挠度变形量

图 9.17　大坝内部变形指标

在计算三类变形指标时,首先对三维曲线按照里程距离进行等间隔采样。通过里程将不同时期的测量曲线与基础曲线进行配准,计算曲线上采样点到基准曲线上最短的距离,将其作为不同里程位置的水平变形量。计算当前曲线的采样点高程与基准曲线上的最邻近点高程的差值,得到不同位置的沉降变形量。将当前曲线的采样点挠度曲线与基准挠度曲线的采用 ICP 算法进行精确的二维配准,可计算当前测量曲线到基准曲线的最邻近距离,将其作为挠度变形值。

9.3　堆石坝内部变形动态监测应用

9.3.1　管道测量机器人试验

管道测量机器人的测试工作是对其功能有效性进行测试,并评定测量精度。为模拟大坝内部管道测量场景,在试验场地设计布设管道试验系统。该试验系统

主要由管道、活动支架以及管道附属装置组成,如图 9.18 所示。利用该测试系统,
对管道测量机器人测量三维曲线的水平、高程测量重复性、曲线高程测量精度和变
形测量精度进行测试。

(a) 测试管道平台示意图

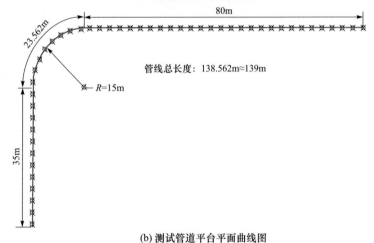

(b) 测试管道平台平面曲线图

图 9.18　测试管道平台及平面曲线

1. 曲线重复性

在测试之前首先进行控制点测量,采用 GNSS 静态控制测量获取三个控制点,
利用高精度全站仪测量获取管道两端管卡上棱镜坐标。然后利用管道测量机器人
在同一管道中进行多次往返测量,根据控制点坐标和管道车原始观测值包括惯性
测量值、多里程编码器数据进行融合解算,得到多次测量的管道三维曲线。对比同
一根管道多次测量曲线的差异,评定管道测量机器人的测量重复性精度。

对测试管道进行 3 组测试,每组数据包括往返两个来回,共得到 12 条管道测
量数据。测量完成过后,对多次测量的数据进行后处理,获得管道多次测量的曲
线。进一步进行差异比对。多组测量结果重复性如图 9.19 所示,测试结果表明,
单组测量水平、高程重复性标准差优于 1mm/138m;多组测量水平、高程重复性标

准差优于 1.5mm/138m;重复性测量精度约为里程长度的 10×10^{-6}。

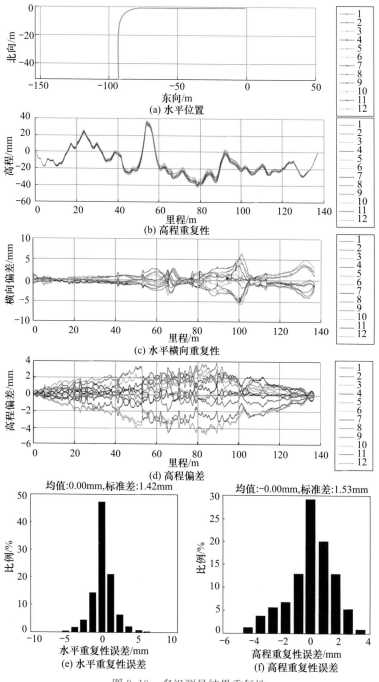

图 9.19　多组测量结果重复性

2. 高程测量精度

采用水准仪测量管道顶面中线水准高程,共计100m高程验证数据,将其与水准测量值进行对比,评定高程测量精度。结果表明:水准检核点共 39 个点,中误差为1.7mm;采用 $0.027°/h$ INS,管道测量机器人精度约为管道长度的 $20×10^{-6}$(图 9.20)。

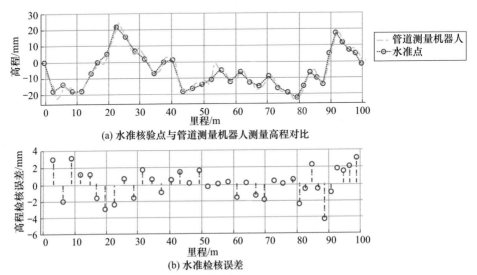

(a) 水准核验点与管道测量机器人测量高程对比

(b) 水准检核误差

图 9.20　水准检核点与管道测量机器人测量高程曲线对比结果

3. 沉降测量精度

为模拟测试管道沉降变形测量精度,在管道两个里程位置,利用水泥砖将管道垫起,模拟两个变形点,如图 9.21 所示。分别利用游标卡尺测量两个变形点的高程变化,利用管道测量机器人测量变形后的三维曲线,其测量值如图 9.22 所示,与变形之前的三维曲线进行对比,计算变形量。最后,如表 9.1 所示,将两种方法的变形量进行对比,验证测试精度。

图 9.21　两处人工模拟变形点

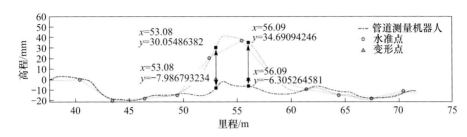

图 9.22　管道测量机器人变形测量值

表 9.1　游标卡尺与管道测量机器人变形测量对比

变形测试点	游标卡尺测量值/mm	管道测量机器人/mm	变形值差异/mm
1 号点(里程:53.08m)	39.76	39.03	−0.73
2 号点(里程:56.09m)	39.83	40.99	1.16

测试结果表明,1 号点变形测量误差为 −0.73mm,2 号点变形测量误差为 1.16mm。两个点变形测量误差均小于 2mm,表明测量机器人变形测量精度优于 2mm,即 $15×10^{-6}$。

9.3.2　工程应用

1. 典型工程

选取宰章水库大坝(小型堆石坝)、夹岩水利枢纽工程大坝(中型堆石坝)、两河口水电站大坝作为(大型堆石坝)三个典型大坝应用案例,如图 9.23 所示。

1) 宰章水库大坝

宰章水库位于贵州省从江县丙妹镇宰章村境内,都柳江一级支流宰章河中游,工程由水源枢纽区和输水工程组成,主要建设内容有:水源工程包括钢筋混凝土面板坝、右岸洞式溢洪道、左岸取水兼放空建筑物及输水工程等建筑物。宰章水库大坝设计最大坝高 82.5m,坝顶长 262.62m,坝顶高程 361.50m。

2) 夹岩水利枢纽工程大坝

夹岩水库是一座以城乡供水和灌溉为主、兼顾发电并为区域扶贫开发及改善生态环境创造条件的综合性大型水利枢纽工程,主要由水源工程、毕大供水工程和灌区核心输水工程等组成,坝址位于长江流域乌江一级支流六冲河中游、毕节市七星关区与纳雍县交界的潘家岩脚处。水库总库容 13.25 亿 m^3,最大坝高 154m。

3) 两河口水电站大坝

两河口水电站大坝位于四川省甘孜州雅江县境内雅砻江干流与支流庆大河的

汇河口下游,在雅江县城上游约 25km,电站装机容量为 3000MW,多年平均发电量
110.62 亿 kW·h。坝型为黏土心墙堆石坝,最大坝高 295m,坝顶高程 2875m,坝顶
长度 650m,工程规模巨大,开建时是中国最高、世界第二高的土石坝。

（a）宰章水库大坝

（b）夹岩水利枢纽工程大坝

（c）两河口水电站大坝

图 9.23　三种不同规模堆石坝

　　根据《土石坝安全监测技术规范》(SL 551—2012)[5],在三座堆石坝的不同断
面、不同高程布设引张线、水准沉降仪进行水平位移和垂直沉降监测,在附近断面
布设弧形管道,进行曲线测量,然后进行对比。

　　2. 管道布设

　　根据《土石坝安全监测技术规范》(SL 551—2012)[5]规定、设计计算成果、坝址
区域的地形地貌,结合原安全监测设计布置,考虑到与原安全监测设计进行相互验
证,并充分利用现有观测房等设施,管道测量机器人管路拟布置在原设计的观测房
之间,在大坝相应断面上布设管道。根据面板堆石坝变形的一般规律,在大坝坝高
1/3 处沉降最大,确定管道布设的相应高程。变形监测管道具体布设的示意如
图 9.24～图 9.26 所示。

图 9.24　夹岩水利枢纽工程大坝变形监测管道布设高程（单位:mm）

▲. 管道测量机器人

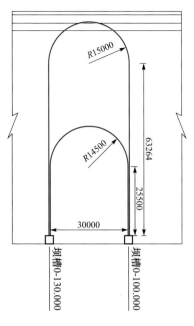

335.000m高程管路埋设图

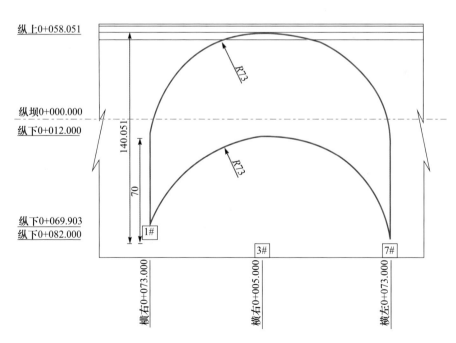

图 9.25 水平/竖直变形监测管道布设图(单位:mm)

(a) 夹岩水利枢纽工程大坝变形监测管道埋设

(b) 宰章水库大坝变形监测管道埋设

图 9.26　夹岩水利枢纽工程大坝、宰章水库大坝变形监测管道埋设

3. 内部变形监测

1) 夹岩水利枢纽工程大坝测量

在变形监测管道布设完成后,首次监测需要对管道首尾控制点进行精密测量。在实际工程中,采用 0.5s 精度全站仪对管道口进行多站交会测量,得到其平面坐标,多次测量重复性中误差优于 1mm。对于管口两端高差进行二等水准测量,闭合差优于 1mm。夹岩水利枢纽工程大坝平面管口控制测量如图 9.27 所示。

图 9.27　夹岩水利枢纽工程大坝平面管口控制测量

单期测量时,可认为一天内管道不发生变化,通过管道测量机器人对管道进行多次重复测量,保证测量数据的可靠,提高管道线形测量精度。通过多期观测,可以得到同一根监测管道在不同时间段的测量曲线,对曲线进行配准之后进行比对,即可计算得到大坝内部的沉降方向变形。测量结果如图 9.28～图 9.30 所示。

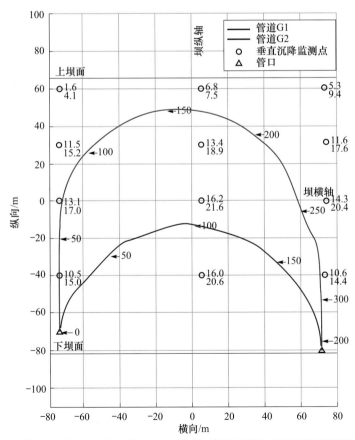

图 9.28　夹岩水利枢纽工程大坝 1285m 高程面沉降监测点结果以及管道测量结果

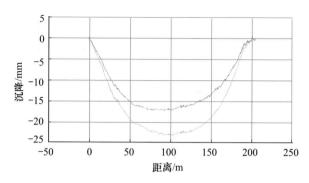

图 9.29　夹岩水利枢纽工程大坝 1285m 高程面管道 G1 沉降监测结果

为验证方法的可靠性,将基于管道测量的内部变形监测结果与传统钢丝位移计和水准沉降仪测量的内部变形量进行对比。具体的对比结果如表 9.2 所示,对比结果表明,提出的方法可以有效地对管道内部沉降量进行监测,与传统方法的差异最大值不超过 5mm,标准差为 2.2mm,约为检测管道长度的十万分之一,可以满足大型堆石坝内部变形测量需求。

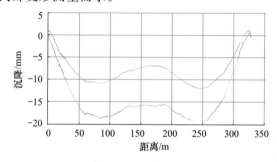

图 9.30　夹岩水利枢纽工程大坝 1285m 高程面管道 G2 沉降监测结果

表 9.2　管道测量机器人与水管式沉降仪监测数据对比(变形参考基准为 2019 年 9 月监测数据)

观测时间	管道	位置/m	管道测量机器人测量值 H_1/mm	水管式沉降仪测量值 H_2/mm	H_1-H_2/mm
	G1	34	11.79	11.63	0.16
	G1	104	17.24	16.13	1.11
	G1	160	11.97	12.27	−0.30
	G2	30	5.58	10.50	−4.92
2019 年 10 月	G2	70	10.61	13.10	−2.49
	G2	105	9.95	13.78	−3.83
	G2	169	6.95	10.10	−3.15
	G2	209	9.39	12.50	−3.11
	G2	244	11.96	14.78	−2.82
	G2	287	7.73	10.60	−2.87

观测时间	管道	位置/m	管道测量机器人 测量值 H_1/mm	水管式沉降仪 测量值 H_2/mm	H_1-H_2/mm
2019 年 12 月	G1	30	14.12	16.15	−2.03
	G1	104	23.30	21.30	2.00
	G1	160	16.85	16.32	0.53
	G2	30	10.17	15.00	−4.83
	G2	70	17.88	17.00	0.88
	G2	105	17.99	15.94	2.05
	G2	169	15.79	13.20	2.59
	G2	209	17.46	18.25	−0.79
	G2	244	19.62	20.70	−1.08
	G2	287	12.71	14.40	−1.69

2）两河口水电站大坝测量

在两河口水电站大坝 2775m 高程断面 11 号观测房与 12 号观测房之间布设一根长度约为 373m 的监测管道，监测管道距离心墙边界线 3.4m。具体情况如图 9.31 所示。

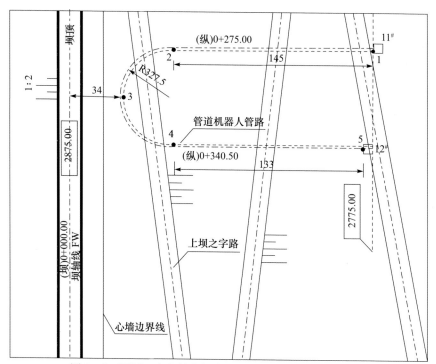

图 9.31　两河口水电站大坝变形监测管道布设图（单位：m）

于 2020 年 5 月对管道进行了首次测量，通过多次测量对其测量重复性进行测试，结果如图 9.32 所示。通过对比 14 次有效测量结果，高程重复性测量精度为

4.92mm,可以满足毫米级大坝沉降变形测量要求。

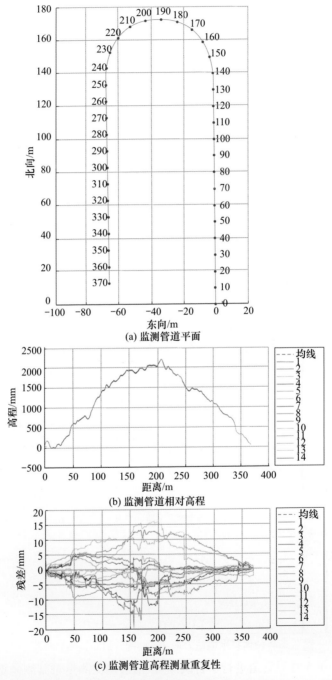

(a) 监测管道平面

(b) 监测管道相对高程

(c) 监测管道高程测量重复性

图 9.32　两河口水电站大坝变形监测管道多次测量高程重复性测试结果

4. 变形监测精度与适应性分析

与传统大坝变形测量方法相比,本章提出的基于管道测量的堆石坝内部变形监测新方法具有以下四个突出特点。

(1) 分布式。采用管道测量机器人技术的大坝监测获得的结果是一条线状的变形量,相对于传统的水管式沉降仪、引张线式水平位移计、固定测斜仪等点式监测手段,拥有更丰富的数据,便于后续对大坝的情况做更详细的分析。

(2) 一机多用。利用同一套监测系统,采用不同的布设方式可以监测大坝的垂直沉降、水平位移及面板挠度。

(3) 埋设、维护简单。只用将管道熔接完,埋入坑槽中,并选用不同细度的材料进行填充保护即可。管道测量机器人与管道分开,相对于传统点式监测的损坏率高的问题,具有维护简单、寿命长的特点。

(4) 可升级。由于管道测量机器人与管道是分离的,未来可以对管道测量机器人的性能和尺寸进行改进,升级不断提升管道测量机器人在原有埋设管道中的测量精度和效率。

从监测原理来看,本方法相对于传统方法在数据丰富程度、系统适应性和存活率方面有很大的优势。管道系统在大坝碾压施工过程中,只要保证施工质量,变形监测管道一般不会损坏。本节设计的管道系统具有良好的柔性变形能力,选用抗压 PE 管的管道系统作为变形监测管道是可行的。

根据《土石坝安全监测技术规范》(SL 551—2012)[5]的要求,水管式沉降仪应首先向连通水管充水排气,待测量板上带刻度的玻璃管水位稳定后平行测读 2 次,其读数差不应大于 2mm。利用引张线式水平位移计进行测读前应先用砝码加重,待稳定后要平行测读 2 次,其读数差不应大于 2mm,这种读数的误差在工程测量中被称为"较差",属于一个测回中 2 次读数之差。通过在真实管道模拟装置进行测试,本章中的管道测量机器人曲线测量性能达到管路长度的十万分之一的(高程/挠度/水平)变形测量精度。相对于现有的管道测量机器人精度高 1～2 个数量级。在宰章水库大坝、夹岩水利枢纽工程大坝、两河口水电站大坝上进行了应用,其重复性测量精度约为 1mm/100m,与传统方法对比,测量值差异小于 5mm,变形趋势与传统方法一致,满足规范[5]对精度的高要求,可用于堆石坝内部变形精密监测。

9.4　本章小结

本章提出一种基于预埋柔性管道惯性测量的堆石坝内部变形监测方法,通过集成高精度 INS/DMI 的管道机器人,对堆石坝内部的预埋管道进行测量,得到管道的三维曲线,在宰章水库大坝、夹岩水利枢纽工程大坝、两河口水电站大坝三个不同规模的堆石坝上进行了推广应用,与传统水准沉降仪对比,其测量精度优于5mm,变形趋势与传统方法一致。

基于预埋柔性管道惯性测量的堆石坝内部变形监测方法具有前期布设施工简单、后期免维护的优势,可以保障对堆石坝内部长期进行监测。随着惯性传感器的进步,后期可以对更长的管道进行精密测量,可对多监测断面、高程进行布设,组成观测网,为堆石坝内部变形监测和相关变形机理研究提供精细、可靠的数据支撑。

参 考 文 献

[1] 马洪琪. 300m 级面板堆石坝适应性及对策研究. 中国工程科学,2011,13(12):4-8.

[2] 郦能惠,杨泽艳. 中国混凝土面板堆石坝的技术进步. 岩土工程学报,2012,34(8):1361-1368.

[3] 马洪琪. 我国坝工技术的发展与创新. 水力发电学报,2014,33(6):1-10.

[4] Ma H Q,Chi F D. Technical progress on researches for the safety of high concrete-faced rockfill dams. Engineering,2016,2(3):332-339.

[5] 中华人民共和国水利行业标准. 土石坝安全监测技术规范(SL 551—2012). 北京:中国水利水电出版社,2012.

[6] 中华人民共和国电力行业标准. 引张线式水平位移计(DL/T 1046—2007). 北京:中国电力出版社,2007.

[7] 周伟,花俊杰,常晓林,等. 水布垭高面板堆石坝运行期工作性态评价及变形预测. 岩土工程学报,2011,33(S1):72-77.

[8] 张坤,彭巨为. 柔性测斜仪在 300m 级高砾石土心墙坝沉降监测中的应用研究. 大坝与安全,2018,(3):47-53.

[9] Barrias A,Casas J R,Villalba S. A review of distributed optical fiber sensors for civil engineering applications. Sensors,2016,16:748.

[10] 孙汝建,何宁,王国利,等. 大坝内部变形的机器人监测方法和监测系统:中国,CN203259143U. 2013.

[11] 何斌,孙汝建,何宁,等. 基于管道机器人技术的高面板堆石坝内部变形测量方法. 水利与建筑工程学报,2015,13(5):78-82.

[12] 何宁,王国利,何斌,等. 高面板堆石坝内部水平位移新型监测技术研究. 岩土工程学报,2016,38(S2):24-29.

[13] 蔡德所,李昌彩,卫炎,等. 三维光纤陀螺系统分布式测量思安江面板堆石坝挠度. 水力发电学报,2006,25(4):79-82.

[14] 廖铖,蔡德所,黎佛林,等. 基于光纤陀螺和加速度计的大坝面板挠度测量研究. 水力发

电,2016,42(4):101-104.

[15]　沈玮,蔡德所,章聪.光纤陀螺系统在变形监测中的轨迹计算方法优化.人民长江,2018,
　　　 49(6):102-106.

[16]　李清泉,陈智鹏,殷煜,等.一种管道三维曲线测量机器人及其实现方法:中国.
　　　 CN109780370B.2020-05-26.

[17]　李清泉,陈智鹏,陈起金.一种管道测量机器人的标定方法、装置及系统:中国.
　　　 CN109751999B.2020-07-24.

[18]　李睿,冯庆善,蔡茂林,等.基于多传感器数据融合的长输埋地管道中心线测量.石油学
　　　 报,2014,35(5):987-992.

[19]　Sahli H,El-Sheimy N. A novel method to enhance pipeline trajectory determination using
　　　 pipeline junctions. Sensors,2016,16(4):567.

[20]　Chowdhury M S,Abdel-Hafez M F. Pipeline inspection gauge position estimation using in-
　　　 ertial measurement unit,odometer,and a set of reference stations. ASCE-ASME Journal of
　　　 Risk Uncertainty in Engineering Systems, Part B: Mechanical Engineering, 2016, 2(2):
　　　 021001-1.

[21]　Song H,Ge K S,Qu D,et al. Design of in-pipe robot based on inertial positioning and visual
　　　 detection. Advances in Mechanical Engineering,2016,8(9):1-12.

[22]　Zhang P H,Hancock C M,Lau L,et al. Low-cost IMU and odometer tightly coupled inte-
　　　 gration with Robust Kalman filter for underground 3-D pipeline mapping. Measurement,
　　　 2019,137:454-463.

[23]　牛小骥,旷俭,陈起金.采用 MEMS 惯导的小口径管道内检测定位方案可行性研究.传感
　　　 技术学报,2016,29(1):40-44.

[24]　殷煜,陈智鹏,李清泉,等.高精度管线测量机器人多传感器集成方法.电子测量技术,
　　　 2019,42(2):23-27.

第 10 章　排水管道连续检测

城市地下排水管网是雨污水排放的重要通道,是维持城市安全运行的生命线。近年来,因排水管网病害导致的城市内涝和公路塌陷等城市病频发,给居民生命财产安全带来严重影响。对地下管网进行周期性全面检测,是及时发现风险、保障排水管网系统安全运维的关键。

本章提出了基于流体驱动的排水管道检测胶囊及检测方法,并介绍其工程应用情况,最后对排水管道检测胶囊的特点和局限性进行总结分析。

10.1　概　　述

地下排水管道在日常运行过程中,管材老化和维护不当等原因会导致多种管道病害,这些病害直接影响着管道运行安全。例如,管道病害导致的管网排水能力不足、堵塞问题是造成城市内涝的重要原因,地下水掏空路基是导致公路塌陷的主要因素。因此,及时检测排水管网病害并进行维护,是保障城市安全运行的关键。

为了及时发现地下排水管网中的病害,保障地下排水管网系统的安全运行,需要定期进行排水管网检测。由于排水管网范围大、内部环境复杂,排水管网检测效率低、成本高。因此,研究高效、低成本的排水管道检测方法具有重要意义。目前常见的排水管道内部检测方法包括 CCTV 检测、管道内窥声呐检测、管道潜望镜检测、管道内窥镜检测等,如图 10.1 所示。本节主要介绍这些检测方法的基本原理,并对其特点和局限性进行分析。

(a) CCTV检测　　　　　　　(b) 管道内窥声呐检测　　　　(c) 管道潜望镜　(d) 管道内窥镜
　　　　　　　　　　　　　　　　　　　　　　　　　　检测　　　　　检测

图 10.1　管道检测方法

1) CCTV 检测

CCTV 检测主要是采用闭路电视录像的方法进行。将摄像设备放入排水管道内部,对管道内的实际情况进行录像,检测人员通过终端实时查看。这种管道检测方法具有操作安全、图像清晰和便于存档的特点,在行业内得到广泛应用。但是CCTV 检测不适合有水管道内部作业,当现场条件不能满足时,应采取措施降低水位,保证管道内水位不超过管道直径的 20%。在进行结构性检测前应对被检测管道进行疏通、清洗。当发生爬行器在管道内无法行走、镜头浸入水中或沾有污物、管道内充满雾气等严重影响机器人通行和成像质量的情况时,检测将无法进行。

2) 管道内窥声呐检测

管道内窥声呐利用声呐系统扫描排水管道的内壁情况,通过计算机分析处理被管道内部物体或管壁反射回来的声波数据,得到管道内部横断面图像。管道声呐检测方法对管道满水运行、积水拥堵和管道变形有较好的检测效果,但是声呐检测系统造价较高,操作难度也较大,而且只能检测液面以下的管道状况。

3) 管道潜望镜检测

管道潜望镜是一种便携式的快速检测设备,设备主要由操作杆、摄像头、监视器、电源和灯光系统组成。检测人员在井盖口处伸缩操作杆深入井内实时采集管道内部视频影像。管道潜望镜适用于管径小于 2000mm、检测纵深不超过 80m 的管道检测场景,优点在于直观、操作简单、便携式,缺点在于不能探测管道的结构,也不能连续性检测,且每次探测距离比较短。

4) 管道内窥镜检测

管道内窥镜主要由一体化控制器、柔性推杆电缆盘、摄像头组成,通过使用柔性推杆电缆将位于其前端摄像头送入管道内部,并集成了 LED 照明,实现对管道内部影像的预览与录制,可在市政、工业、特检、消防、制药等各个领域得到应用。针对城市地下排水管道检测,管道内窥镜可作为其他检测仪器的一种补充,适合其他检测仪器无法进入的细长、狭小、弯转型管道。

由于单次作业范围小、操作复杂、劳动强度大,现有方法的检测效率低,成本高。因此,亟须发展快速低成本的排水管网检测方法,为排水管网普查检测提供有效的手段,提升管网智慧运维水平。

10.2　流体驱动排水管道检测原理与装置

漂流式管道检测机器人是一种不带缆的管道检测方法,近年来在排水管道、供水管道、石油管道、肠道检测等领域都取得了显著进展。无缆、无动力的漂流机器人一般从管道上游/入口进入管道,通过搭载多种传感器对管道内部进行数据采集,在管道下游/出口进行回收,完成数据采集。基于漂流机器人的排水管道检测具有可带水作业、操作简单快速、单次作业距离长的优势,是具有潜力的排水管网快速普查检测手段。

针对城市大规模有水状态管网检测难题,本章提出一种基于流体驱动排水管道视觉检测方法,详细介绍了流体驱动的排水管道检测原理、相应装置的设计和关键技术指标。

10.2.1　流体驱动排水管道检测

流体驱动排水管道视觉检测原理如图 10.2 所示,在上游投放一种低成本的排水管道检测胶囊,胶囊在管道中漂流时对管道内壁拍照,在下游进行胶囊回收。基于流体驱动的排水管道视觉检测方法主要面临两个问题:一是排水管道检测胶囊自主定位;二是排水管道检测胶囊视觉病害自动识别。

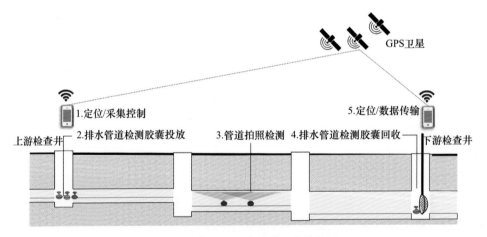

图 10.2　流体驱动排水管道视觉检测原理

为了实现排水管道检测胶囊的定位需求,胶囊设备集成多种视觉与运动传感器,将视觉/惯性/光流/管网地图多种定位信息进行最优融合,实现连续定位。利用胶囊中 9 轴姿态航向基准系统(attitude heading reference system,AHRS)进行姿态解算;然后针对管道弱纹理图像配准可靠性差的问题,利用惯性辅助图像匹配。进一步结合井盖提取得到井盖坐标更新纠正惯性/视觉组合推算位置误差。采用卡尔曼滤波方法,实现对视觉/惯性/光流/管网地图的最优融合,得到漂流机器人在管道中运动的位置信息。

针对管网环境下的病害复杂多样性,利用计算机视觉与深度学习算法,设计基于无监督与有监督的管网病害检测与评估方法,降低人工视频检测成本。

10.2.2　排水管道检测胶囊

受肠道检测胶囊启发,我们研制了一种流体驱动的排水管道检测胶囊,该设备需要具备作业效率高、能够自主定位、能够自动检测管道病害的功能。这里介绍排水管道检测胶囊的外观结构、传感器与电路设计和技术参数,在此基础上对排水管道检测胶囊具备的功能特性进行分析总结。

1. 排水管道检测胶囊外观结构设计

受排水管道检测胶囊作业场景的复杂性以及作业条件的制约,排水管道检测胶囊的结构设计是管道胶囊的关键之一,结构设计合理与否将直接影响胶囊漂流或拖曳过程中的稳定性及通过性,同时也严重影响视频数据的质量及 IMU 测量数据的有效性。

综合多方面的因素考虑,排水管道检测胶囊外观结构选择了船形外形设计,船形结构不仅具有良好的稳定性和通过性,而且通过合理的配重还可有效保证胶囊在漂流或拖曳过程中不会侧翻,使镜头始终朝向水面上方,获得清晰的排水管道内部图像信息。排水管道检测胶囊外观结构如图 10.3 所示。

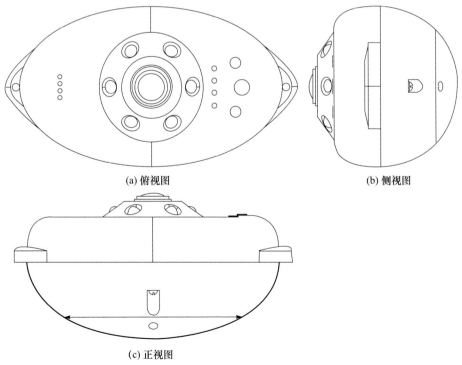

(a) 俯视图　　　　　　　　　　　　　　　　　(b) 侧视图

(c) 正视图

图 10.3　排水管道检测胶囊外观结构三视图

壳体结构从外观来看可分为上下两部分,上部为操作面板及镜头和补光灯等,下部为涉水部分。同时还对壳体做了防水处理,经过系统性测试,胶囊的防水级别可达到 IP67 级。壳体内部主要由电子仓、电池仓和配重仓组成,电子仓包括 CMOS 传感器、相机芯片级系统(system on chip,SOC)以及辅助电路系统,电池仓则用来放置和固定锂电池,配重仓是用来加载铅块作为配重,来调节胶囊的重心以及吃水深度,使胶囊的重心尽可能集中到几何中心附近,以保证胶囊在自由漂流或拖曳过程中不会轻易地倾覆。排水管道检测胶囊的剖视图如图 10.4 所示。

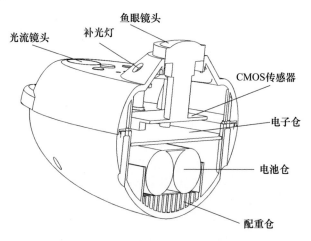

图 10.4　排水管道检测胶囊剖视图

2. 排水管道检测胶囊传感器与电路设计

电子测量系统作为排水管道检测胶囊作业过程中的信息感知及获取装置,是排水管道检测胶囊最核心的组成部分。它主要负责图像信息和惯性数据的实时获取、时间同步以及存储等相关测量任务。电路系统的设计则是测量系统的关键。电子测量系统的电路部分主要包括 CMOS 传感器电路、相机 SOC 外围电路、电源管理单元电路、IMU 外围电路以及相关接口电路。整个电路系统以相机 SOC 为核心控制器件,系统上电后,胶囊通过 Wi-Fi 自动连上平板电脑建立的热点,然后可在平板电脑上通过定制的应用程序录入作业信息,同时触发胶囊的数据采集,作业完毕,关闭数据采集同时下载测量数据到本地,即完成了测量过程。排水管道检测胶囊整体硬件框架如图 10.5 所示。

3. 技术参数

胶囊壳体结构与电子测量系统共同组成排水管道检测胶囊,各部分稳定工作,可获取清晰的管道内部影像数据,以及行进中的惯性数据。排水管道检测胶囊如图 10.6 所示。

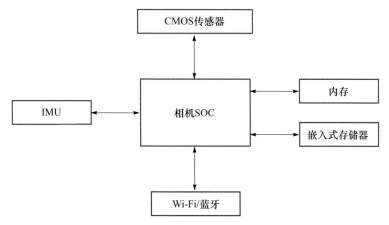

图 10.5 排水管道检测胶囊硬件框架

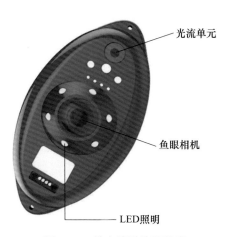

图 10.6 排水管道检测胶囊

排水管道检测胶囊的硬件构成包括防水外壳、广角摄像头监控模块、惯性辅助测量单元、光流模块、LED 补光灯、感光调节系统、主控电路系统、电源模块、稳定块、存储单元和人机交互单元。广角摄像头监控模块、惯性辅助测量单元、光流模块、电源模块、主控电路、人机交互单元放置于防水外壳内部;LED 补光灯与感光调节系统相连,安装于防水外壳表面并连接电源模块,可以自动调节摄像头所需的光照。摄像头监控模块、惯性辅助测量单元、光流模块、存储单元、人机交互单元、电源模块与主控电路系统相连;电源模块同时给各模块供电;广角摄像头监控模块和惯性辅助测量单元采集的数据通过主控电路录于存储单元,并通过人机交互单元传回计算机中,防水外壳还包括开关和充电头。检测胶囊的具体参数如表 10.1 表示。

表 10.1　设备参数表

设备技术指标	关键参数
视频分辨率	1920×1080
低照度	低照度相机,低照度小于 0.001Lux
摄像视角	≥180°
摄像功能开启	上电自动开启摄像功能
连续摄像时间	>90min
IMU	IMU 数据采集 200Hz
光流	光流数据 100Hz
摄像补光灯	可调光源
SD 卡存储	支持 SD 卡存储,支持 32GB
自动存储	支持视频自动存储,视频和 IMU 数据按照时间戳写入文件
胶囊配重	配重可调节

排水管道检测胶囊具有作业效率高,能够自主定位、自动检测管道病害的特点。胶囊外形构造小巧便携,采用漂流式的行进方式,作业效率达到 CCTV 检测方法数倍;胶囊中集成了惯性、视觉、光流等传感器,综合利用多种传感器和管线地图实现自主定位;设计基于有监督和无监督的图像处理算法,对检测视频进行管道病害提取,实现管道病害的自动识别。

10.3　排水管道检测胶囊数据处理

为了实现精准高效的排水管网缺陷检测与定位,对排水管道检测胶囊采集的视频数据与运动数据进行后处理。通过视觉与运动传感器融合的管道定位技术推算胶囊的连续位置姿态,利用计算机视觉与深度学习技术实现管道病害自动化检测与分类。

10.3.1　视觉与运动传感器融合的管道定位

由于排水管道内部环境恶劣、纹理单一,低成本的纯视觉定位方法存在无法长时间连续跟踪与误差累积的问题,且存在尺度模糊。IMU 虽然可以不受环境所限连续采集运动数据并进行运动递推,但是存在误差指数级发散问题。为实现在管网环境下连续定位,排水管道检测胶囊设备除了包含广角鱼眼镜头,还装备了IMU 运动传感器和光流模块。通过融合多种视觉与运动传感器数据、管网地图的绝对位置与形状先验信息来实现管网环境中的连续定位。

1. 融合 9 轴 AHRS 的图像匹配

1）9 轴 AHRS 运动递推

9 轴 MEMS AHRS 运动传感器是当前最为广泛使用的低成本惯性测量装置，包括 3 轴加速度计、3 轴陀螺仪和 3 轴磁力计。通过加速度计和陀螺仪数据，配合磁力计数据进行胶囊三维姿态解算，其计算流程图如图 10.7 所示。

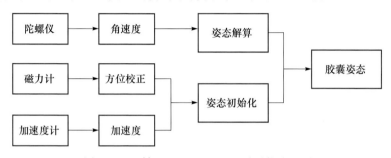

图 10.7　9 轴 MEMS AHRS 运动递推流程图

利用加速度计和磁力计进行姿态初始化，利用加速度计进行水平姿态对准，磁力计进行方位对准。通过三轴陀螺仪角速度积分进行姿态更新，最终得到载体的方位角、俯仰角和横滚角。

进行姿态初始化时，利用加速度计进行水平姿态估计，此时得到的水平姿态角（俯仰角和横滚角）是载体真实姿态的反映，而方位角没有实际物理意义。在水平运动递推的基础上利用磁力计进行方位对准，完成姿态初始化。在此基础上进行 AHRS 姿态更新，得到胶囊运动过程中的姿态。AHRS 姿态更新算法为

$$\boldsymbol{Q}_{b(m)}^n = \boldsymbol{Q}_{b(m-1)}^n * \boldsymbol{Q}_{b(m)}^{b(m-1)} \tag{10.1}$$

$$\boldsymbol{Q}_{b(m)}^{b(m-1)} = \begin{bmatrix} \cos \dfrac{\Delta\theta_m}{2} \\ \dfrac{\Delta\boldsymbol{\theta}_m}{\Delta\theta_m}\sin\dfrac{\Delta\theta_m}{2} \end{bmatrix} \tag{10.2}$$

式中，$*$ 为四元数乘法；$\boldsymbol{Q}_{b(m)}^n$ 为 t_m 时刻的姿态变换四元数；$\boldsymbol{Q}_{b(m)}^{b(m-1)}$ 为从 t_{m-1} 时刻到 t_m 时刻的姿态四元数变化；$\Delta\boldsymbol{\theta}_m$ 为陀螺在采样间隔 $T_s = t_m - t_{m-1}$ 内输出的角增量，且 $\Delta\theta_m = |\Delta\boldsymbol{\theta}_m|$。

2）惯性辅助鱼眼图像匹配

传统视觉定位方法对图像畸变、快速运动、剧烈旋转、纹理稀疏等复杂情况比较敏感，在处理胶囊获取的鱼眼图像时精确度将会下降。IMU 能够获得比较准确的短时运动姿态估计，提供额外的运动信息。利用 IMU 提供的运动信息对相机运

动模型进行相对姿态约束,提高匹配精度。采用惯性辅助的 INS 弱纹理图像配准方法,其具体流程如图 10.8 所示。

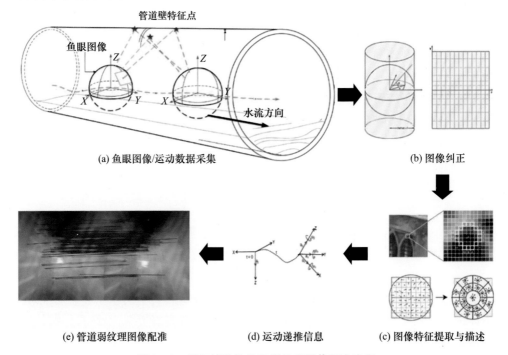

图 10.8　惯性辅助的 INS 弱纹理图像配准流程

　　采集鱼眼图像和运动数据后,进行图像标定和图像畸变纠正等预处理步骤。图像预处理完成后,采用仿射不变检测算法 Hessian-Affine 提取特征点[1]。在实际检测中,由于排水管道检测胶囊获取的影像间存在尺度差异及视角变化,对特征的点位、尺度及局部结构产生影响,影像之间存在非刚性形变。目前通用的 SIFT 算法仅适用于刚性形变检测,无法处理非刚性形变。针对这一情况,利用局部仿射不变性来处理鱼眼图像中存在的畸变。其原理是:鱼眼图像等大畸变图像在非刚性变换之后,图像内部的局部结构仍然保留,局部区域之间的变换关系仍然可以通过仿射或单应变换进行建模。Hessian-Affine 仿射不变检测子基于这一原理,对提取的特征进行仿射正则化。x_L 和 x_R 为两个同名特征点,M_L 和 M_R 分别为 x_L 和 x_R 的二阶矩阵,对 x_L 和 x_R 的局部仿射区域进行正则化:

$$\begin{cases} x'_L = \sqrt{M_L}\, x_L \\ x'_R = \sqrt{M_R}\, x_R \end{cases} \tag{10.3}$$

正则化后对应区域间仅存在简单的旋转变换关系:

$$x'_L = R x'_R \tag{10.4}$$

式中, R 为旋转矩阵。

经过仿射正则化后,对应影像局部区域之间只存在旋转变换,消除了形变的影响,使得特征对应的区域形状能够随仿射变换而自适应变化,从而具有仿射不变性,能够很好地应对局部几何畸变。

提取特征点后,采用惯性辅助的匹配方法进行匹配。针对鱼眼图像匹配过程中由于纹理稀疏和几何畸变的影响,导致提取的特征点中包含大量错误点的问题,利用 IMU 提供的运动信息对匹配进行相对姿态约束,提高匹配的精度。惯性姿态约束的鱼眼图像特征匹配流程图如图 10.9 所示。

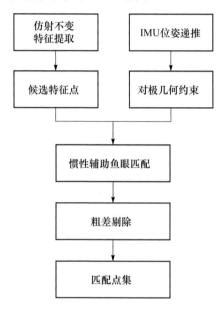

图 10.9　惯性姿态约束的鱼眼图像特征匹配流程图

采用适用于鱼眼图像的几何约束方法辅助匹配。由于鱼眼相机不符合针孔投影模型,常用透视投影几何约束条件(如对极几何约束、单应矩阵)无法奏效。球面投影能够有效模拟鱼眼成像,因此将待匹配点投影到球面空间中,采用球面极线几何作为约束条件:将待匹配影像对中的候选特征点,基于球面空间的共线条件投影到物方空间,然后利用惯性递推得到的姿态信息,建立与右图的球面极线约束,再利用鱼眼投影模型将候选点反投影到右图。通过这一几何约束,既缩小了匹配过程的搜索范围,又提高了匹配精度。

匹配得到的初始点集中存在较多误匹配点对,需要进行粗差剔除。由于鱼眼图像对间存在的非刚性形变难以通过某一特定数学函数建模,基于特定参数模型的传统方法如 RANSAC 将无法适用。因此,采用适用于非刚性形变的外点剔除算法。该方法同样基于特征点的局部结构在非刚性形变后依旧保留的原理,将特征点周围的邻近点分布和距离作为衡量标准建立优化模型,将配准问题转化为最小化模型误差的数学问题求解最优解,实现鱼眼图像的可靠配准,为多源数据融合的自主定位提供可靠的视觉运动递推观测值。图 10.10 为适用于鱼眼图像的粗差剔除算法示意图。

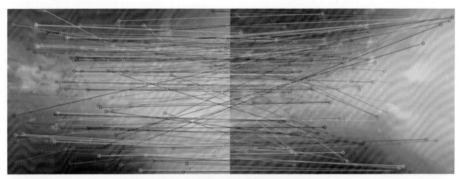

(a) 匹配得到的包含错误点的点集

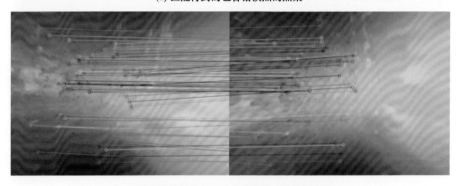

(b) 基于非刚性形变的外点剔除算法剔除错误点

图 10.10　适用于鱼眼图像的粗差剔除算法示意图

2. 井盖地标提取与地图匹配

井盖地标提取与地图匹配的主要目的是,提取包含井盖图像的时间戳或者序列号,根据其序列号或者时间戳的顺序匹配现有的污水管网 CAD 地图,从而得到视频序列中井盖节点的绝对地理坐标与其对应的时间戳。为降低人工查阅视频的工作量,需要建立污水管网场景下的井盖自动化提取手段,得益于深度学习在计算机视觉分类的卓越表现,相对于管网破损形态与环境多样性与复杂性,井盖目标形态较为单一,为提高检测精度,可单独构建基于深度学习方法的图像二分类模型,井盖提取工作流程如图 10.11 所示。

图 10.11　井盖提取工作流程

采用 Huang 等[2]提出的 DenseNet 构建井盖图像分类模型。该方法通过创建一个跨层连接来连通网络中前后层,最大化网络中所有层之间的信息流。相对于其他基础网络架构,整个架构加强了特征的传递,能更有效的利用特征信息,减轻了梯度消失问题,并且在一定程度上减少了参数数量。Huang 等[2]提出的 DenseNet 网络架构如图 10.12 所示。

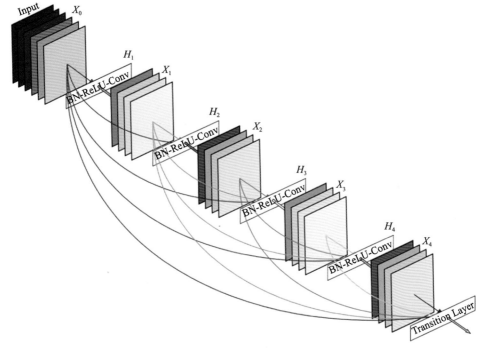

图 10.12　DenseNet 网络架构[2]

在进行视频预测的时候,本质上也是对图像进行分类,为提高分类速度,可以降低其帧率检测或者间隔固定帧数抽帧检测,其部分样本数据如图 10.13 所示。

数据集包含了多种管网场景,选取 200 张包含井盖的图片和 200 张不含井盖的图,通过数据增强得到包含井盖的图片有 12000 张,非井盖的图片有 18000 张。从采集到的视频中除去用作训练数据的图片中随机取出 1000 张包含井盖的图片和 500 张不包含井盖的图片,用作模型的评测,图像二分类总体精度能达到 95% 以上。随着管网检测的井盖数据增加,应及时进行模型更新,为提高模型的检测鲁棒性,除了常规的数据集扩充方法,还可利用生成对抗网络(generative adversarial networks,GAN)进行数据扩充。

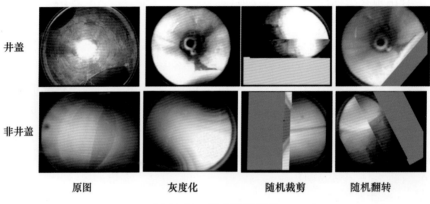

图 10.13　样本数据增强

3. 惯性/视觉/光流/地标多源数据融合定位

用于融合定位的多源数据包括 IMU 采集的 9 轴运动数据(角速度、加速度、地磁场数据)、光流模块获得的排水管道检测胶囊的水平像素位移量、主摄像头获取的连续图像帧,以及通过多视角几何方法得到的位姿估计数据。先验数据包括管网标记点(井盖点)的绝对位置信息,将其用于融合定位中的绝对位置校正。其多源数据融合定位处理框架如图 10.14 所示。

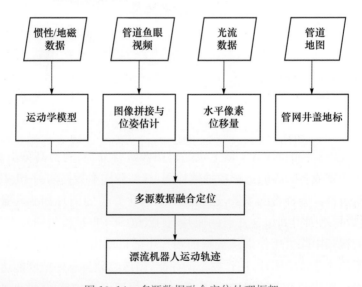

图 10.14　多源数据融合定位处理框架

基于胶囊获取的视觉与运动数据进行视频、惯性、光流数据进行紧耦合处理，获得相机位姿，并利用井盖的坐标进行绝对位置误差校正，最终确定病害图像位置信息。其中视觉与惯性融合处理主要包括 IMU 预积分[3]、前端图像配准和后端非线性优化[4]。采用卡尔曼滤波将视觉、惯性、光流融合定位的结果与管网井盖地标进行融合，实现整个管道定位的连续性。

1）IMU 预积分与前端图像匹配

在视觉惯性定位过程中，对于连续两个关键帧 b_k 和 b_{k+1}，以及相对应的时间间隔 $[t_k, t_{k+1}]$，通过 IMU 预积分得到 b_{k+1} 相对于 b_k 的时刻导航状态的相对约束关系。首先提取图像特征并构建匹配关系，然后利用预积分值辅助建立极线约束，使用基于非刚性形变的粗差剔除算法剔除外点，得到可靠的匹配结果。最后，使用视觉运动递推算法求解当前位姿，为后端优化提供位姿初始值。

2）后端非线性优化

后端优化通过增量式因子图对包含噪声的视觉、惯性测量值、光流测量值以及管网井盖地标进行紧融合，将相机的位置、姿态、速度、加速度计零偏和陀螺仪零偏等状态共同进行优化，从而提升定位精度得到全局的最优轨迹地图。

10.3.2　排水管道检测图像病害识别

排水管道检测胶囊的主要目的是检查出排水管道中的各类管道病害，排水管道病害的种类很多，如脱落呈面状，裂缝为线状，树根既有线状的也有面状的，浮渣与沉淀都呈面状纹理特征又有较大差异。依据《城镇排水管道检测与评估技术规程》(CJJ 181—2012)[5]的相关规定，将排水管道病害大致划分成两大类：排水管道功能性缺陷和排水管道结构性缺陷。通过比较排水管道的设计预期流量与实际流量，确定排水管道的功能运行状况。其中结构性病害具体包括渗漏、破裂、变形、腐蚀、错口、起伏、脱节、接口材料脱落、支管暗接、异物穿入等 10 类，功能性病害包括沉积、结垢、障碍物、残墙坝根、树根、浮渣等 6 类。图 10.15 为排水管道中常见病害。

传统的方法是对图像视频进行目视解译，包括闭路电视现场作业对病害进行目视解译，人们通过图片的明显特征、自己的经验、不断的手动尝试来达到准确识别的目的。受光线、视频清晰度及工作疲劳等因素影响，人工病害识别的正确率和效率低，采用机器学习方法对管道病害进行识别，可以有效提高工作效率。本节介绍图像检测方法在管网病害自动化检测领域的应用。

1. 基于异常检测方法的管道病害识别

管道病害类型复杂多变，传统方法不具备普遍性。目前在计算机视觉领域取得卓越成绩的深度学习方案,这些方法进行病害检测往往需要大量的标注数据才能实现较好的效果。因此,针对排水管道检测胶囊采集的管道视频图像,将其采集的视频看作为一段序列信号,提出了一种基于异常检测算法的多特征组合的管网缺陷检测方法。该方法属于无监督学习,无须先验知识,无须提前建立病害样本库,能够显著提高管网病害检测效率。

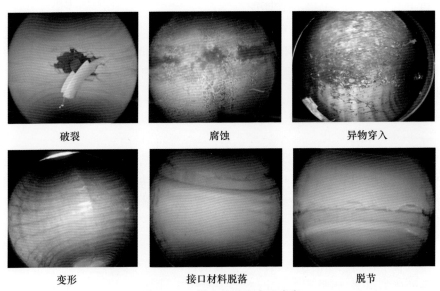

图 10.15　排水管道中常见病害

　　基于无监督的异常检测思想的管网病害视频检测方法,首先将视频转换为序列图像,对每一个视频图像进行特征提取,包括局部二值化特征(local binary pattern,LBP)、方向梯度直方图特征(histogram of oriented gradient,HOG)、灰度共生矩阵特征(gray level co-occurrence matrix,GLCM)、Gabor 滤波图像特征、原始图像特征,同时对图像提取到的特征以及图像数据本身数据进行降维与数据标准化处理,再进行特征组合,共得到七组特征,其中包括 5 组单独的特征,Four-Feature(LBP＋HOG＋Gabor＋GLCM),All-Feature(Four-feature＋原始图像特征)。然后采用无监督聚类的异常检测思想,进行病害图像检测。基于异常检测算法实现管网视频的缺陷检测[6],其总体方法流程如图 10.16 所示。

　　1) 独立森林(iForest)算法

　　独立森林算法是一种基于集成学习的快速异常检测方法,具有线性时间复杂度和高精度。它使用随机超平面来切割特征数据空间,直到每个子空间中只有单个数据点,然后将其用于构建决策树,每棵树中的特征数据的平均值用于定义阈值或边界值。低于此阈值的数据点被视为异常。

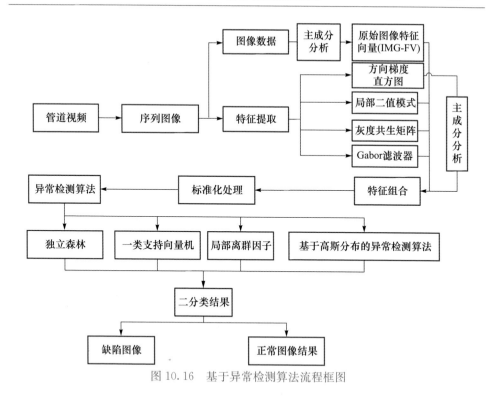

图 10.16　基于异常检测算法流程框图

2）高斯分布（Gaussian-D）异常检测算法

基于高斯分布的异常检测算法的原理是：给定一个 $M \times N$ 维数据集，将其转换为 N 维度的高斯分布的数据集，通过对 M 个样例分布的分析确定其概率密度函数，并且利用少量的交叉验证集来确定阈值 ε，当给定一个新的点，根据其在高斯分布上算出的概率与阈值 ε，当 $p < \varepsilon$ 判定为异常，当 $p > \varepsilon$ 判定为非异常。

3）一类支持向量机

一类支持向量机（oneclass SVM）作为 SVM 的扩展，其原理是最大化目标样本与非目标样本之间的距离。其非目标样本可视作为异常样本。使用支持向量数据域描述（support vector domain description，SVDD）算法划分的超平面以及寻找支持向量，SVDD 算法期望所有不是异常的样本都是目标类别，同时它采用一个超球体来做划分，该算法在特征空间中获得数据周围的球形边界，超球体以外则属于异常点。

4）局部离群因子算法

局部离群因子算法通过计算局部可达密度来反映一个样本的异常程度，给定数据点相对于其相邻点的局部偏差用于查找异常值。通过比较每个点 p 和其邻域点的密度来判断该点是否为异常点，如果这个比值越接近 1，说明 p 的邻域点密度差不多，p 可能和邻域同属一簇。如果点 p 的密度越小于 1 或者越大于 1，越可能被认定是异常点。

5）数据集与结果

第一类数据集（Dataset-1）总共从多个下水道视频中提取了 8952 个图像。它包含 1514 张有管道病害的图像。这些图像是在多种地下管网环境中采集的，如 PVC 和混凝土材料地下排水管道。数据集样本如图 10.17 所示。

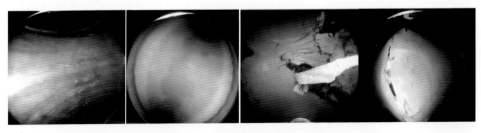

图 10.17　Dataset-1 数据集样本

第二类数据集（Dataset-2）包括两个视频 Video-1 和 Video-2。Video-1 包含 899 张图像，其中有 194 张图像包含管道病害，数据集样本如图 10.18 所示。Video-2 数据集包含 1260 张图像，其中 128 张包含管道病害，数据集样本如图 10.19 所示。

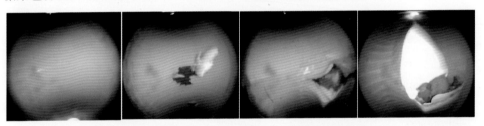

图 10.18　Dataset-2（Video-1）数据集样本

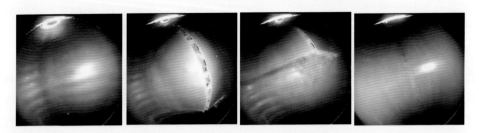

图 10.19　Dataset-2（Video-2）数据集样本

将四种异常算法应用于每个特征组，排列出每一个数据集的前 5 名评估结果，如表 10.2～表 10.4 所示。基于高斯分布的异常检测算法与独立森林算法结合包含 GLCM 特征的组合能够得到比较好的效果。在实际应用中，可将此方法作为人工缺陷筛选或者缺陷样本筛选的辅助工具，用于初步排除大量正常样本，提高检测效率或者缺陷样本建库效率。

表 10.2　Dataset-1 检测结果

	精确率	正确率	特异性	召回率
Gaussian-D＋All-Feature	0.944	0.880	0.735	0.909
Gaussian-D＋GLCM	0.941	0.875	0.723	0.906
Gaussian-D＋Four-Feature	0.936	0.867	0.699	0.902
Gaussian-D＋LBP	0.915	0.834	0.600	0.881
iForest＋Gabor	0.906	0.818	0.554	0.872

表 10.3　Video-1 检测结果

	精确率	正确率	特异性	召回率
iForest＋GLCM	0.929	0.902	0.737	0.948
Gaussian-D＋Gabor	0.922	0.891	0.711	0.940
Gaussian-D＋GLCM	0.9	0.889	0.706	0.939
iForest＋Four-Feature	0.917	0.882	0.691	0.935
Gaussian-D＋Four-Feature	0.917	0.882	0.691	0.935

表 10.4　Video-2 检测结果

	精确率	正确率	特异性	召回率
Gaussian-D＋Gabor	0.952	0.916	0.578	0.954
Gaussian-D＋LBP	0.951	0.913	0.563	0.952
iForest＋Gabor	0.949	0.910	0.547	0.951
iForest＋GLCM	0.945	0.903	0.516	0.947
iForest＋Four-Feature	0.944	0.900	0.500	0.945

2. 基于深度学习的管道病害识别

面临智能化、精细化地下管网维护运营需求,提高管道图像的大数据处理能力,基于深度学习的计算机视觉算法逐渐应用在管道病害检测任务,主要包括管道病害图像分类任务与目标检测任务应用。在管道缺陷图像分类任务中,经常会面临病害类别数据不平衡的问题,无病害的管道图像占整个数据集的主要部分,且易于获得和标注,因此可以采用分层深度学习模型。分层深度学习模型将识别任务分为高低两级,高级分类任务将具有病害的图像与正常图像区分开。低级分类任务假设图像有病害,计算每个病害的概率。获得了高低两级分类任务的概率结果,然后从条件概率的链式规则中得出最终的病害分类结果[7]。与一般深度学习模型相比,能够快速区分病害与正常图像,并且能够提高识别管道病害图像类别的正确率。

管道病害的目标检测任务不仅识别出图像的类别,还要检测出管道病害在图像中的位置并以矩形框进行标识。基于深度学习的主流目标检测算法根据有无候选框生成阶段,分为两阶段目标检测算法和单阶段目标检测算法。现阶段目标检测算法有 Faster-RCNN,单阶段目标检测算法有 YOLO[8] 和 SSD[9]。目标检测模型主要性能指标是识别精度和速度,一般情况下,两阶段目标检测算法在精度上有优势,单阶段目标检测算法在速度上有优势。随着目标检测模型研究的发展,两类算法都在识别精度和速度方面做了很大改进,以 YOLO 系列算法为例,YOLO-V3、YOLO-V4、YOLO-V5 算法的识别精度和速度都得到很大提升,能够达到实时的管道病害自动识别的要求[10]。基于深度学习模型的管道病害识别主要技术流程如图 10.20 所示,以目标检测算法为例,通过排水管道检测胶囊采集的管道内部视频,提取有病害的关键帧,对关键帧中的病害利用标注软件进行标注,制作管道病害数据集。然后对目标检测算法进行训练和评估,获得最佳的权重模型,图 10.21 为利用 YOLO-V3 目标检测算法得到的结果。

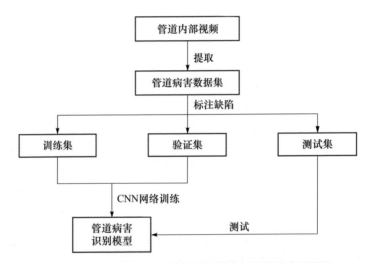

图 10.20　基于深度学习模型的管道病害识别技术流程图

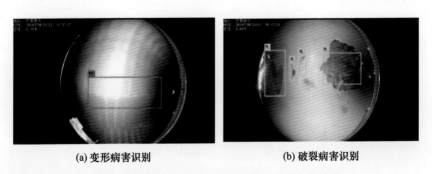

(a) 变形病害识别　　　　**(b) 破裂病害识别**

图 10.21　YOLO-V3 目标检测算法识别出的结果

10.4　排水管道检测胶囊试验与工程应用

排水管道检测胶囊可完成对各类排水管道内部病害的检测,对采集的数据进行后处理,通过融合多源定位数据可得到排水管道胶囊的连续位置信息,利用计算机视觉与深度学习算法实现管道病害类别自动化检测与病害评估。将获得的管网病害状态与位置信息结果融入城市管网信息管理平台,并结合地理信息系统技术可以以仿真方式形象地展现地下管道的病害位置、埋深、材质、形状、走向及窨井结构和周边环境,为供排水管网维护工作提供准确、直观、高效的参考。

10.4.1　排水管道检测胶囊试验

选取正在运行的地下排水管道作为试验场景,进行排水管道检测胶囊工程实验。以目前广泛使用的管道检测方法——管道 CCTV 检测为基准,选择典型的地下排水管道,以管道病害作为标志点,使用 CCTV 检测机器人在管道中进行爬行检测,并采用排水管道检测胶囊在管道中进行漂流检测,其两者检测场景如图10.22 所示,对两者的管网病害检测结果进行对比分析。

(a) CCTV检测机器人进入管道检测病害　　(b) 排水管道检测胶囊漂浮检测

图 10.22　检测现场

1. CCTV 检测机器人

采用 CCTV 检测机器人测量病害到起始管井距离或终止管井的距离作为基准。先标记 CCTV 检测机器人的电缆线在入井口与到病害处的两处位置,然后通过标准皮尺测量两个标记点缆线的长度,作为病害位置基准。其中 CCTV 检测机器人采用中仪 X5 系列型号。

2. 排水管道检测胶囊

对排水管道检测胶囊采集的数据进行后处理得到如图 10.23 所示的结果,图像匹配与拼接得到如图 10.24 所示的结果,利用 9 轴 MEMS 与视觉进行位姿估计,再结合管网地图与光流模块提供的位置信息对视觉惯性融合结果进行冗余补充与全局位置约束。得到排水管道检测胶囊的连续位置信息。通过病害对应时间戳数据,计算病害距离起始位置的定位距离。通过评估,排水管道检测胶囊检测设备能够满足管网设施评估要求。排水管道检测胶囊成本低、轻量级、操作简便、效率高,能作为大规模城市管网快速普检的一种手段。表 10.5 为管道病害识别结果的对比情况。

图 10.23　测试管段的排水管道检测胶囊部分轨迹

图 10.24　测试管段鱼眼图像拼接

10.4.2　工程应用

1. 合肥市新站区市政管网检测

为满足合肥市新站区市政管网雨污混接整治工程的需要,对新站区约 90 个小区和约 350km 排水管网开展梳理排查,对排查出的管网质量问题及雨污混接问题按照要求进行检测、设计、整改,主要对新建及修复小区进行雨污水管网、错接点改造、阳台排水改造,解决排水管网雨污混接问题。对合肥市 30 多个老旧小区的市政主干污、排水管网进行检测,检测长度达 120km。检测流程为:

表 10.5 管道病害识别结果对比

CCTV 检测机器人识别的病害图像	排水管道检测胶囊识别的病害图像

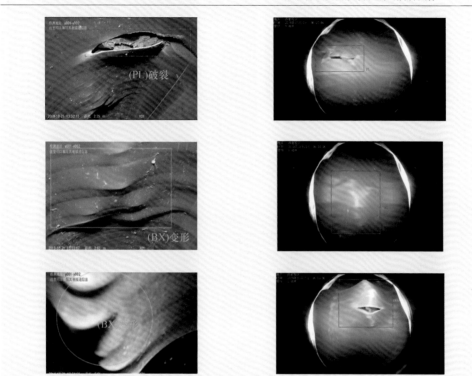

(1)收集资料。

(2)现场勘察。

(3)编制检测方案。

(4)现场检测并采集影像资料。

(5)多源数据分析。

(6)提交管网检测成果报告。

现场勘察主要任务包括:查看该管道周围地理、地貌、交通和管道分布情况,开井盖目视水位、积泥深度及水流,核对资料中的管位、管径、管材。

有水情况下,检测前应确保管道内积水不小于管径的 10%,不大于 60%。检测开始前必须进行疏通、清洗、通风及有毒有害气体检测。检测施工场景如图 10.25 所示。

经过排查,发现多个小区管道有破裂、变形较多,修复指数较大;部分管段未做雨污分流,存在雨污混接现象,还发现部分排水管道存在其他种类管线,其中部分检测成果报告如表10.6和表10.7所示。

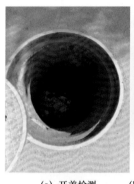

(a) 开盖检测　　　(b) 开启并投放胶囊　　　　(c) 回收并关闭胶囊

图 10.25　管网检测施工场景图

表 10.6　排水管道检测胶囊检测报告

录像文件	20219506190908	起始井号	Y003	终止井号	Y004
检测人员	YPP	起点埋深	2m	终点埋深	2
管段类型	雨水管道	管段材质	HDPE 双壁波纹管	管段直径	300mm
检测方向	顺流	管段长度	35m	检测长度	35m
检测地点		中盐红四方		检测日期	2019-06-19
				检测日期	
序号	检测时间	检测用时	管道内部状况描述		照片
1	09:08:51	1分42秒	破裂、变形		2
—			—		—
备注信息					

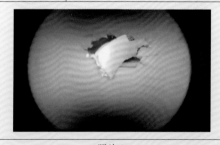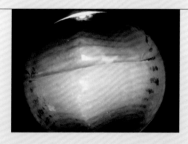

照片1　　　　　　　　　照片2

面对不同管道水深的环境,排水管道检测胶囊可选择不同的检测方式。当水深范围在15%～65%时,排水管道检测胶囊可直接投放至目标管段进行漂流作业;当水深小于15%时,可在排水管道检测胶囊下方绑定浮板,并通过人工拖拽的方式在管段行进,完成管道病害检测。另外也可通过人工放水的方式增加管道水深,并投放排水管道检测胶囊漂流作业;当水深大于 65% 时,须对目标管段适当进行封堵抽水降低水深,之后投放排水管道检测胶囊进行漂流作业。

表 10.7　管道混接报告

混接点标号	NWNY33	混接点示意图
混接地点	中盐红四方	
混接状况说明	污水接入 Y1136,接入管径 DN100,轻度混接	
混接原因		污水接入雨水
备注		—

2. 水库输水隧洞检测

排水管道检测胶囊除应用在地下管网环境中,还可以作为一个通用管网检测设备应用在水库输水隧洞检测中。以浙江省黄村水库输水隧洞为例,自 2002 年建成,经过多年运行,尚未进行全面的安全检测和评估工作。目前输水隧洞进水口流量与出水口流量有 10% 左右差异,可能存在一定的安全隐患。由于黄村水库输水隧洞为丽水市主要供水源之一,无法停水对其进行检测,人工方式或者其他机器设备,如搭载感知设备的无人机、无人小车、无人船等,可能难以进入其内部进行探测。在此种条件下,排水管道检测胶囊可以作为一种检测手段之一,对无压隧洞进行全程内部视频检测,检测内容主要包括隧洞沿程可能存在的块体塌落、裂隙、溶蚀、侵蚀、渗漏等现象。如图 10.26 所示为输水隧洞入口环境。其主要视频检测结果如图 10.27 所示。

图 10.26　输水隧洞上游入水口与支洞入口

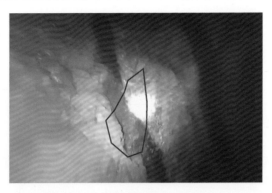

图 10.27　视频检测结果:渗漏区域

3. 深圳市坪山区市政排水管网病害检测

深圳市坪山区经过 30 余年的市政基础设施建设发展,已建立了非常复杂的排水系统。然而,在市政水利部门的运行管理过程中,由于受负荷流量远超设计标准、管材及设施老旧、隐蔽工程施工质量、地下探测手段不足等因素的影响,越来越多的管网问题不断暴露出来。坪山排水管网现有主要问题包括:排水管网运行状况不良,排污能力差,管道存在断头和堵头等问题导致排水不畅或无出路;雨水污水管道错接,雨水管系过流能力不足,雨污混流;城中村及老旧小区排水系统不完善,管网现状信息缺失;日常运维不足,管道堵塞破损严重,且病害位置不清。

这些病害问题不仅会严重影响城市日常雨水污水排放,在极端环境下还可能引发诸如内涝、环境污染等次生问题甚至地陷等城市灾害,同时排水管网信息的缺失还导致新铺设管网与旧管网衔接的问题和管网后期运维困难的问题,严重影响坪山区未来发展规划。然而,现有的排水管网检测方法尚不能满足大范围普查检测的需求,因此亟须对整个坪山区地下排水管网系统进行全面检测。

针对坪山区相关市政排水管网使用排水管道检测胶囊进行检测,选取了东至体育二路、南至新和路、西至锦龙大道、北至坪山大道所包围的连贯区域,内部包含振环路、同富路、牛昌路、泰安路。对所有选取道路进行了雨水污水排水管道检测。检测总长度约 10km,其中雨水管道都为钢筋混凝土管,直径有 DN800/DN1000 两种;污水管道为钢筋混凝土管和双壁波纹管两种,直径有 DN400/DN600 两种。面对不同管道水深的环境,管道内水流满足情况下采用漂流式作业方式;管道内无水和水流不满足情况下采用牵引式作业方式。经检测,一共发现病害 138 处,雨水管道 45 处,污水管道 93 处,功能性缺陷 24 处,结构性缺陷 114 处,部分病害如表 10.8~表10.10 所示。

表 10.8　管道腐蚀病害报告

病害编号	J2
路段	振环路
管道类型	雨水管道
病害位置	K0+280
管材	钢筋混凝土
病害名称	腐蚀
病害等级	1 级
病害类型	结构性缺陷

病害说明：
在排水管壁有三处明显的腐蚀现象

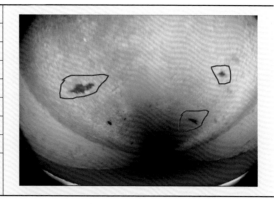

表 10.9　管道破损病害报告

病害编号	J5
路段	体育二路
管道类型	污水管道
病害位置	K0+102
管材	双壁波纹管
病害名称	破损形变
病害等级	4 级
病害类型	结构性缺陷

病害说明：
排水管壁破损严重，产生形变腐蚀

表 10.10　管道裂缝病害报告

病害编号	J9
路段	同富路
管道类型	污水管道
病害位置	K0+421
管材	双壁波纹管
病害名称	裂缝
病害等级	2 级
病害类型	结构性缺陷

病害说明：
在排水管壁（0103 点钟方向）有一道明显裂缝，且延伸较长

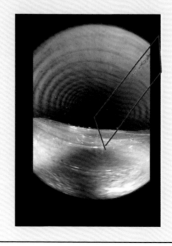

10.5　本章小结

　　动态精密工程测量提出基于流体驱动的排水管道检测胶囊进行管网检测的新思路,获取管道内部环境下的视觉、惯性、光流、地图地标等多源数据,利用后处理融合算法与计算机视觉技术,实现管道病害的智能探测与定位。得益于轻量级、低成本、流体驱动、作业方式灵活等特点,排水管道检测胶囊可在工况复杂、管道信息丢失的管段作业,为城市地下管网检修与地陷灾害防治提供一种新手段,并可推广应用于暗渠、箱涵、大型输水管道的监测。

参 考 文 献

[1] Mikolajczyk K,Tuytelaars T,Schmid C,et al. A comparison of affine region detectors. International Journal of Computer Vision,2005,65(1-2):43-72.

[2] Huang G,Liu Z,van der Maaten L,et al. Densely connected Convolutional networks//Proceedings of the IEEE Conference on Computer Vision and Pattern Recognition. Honolulu,2017.

[3] Forster C,Carlone L,Dellaert F,et al. On-manifold preintegration for real-time visual-inertial odometry. IEEE Transactions on Robotics,2017,33(1):1-21.

[4] Qin T,Li P,Shen S. VINS-Mono:A robust and versatile monocular visual-inertial state estimator. IEEE Transactions on Robotics,2018,34(4):1004-1020.

[5] 中华人民共和国行业标准. 城镇排水管道检测与评估技术规程(CJJ 181—2012). 北京:中国建筑工业出版社,2012.

[6] Fang X,Guo W,Li Q,et al. Sewer pipeline fault identification using anomaly detection algorithms on video sequences. IEEE Access,2020,8:39574-39586.

[7] Li D,Cong A,Guo S. Sewer damage detection from imbalanced CCTV inspection data using deep convolutional neural networks with hierarchical classification. Automation in Construction,2019,101:199-208.

[8] Redmon J,Farhadi A. YOLOv3:An incremental improvement. arXiv e-prints,https://arxiv.org/pdf/1804.02767.pdf[2018-02-10].

[9] Liu W,Anguelov D,Erhan D,et al. SSD:Single shot multibox detector//Leibe B,Matas J,Sebe N,eds. European Conference on Computer Vision. Berlin:Springer,2016.

[10] Yin X,Chen Y,Bouferguene A,et al. A deep learning-based framework for an automated defect detection system for sewer pipes. Automation in Construction,2020,109:102967.

第 11 章　动态精密工程测量拓展应用

动态精密工程测量技术及装备不仅能应用于公路交通、轨道交通以及水利水务等领域,还可拓展应用于大型工矿施工现场、海岸带地形及室内三维测图等测量环境,本章就相关方法在大型堆场体积测量、水岸一体化测量以及室内三维测量等应用进行介绍。

11.1　大型堆场体积测量

11.1.1　三维堆场体积测量方法

随着信息化、智能化技术的高速发展,散料堆场的智能化控制已经成为散料处理行业的趋势。在大型资源消耗型企业中,燃煤、矿石、砂石等均以不规则形状存储于大型堆场中,而堆场储量的实时盘点是堆场管理的一个重要环节,快速准确获取堆场储量是企业进行生产核算、成本控制和生产计划安排的重要依据。

大型煤炭、矿石等散料堆场的体积庞大,形状不规整,因此准确获得堆场三维模型成为体积测量的首要任务。传统方法采用全站仪进行大型露天堆场的测量,存在以下三方面的缺点。

(1) 测量精度差。全站仪获取的仅仅是大型堆体表面具备特征的个别点,计算大型堆场的三维形态,造成堆体表面图形失真,体积测量精度差;全站仪获取的有限数据点不能准确地表现堆场地轮廓,只能计算出堆场的近似体积。

(2) 测量效率低。全站仪在测量时,需要跑镜员在每个测点放置测镜,现场环境越恶劣,实施越困难;测量员需要完成搜寻测镜、对焦、打点、读数、建站、定向等系列动作,同时还需要绘图员记录数据、描绘特征点、绘制地图。

(3) 测量劳动强度大。传统的测量方式一般需要四个人配合完成,测量员需要熟悉全站仪的使用,绘图员需要掌握绘图方面的知识,跑镜员需要到达每个被测量点。因此,对作业人员素质要求高,且费时费力。

摄影测量技术由于堆体表面没有明显特征点,无法进行高精度图像匹配构建三维模型,在堆场测量中难以应用。激光视觉测量技术采用非接触、全视场测量,且具有一致性、重复性和精度高等特点,被广泛应用于几何量的尺寸测量、地形测绘、精密零部件或产品的三维外形检测等领域中。利用激光扫描仪测量堆体表面点云数据,结合定位数据或姿态数据等多传感器融合技术,得到堆场的点云模型和体积,是目前堆场体积测量使用较为广泛的测量方式[1,2]。

1. 堆场体积测量方法

激光扫描测量采集的数据密度大,在进行堆场的体积计算时必须进行数据滤波,以消除冗余数据,然后进行堆场的体积计算。在激光扫描测量系统采集原始数据的过程中,数据的采集是以一个个断面的形式进行的,因此对原始数据进行滤波也按照每个断面进行。如图 11.1 所示,连续的激光扫描测量中,在很小的时间段 d_t 中,测量的断面可近似为直线 A_0,从每个断面采集数据点的第 i 个点开始进行线性滤波。

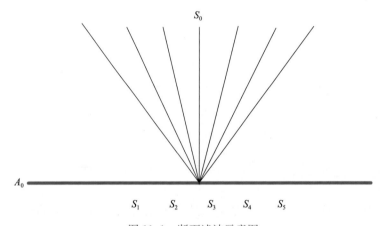

图 11.1　断面滤波示意图

假设某一个断面采集了 n 个数据点,当对点 $S_i[(n-2)>i>2]$ 进行滤波时,先根据不同的测量环境选定参数值 j(j 的取值为 $2\sim5$,$j<i$),求出 S_i 及两边相邻的各个点 S_{i-j}、$\cdots$、S_{i-1}、S_i、S_{i+1}、$\cdots$、S_{i+j},到激光器 S_0 的距离 D_{i-j}、$\cdots$、D_{i-1}、D_i、D_{i+1}、$\cdots$、D_{i+j};再对距离设定权值,对 D_i 其权值设定为 $2j$,余下的 D_k($i-j\leqslant k\leqslant i+j$)权值设为 1,根据激光测量进行的环境不同,将滤波阈值设定为 f,则有

$$f_d = \left| D_i - \frac{\sum\limits_{k=i+1}^{i+j} D_k + \sum\limits_{k=i-j}^{i-1} D_k + 2jD_i}{4j} \right| \geqslant f \tag{11.1}$$

如果 D_i 满足式(11.1),就滤去 S_i 点。当 S_i 位于断面的边界时,即 $0<i<2$ 或 $(n-2)<i<n$,就取 S_i 右边或左边相邻的 $2j$ 个点,按式(11.1)类推。

堆场总储量采用体积乘以密度换算,密度值由实测获得或采用经验值。体积计算步骤为先建立堆场物料三维模型,利用激光扫描测量断面并解算断面三维坐标,采用不规则三角网算法得到被测表面的近似表示,再以此为表面生成无缝连接的五面体集合,分别计算每个小五面体的体积 P,根据所有五面体的体积和近似求出堆场体积 V。

$$V = \sum_{i=0}^{n} P_i \qquad (11.2)$$

$$P_i = \iint Z_i(x, y) \mathrm{d}x \mathrm{d}y \qquad (11.3)$$

当断面间隔 ∇S 相等(为 Δq),且断面内点距相等(为 Δp)时,计算体积的精度 σ_v 为

$$\sigma_v = \sqrt{\left(n - \frac{3}{2}\right)\left(m - \frac{3}{2}\right)\Delta p \Delta q \sigma_z} \qquad (11.4)$$

式中,n 为断面采集的点数;m 为采集的断面数,表示通过内插后获得的断面点高程精度。

由于测量平台运行姿态角,以及由激光扫描仪测量的扫描角和激光测距的值等参数存在测量误差,导致不规则三角网失真,产生测量误差,其中集成传感器测量平台姿态角时的误差,称为姿态角测量误差。姿态角测量误差包含系统误差和随机误差,通常经过事前校正或事后补偿,可消除系统误差的影响,而姿态角随机测量误差一般认为是符合正态分布的白噪声,不能通过上述方法消除。

以堆取料机为例,Z 值测量传感器安装在大臂前端,距离传感器安装在行走轮前部,角度传感器安装在回转中心。在测量系统中,将激光扫描测量系统搭载到堆取料机上,从而使外方位元素中的角度参量及扫描器中心到参考水平面的距离和扫描中心到旋转中心的距离都为定值,可在系统安装或集成时在实验室标定或在现场布设控制点一次性测定,简化测量和计算过程。图 11.2 是激光扫描测量系统的工作原理和坐标系。

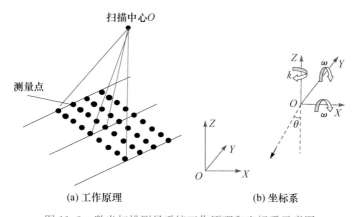

(a) 工作原理　　　　　　(b) 坐标系

图 11.2　激光扫描测量系统工作原理和坐标系示意图

建立堆场测量平面坐标系 XOY,平面坐标系根据测量现场的堆场包络矩形建立,然后确立堆场 Z 轴坐标,其值由高速激光扫描仪测量值结合俯仰传感器、角度传感器、堆取料机大臂长度进行换算得到。激光扫描仪的工作方式为固定由一侧开始(如从左到右),覆盖某个角度范围(如 $0\sim180°$),以某个角度间隔(如 $0.5°$)逐点扫描,每个扫描周期为一个测量断面,测量结果为扫描仪到被测点的实际距离。距离和角度传感器以脉冲的方式返回脉冲值,通过标定换算出实际距离和大臂角度。通过以固定距离间隔连续获取堆场扫描断面,采集整个堆场三维坐标数据,从而为建立堆场三维模型提供支持。

2. 分区扫描与重叠区域处理

如图 11.3 所示,粗体线框包围区域是需要测量的堆场,小矩形框为扫描仪在一个测量基点能覆盖测量的区域(实际测量区域不一定是矩形)。为完成对整个堆场的测量,在一个堆场上需要选择很多测量基点(图中 A、B、C、D、E 等,可根据堆体外形实际情况选择),在每个测量基点,通过定位设备获得测量基点坐标(相对于基准站 O 点),再通过扫描仪的转动,可以扫描到一定范围内堆场的外形轮廓数据,即相对于当前测量基点的相对坐标。完成一个测量基点的扫描工作,移动堆场测量系统到下一个基点进行扫描,采集控制器对已测区域进行标记,防止测量过程中堆场数据的漏测和重复测量,直至覆盖堆场所有范围。测量完成之后,通过坐标换算,就可以将图中所有测量点的坐标都转换到以基准站 O 为原点的统一坐标系中,然后进行下一步的三维建模。

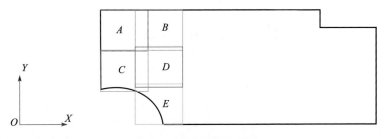

图 11.3　覆盖测量示意图

实际测量时,每个测量基点覆盖的测量区域并不是呈规则的矩形。根据不同的扫描方式,覆盖区域可能是圆形,也可能是其他形状。为完全覆盖整个堆场,只有让部分区域相互衔接,也即存在对部分区域的重复扫描。对于扫描重叠的区域,在进行三维建模时,可以采用:①连接相邻的最近三点构建三角网络,在重叠区域保留两次测得点,全部参与三角构网;②按照预先设定的规则,只保留重叠区域的部分测量点进行三角网络构建(图中绿点被剔除),没有重叠的区域则按照正常的构网规则进行构网。如图 11.4 所示,实线框内的点是分别在两个测量基点上获取的数据,虚线框内的点是重叠点,没有重叠的区域按照正常的规则进行构网,重叠区域的测量点进行三角网络构建,然后剔除重叠点。

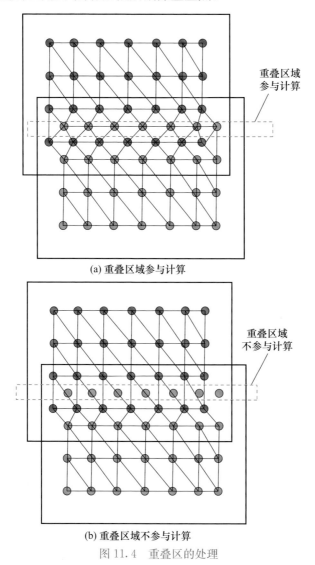

图 11.4　重叠区的处理

3. 三维坐标解算

考虑堆场形状和测量理论中提及的坐标系统,需要建立不同类型堆场的解算模型,根据不同模型的特点,推导求解算法,以此计算堆场三维坐标。堆场模型按照传感器安装位置和数据的用途并结合堆场坐标系统。其中长形堆场模型与圆形堆场模型可推导出统一的坐标求解方式。

1) 长形堆场模型

需要考虑的参数有载体大臂与载体行走轨道的夹角、激光扫描仪与地面和大臂的夹角、大臂与水平面夹角,以及扫描断面与轨道夹角等,得到如图 11.5 所示的长形堆场模型。

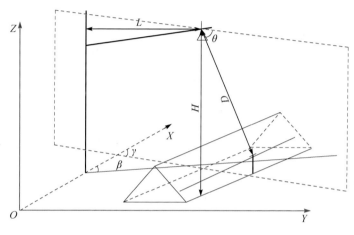

图 11.5　长形堆场模型

2) 圆形堆场模型

堆取料机围绕旋转中心转动,不需要获取距离数据,只考虑激光扫描仪与水平面夹角、扫描断面与扫描仪本身夹角等,得到如图 11.6 所示的圆形堆场模型。

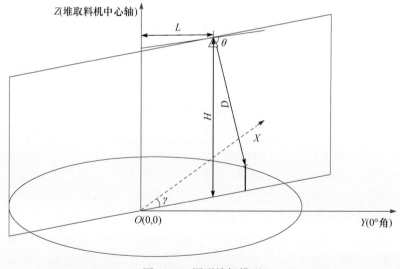

图 11.6　圆形堆场模型

根据堆场计算模型,对于长形堆场,三维点坐标(x,y,z)的计算式为

$$\begin{cases} x = X + L\cos\beta - D\cos(\alpha + \beta)\cos\gamma \\ y = L\sin\beta - D\cos(\alpha + \theta)\sin\gamma \\ z = H - D\sin(\alpha + \beta) \end{cases} \tag{11.5}$$

式中,D 为激光扫描仪测距值,即被测点到扫描仪的距离;H 为激光扫描仪到地面的高度;L 为大臂长度,即激光扫描仪到斗轮机旋转中心的距离;X 为距离传感器返回的距离;α 为激光扫描仪与水平面的夹角;β 为大臂与轨道的夹角;γ 为扫描断面与 X 轴方向的夹角;θ 为扫描断面与激光扫描仪的夹角。

对于圆形堆场,三维点坐标(x,y,z)的计算式为

$$\begin{cases} x = L - D\cos(\alpha + \theta)\cos\gamma \\ y = L - D\cos(\alpha + \theta)\sin\gamma \\ z = H - D\sin(\alpha + \theta) \end{cases} \tag{11.6}$$

对比式(11.5)和式(11.6)可知,长形堆场坐标计算公式中,只需要令 $X = 0$,$\beta = \gamma$,即可得圆形堆场坐标,由此推导堆场三维坐标为

$$\begin{cases} x = X + L\cos\beta - D\cos(\alpha + \beta)\cos\gamma \\ y = L\sin\beta - D\cos(\alpha + \theta)\sin\gamma \\ z = H - D\sin(\alpha + \theta) \end{cases} \tag{11.7}$$

式中,α 为大臂与轨道的夹角或与 γ 相等;γ 为扫描断面与轨道的夹角或扫描断面与 X 轴正方向的夹角。

大型堆场体积测量采用激光测量技术,利用多种工作平台对目标堆场进行移动连续扫描或者多次分批扫描,然后采用多坐标系空间投影原理对扫描数据合并,在统一的参考系中对点云数据进行空间构网形成实际三维空间模型,从而获取堆场体积信息。

11.1.2　大型堆场三维测量系统

1. 固定式堆场激光测量系统

固定式堆场激光测量系统将多传感器激光测量系统安装在堆场的固定式平台上,采用二维高频率激光扫描仪对堆场的表面进行高频率断面扫描获得高密度的断面数据,结合行程测量系统获得的堆场长度和回程测量系统获得的扫描仪偏转角度数据,实现堆场体积的计算、堆场三维模型的显示,并可将测量的结果和图形以报表的形式打印输出。系统包括智能数据集采集系统、激光扫描仪、回程测量系统、行程测量系统,如图 11.7 所示。

智能数据采集系统

激光扫描仪

回程测量系统

行程测量系统

图 11.7　固定式堆场激光测量系统组成

2. 移动式车载堆场激光测量系统

移动式车载堆场激光测量系统主要针对大型露天堆场测量,其应用场景如图 11.8 所示。该系统采用皮卡车升降平台作为激光扫描仪安放载体,并通过旋转云台带动激光扫描仪旋转进行扫描测量。集成激光扫描仪、惯性制导、GNSS 和电子云台,对堆场采用分区独立扫描测量,统一坐标变换合并的方法,快速获取堆场三维坐标数据,准确计算堆场体积从而实现储量换算。

(a) 堆取料机测量场景　　　　　　　　(b) 车载移动测量场景

图 11.8　移动式车载堆场激光测量系统应用场景

系统结合位置控制装置获取到的基准点空间信息,将二维扫描仪获取到的被测目标的空间距离信息与旋转云台获取的位置信息进行匹配,通过激光测量数据处理,最终获得被测目标的表面形态和三维坐标数据,从而进行建模、显示与量算。车载堆场激光测量系统由可移动的载车、高性能工控机、高精度传感器(扫描仪、卫星罗经、倾角传感器、云台)、实时性数据采集系统等组成,可以分为四层:第一层由供电系统、升降平台和载车组成系统的基本单元,为系统提供动力;第二层主要包含各种传感器,由激光扫描仪、定姿传感器、定位传感器和基准站组成数据获取单位;第三层是数据采集单元,主要完成传感器数据的采集;第四层是系统后处理单元,主要包含采集监控和三维成图。

测量过程中在堆场边缘或料堆顶部较平坦处选取测量点,将载车停在测量点静止不动,升降平台上升至一定高度后,旋转云台带动激光扫描仪旋转测量,测图范围以扫描仪为中心,缩射周边 20~50m 半径的区域。根据堆场的实际情况选取一个或多个测量点,直至将整个堆场全部测量覆盖。车载堆场激光测量系统具备以下四方面的优点:

(1)高集成。系统工作不需要借助、依附现场任何堆取料设备载体。

(2)高速度。针对大型堆场,系统可以快捷的完成计量工作。

(3)高精度。相比传统便携式盘煤仪而言,车载堆场激光测量系统精度更高。

(4)高效率。系统机动性好,一个人便可操作,可应用于地域范围内多堆场高效盘存。

3. 无人机载激光测量系统

无人机载激光测量系统采用多旋翼无人飞行器作为载体,搭载轻便型激光扫描仪、相机、INS、存储单元及智能控制单元。系统可实时、动态、快速采集海量高精度点云及丰富的影像信息,飞行移动过程中对下方的物料堆场进行盘存测量。系统采用的多旋翼飞行器性能稳定可靠,操控简单,可预设飞行线路,系统启动后自主飞行完成盘存工作。图 11.9 为无人机载激光测量系统 ULiDAR。其具备以下五方面的优点:

(1)集成度高。可快速实现多种传感器的集成。

(2)测程远,高点频。最大测程 200m,最大采集速度 70 万点/s。

(3)高精度。系统测距精度 2cm,绝对精度 10cm,可满足最大比例尺 1:1000 的地形测绘工作。

(4)体积小,重量轻。其传感器集成平台总重量 3.0kg(不包括相机),适用于搭载多种无人机平台。

(5)实时点云图传。设备采集过程中,支持点云实时图传,可及时检查作业情况,提高作业效率。

图 11.9　无人机载激光测量系统 ULiDAR

11.1.3　工程应用

1. 固定式堆场激光测量系统工程应用

选取某火电企业的堆场进行实地测量验证(包括圆形堆场和长形堆场)。在不同堆取料机速度下,大臂与行走轨道成不同夹角进行连续 3 次测量,计算结果显示三维图形一致,其体积重复误差不超过 0.7%。同样对圆形堆场,以不同旋转速度测量 3次,进行计算后显示三维图形一致,其体积重复误差不超过 0.7%,计算参数如表11.1 所示,其中长形堆场测量三维成图如图 11.10 所示。

表 11.1　堆场实际测量参数

测量参数	堆场 1	堆场 2	堆场 3
x_{min}	−60	−60	5.5
x_{max}	60	60	55.5
y_{max}	60	60	178.0
y_{min}	−60	−60	0
距离分辨率/m	0.00009769	0.00009769	0.0073111
角分辨率	—	—	0.000943396
仪器高/m	34.5	34.63	18.67
测量半径/m	38.00	37.5	32.37
堆场最大半径/m	60.00	60.00	—
堆场最小半径/m	5.00	5.00	—
堆场高/m	4.5	5.00	—

长形堆场采用每间隔 10cm 采集一个断面,圆形堆场采用每 0.5°采集一个断面。堆场计算结果如表 11.2 所示。圆形堆场三维成图如图 11.11 所示。

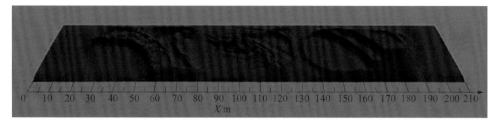

图 11.10　长形堆场三维成图

表 11.2　堆场计算结果

堆场	一次测量结果 /m³	二次测量结果 /m³	三次测量结果 /m³	误差 /%
堆场 1	89474.464	89287.280	89407.231	<0.1
堆场 2	136338.593	136460.525	136410.650	<0.1
堆场 3	44504.935	44410.340	44401.550	<0.1

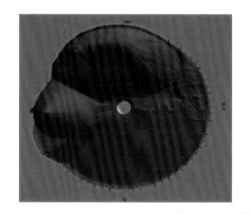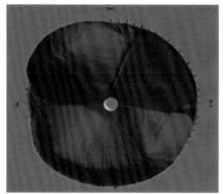

图 11.11　圆形堆场三维成图

2. 移动式车载堆场激光测量系统工程应用

选取多个火电煤料堆场进行实地测量验证,选定两个大型露天堆场。两个堆场的三维成图如图 11.12 和图 11.13 所示。由于堆场体积过大,车载测量平台可根据现实情况进行移动选取测量基点,如每间隔 30m 或 50m 选取一个测量点。在试验过程中,堆场 1 选取了 11 个测量点,11 个测量点的参数如表 11.3 所示;堆场 2 选取了 3 个基准测量点,3 个测量点的参数如表 11.4 所示。

测量结果的精度受两个方面的影响:一个是 GNSS 定位的精度带来测量误差;另一个则是算法本身产生的误差。GNSS 实时差分测量的精度在厘米量级,扫描仪的精度在毫米级别,故第一个方面带来的误差可以忽略。

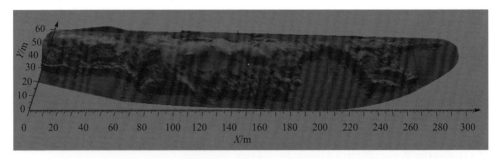

图 11.12　堆场 1 三维成图

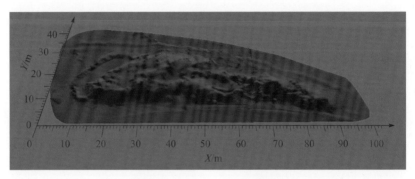

图 11.13　堆场 2 三维成图

表 11.3　堆场 1 参数

测点	航向角/(°)	高程/m	垂向倾角/(°)	横向倾斜/(°)
1	292.664	1554.85	−1.011	−1.135
2	292.562	1554.87	−1.097	−1.172
3	272.592	1554.84	−1.376	−1.028
4	294.621	1554.94	−1.413	−1.599
5	296.547	1554.84	−1.071	−1.173
6	292.822	1554.75	−1.046	−1.1286
7	297.132	1554.73	−1.024	−1.088
8	114.888	1555.05	1.032	−1.631
9	115.585	1555.13	1.746	−2.214
10	108.317	1554.99	−1.303	−3.731
11	295.372	1555.06	−1.314	−2.241

表 11.4　堆场 2 参数

测点	航向角/(°)	高程/m	垂向倾角/(°)	横向倾斜/(°)
1	113.302	1556.09	−1.534	1.093
2	27.785	1555.96	2.772	−1.457
3	206.895	1555.21	−2.336	−1.336

在不同的夹角情况下，连续进行了 3 次测量，并对试验进行了精度绝对增量测试，计算结果显示三维图形基本一致。其单点重复率为每次的测量结果除以平均值与标准单位 1 的绝对差值相加后再取平均，具体测量结果如表 11.5 和表 11.6 所示。

表 11.5　堆场 1 测量结果

测点	一次测量结果/m³	二次测量结果/m³	三次测量结果/m³	单点重复率
1	1992.8	2026.5	2035.9	0.008455542
2	5845.7	5880.8	5894.6	0.003178008
3	3654.8	3602.8	3633.5	0.005062237
4	7977.8	7964.1	17813.9	0.008814689
5	8610.7	8787.7	8613.2	0.008998619
6	8227.5	8293.0	8159.7	0.005432155
7	4622.1	4690.9	4693.5	0.006673092
8	4188.0	4165.2	4207.1	0.003434101
9	4597.6	4633.4	4662.6	0.004836759
10	4129.9	4098.3	4176.4	0.006696441
11	4412.1	4422.3	4320.2	0.009831795

表 11.6　堆场 2 测量结果

测点	一次测量结果/m³	二次测量结果/m³	三次测量结果/m³	单点重复率
1	921.0	944.0	929.0	0.009067048
2	980.5	991.7	986.5	0.003875576
3	1139.1	1135.8	1133.3	0.001780021

基于多传感器集成的堆场激光测量技术具备高精度、高效率和高适应性，将多传感器集成系统安装在移动式平台或固定式平台上，是一种良好的非接触式测量大型堆场体积的方法。同时为满足堆场无人值守与实时监测的需求，当堆场一旦因取料、堆料、转场等操作发生变化时，还可建立自动触发扫描仪进行形态扫描和采集数据更新与处理机制，实现在高动态环境下精确的测量堆场体积。

11.2　水岸一体地形测量

海岸带、海岛礁、水库、河流等区域水岸地形测量是目前海洋测绘中最重要的部分之一,其主要内容包括测量浅海水深、海岸线、干出滩、近海陆地和岛礁地形等。由于潮间带受到潮汐的影响,传统人工实地测量和船载测量方式难以高效地进行作业,甚至存在危及人身安全的作业风险。经粗略统计,运用目前常规测量方式,完成 1∶5000 比例尺测绘任务,至少需要花费 10 年时间才能完成我国海岸带地形测绘工作。同时,水岸地形受人为、自然因素影响较大,采用常规方式无法保障海岸带基础地理信息的快速更新。此外,传统的外业测绘一般使用船载单波束回声测深仪进行水下浅滩测量,采用人工跑滩、航空摄影以及卫星遥感等技术手段进行水上地形测量;由于不是一体化的测量方式,不仅成本较高,而且很难在相近的时刻获得水上和水下数据,从而引入额外的测量误差[3]。

船载水岸一体地形测量方法是将水上、水下测量设备进行固联,并标定水上LiDAR、水下多波束换能器与定位定姿主机的平移及旋转位置关系,利用 POS 获取测量船的实时位姿信息,并通过坐标转换归算出两组测量传感器的位置坐标。通过同步控制器实现多传感器协同信息采集,同时将三维点云归算到统一坐标系下,实现水岸一体地形测量,也适用于大型河岸和湖岸的测量。

11.2.1　船载水岸一体地形测量方法

船载水岸一体地形测量技术是通过集成水上水下两个测量单元,实现水岸一体地形数据测量。水上部分包括激光扫描仪和 INS,水下部分包括多波束测深仪,水上部分和水下部分通过平台支架固连;其中激光扫描仪用于测量近岸水上地形数据,多波束测深仪用于测量水下地形数据,INS 用于为激光扫面仪和多波束测深仪提供定位信息、时间信息和姿态信息[3]。图 11.14 为船载水岸一体地形测量装备构成。

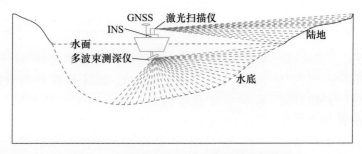

图 11.14　船载水岸一体地形测量装备构成

水下多波束测深系统是利用宽条带回声测深方法进行海底测图的系统,包括多波束测深仪、姿态传感器、罗经、声速剖面仪、定位仪、数据采集和处理单元等。多波束测深系统采用广角度定向发射和多通道信息接收,获得水下高密度水深值形成的条幅式海底地形点云数据,它能准确反映水下目标的大小、形状和高低变化,从而比较可靠地描绘出海底地貌的精细特征。

水上激光扫描系统是将长距离激光扫描仪固定安装在船上,对近岸地形进行走航式高密度扫测的系统。激光扫描系统利用扫描仪发射的激光点与被测表面的角度和距离信息,并对返回的角度和距离信息进行自动存储和计算,从而获得被测目标物的瞬时表观信息。

POS 是船载移动测控系统的核心部件,主要是由 GNSS 接收机和 IMU 组成。时间同步控制模块为一体化测量数据提供统一的时间同步基准,POS 用于为激光扫描仪和多波束测深仪提供定位信息、时间信息、姿态信息和航向信息。通过这些数据处理单元实时处理或后处理整个系统所采集的多源数据,得到船体理想的平台运动轨迹。

水岸测量系统中涉及多种传感器,各传感器工作原理不同、采集的物理量各异、数据采集的频率不同、数据输出方式和接口也不一样,属于典型的多源异构数据。因此,多传感器同步采集和控制是实现船载水岸一体地形测量系统的关键。在同一套定位定姿组合导航设备支持下,水上激光扫面仪和水下多波束测深仪集成到同一平台装置上,各传感器以时间为主线,形成一个统一体,在 GNSS 时间基准下,建立多源传感器统一通信、控制、采集终端,实现水岸一体化同步控制测量。

11.2.2　船载水岸一体地形测量系统

船载水岸一体地形测量是指在高精度 GNSS 定位技术支持下,通过船载水岸测量装备实现水上、水下地形同步测量。船载水岸一体地形测量方法可避免由于水上、水下分布测量造成的地形拼接问题,工作效率得到了极大的提升。

1. 水上三维激光测量

水上地形测量是利用船载三维激光扫描系统进行走航测量,以高密度点云数据表征水上地形起伏。三维激光扫描仪主要由激光测距系统和激光扫描系统组成,对测量目标进行快速扫测,直接获取扫描仪发射的激光点与被测目标表面的角度和距离信息,并自动存储和计算。由于移动三维激光扫描系统在作业时处于运动状态,因此获取的数据所在空间基准并不一致。在数据解算时,需要将每个时刻的数据通过时间与定位系统获取的位置和姿态关联,得到目标点在统一参考系中的坐标。

2. 水下多波束测量

对于单个波束测深原理是采用换能器发射短脉冲声波,当脉冲声波遇到海底时发生反射,反射回波返回声呐,并被换能器接收。其水深通过平均声速的双程测距获得。

$$D_{tr} = \frac{1}{2}Ct \tag{11.8}$$

式中,D_{tr} 为换能器与海底之间的距离;C 为水体的平均声速;t 为声波的双程测距时间。

式(11.8)中 D_{tr} 表示换能器距离海底的瞬时水深,还需加上换能器吃水深度修正值 ΔD_d 和潮位修正值 ΔD_t,即实际海图水深 D 为

$$D = D_{tr} + \Delta D_d + \Delta D_t \tag{11.9}$$

对于多波束测深是采用发射、接收指向性正交的两组换能器阵获得一系列垂直航向分布的窄波束。多波束换能器发射垂直于航行方向的多个或几十个甚至上百个窄波束,形成扇面。在声波扇面中,只有中间波束是垂直于水面发射的,两侧外波束则与竖直平面成一定的入射夹角[4]。

如图 11.15 所示,以 16 个波束,波束角度 2°×2° 的单平面换能器为例,简述多波束测深系统工作原理。多波束换能器向下发射 2°×44° 的扇形脉冲声波,再以 16 个接收波束角形成的 20°×2° 条带形式接收来自水底反射波束的回波,于是形成了 16 个 2°×2° 波束。各波束测点的空间位置归算需考虑波束的入射角 θ,在忽略波束射线弯曲的一级近似条件下,各波束测点的换能器下水深 D_{tr} 和距离中心点的水平位置 x 可表示为

$$D_{tr} = \frac{1}{2}Ct\cos\theta + D_d + \Delta Dt \tag{11.10}$$

$$x = \frac{1}{2}Ct\sin\theta \tag{11.11}$$

式中,θ 为接收波束余垂线的入射角。

计算出每个波束余垂线的入射角,就可以求出每束波测量的坐标值。

3. 水上水下坐标转换统一

在船载水岸一体地形测量中,整个测量过程中主要涉及 5 个坐标系统,包括测量船坐标系、激光扫描仪坐标系、多波束测深仪坐标系、站心坐标系和大地坐标系,如图 11.16 所示。其中,激光扫描仪坐标系和多波束测深仪坐标系为传感器坐标系[5]。

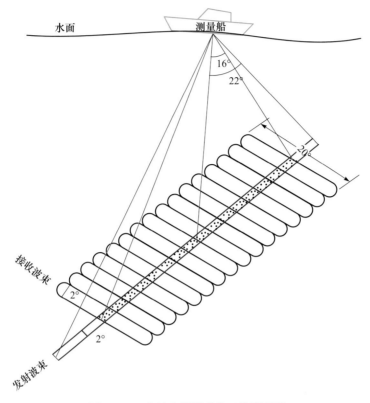

图 11.15　多波束测深系统工作原理图

　　船体坐标系的左边原点位于 IMU 的质心，Y_i 轴指向前进方向，X_i 轴垂直于 Y_i 轴指向前进方向的右侧，Z_i 轴垂直于 X_i、Y_i 轴指向上方，构成右手坐标系。激光扫描仪坐标系是一个以垂线和扫面平面为参考的右手坐标系，以激光发射参考点为原点，以垂直向上的方向为 Z_s 轴，以载体前进方向为 Y_s 轴，X_s 轴垂直于 Y_s 轴指向前进方向的右侧，此时，X_sOZ_s 面为激光扫描竖直平面，同时给出位于仪器底部并在该坐标系下已知坐标值的 4 个特征点。多波束测深仪坐标系以换能器接收端中心为坐标原点，以换能器前进方向为 Y_i 轴，沿接收端阵列平面垂直于 Y_m 轴向右为 X_m 轴，过该点垂直于接收端阵列向连接法兰方向为 Z_m 轴，建立右手坐标系。站心坐标原点位于 GNSS 天线的相位中心，Y_p 轴指向当地北子午线方向，X_p 轴与 Y_p 轴垂直指向东方向，Z_p 轴向上与 X_pOY_p 平面垂直构成右手坐标系。大地坐标系为地心地固坐标系。

　　根据坐标匹配模型得到测点在大地坐标系下的坐标，通过传感器坐标系到载体坐标系的转换、载体坐标系到站心坐标系的转换和站心坐标系到大地坐标系的转换，将传感器的点位坐标归算到大地坐标。

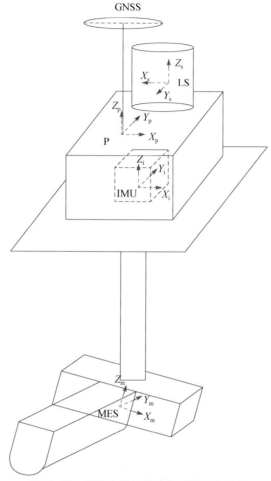

图 11.16　船载水岸一体地形系统各坐标系

　　传感器向载体坐标系转换的 6 个参数为 l_x、l_y、l_z、ω、φ、κ。在理想的安装情况下,传感器坐标系应与载体坐标系三轴平行,由于不平行而造成的轴与轴之间的偏差即为安装误差,可通过传感器安装校准的方法求得,即校准参数——横滚角偏差角、俯仰角偏差角、艏向偏差角,分别用 ω、φ 和 κ 表示;而平移参数则是传感器坐标系与载体坐标系之间的原点差,即传感器坐标系的原点在载体坐标系中的坐标值,可以在仪器安装后通过钢尺量取或间接推算得出。所以,传感器坐标系可以通过上述参数直接向载体坐标系中转换。设扫描点坐标为 $[x \quad y \quad z]_s^T$,在载体坐标系下的坐标为 $[x \quad y \quad z]_b^T$。则

$$\begin{bmatrix} x \\ y \\ z \end{bmatrix}_b = \boldsymbol{R}_s^b \begin{bmatrix} x \\ y \\ x \end{bmatrix}_s + \begin{bmatrix} l_x \\ l_y \\ l_z \end{bmatrix}_b \tag{11.12}$$

式中，

$$\boldsymbol{R}_s^b = [\boldsymbol{R}_y(\varphi)\boldsymbol{R}_x(\omega)\boldsymbol{R}_z(\kappa)]^T = \boldsymbol{R}_z(-\kappa)\boldsymbol{R}_x(-\omega)\boldsymbol{R}_y(-\varphi)$$

$$= \begin{bmatrix} \cos\varphi\cos\kappa - \sin\varphi\sin\omega\sin\kappa & \cos\omega\sin\kappa & \sin\varphi\cos\kappa + \cos\varphi\sin\omega\sin\kappa \\ -\cos\varphi\sin\kappa - \sin\varphi\sin\omega\cos\kappa & \cos\omega\cos\kappa & -\sin\varphi\sin\kappa + \cos\varphi\sin\omega\cos\kappa \\ -\sin\varphi\cos\omega & -\sin\omega & \cos\varphi\cos\omega \end{bmatrix}$$

$$(11.13)$$

IMU 可以测出船体的实时姿态，包括横滚角、俯仰角和航向角，这三个姿态角即为站心坐标系和船体坐标系之间的欧拉角。横滚角是指 X 轴与水平方向之间的夹角，俯仰角是指 Y 轴与水平方向之间的夹角；航向角是指前进方向（XY 平面）与正北方向之间的夹角，顺时针为正。通过实时获取的姿态角数据即可将载体坐标系下的点位观测量转换到站心水平坐标系下。

设横滚角、俯仰角和航向角分别为 r、p、y。设扫描点在站心坐标系下的坐标为 $[x \quad y \quad z]_1^T$，载体坐标系下坐标向站心坐标系转换时，需先绕 Z 轴旋转 y，再绕 X 轴旋转 p，最后绕 Y 轴旋转 r。则有

$$\begin{bmatrix} x \\ y \\ z \end{bmatrix}_1 = \boldsymbol{R}_b^1 \begin{bmatrix} x \\ y \\ z \end{bmatrix}_b \qquad (11.14)$$

式中，

$$\boldsymbol{R}_b^1 = [\boldsymbol{R}_y(r)\boldsymbol{R}_x(p)\boldsymbol{R}_z(y)]^T = \boldsymbol{R}_z(-y)\boldsymbol{R}_x(-p)\boldsymbol{R}_y(-r)$$

$$= \begin{bmatrix} \cos y\cos r + \sin y\sin p\sin r & \sin y\cos p & \sin r\cos y - \cos r\sin y\sin p \\ -\cos r\sin y + \sin p\sin r\cos y & \cos y\cos p & -\sin y\sin r - \cos y\sin p\cos r \\ -\sin r\cos p & \sin p & \cos p\cos r \end{bmatrix}$$

$$(11.15)$$

站心坐标系到大地坐标系的转换。站心坐标系原点在 WGS-84 坐标系下的经纬度分别为 L 和 B。设扫描点在大地坐标系下的坐标为 $[x \quad y \quad z]_e^T$，站心坐标系下的坐标转换为大地坐标系下的坐标时，需先绕 X 轴旋转 $-\dfrac{\pi}{2}+B$，再绕 Z 轴旋转 $-\dfrac{\pi}{2}-L$，最后将站心坐标系原点平移到 WGS-84 坐标系原点，则有

$$\begin{bmatrix} x \\ y \\ z \end{bmatrix}_e = \boldsymbol{R}_1^e \begin{bmatrix} x \\ y \\ z \end{bmatrix}_1 + \begin{bmatrix} x \\ y \\ z \end{bmatrix}_{oe} \qquad (11.16)$$

式中，

$$\boldsymbol{R}_1^e = \boldsymbol{R}_z\left(-\frac{\pi}{2}-L\right)\boldsymbol{R}_x\left(-\frac{\pi}{2}+B\right) = \begin{bmatrix} -\sin L & -\sin B\cos L & \cos B\cos L \\ \cos L & -\sin B\sin L & \cos B\sin L \\ 0 & \cos B & \sin B \end{bmatrix} \quad (11.17)$$

$[x \quad y \quad z]_{oe}^{T}$ 为站心坐标系原点在大地坐标系下的空间直角坐标。

$$
\begin{bmatrix} x \\ y \\ z \end{bmatrix}_{e} = \begin{bmatrix} x \\ y \\ z \end{bmatrix}_{oe} + \boldsymbol{R}_{l}^{e}\boldsymbol{R}_{b}^{l}\left(\boldsymbol{R}_{s}^{b}\begin{bmatrix} x \\ y \\ z \end{bmatrix}_{s} + \begin{bmatrix} p_{x} \\ p_{y} \\ p_{z} \end{bmatrix}_{b}\right) \tag{11.18}
$$

通过上述转换公式,就可以将水上水下测量结果在不同坐标下转换,从而实现高精度 GNSS 定位技术支持下的水岸测量结果在 WGS-84 椭球大地高的基准一致。

4. 船载水岸一体地形测量数据处理

船载水岸一体地形测量数据处理主要包含定位定姿数据解算、水上激光数据后处理和水下多波束数据后处理。在外业数据采集完成后,需要对船体的检校参数进行估计,然后解算高精度定位定姿轨迹,分别处理水下多波束和水上激光点云数据。多波束数据后处理使用多波束后处理软件对原始的数据格式进行分析,提取出测深数据、图像数据、位置数据、姿态数据,再对数据进行差值剔除、数据滤波、声速剖面改正、潮位改正、数据合并与平滑等编辑。结合 POS 提供的位置姿态及预标定的坐标转换矩阵,最终生成具有绝对坐标的水下地形点云。水上数据采集系统实时提取海量激光点云的距离、平面角度和垂直角度,POS 提供的位置姿态及预标定的坐标转换矩阵,经过软件后处理生成具有绝对坐标的三维点云,再经过点云滤波、点云抽稀,形成高精度水上地形点云。

11.2.3　工程应用

1. 岛礁水岸一体地形测量

目前岛礁的水上、水下地理空间信息数据主要是以水上、水下地形分步测量获得。水上地形测量借助三维激光扫描仪对岛礁进行测量;水下地形主要采用单波束、多波束测深仪等水深测量方式完成。这种水上、水下分开测量方式耗时长、人工成本高、效率低下,且水上、水下测量精度不统一,难以将测量结果统一坐标系。

利用船载水岸一体地形测量系统搭载 4 台高清晰数字照相机,对某海岛及周边海域进行地理信息测量,建立船载水岸一体地形点云模型及岛屿可量测 360°实景影像,获取其海岛地貌信息和水下地形信息。图 11.17 为船载水岸一体地形测量示意图。

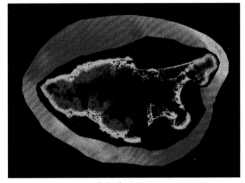

(a) 激光点云与全景影像配准融合　　　　　(b) 岛屿水岸地形图

图 11.17　船载水岸一体地形测量示意图

由于岛周边存在大量养殖区,测量过程中无法对近岛潮间带地形进行倾斜测量,导致浅水区域数据缺失,水上、水下地形融合后存在盲区。

2. 水下构筑物定位测量

近年来,随着国家对海洋资源的持续开发与利用,海洋沿岸基础设施的改扩建工作也正紧锣密鼓地进行着。某港区码头泊位旧码头改造工程实施过程中,为了防止在码头新设计的桩柱与无法去除的旧桩柱残留部分发生碰撞,需要精确计算出旧桩柱残留部分走向位置信息[6,7]。

采用船载水岸一体地形测量系统对码头泊位旧桩柱进行了船载水岸一体地形高精度测量,通过利用三维激光扫面仪和多波束测深仪分别测量出水上、水下桩柱引水面点云图。针对盲区测量,作业过程中采用高低潮位控制测量方法,根据海区半日潮潮位变化特点,选择本月大潮日。平潮(高潮)贴近测量,多波束获得水界面下桩柱迎水面点云;停潮(低潮)全景测量,船载激光获取桩柱迎水面露出水面后点云,使得水下、水上桩柱迎水面点云图存在公共拼接部分。基于高精度点云绝对坐标对水上、水下桩柱迎水面点云进行特征拼接,从而获得桩柱完整迎水面点云绝对坐标。

根据泊位点云拼接结果和旧桩柱形态特征,提取桩柱迎水面中轴线绝对位置。然后根据旧桩柱的横截面尺寸绘制整个桩柱走向和水下绝对位置。最后基于旧桩柱水下位置图叠加新桩柱设计位置图,比较新旧桩柱的点位情况。通过对泊位新旧桩柱位置图对比来分析新旧桩柱碰撞的情况,如图 11.18 和图 11.19 所示。

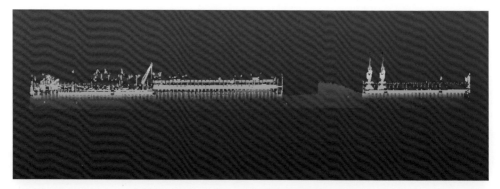

图 11.18　码头桩柱水上、水下拼接效果图

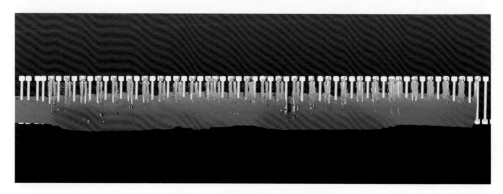

图 11.19　新旧桩柱叠加效果图

11.3　室内三维测图

　　移动互联网及智能终端等技术的发展,推动了基于位置服务相关应用的普及。而人们大多数时间位于室内环境中,因此室内位置服务成为相关领域的研究热点[8,9]。室内三维地图是室内位置服务的关键要素之一,是实现室内位置服务的必要条件。一方面,在传统的室内三维地图制作中,建筑物的设计图通常是一种重要的数据来源,但是室内建筑往往属于不同的所有者,由于涉及隐私问题,获取详细的建筑施工图比较困难。另一方面,室内装修以及家具摆设等因素的影响,室内三维地图的拓扑结构经常发生变化,使得通过建筑设计图获取的三维地图不能准确地反映室内的真实环境。虽然可以通过人工制图的方法更新现有的室内三维地图,但是这种方法非常耗时耗力,不利于室内三维地图应用的推广[10]。

11.3.1　室内三维测图研究现状

在无 GNSS 环境下,大面积、高精度的三维测图任务一般采用三维激光扫描的方法进行,按照作业方式可以分为静态扫描和移动扫描两类。

静态扫描是将激光扫描仪静态设站,通过将多个不同位置的静态站扫描根据公共点进行拼接,最终得到一个统一坐标系的三维点云。静态扫描的关键在于如何将不同扫描站的数据进行快速、准确的拼接。在一般的作业过程中,采用靶标或者靶球等易识别、量取的标志作为相邻测站之间的同名点,基于此进行拼接。这种方式精度可以得到保证,但是由于需要多站作业进行数据采集,人工提取标志点等繁杂工作导致三维测图效率低下。近年来,人们对无标志的静态扫描点云拼接方法进行了研究,如利用 ICP 算法直接配准或特征点配准[11]。但是 ICP 算法一般要求初值准确,且对点云的重叠度有较高的要求。对于地面静态扫描点云,重叠度一般较小,且在拼接完成前,无法准确估计重叠度。因此在实践中容易产生匹配失败的问题,需要人工进行纠正。在大范围或者通视条件差的环境中,使用静态三维扫描进行三维测图,存在外业工作量大、内业处理效率低等问题。

对于无 GNSS 环境下移动定位测图问题,机器人领域出现了很多优秀的激光 SLAM 解决方案,按照输出结果可以将其分为 2D SLAM 和 3D SLAM。2D SLAM 方法只能获取 3 自由度的轨迹,即平面位置和方位角。如需要获得三维扫描数据,通常将其与竖直扫描的激光扫描仪进行联合解算。但二维平面的假设,限制了这一类方法的应用,使得其只能用于单个楼层的测量。由于目前 SLAM 方法主要用于机器人导航,对精度的需求并不是主要目标,地图多采用格网的方式进行参数化表达,并基于此对不同时间的点云进行配准,轨迹的位置和方位精度不够高,解算的三维激光点云误差较大,表现为墙面点云较厚。由于平面网格地图的计算复杂度为 $O(n^2)$,三维空间格网地图会导致其计算复杂度为单位长度网格个数 $O(n^3)$(n 为单位长度网格个数),这使得利用 2D SLAM 获取高精度三维地图的计算量大大增加。2D SLAM 应用于室内三维测图存在场景适用性差、精度较低的问题。

11.3.2　室内三维测图方法

1. 测量原理

为提高相对测图精度,本节提出了一种基于激光辅助 INS 的三维测图解决方法。首先定义一些变量符号标记,将硬件采集系统输出 LiDAR 扫描数据流记为 $\boldsymbol{S}$,IMU 数据流记为 $\boldsymbol{I}$。将[t_i, t_{i+1}]时间窗口内的激光扫描数据流记为 $\boldsymbol{S}_i$,IMU 数据流记为 $\boldsymbol{I}_i$,其中,激光扫描数据流由序列激光扫描帧构成,即 $\boldsymbol{S}_i = \begin{bmatrix} S_{i1} & S_{i2} & \cdots \end{bmatrix}$

S_{iw}]，w 为时间窗口范围内 LiDAR 扫描帧数；IMU 数据流由惯性测量帧构成，即 $\boldsymbol{I}_i = [I_{i1} \quad I_{i2} \quad \cdots \quad I_{in}]$，$n$ 为时间范围内惯性数据测量帧数。将数据处理系统输出的三维轨迹记为 $\boldsymbol{T} = [\boldsymbol{x}_{1:K}]$，三维点云地图记为 $\boldsymbol{M} = [\boldsymbol{M}_{1:K}]$。

基于激光辅助 INS 定位的室内三维测图方法框图如图 11.20 所示，可以分为三个模块，第一个模块为常用的 INS 卡尔曼滤波模块，第二个模块为移动激光配准辅助 INS 模块，该模块可以在生成局部一致性地图的同时估计 INS 的误差，输入第一个模块进行反馈纠正；第三个模块为全局地图生成模块，其利用第二个模块生成的局部子图进行图优化，得到全局一致地图。

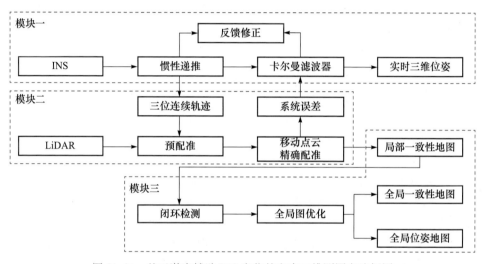

图 11.20　基于激光辅助 INS 定位的室内三维测图方法框图

首先通过系统初始状态和惯性测量值 $\boldsymbol{I}_i$，进行纯惯性积分递推得到一个初始轨迹 T_0。然后利用初始轨迹和该段时间内的激光扫描数据 $\boldsymbol{S}_i$，可以得到预匹配的点云地图 $M_{i,0}$。由于惯性递推误差的存在，预配准的点云地图中不同扫描帧存在不重合的现象，如图 11.21(a) 所示。通过移动点云 ICP 算法，最小化预配准地图中的点云配准误差，估计出轨迹改正参数，并对原始轨迹 T_0 进行修正。进一步，将估计的误差参数与 INS 的误差建立关系，通过扩展卡尔曼滤波测量更新进行反馈，修正 INS 误差发散。通过一定宽度的滑动窗口对点云进行优化，并对 INS 进行修正，最终可以得到滤波的三维轨迹和按时间分段的局部一致地图，如图 11.21(b) 所示。由于卡尔曼滤波所获得的轨迹还不平滑，且仍存在轻微的发散现象，所有获取的子图 $\{M_{1:K}\}$ 抽象为其所对应的轨迹点 $\{x_{1:K}\}$，点与点之间的约束关系由子图的序列配准约束和闭环配准约束进行构建，最后进行统一的图优化平差，最终可获得精确位置和姿态以及优化后子图生成的高精度三维地图。

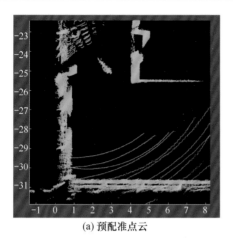
(a) 预配准点云

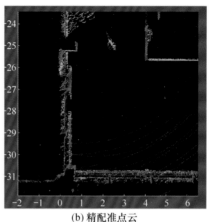
(b) 精配准点云

图 11.21　移动点云配准前后对比

2. 生成局部子图

移动点云精确配准算法的关键在于构建正确的匹配对。对于点云匹配对的构建,主要有最近邻配准和特征配准两大类,其中最近邻配准的优势在于配准精度高,但是计算量大,且对初值敏感。而特征配准的方法的优势在于对初值不敏感,计算效率高,但是对环境特征要求高。一方面对于短时间窗口点云配准,其重叠度非常高,对初值的要求不高。另一方面室内部分场景的点云特征比较贫乏,利用特征配准方法容易失败。最近邻配准在较为准确的初值情况下,具有简单、精度高的特点,故选取最经典的最近邻配准方法。

而基于最邻近搜索的点云配准的关键在于配准初值和重叠度的选取,直接决定了算法的效率和鲁棒性。在匹配前,为了保证较小的初始值误差,利用 INS 递推短时间轨迹,然后利用其将载体坐标系的点云转换到统一的坐标系下。这样可以最大限度地满足最邻近点为同名匹配点的假设,有效地降低参数估计的迭代次数。在匹配时,需要将扫描帧分为两组集合 P 和 Q,然后将两组点云中最近邻点云作为同名点进行匹配。如图 11.22 所示,采用交叉配准的分段方法,将窗口内序列点云

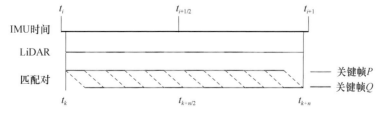

图 11.22　短时间窗口序列点云配准

扫描帧按照时间等间隔交叉划分成两个点云集合。这种方法可以保证在任意场景、任意时刻待配准点云的重叠度足够大,因此可以保证匹配的鲁棒性。P 和 Q 扫描的场景相似,可将其重叠度设为 90%,将最大的 10% 匹配距离的点视为错误匹配点进行删除,进而将匹配距离超过一定阈值(设置为 2m)的匹配点进行剔除。

　　由于计算资源的局限,必须选取一定宽度的窗口中的点云进行配准,估计轨迹修正模型参数。进而利用其作为观测值对 INS 状态进行反馈修正,同时可得到局部高精度轨迹和地图序列。卡尔曼滤波测量更新完成后,对窗口进行一定距离的滑动,可以简单地将滑动距离设置为窗口的一半。然后计算新的模型修正参数和点云子图。如图 11.22 所示,其中 t_i 和 t_{i+1} 为当前短时间窗口范围,t_k 和 t_{k+n} 为相应的点云窗口范围。$t_{k+n/2}$ 为滑动后的下一次窗口起点。依次下去,通过卡尔曼滤波可以得到序列重叠的点云地图片段和轨迹片段。将点云地图片段记为 M_i(下文称为子图),将轨迹片段记为 T_i。可以认为单个窗口的点云和轨迹为最佳估计轨迹,后续将其作为一个整体进行优化。因而可以将轨迹和子图用其第一个位置进行表示,记为 $(p_i, R(\phi_i, \theta_i, \psi_i))$,其中 $(\phi_i, \theta_i, \psi_i)$ 分别为移动平台的俯仰角、横滚角和方位角,p_i 为当前子图的位置。

3. 生成全局点云地图

　　如果载体在一段较长时间后返回相同位置,对相同的环境进行观测,可形成闭环约束。这种约束可以用来消除累积的位置误差,对于这种约束,由于所涉及的时刻不规律,卡尔曼滤波并不能很好地对闭环约束进行建模,此时只有采用全局优化的方法对测量值进行整体优化计算。通过惯性运动递推,可以精确估计 INS 在短时间窗口内的相对轨迹,通过相对轨迹可以将该时间窗口内的所有测量值归算到起点时刻的坐标系中来,将一段时间的扫描数据变成静止扫描的数据。此时移动测量问题通过运动补偿后变成了静态数据采集后的拼接问题,因此可以采用图优化的方式进行全局网平差。

　　图优化方法可将移动定位与测图中待求解的优化问题表示为图的形式,可记作 $\{V, E\}$。其中图的节点表示待估计的变量,图中的边表示图中节点之间的约束关系。对于定位问题,其中的节点只有位姿变量。而对于定位和测图问题,则节点中包括位姿变量和地图变量。将局部生成的地图作为位姿轨迹点的描述信息,用来构建位姿点之间的位置约束关系。

　　短时间窗口序列激光配准不能估计出移动平台的绝对位置和绕重力方向的旋转方向。因此随着时间增加,卡尔曼滤波结果会产生三维位置和方位角的漂移,且误差将不断增大。对于重复测量的场景,卡尔曼滤波无法建立长时间间隔的空间约束关系。而使用图优化可以根据所有相对空间约束关系,对所有的点云进行全局优化,得到全局的几何一致三维点云地图。

在图优化方法中,需要具体化节点和边,可以将其设置为 $v_i = [\boldsymbol{p}_i \quad \psi_i]^T$,节点 i 与节点 j 之间的约束关系可以表示为图的边,即 $e_{i,j}(\boldsymbol{v}_i, \boldsymbol{v}_j)$。

$$e_{i,j}(\boldsymbol{v}_i, \boldsymbol{v}_j) = \begin{bmatrix} \boldsymbol{R}(\hat{\phi}_i, \hat{\theta}_i, \psi_i)^{-1}(\boldsymbol{p}_j - \boldsymbol{p}_i) - \hat{\boldsymbol{p}}_{i,j} \\ \psi_j - \psi_i - \hat{\psi}_{i,j} \end{bmatrix} \tag{11.19}$$

式中,$\hat{\boldsymbol{p}}_{i,j}$、$\hat{\psi}_{i,j}$ 为观测值。

$$\hat{\boldsymbol{p}}_{i,j} = \hat{\boldsymbol{R}}_i(\hat{\boldsymbol{p}}_j - \hat{\boldsymbol{p}}_i) \tag{11.20}$$

$$\hat{\psi}_{i,j} = \hat{\psi}_j - \hat{\psi}_i \tag{11.21}$$

对卡尔曼滤波产生的子图进行图优化存在两种边,其中第一种为序列边,即边的节点时间相邻;第二种为闭环边,即经过一段时间后,重复观测到的场景对应的节点构成的边。对于相邻的边,可以利用卡尔曼滤波配准的局部点云子图结果进行配准,计算位姿点之间的空间约束关系,对于闭环边,需要进行闭环检测,判断两个子图是否属于同一个场景,如果属于同一个场景,则根据初始的相对位置关系进行配准。最终可以得到序列边的集合 $e(i,j) \in S$,和闭环边的集合 $e(i,j) \in L$,其中 (i,j) 为图优化中的顶点节点。

构建完图优化的节点和边之后,可以采用常用的图优化计算工具进行求解,得到每个子图经过全局调整后的位置和方位角。

最后通过优化后的位置和姿态,将所有子图拼接到一起,得到最终的优化点云地图。

11.3.3　室内三维测图系统

针对无 GNSS 环境下的室内三维测图应用,我们研发了多传感器集成的三维移动激光测图系统。硬件系统可采集高精度时间同步的惯性测量数据、LiDAR 和图像数据。将惯性测量和 LiDAR 数据文件或者数据流输入软件系统中,通过激光辅助 INS 定位测图方法,可以得到高精度三维轨迹和三维点云地图。

采用的三维测图系统为定制的多传感器集成系统如图 11.23 所示。该系统包括一个 KVH DSP-1750 光纤 INS,一个 VLP-16 velodyne 多线雷达。多种传感器之间通过采集板进行集成,并保证不同传感器获得的数据在统一的时间参考系中。这里只介绍系统中的 INS 和激光传感器。其中 KVH DSP-1750 INS 由三个光纤陀螺和三个 MEMS 加速度计构成,INS 采样频率为 250Hz,可以有效捕捉载体平台高频运动特征。为了保证扫描的激光点云具有足够的重叠度用于构建运动约束,选取了 VLP-16 多线 LiDAR,LiDAR 以约 10Hz 的频率对周围环境的进行 360° 扫描。

图 11.23　室内三维测图系统

11.3.4　工程应用

1. 室内高精度三维测图

以深圳大学校园三种场景测图为例,分别为室内场景、室外场景和室内外一体化场景,采用闭环路线进行试验,即每次数据采集的起点和终点位置一致。室内场景为办公楼,行走轨迹为 16 楼—14 楼—16 楼,室内场景楼梯、玻璃较多;室外场景的行走轨迹为环绕一栋办公楼行走一圈,期间测图者穿越一处荔枝林;室内外一体化场景为从地面出发,穿过一个地下停车场,然后回到起点,如图 11.24 所示。

(a) 室内场景

(b) 室外场景

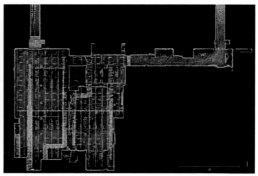

(c) 室内外一体化场景

图 11.24　试验场景及数据处理结果

　　采集前将测图系统进行 1~5min 的静止,用于 INS 的姿态初始化。采集完成后,先利用静态对准算法对 INS 进行初始化,然后按照前文所介绍的方法进行短时间窗口内的激光点云配准,再利用轨迹修正模型构建测量模型,对 INS 进行修正。最后进行闭环检测和图优化整体平差处理,最终得到整个时间范围的轨迹和三维点云地图。为对测图精度进行验证,选取典型的室内停车场场景(约 100m×50m)(室内外一体测图数据中的室内部分),利用高精度 Z+F5010 扫描仪进行扫描,该扫描仪测距分辨率为 0.1mm,50m 范围测距精度优于 2.2mm,进行多站扫描之后,对其进行高精度拼接,将拼接点云作为真实值,如图 11.25 所示。

　　将 11.3.2 节中介绍三维测图方法处理的相同场景点云与真值点云进行 ICP 算法配准,消除两份点云之间整体平移和旋转。通过手工选取一部分墙面距离进行平面精度比对,选取一部分地面与天花板特征点进行高程精度对比。这种对比方式可以代表后续点云矢量化时的精度。三维测图绝对精度验证如表 11.7 所示。可以看出,对于 100m×50m 室内停车场三维测图应用的平面精度可以达到 3cm(1σ),高程精度约 2cm(1σ),满足室内三维测图的精度。

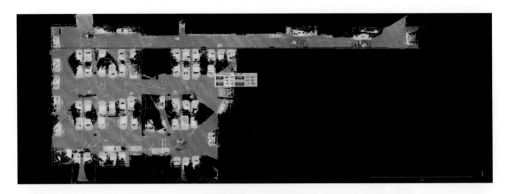

(a) 三维移动扫描获取激光点云

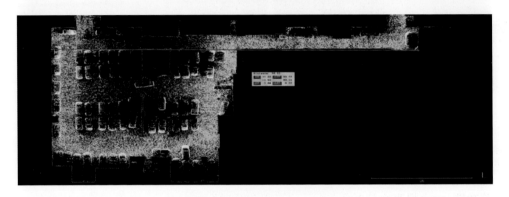

(b) 高精度地面三维激光扫描仪拼接点云

图 11.25　室内三维激光测图绝对精度验证

表 11.7　三维测图绝对精度验证

验证距离	d_{lins}/m	d_{Z+F}/m	e_d/m	验证点	h_{lins}/m	h_{Z+F}/m	e_h/m
d_1	46.05	46.08	−0.03	p_1	−1.95	−1.92	−0.03
d_2	14.7	14.65	0.05	p_2	−1.93	−1.92	−0.01
d_3	67.96	67.99	−0.03	p_3	−1.95	−1.93	−0.02
d_4	22.52	22.54	−0.02	p_4	−1.91	−1.95	0.04
d_5	48.33	48.34	−0.01	p_5	−1.93	−1.93	0.00
d_6	90.86	90.89	−0.03	p_6	−1.94	−1.95	0.01
d_7	36.35	36.36	−0.01	p_7	−1.93	−1.94	0.01
均方根误差			0.029				0.021

2. 室内三维地图应用

室内三维测图数据经过建模之后得到室内三维地图,可应用于室内定位导航等应用服务,如图 11.26 所示。在实际生产中,室内三维地图还可以通过建筑平面图,采用自动建模或者人工处理的方法得到[12],但是室内装修及大型家具摆放,使得基于建筑平面图构建的室内三维地图无法反映室内的真实情况。

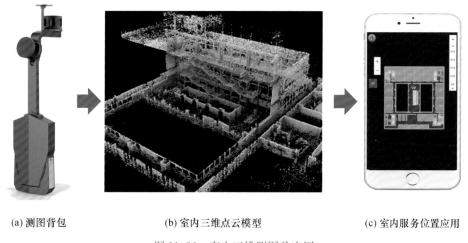

(a) 测图背包　　　　　(b) 室内三维点云模型　　　　　(c) 室内服务位置应用

图 11.26　室内三维测图及应用

在室内三维测图的基础上,开发了大型场馆定位导航服务,系统支持大型复杂场馆的可视化展示、展位信息直观可视、展商品牌曝光、展商信息的分类搜索查询等功能,大大提高会议效果。同时,依托多源融合定位技术,实现场馆区域内的实时位置导航、模拟导航服务,观展路线指引服务和实时位置共享服务,提高用户的参展体验。图 11.27 为基于大型展馆室内三维地图平台,可支持多终端显示。

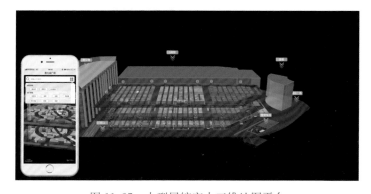

图 11.27　大型展馆室内三维地图平台

随着轨道交通的不断发展完善,地铁枢纽的公共安全问题日益突出。地铁场景客流量大,人员监管难,客流拥堵、异常聚集情况时有发生;站内摄像头数量众多,但现场巡管人员、警力有限,异常探测效率、应急处理效率有待提升。监控系统、票证系统、人员管理系统等数据相互独立,无法实现高效利用。以上诸多现状的存在,需要基于统一时空基准框架的地铁场站智慧化监管系统的支持辅助。

　　基于地铁场站的 CAD 竣工图纸与现场采集数据,制作高精度的室内可视化场景三维地图,打造基于地铁场站的数字孪生平台。对场景内所有建筑、设备等进行模型制作,外观、形状等依据真实场景进行模拟,精度更高、还原度更好。同时提供信息窗显示、报警提醒、客流热力图等可视化功能,为地铁管控提供更好的可视化展示效果。图 11.28 为所开发的地铁场站智慧化监管系统。

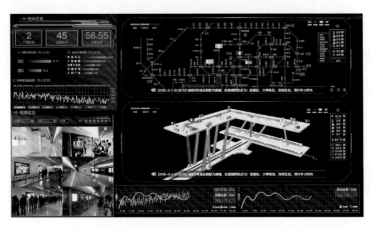

图 11.28　地铁场站智慧化监管系统

11.4　本章小结

　　本章主要介绍了动态精密工程测量技术在大型堆场体积测量、水岸地形测量和室内三维测图三个方面的应用。在大型堆场体积测量中,采用高速激光扫描仪结合距离和角度传感器集成技术,可以实现非接触式测量,解决传统测量中人为影响大、周期长、精度低的问题。在水岸地形测量中,采用船载水岸一体地形测量技术是通过集成水上激光扫描仪测量、水下多波束测深仪测量,共用一套 INS,实现水岸一体地形数据测量,保障了水岸一体地形测量的精度和效率。在室内三维测图中,在无GNSS 环境下,采用三维激光扫描的方法解决大面积、高精度的室内测图任务。

参 考 文 献

[1]　张德津,李必军,何莉.基于多传感器集成的堆场激光测量技术应用.中国激光,2012,(2):

159-164.

［2］　王海波,张德津,何莉.大型露天料场激光测量方法研究.中国激光,2013,(5):184-191.

［3］　李清泉,朱家松,汪驰升,等.海岸带区域船载水岸一体综合测量技术概述.测绘地理信息,
　　　2017,42(5):1-6.

［4］　卢秀山,石波,景冬.船载水岸线水上水下一体化测量系统集成方法:中国,CN105352476A.
　　　2016.

［5］　李家彪.多波束勘测原理技术与方法.北京:海洋出版社,1999.

［6］　管明雷,陈智鹏,李清泉,等.船载水岸一体测量技术在码头改造工程中新应用.测绘通报,
　　　2019,(2):113-116.

［7］　Guan M,Cheng Y,Li Q,et al. An effective method for submarine buried pipeline detection
　　　via multi-sensor data fusion. IEEE Access,2019,7:125300-125309.

［8］　李清泉,周宝定,马威,等. GIS 辅助的室内定位技术研究进展.测绘学报,2019,48(12):
　　　1498-1506.

［9］　Zhou B D,Li Q Q,Mao Q Z,et al. Activity sequence-based indoor pedestrian localization
　　　using smartphones. IEEE Transactions on Human-Machine Systems,2015,45(5):562-574.

［10］　Zhou B D,Li Q Q,Mao Q Z,et al. ALIMC:Activity landmark-based indoor mapping via
　　　crowdsourcing. IEEE Transactions on Intelligent Transportation Systems,2015,16(5):
　　　2774-2785.

［11］　Pomerleau F,Colas F,Siegwart R. A review of point cloud registration algorithms for mo-
　　　bile robotics. Foundations & Trends in Robotics,2015,4(1):1-104.

［12］　孙卫新,王光霞,张锦明,等.源自建筑平面图的室内地图空间数据自动生成方法.测绘学
　　　报,2016,45(6):731-739.

第 12 章　动态精密工程测量发展展望

随着人类改造自然的能力和需求不断增加,工程建设也从地表向地下、水下甚至宇宙空间不断延伸,建设规模不断扩大,工程结构越来越复杂,建设环境多样,运营过程安全风险也在增加。工程测量作为工程项目规划、建设和运营全过程重要的基础技术,对测量的效率、精度、质量和可靠性的要求也越来越高。为了应对不断出现的新挑战,动态精密工程测量技术需要持续创新,才能满足日益增长的工程应用需求,其测量对象、测量内容、测量模式以及测量装备都将迎来新的发展和变化。动态精密工程测量将成为测绘科学与技术这个传统学科新的增长点,以及测绘高新技术产业重要发展方向。

1. 测量对象

相较于传统工程测量,现代工程测量面临更多样化的应用需求,更广泛的服务范围和更复杂工作环境,测量对象早已超越传统意义上的工程建设的范畴,从居民建筑、市政工程到高速公路、高速铁路、跨海大桥、水利枢纽、科学工程,再到深地工程、深海工程、深空探测。动态精密工程测量的测量对象从地球表面的人工建筑物扩展到了地球内部和太空,具有大范围、多尺度、环境复杂的特性。

工程测量的本质是支持各项工程规划、建设和运营,传统工程测量主要以土木工程、设备安装以及工程运营为研究服务对象。随着经济全球化和区域经济一体化,大型机场、高速铁路、南水北调、核电站、超高压输电线等基础设施建设规模和服务范围不断扩大。从工程测量的角度看,作业的范围更广,测量精度、效率要求更高,工作难度也更大。例如,深中通道跨越台风多发的珠江口,其桥梁、岛屿、隧道结构工程非常复杂,施工测量难度大;北京大兴机场航站楼钢结构巨型屋顶安装测量精度要求超出常规。此外,随着我国海洋和空间事业的不断发展,工程测量也向深地、深海,甚至宇宙空间延伸,如深海可燃冰开采、小行星采矿、火星探测计划等。这些重大工程必将对工程测量技术提出更多更新的要求。

测量工作中存在各类地上地下、室内室外等错综复杂的目标实体,其本身构成了宏观上的尺度差异。不同实体所对应的自然与人文属性、结构组成以及应用需求也各自不同。即便测量对象,其自身也含有微观细节层次需求差别。例如,高铁建设时需要不同比例下的地形图。高铁日常运营检测时既需要测量长波轨道平顺度,也需要测量轨距、磨耗、扣件等微观指标。大型沉管浮运与水下对接安装既要保证数万吨的巨型沉管长距离浮运安全,也要保证水下厘米级的定位。

　　工程建设项目的多样化,必然面临各种各样的复杂环境,包括自然界的外部客观环境和工程项目内部结构条件。例如,地下工程、城市管道和水下工程等普遍存在着卫星信号差、无法接触式作业、测量设备难以进场等困难;正在规划的川藏高铁地处高海拔、高寒地区要跨越多个地震带,桥隧比超过 80%,对工程测量也提出多项挑战。解决这类环境恶劣、内部结构复杂的工程测量难题,需要打通和集成多项技术,实现不同学科的协同和交叉。

　　2. 测量内容

　　从测量内容的角度讲,现代工程测量需要从测量向"量测、检测、监测"一体化推进,从单一的几何数据观测向多要素、多指标、多属性获取发展。传统工程测量工作更多服务于前两个阶段,以几何要素为主,通过测量地形图或专题图等服务工程项目的规划设计,通过多种施工测量方法保障工程建设进度和质量。随着大型复杂工程项目的不断投入运营,各项工程在长期的运营中不断消耗和劳损,需要进行全面合理的健康监测,以确保工程的安全运营,防止事故的发生。如城市地下管网破裂等病害会影响城市管理和市民生活,水库大坝监测不力将导致溃坝风险。保障工程安全运营的状态监测和检测工作需求不断增加,已经成为工程测量新的内容之一,并将在整体规模上逐步超过传统工程测量内容。例如,我国数万公里高铁、几千公里地铁轨道和隧道的日常检测,十几万公里高速公路、数百万公里国省道路面和隧道的维护检测,数百个大型机场的跑道路面检测,数百万公里各类管线的检测等。随着安全状态测量的不断深入和拓展,测量内容也将出现显著变化,许多非几何要素也将成为工程测量的内容,如道路表面裂缝、隧道衬砌温度和轨道板刚度等。受技术设备以及需求的制约,传统工程测量能够获取的数据以几何参数为主,以有限观测数据为主。但是现代工程测量的内容不再仅限于点、线、面等三维空间信息,三维坐标加时间的动态信息成为发展方向,同时还包含色彩、温度等属性信息。测量数据也具有明显的大数据特点。

　　3. 测量模式

　　随着工程建设的不断发展,现代工程测量的测量模式也在发生变化,从面向测量对象关键点的周期离散测量到面状连续测量,从针对测量对象关键点位的抽查测量到覆盖测量对象全部的普查测量,从人工静态测量到自动化智能动态测量,其测量模式具有遥控遥测、非接触、数字化、自动化和智能化等特点。

通过在被测对象布设有限的控制点和采样点,利用相对几何关系和插值算法进行施工放样和对象模型构建是传统工程测量中比较常见的方式,如利用大坝轴线进行施工放样,构建道路设计的带状 DEM 或三维模型。这种离散的测量方式往往缺乏测量对象细节的描述,无法反映其多维动态特征,容易产生对工程结构状态变化的误判或漏判。例如,桥梁在动态载荷下的连续扰动,大坝在洪水期间的持续变形。因此,建立连续高效的测量新方法,实现从接触量测到无接触遥测,从人工观测到测量机器人自动观测的转变。

受到工作效率和技术的限制,传统工程测量难以实现大范围基础设施普查检测,随机抽查性的测量方式一直是主流的解决方案。例如,道路养护需要检测道路表面所有的破损、裂缝以及平整度等多个参数,空间分辨率要达到毫米;高铁轨道维护要精确测量全线的轨距、三角坑、平顺度及其附属的轨道板、扣件等,空间分辨率要达到毫米。这些对被测对象的全覆盖连续测量要求传统工程测量方法显然无法满足。无论是小范围连续测量还是大范围普查测量,传统的人工操作、固定设站的测量模式都无法实现。利用车载、机载、船载、机器人等移动平台结合自动测量装置实现智能动态测量是现代工程测量的一个重要特点。

由于测量环境限制和被测要素的特殊性,在一些工程测量场景下无法直接获得所要测量的参数,间接测量也成为现代工程测量一种重要的测量方式,如在路面弯沉动态测量过程中无法直接获得动态条件下的路面变形量,基于变形量与变形速度的相关性,可以通过测量变形速度反演得到路面的变形量。在隧道衬砌空鼓和渗水检测中,无法直接获得相关信息,可以通过测量温度变化以及图像纹理变化综合分析进行判断。

传统的工程测量数据处理通常发生在数据采集之后,以经典的最小二乘为理论基础发展多种数据处理方法,实现测量数据高效处理。随着现代工程测量服务的内容和范围不断拓展,测量数据后处理在时效性上已经难以满足需求。一方面,观测手段不断丰富,测量数据不仅有三维几何空间信息,而且包含时间、色彩、温度等海量多维信息,其误差不仅仅是偶然误差,还含有系统误差和粗差,也往往不服从正态分布,需要新的测量数据处理理论来支持更加高效的多源测量数据处理。另一方面,测量服务要求不断提高,对测量响应速度的要求也越来越高。尤其是在许多动态环境下,后处理的方式难以应对测量环境的不断变化和实时反馈的需求。例如,台风中桥梁的摆动、大型道路边坡滑动监测等,既要求测量数据的准确性,更要求测量数据的实时性。因此,高效、实时的测量大数据处理与内外业一体化实时测量服务是现代工程测量的重要方向。

4. 测量装备

近年来，光电测量和传感技术、定位导航技术、无线通信技术、计算机技术等新技术的快速发展促进了工程测量装备的更新，涌现出三维激光扫描仪、智能型全站式扫描仪和远程微变形雷达测量系统等多种多样的新型测量设备。这些传感器和装备在性能指标、体积、价格和操控性方面与传统测量仪器相比都有明显提升，在工程测量工作中发挥了巨大作用。然而，通用测量仪器普遍存在功能单一、技术更迭慢等问题，在性能指标和智能化程度上无法满足许多动态精密工程测量应用的需要。结合应用需求研制新一代精密工程测量专用装备，向模块化、集成化和智能化方向发展，是现代工程测量的必然趋势。

目前，测量传感器和装备种类繁多、规格不统一，在面对复杂工程时难以直接使用，也无法相互协作，导致数据无法共享，通用性和智能化程度差，难以应对多样化的应用场景。专用测量装备往往是根据特定场景的实际应用需求来进行个性化设计，能够满足特定场景应用需求，但存在的问题是成本高、通用性差、研发周期长、技术门槛高、标准化和产品化过程长，如道路弯沉动态测量装备价格昂贵，世界上只有两家企业可以生产。因此，专用测量装备设计上要向模块化、集成化方向发展。测量装备模块化即设计出标准化、通用化和系列化的功能模块，从而满足动态精密工程测量装备基础型号设计、衍生型号设计，以及组合设计的集成化要求，针对具体工程测量需求，集成多个模块来满足复杂、大型、特殊的工程需求，从而提高专用装备的研制效率和适用性，降低成本加快产品化进程。

工程测量服务市场化和社会化进程不断加快，专业分工在不断细化和简化。一方面分工越来越细，做硬件不需要开发软件，现场作业不需要做数据处理，非测量专业也能从事测量工作。另一方面，5G通信、互联网把现场与后台、操作人员与技术专家、硬件和软件有机整合起来，实现随时、随地、无缝测量服务。随着人工智能、大数据、传感器等技术的发展，未来动态精密工程测量装备也会在模块化、自动化、集成化的基础上进一步向分布式、网络化、智能化方向发展。

5. 发展方向

作为测绘学科的重要分支，工程测量是从业人数最多，市场规模最大，与经济社会发展关联度最高的一个学科。动态精密工程测量是工程测量的前沿和热点，也是测绘科技创新发展的一个综合体现，动态精密工程测量发展可以从以下两个角度来分析。

从学科发展的角度看，动态精密工程测量推动测绘技术与信息技术、工程技术的交叉，一方面深度融合传感器、信息与通信、人工智能等，提升测量智能化和集成化水平,提高测量效率与精度,形成测绘学科发展新方向,促进测绘学科不断创新发展;另一方面深度融合到工程建设与运维的全过程,为工程建设技术创新与安全运维提供全面准确的信息和技术支撑,服务工程项目全生命周期,进一步拓展测绘学科服务领域,形成新的增长点,催生新产品、新服务、新业态,深刻影响国民经济与社会发展。

从工程应用角度看,现代工程测量已经逐步脱离单纯依托工程建设的狭义概念,向着"广义工程测量学"发展。在传统工程测量的基础上,动态精密工程测量进一步延伸和扩展了应用的覆盖面,即测量从表观向结构内部延伸,分析从几何变化向性能状态扩展。大多数被测对象往往是由内部开始发生变化,逐步由内向外渗透,直到表观出现变化时问题已经十分严重。例如,路面塌陷在一开始可能只是地下管网的变形病害,逐渐引发管网破裂,进而导致水土流失,最终形成路面的坍塌。面对这种情况,常规的观测手段仅对道路表面沉降进行测量,难以及时发现隐患,做到防患于未然。因此,动态精密工程测量需要不断改良设备,改进方法,将测量由工程构筑物表观向内部延伸,由几何参数向物理性能扩展。多源测量数据采集,特别是结构内部具有位置属性的性能数据的获取是未来动态精密工程测量的一个重要内容。同时,如何将几何数据与非几何数据融合处理与分析是未来测量数据处理的另一个挑战。因此,测量数据的分析和处理不再是单一的几何变化,如何整合多源的显性几何参数,从而分析和探索测量对象的隐性变化,建立几何参数到性能状态的内在关联,是现代工程测量服务的重要方向。

从未来的研究方向来看,动态精密工程测量的发展可概括为"四新"。

1) 融合新科技

从 GNSS 定位技术到 LiDAR 技术,测绘技术的发展一直是依赖于新技术,未来动态精密工程测量技术的发展也会与新技术的发展紧密联系,如大范围激光测量、高精度惯性测量、精密视觉测量等新技术都将推动动态精密工程测量技术的发展。5G、大数据人工智能技术为测量装备智能化提供支持,融合新技术形成新优势,构建新型测绘技术体系,将有助于测绘学科的快速发展和提升。

2) 提出新方法

动态精密工程测量面临着不同工程应用场景的个性化测量要求,主要表现在精度效率要求高,工作环境复杂、作业难度大。传统的工程测量方法和手段已经难以满足不断出现的新工程应用需求,需要不断创新,推出新测量方法来应对随时出现的挑战,如大型沉管浮运与水下对接安装、大型堆石坝内部变形监测和高铁CPIII控制网快速复测等。

3) 研发新装备

针对工程应用场景研制新的专用动态精密工程测量装备是一项具有挑战性的

工作。不断出现的新型传感器为专用测量装备的研制提供机遇，小型化、高性能、低成本传感器为专用工程测量装备的研制创造条件，以移动、高精度、多功能、智能化为特征的工程测量专用装备将会不断涌现，满足日新月异的工程测量新需求，也将带动测量装备制造业的发展。

4）拓展新应用

"泛在测绘"是测绘发展的潮流和方向，动态精密工程测量也在顺应这一趋势，不断突破传统测量的局限性，将测量服务拓展到更广阔的领域。宏观方面，动态精密工程测量应用范围从工程建设到维护、从陆地到海洋、从地球到太空。中观方面，动态精密工程测量可应用于无人驾驶、智能制造、公共安全领域。微观方面，精密产品质量控制、智慧医疗机器人、设备运行状态诊断等都将成为动态精密工程测量的应用新领域。